TERAPIA COGNITIVO-COMPORTAMENTAL
DE ALTO RENDIMENTO PARA SESSÕES BREVES

A Artmed é a editora oficial
da Federação Brasileira de
Terapias Cognitivas

Autores

Jesse H. Wright, M.D., Ph.D.
Professor e Vice-Presidente para Assuntos Acadêmicos do Departamento de Psiquiatria e Ciências Comportamentais; Diretor do Centro de Depressão da Universidade de Louisville, Kentucky

Donna M. Sudak, M.D.
Professora de Psiquiatria e Diretora de Treinamento em Psicoterapia da Faculdade de Medicina da Universidade Drexel, Filadélfia, Pensilvânia

Douglas Turkington, M.D.
Professor de Psiquiatria Psicossocial do Instituto de Neurociência da Universidade de Newcastle; Consultor em Psiquiatria de Ligação do Northumberland, Tyne and Wear NHS Trust do Hospital St. Nicholas, Gosforth, Newcastle-upon-Tyne, Reino Unido

Michael E. Thase, M.D.
Professor de Psiquiatria e Diretor da Seção de Transtornos de Humor e Ansiedade da Faculdade de Medicina da Universidade da Pensilvânia, Filadélfia, Pensilvânia

T315   Terapia cognitivo-comportamental de alto rendimento para
         sessões breves : guia ilustrado / Jesse H. Wright ... [et al.] ;
         tradução: Gabriela Wondracek Linck, Mônica G. Armando ;
         revisão técnica: Elisabeth Meyer. – Porto Alegre : Artmed,
         2012.
         296 p. : il. ; 25 cm.

         ISBN 978-85-363-2752-5

         1. Psicologia. 2. Terapia cognitiva. I. Wright, Jesse H.

CDU 159.9

Catalogação na publicação: Ana Paula M. Magnus – CRB 10/2052

TERAPIA COGNITIVO-COMPORTAMENTAL DE ALTO RENDIMENTO PARA SESSÕES BREVES

GUIA ILUSTRADO

JESSE H. WRIGHT | DONNA M. SUDAK
DOUGLAS TURKINGTON | MICHAEL E. THASE

Tradução:
Gabriela Wondracek Linck
Mônica G. Armando

Consultoria, supervisão e revisão técnica desta edição:
Elisabeth Meyer
*Terapeuta cognitivo-comportamental com treinamento
no Instituto Beck, Filadélfia – Pensilvânia.
Mestre e doutora em psiquiatria pela Faculdade de Medicina da UFRGS.*

Reimpressão 2020

2012

Obra originalmente publicada sob o título
High-Yield Cognitive-Behavior Therapy for Brief Sessions

ISBN 978-1-58562-362-4

First published in the United States by American Psychiatric Publishing, Inc.,
Whashington D.C. and London, UK.
© 2010. All rights reserved.

Capa
Gustavo Macri

Preparação do original
Amanda Guizzo Zampieri

Leitura final
Maurício Pacheco Amaro

Editora responsável por esta obra
Lívia Allgayer Freitag

Coordenadora editorial
Mônica Ballejo Canto

Gerente editorial
Letícia Bispo de Lima

Projeto e editoração
Armazém Digital® Editoração Eletrônica – Roberto Carlos Moreira Vieira

Reservados todos os direitos de publicação, em língua portuguesa, à
ARTMED EDITORA LTDA., uma empresa do GRUPO A EDUCAÇÃO S.A.
Av. Jerônimo de Ornelas, 670 – Santana
90040-340 – Porto Alegre, RS
Fone: (51) 3027-7000 Fax: (51) 3027-7070

É proibida a duplicação ou reprodução deste volume, no todo ou em parte,
sob quaisquer formas ou por quaisquer meios (eletrônico, mecânico, gravação,
fotocópia, distribuição na Web e outros), sem permissão expressa da Editora.

SÃO PAULO
Av. Embaixador Macedo Soares, 10.735 – Pavilhão 5
Cond. Espace Center – Vila Anastácio
05095-035 São Paulo SP
Fone: (11) 3665-1100 Fax: (11) 3667-1333

SAC 0800 703-3444 – www.grupoa.com.br
IMPRESSO NO BRASIL
PRINTED IN BRAZIL

Agradecimentos

Nossa capacidade de produzir este livro reside imensamente no trabalho habilidoso dos voluntários que interpretam os pacientes mostrados nas ilustrações em vídeo. Agradecemos a esses terapeutas que criaram simulações realistas de problemas psiquiátricos comumente enfrentados. Leigh Ann Doerr, R.N., enfermeira psiquiátrica que utiliza terapia cognitivo-comportamental (TCC) com pacientes hospitalizados, criou a personagem Barbara, paciente com transtorno bipolar que acabou de receber alta. Virginia Evans, L.C.S.W., terapeuta cognitiva certificada e membro inestimável da equipe clínica no Centro de Depressão da Universidade de Louisville, aparece como Grace, uma mulher que está deprimida após a morte do marido e agora enfrenta o estresse de um novo emprego. Sara Tai, D.Clin.Psy., psicóloga da Universidade de Manchester e especialista em desenvolvimentos recentes na teoria e prática da TCC, retrata Helen, uma mulher com delírios e alucinações. Alphonso Nichols, M.D., psiquiatra infantil de Louisville, Kentucky, faz o papel de Darrell, um jovem com depressão e abuso de álcool. Christopher Stewart, M.D., terapeuta cognitivo-comportamental e psiquiatra especialista em drogadição, aparece como Rick, um homem com ansiedade social. David Casey, M.D., psiquiatra geriátrico que é Vice-Presidente sênior do Departamento de Psiquiatria e Ciências Comportamentais na Universidade de Louisville e que utiliza a TCC em muitas de suas sessões de terapia breve, faz o papel de Allan, um homem que se deprimiu depois de passar por um ataque cardíaco.

Como em nossos outros manuais ilustrados, a maior parte das filmagens foi feita na Universidade de Louisville com a hábil assistência de Randy Cissell e Ron Harrison. Outras filmagens foram concluídas por Stephen Bradwel, Urwin Wood e Kevin Dick na Universidade de Newcastle no Reino Unido. Ann Schaap, Leslie Pancratz e Deborah Dobiecz, bibliotecárias da Norton Healthcare em Louisville, estiveram sempre prontas a nos ajudar com as buscas e pesquisas da literatura. Mary Hosey, L.C.S.W. e Christopher Stewart, M.D., forneceram comentários valiosos sobre vários capítulos. Também queremos mandar uma mensagem especial de agradecimento a Carol Wahl e Christine Castle por seu trabalho dedicado ao ajudar na preparação do manuscrito.

Quando desenvolvemos o conceito para este livro sobre o uso da TCC em sessões breves, ficamos imaginando como os clínicos poderiam reagir. Eles criticariam a ideia de psiquiatras e outros clínicos prescritores de medicações poderem fazer um trabalho terapêutico significativo de TCC em sessões mais curtas do que a tradicional hora de 50 minutos? Ou, ainda, eles receberiam bem um livro que é direcionado para a prática clínica do mundo real de muitos psiquiatras que querem integrar farmacoterapia e psicoterapia? O que aconteceu foi que recebemos enorme encorajamento dos clínicos de todas as áreas – psiquiatras biológicos, profissionais de terapia psicodinâmica e, claro, aqueles que abraçaram a TCC como um método terapêutico principal. O apoio e encorajamento desses colegas tiveram grande significado para nós enquanto preparávamos este livro para publicação.

Finalmente, queremos agradecer à excelente equipe editorial da American Psychiatric Publishing, Inc., Robert Hales, M.D., John McDuffie e Ann Eng que nos incentivaram ao longo do processo para concluirmos este livro prático sobre TCC e nos deram excelente orientação editorial ao longo do caminho.

Prefácio à edição brasileira

Este livro se configura certamente como uma grande contribuição para a realidade da saúde mental em nosso país. *Terapia cognitivo-comportamental de alto rendimento para sessões breves* enfoca o tempo disponível para o atendimento em psicoterapia. Em nosso sistema de saúde, o tempo de sessão tem se mostrado um dos grandes desafios para os clínicos em geral. O grande número de pacientes elegíveis para intervenções psicoterápicas e a exiguidade de profissionais habilitados disponíveis nos serviços de saúde tem sido uma conta que raramente têm chegado a um resultado feliz, tanto para profissionais quanto para usuários dos serviços públicos ou de convênios particulares. A obra traz, de forma didática e ilustrada, soluções criativas e empiricamente ancoradas de modo a servir de inspiração para os profissionais brasileiros da saúde mental.

Tipicamente, a maioria dos autores tem se dedicado à escrita de manuais didáticos e ilustrados, tornando-se exímios na produção de materiais realmente úteis tanto para terapeutas iniciantes quanto para os mais experientes. Com um foco fortemente voltado para a combinação de sessões breves e de alto rendimento com psicofármacos, a obra não tem sua proposta restrita a este foco. No que tange ao nosso país, onde os psicólogos ainda são a maioria esmagadora dos psicoterapeutas, os autores expõem sugestões que podem ser perfeitamente adaptadas a diferentes contextos da prática profissional, com ou sem o uso concomitante de psicofármacos naquela sessão breve. O uso do ferramental da TCC visando intervenções para o alívio dos sintomas e/ou até mesmo a prevenção de seu aparecimento, são conhecimentos que apesar de nem sempre se encontrarem explícitos nas falas dos autores, perpassam toda a lógica do livro. Cabe ressaltar, no entanto, que o Capítulo 14 faz alusão direta ao uso das ferramentas de TCC com um enfoque na promoção de saúde.

A TCC recebeu notoriedade por ser uma intervenção breve, portadora de dados irrefutáveis na adesão ao tratamento, no esbatimento/remissão dos sintomas e na prevenção de recaída. A obra retoma estas contribuições da TCC e as aplica a condições ainda mais extremas: sessões com duração entre 20 e 30 minutos. Mantendo as bases da TCC, a saber, o modelo cognitivo, a conceitualização de caso, a reestruturação cognitiva e as mudanças comportamentais, os autores apresentam um guia para profissionais de saúde mental que atuam no "mundo real" que muitas vezes se impõe ao "mundo ideal" onde encontros de 50 minutos são preconizados. Para tanto, o empirismo colaborativo, a estruturação e a psicoeducação, além dos métodos práticos e das tarefas de casa, ocuparão papel fundamental neste tipo de intervenção e se mostrarão especificamente úteis para sessões mais breves.

Por fim, para potencializar ainda mais as contribuições deste livro, o leitor

viii Prefácio à edição brasileira

encontrará uma rica lista de exercícios de aprendizagem que poderão ser utilizados tanto para autoaplicação quanto para uso adaptado com pacientes. Como se não bastassem os exercícios para facilitar a aprendizagem, os autores investiram em uma não menos impressionante lista de ilustrações em vídeo, tornando a aprendizagem uma experiência sensorial ainda mais marcante. Os apêndices ainda fornecem "extras" de aprendizagem para intervenções com familiares e recursos adicionais de aprendizagem sobre TCC para

clínicos. Ou seja, uma obra completa para quem tem no tempo o maior adversário da clínica em saúde mental.

Carmem Beatriz Neufeld

Doutora em Psicologia pela PUCRS. Coordenadora do Laboratório de Pesquisa e Intervenção Cognitivo-Comportamental (LaPICC). Docente Orientadora do Programa de Pós-Graduação em Psicologia do Departamento de Psicologia da Faculdade de Filosofia, Ciências e Letras de Ribeirão Preto da Universidade de São Paulo. Presidente da Federação Brasileira de Terapias Cognitivas (FBTC) Gestão 2011-2013.

Prefácio

Os autores começam este livro com uma indagação importante: "Por que psiquiatras e outros clínicos que prescrevem medicações deveriam considerar o uso de métodos de terapia cognitivo-comportamental (TCC) em sessões breves?" Eles respondem com uma poderosa litania. Os métodos da TCC em sessões breves ajudam a produzir melhores desfechos, promovem a adesão, ajudam a controlar componentes concomitantes ou coexistentes de síndromes importantes, ajudam na prevenção de recorrências e atingem essas metas em tempos mais curtos. Talvez isso diga tudo. Mas, para encorajar ainda mais os leitores a aprenderem mais, fundamentarei a linha de raciocínio dos autores com mais algumas perspectivas. Para ser breve, me concentrarei nos transtornos depressivos e bipolares, embora reconheça integralmente que os métodos descritos da TCC para sessões breves são igualmente aplicáveis a outros diagnósticos.

Estamos em uma empolgante era de cuidado da saúde translacional e personalizado. Uma das metas desta era é gerar conhecimento novo e convincente a respeito de questões clínicas realmente importantes, tais como as melhores e mais rápidas maneiras de tratar a depressão clínica e prevenir recorrências. Uma segunda meta é desenvolver tratamentos personalizados que funcionem melhor para "mim" – para *meu* tipo particular de transtorno, reconhecendo que meus genes, meus mecanismos de enfrentamento e meus estresses podem ser diferentes dos seus. Uma terceira meta é integrar o conhecimento de vários campos conectando os avanços das pesquisas básicas com a perspicácia e a experiência clínicas; essa meta intrigantemente nos força a mesclar o que funciona melhor no cuidado clínico, em vez de debater continuamente questões inúteis que enfatizam o *"versus"*, como por exemplo, medicações *"versus"* psicoterapia. Uma última meta é aplicar de forma mais rápida o conhecimento que estamos acumulando: "O conhecimento cura" – mas apenas quando traduzido. Este livro proporciona um mapa do crescente conhecimento da TCC para sessões breves. Ele traduz as melhores maneiras conhecidas atualmente para clínicos utilizarem na linha de frente de tratamentos em abordagens personalizadas e integradas para ajudar os pacientes a atingirem seus destinos desejados de modo mais eficaz. Nesse sentido, é uma parte vital de nosso mapa de tratamento.

O que justifica este livro ser escrito agora? Poderíamos começar com a observação de que a farmacoterapia e a TCC são os pilares mais bem documentados do tratamento para transtorno depressivo maior e condições relacionadas e para a maioria dos demais transtornos cerebrais importantes. Essas duas modalidades são metaforicamente os pais orgulhosos da maioria da família de ferramentas baseadas em evidências em nosso portfólio de tratamento para transtornos de humor. Em segundo lugar, psiquiatras, psicólogos, assistentes sociais psiquiátricos e profissionais de saúde mental de todas as disciplinas trabalham em uma era em que as evidências de efetividade devem ser apresentadas, às vezes até mesmo para obter reembolso. Finalmente, embora possamos não gostar, as pressões de tempo dos clínicos são implacáveis. A integração dessas observações explica porque os profissionais de saúde mental de todas as disciplinas têm poucas escolhas além de aprender e incorporar a TCC em seu arsenal de tratamento.

Para responder mais detalhadamente à pergunta "por que agora?" usando a depressão e o transtorno bipolar como ilustrações, os dados demonstram repetidamente que os 21% de americanos com depressões clínicas significativas e transtorno bipolar quase sempre têm melhores desfechos quando farmacoterapia e TCC – esses dois pilares – são combinadas. E este livro orienta o clínico no modo de fazê-lo, fornecendo ilustrações para ajudar a mostrar como. Os autores também abordam um desafio clínico frequentemente negligenciado, mas certamente o mais importante: uma vez que fazemos com que as pessoas melhorem, como mantê-las bem? Foi demonstrado que a farmacoterapia de manutenção atinge esta meta, entre outras. Poucos são os estudos de TCC de manutenção, portanto, ainda é preciso conduzir mais pesquisas – mas já consistentes com tendências emergentes, as primeiras evidências sugerem que a combinação de farmacoterapia e TCC pode proporcionar a melhor abordagem à sustentabilidade do bem-estar.

Os Drs. Wright, Sudak, Turkington e Thase são ícones no estudo desses dois pilares – líderes no desenvolvimento, refinamento, teste, ensino e integração de métodos da TCC com o melhor da psicofarmacoterapia.

Eles estudam o que fazem, aplicam o que aprendem, contestam constantemente suas premissas e buscam sempre integrar novos avanços. Esse modelo iterativo tem ajudado a catalisar a evolução que vem ocorrendo.

E, provavelmente, o melhor ainda está por vir. Para psiquiatras e outros profissionais de saúde mental atingirem avanços para além dos ganhos descritos neste texto, precisaremos avaliar estratégias de tratamento entre amostras muito grandes de indivíduos que são simultaneamente avaliados com biomarcadores padronizados como genética/genômica, medidas de estresse, neuroimagens, sono e respostas imunológicas. Aprendemos com colegas que estudam o câncer, doenças cardiovasculares, diabetes e outras doenças que apenas conseguiremos verdadeiros avanços desenvolvendo grandes redes integradas, padronizadas e sustentáveis de centros de excelência. Felizmente, foi recentemente estabelecida uma rede dessas para depressão, transtornos bipolares e condições relacionadas: os National Network of Depression Centers (*http://nndc.org*). Os Drs. Wright e Thase fazem parte dessa rede e, ao trabalhar com colegas dos NNDC, podemos prever, de forma otimista, que futuras edições deste livro abordarão avanços que ocorreram a partir do estudo de dezenas de milhares de pacientes em vez de se limitar a dezenas ou centenas que agora tendem a ser nossa norma. O melhor ainda está por vir, e este texto nos ajudará a chegar lá.

John F. Greden, M.D.
Professor de Psiquiatria e Neurociência Clínica na Rachel Upjohn; Fundador e Diretor Executivo do Centro Amplo de Depressão da Universidade de Michigan; Presidente-Fundador da Rede Nacional de Centros de Depressão; Professor Investigador do Instituto de Neurociência Molecular e Comportamental da Universidade de Michigan em Ann Arbor, Michigan.

Sumário

Prefácio à edição brasileira vii
Carmem Beatriz Neufeld

Prefácio ix
John F. Greden

Apresentação 15

1 Introdução 19

2 Indicações e formatos para sessões breves de TCC 31

3 Aumentando o impacto das sessões breves 45

4 Formulação de caso e planejamento do tratamento 66

5 Promovendo a adesão 80

6 Métodos comportamentais para depressão 94

7 Enfocando o pensamento desadaptativo 105

8 Tratando a desesperança e a suicidalidade 128

9 Métodos comportamentais para ansiedade 146

10 Métodos da TCC para insônia 169

11 Modificando delírios 182

12 Enfrentando as alucinações 196

13 TCC para mau uso e abuso de substâncias 206

14 Mudança de estilo de vida: construindo hábitos saudáveis 218

15 TCC para pacientes com doenças orgânicas 233

16 Prevenção da recaída 246

Apêndice 1: Planilhas e listas de verificação 260

Apêndice 2: Recursos da TCC para pacientes e familiares 272

Apêndice 3: Recursos educacionais da TCC para terapeutas 275

Apêndice 4: Manual do *hotsite* 277

Índice remissivo 279

Lista de exercícios de aprendizagem

Exercício de Aprendizagem 2.1 Escolhendo sessões breves para o uso combinado de TCC e farmacoterapia 34

Exercício de Aprendizagem 2.2 Selecionando formatos para o uso combinado de TCC e farmacoterapia 43

Exercício de Aprendizagem 3.1 Estabelecimento de agenda 52

Exercício de Aprendizagem 3.2 Montando uma biblioteca de apostilas educacionais 56

Exercício de Aprendizagem 3.3 Usando a psicofarmacoterapia para intensificar a TCC 62

Exercício de Aprendizagem 4.1 Construindo uma formulação de caso abrangente 70

Exercício de Aprendizagem 4.2 Desenvolvendo uma miniformulação 76

Exercício de Aprendizagem 5.1 Usando a TCC para promover a adesão 91

Exercício de Aprendizagem 6.1 Planejando uma intervenção comportamental para depressão ...103

Exercício de Aprendizagem 7.1 Identificando pensamentos automáticos em uma sessão breve ...112

Exercício de Aprendizagem 7.2 Respondendo a desafios na identificação de pensamentos automáticos 114

Exercício de Aprendizagem 7.3 Modificando pensamentos automáticos em uma sessão breve 119

Exercício de Aprendizagem 7.4 Desenvolvendo cartões de enfrentamento 120

Exercício de Aprendizagem 7.5 Montando uma biblioteca de materiais em apostilas 126

Exercício de Aprendizagem 8.1 Construindo a esperança 133

Exercício de Aprendizagem 8.2 Desenvolvendo um plano antissuicídio 143

Exercício de Aprendizagem 9.1 Orientando o relaxamento progressivo em sessões breves 150

Exercício de Aprendizagem 9.2 Usando imagens mentais positivas 153

Exercício de Aprendizagem 9.3 Usando a terapia de exposição hierárquica 163

Exercício de Aprendizagem 10.1 Usando um diário de sono 172

Exercício de Aprendizagem 11.1 Planejando uma intervenção de TCC para delírios 193

Exercício de Aprendizagem 12.1 Planejando uma intervenção de TCC para alucinações 204

Exercício de Aprendizagem 13.1 Usando a TCC para mau uso ou abuso de substâncias 215

Exercício de Aprendizagem 14.1 Usando a automonitoração como uma ferramenta para a mudança comportamental 224

Exercício de Aprendizagem 14.2 Usando a TCC para combater a procrastinação 230

Exercício de Aprendizagem 15.1 Entendendo os significados das enfermidades médicas 237

Exercício de Aprendizagem 15.2 Encontrando recursos educacionais para problemas médicos 238

Exercício de Aprendizagem 16.1 Identificando gatilhos ou os primeiros sinais de alerta para recaída 249

Exercício de Aprendizagem 16.2 Desenvolvendo estratégias de enfrentamento para prevenir a escalada dos sintomas 253

Exercício de Aprendizagem 16.3 Desenvolvendo um plano de prevenção de recaída 257

Lista de ilustrações em vídeo

Ilustração em Vídeo 1. Uma sessão breve de TCC 38
Dr. Wright e Barbara

Ilustração em Vídeo 2. Modificando pensamentos automáticos I 46, 115
Dra. Sudak e Grace

Ilustração em Vídeo 3. TCC para adesão I 89
Dr. Wright e Barbara

Ilustração em Vídeo 4. TCC para adesão II 90
Dr. Turkington e Helen

Ilustração em Vídeo 5. Métodos comportamentais para depressão 100
Dr. Thase e Darrell

Ilustração em Vídeo 6. Modificando pensamentos automáticos II 126
Dra. Sudak e Grace

Ilustração em Vídeo 7. Gerando esperança 130
Dr. Thase e Darrell

Ilustração em Vídeo 8. Retreinamento da respiração 155
Dr. Wright e Gina

Ilustração em Vídeo 9. Terapia de exposição I 157
Dr. Wright e Rick

Ilustração em Vídeo 10. Terapia de exposição II 159
Dr. Wright e Rick

Ilustração em Vídeo 11. TCC para insônia 178
Dra. Sudak e Grace

Ilustração em Vídeo 12. Trabalhando com delírios I 191
Dr. Turkington e Helen

Ilustração em Vídeo 13. Trabalhando com delírios II 193
Dr. Turkington e Helen

Ilustração em Vídeo 14. Enfrentando as alucinações 203
Dr. Turkington e Helen

Ilustração em Vídeo 15. TCC para abuso de substâncias I 209
Dr. Thase e Darrell

Ilustração em Vídeo 16. TCC para abuso de substâncias II 214
Dr. Thase e Darrell

Ilustração em Vídeo 17. Rompendo a procrastinação 229
Dra. Sudak e Grace

Ilustração em Vídeo 18. Ajudando um paciente com um problema médico I 236
Dra. Sudak e Allan

Ilustração em Vídeo 19. Ajudando um paciente com um problema médico II 240
Dra. Sudak e Allan

Apresentação

Nos cursos e *workshops* que ministramos sobre terapia cognitivo-comportamental (TCC), temos ouvido um crescente coro de pedidos para ajudar clínicos a aprenderem como utilizar métodos-chave da TCC juntamente com a psicofarmacoterapia em sessões breves. Esses pedidos são pertinentes porque:

1. a maioria dos psiquiatras e de outros clínicos que utilizam psicofarmacoterapia no tratamento de transtornos mentais está dedicando grande parte de seu atendimento a sessões mais breves do que a tradicional "hora de 50 minutos" e
2. as medicações, embora inestimáveis, frequentemente não proporcionam alívio total dos sintomas da doença mental.

Se os clínicos quiserem oferecer mais do que a avaliação dos sintomas e o manejo de medicações nessas sessões, como eles poderiam aplicar os métodos da TCC de forma pragmática para intensificar o processo de tratamento?

Na qualidade de psiquiatras que foram treinados tanto na farmacoterapia como na TCC, temos usado uma abordagem combinada em sessões breves há vários anos e aprendemos maneiras de infundir essas sessões com o estilo empírico-colaborativo da TCC. Também temos trabalhado em métodos de utilizar de forma eficiente técnicas

"de alto rendimento" para tratar sintomas ou problemas específicos e utilizamos essas experiências para escrever este manual, para combinar TCC e farmacoterapia em sessões breves. Os métodos descritos aqui são oferecidos como sugestões ou dicas clínicas, e não como uma abordagem de tratamento cientificamente comprovada. Estudos controlados e randomizados de TCC concentram-se no desenvolvimento em sessões de 45 a 60 minutos. São claramente necessárias pesquisas sobre TCC em sessões breves, mas acreditamos que existe experiência clínica suficiente no uso da TCC em sessões mais curtas com medicação para apresentar diretrizes a profissionais que querem utilizar essa abordagem.

O livro começa com capítulos que:

1. descrevem os princípios básicos da combinação da TCC com a farmacoterapia em sessões breves,
2. explicam o abrangente modelo cognitivo-comportamental-biológico-sociocultural para tratamento e
3. descrevem as indicações e aplicações do formato de sessão breve.

Como a TCC é guiada por formulações, mesmo nas sessões mais curtas, foi incluído um capítulo sobre como realizar uma conceituação de caso sucinta, construir uma "miniformulação" e planejar intervenções de tratamento. Além disso, um capítulo inicial discute maneiras de promover relacionamentos terapêuticos eficazes quando estão sendo utilizadas sessões breves. Os quatro primeiros capítulos tratam dos principais métodos de TCC e farmacoterapia combinadas que proporcionam uma sólida plataforma para o desenvolvimento dos procedimentos específicos descritos em capítulos subsequentes.

Partes do livro dedicadas a aplicações específicas da TCC abordam temas que consideramos especialmente importantes no tratamento de uma ampla gama de quadros clínicos, inclusive dos transtornos de humor e de ansiedade e das psicoses. Um dos capítulos mais importantes é sobre a adesão à medicação. A aplicação da TCC em sessões breves possivelmente se justifica somente por essa indicação, devido ao índice de não adesão muito alto e às fortes evidências de efetividade da TCC na melhora da adesão. Acreditamos que a TCC ofereça métodos muito práticos para a adesão que são facilmente adaptáveis para uso no manejo das medicações.

Outros capítulos concentram-se em alguns dos principais elementos da TCC que consideramos especialmente úteis em sessões breves. Estes incluem métodos comportamentais para depressão e ansiedade, técnicas de reestruturação cognitiva e intervenções para reduzir a desesperança e a suicidalidade. Métodos comportamentais como programação de atividades, prescrição de tarefa gradual, exposição e prevenção de resposta e retreinamento da respiração podem ser explicados em sessões breves, prescritos como tarefa de casa e acompanhados nos atendimentos subsequentes. Pode-se realizar reestruturação cognitiva simples e objetiva seja para reverter padrões desadaptativos de pensamento em transtornos de humor ou para auxiliar em outras tarefas da terapia como, por exemplo, melhorar a adesão. Os métodos da TCC também podem ser muito úteis no trabalho com pacientes que apresentam desesperança e ideação suicida. Embora

possam ser necessárias sessões mais longas ou hospitalização quando é alto o risco de suicídio, descrevemos como a TCC pode ter um espaço em sessões mais curtas para pacientes que estão desesperançados e desesperados.

A insônia é outra condição em que a aplicação da TCC em sessões breves é muito útil. A TCC demonstrou ser pelo menos tão eficaz quanto os hipnóticos para insônia e não tem problemas de efeitos colaterais, tolerância ou insônia de rebote. No Capítulo 10, "Métodos da TCC para Insônia", descrevemos a abordagem da TCC à insônia incluindo o ensino sobre a higiene do sono, a reestruturação das cognições sobre o sono, o uso de relaxamento e de estratégias de imagens mentais, registros de sono e outras técnicas valiosas.

O Capítulo 11, "Modificando Delírios", e o Capítulo 12, "Enfrentando as Alucinações", tratam de intervenções especializadas de TCC para pacientes com delírios ou alucinações. Muitas vezes, as sessões mais breves são preferencialmente escolhidas para pacientes com transtornos psicóticos, pois os problemas de atenção, concentração ou agitação podem diminuir o valor das intervenções mais longas. Após estabelecer um relacionamento terapêutico colaborativo, os clínicos podem ajudar a normalizar os sintomas, realizar uma psicoeducação efetiva, modificar o pensamento delirante e ensinar métodos para enfrentar as alucinações. Os métodos da TCC para adesão descritos anteriormente no livro são especialmente úteis para trabalhar com pacientes com transtornos psicóticos.

A TCC está obtendo cada vez mais aceitação no tratamento de abuso de substâncias e, em alguns casos, pode ser administrada em sessões curtas em combinação com outras abordagens, como a farmacoterapia e o engajamento nos 12 passos. Por exemplo, os autores tiveram resultados positivos no tratamento de indivíduos com dependência de álcool atendidos em sessões

Terapia cognitivo-comportamental de alto rendimento para sessões breves

breves semanais de TCC que também frequentavam as reuniões do AA e tomavam naltrexona. No Capítulo 13, "TCC para Mau Uso e Abuso de Substâncias", damos detalhes de uma série de métodos de adaptação eficiente das técnicas de TCC no tratamento de abuso de substâncias.

Discutimos métodos da TCC para ajudar nos problemas relativos a hábitos ou estilo de vida no Capítulo 14, "Mudança de Estilo de Vida: Construindo Hábitos Saudáveis". Essas técnicas incluem ajudar os pacientes a persistirem em programas de exercícios ou de dieta ou a romperem com padrões de procrastinação. No Capítulo 15, "TCC para Pacientes com Doenças Orgânicas", explicamos como integrar a abordagem da TCC ao manejo de medicações de longo prazo e como usar a TCC para desenvolver os pontos fortes do paciente na prevenção do retorno dos sintomas.

O capítulo final aborda uma das aplicações mais úteis da TCC em sessões breves: a prevenção da recaída. Em nossa prática clínica, atendemos muitos pacientes com condições que requerem terapia de manutenção indefinidamente com medicações como carbonato de lítio, antipsicóticos atípicos, anticonvulsivantes ou antidepressivos. Para esses pacientes, adquirir habilidades na TCC para lidar com o estresse e identificar os primeiros sinais de possível recaída pode ser muito útil para o programa de tratamento.

Como nos dois livros anteriores, fazemos uso de ilustrações em vídeo para transmitir os principais conceitos e métodos. Os leitores desses livros anteriores nos disseram que as ilustrações em vídeo ajudam a transformar a TCC em algo concreto e trazem modelos úteis para o desenvolvimento da terapia. As ilustrações em vídeo estão integradas com conteúdos específicos no livro, de modo que você as achará mais eficazes se as assistir na sequência, no momento recomendado no texto. Os vídeos foram produzidos com a gentil ajuda de colegas

que fizeram o papel dos pacientes com diversos problemas psiquiátricos. Usamos um estilo de filmagem naturalista, na tentativa de mostrar as intervenções da maneira mais parecida possível daquilo que ocorre na prática clínica real. Os vídeos foram filmados em consultórios clínicos na Universidade de Louisville, em Kentucky, e na Universidade de Newcastle no Reino Unido com a ajuda dos departamentos de produção de vídeos dessas duas instituições.

As ilustrações de caso que aparecem nos vídeos ou em outros lugares do texto são totalmente fictícias ou são amálgamas de casos que tratamos cujos identificadores removemos ou alteramos para proteger o sigilo. Utilizamos a convenção de escrever sobre os casos como se eles tivessem sido realmente tratados por nós para intensificar o fluxo e a atratividade do texto. Em vez de usar o pronome "ele" ou "ela" (ou "ela" ou "ele"), nós alternamos seu uso quando não estiverem sendo descritos casos específicos.

Ao longo de todo o livro, discutimos diversas planilhas, formulários e recursos que constituem ferramentas úteis para pacientes e clínicos durante a TCC. Para auxiliar nossos leitores, reunimos esses materiais no Apêndice 1, "Planilhas e Listas de Verificação", e Apêndice 2, "Recursos da TCC para Pacientes e Familiares". Incluímos esses apêndices *online*, que podem ser baixados gratuitamente e em formato maior no *site www.grupoa.com.br*. É concedida permissão para os leitores usarem essas planilhas, apostilas e inventários na prática clínica. Por gentileza, solicite a permissão do detentor individual dos direitos para qualquer outro uso.

São fornecidos mais dois apêndices para ajudá-lo a usar este livro e aprender os métodos da TCC. Um material prático de consulta é o Apêndice 3, "Recursos Educacionais da TCC para Clínicos", que traz uma lista de cursos e workshops, certificações, oportunidades de tornar-se *fellow* de instituições e um recurso para treinamento em TCC por computador. O Apêndice 4, "Manual do *hotsite*", contém a lista dos vídeos discutidos no texto.

Ao redigir este livro sobre sessões breves de TCC e medicação, não pretendemos recomendar ou defender essa abordagem mais do que os modos de administração de tratamento mais convencionais para TCC. De fato, normalmente realizamos a TCC em sessões de 50 minutos com uma parte de nossos pacientes e também providenciamos frequentemente que outros terapeutas forneçam essa forma de tratamento. O propósito do livro é ajudar psiquiatras e outros clínicos que utilizam farmacoterapia a adaptar a TCC para uso em suas sessões breves e, assim, acrescentar uma dimensão terapêutica cognitivo-comportamental para o manejo clínico de rotina. No Capítulo 2, "Indicações e Formatos para Sessões Breves de TCC", explicamos situações clínicas nas quais as sessões breves podem ser indicadas como um método isolado de tratamento ou como um adjuvante às sessões mais longas com outro terapeuta.

Nossos próprios consultórios clínicos ganharam com os métodos práticos e atrativos da TCC e, esperamos, você também descobrirá que a TCC ajuda seus pacientes a aproveitar ao máximo o tempo passado nas sessões.

1
Introdução

Mapa de aprendizagem

Características da TCC que são úteis em sessões breves

Combinando a TCC com a farmacoterapia

O que os clínicos precisam saber sobre a TCC para usá-la de maneira eficaz em sessões breves

Por que psiquiatras e outros clínicos que prescrevem medicações deveriam pensar em usar métodos da terapia cognitivo-comportamental (TCC) em sessões breves? Em quais situações clínicas as intervenções breves de TCC poderiam ter um lugar? Quais métodos da TCC podem ser usados de maneira eficaz em sessões que são mais curtas do que a tradicional hora de 50 minutos? Como clínicos ocupados podem integrar determinados métodos da TCC com a psicofarmacologia? É este tipo de perguntas que tentamos responder neste livro.

Como todos os coautores vêm praticando e ensinando a TCC há muitos anos, além de realizar trabalho clínico no qual atendemos pacientes em sessões breves (variando de 15 a 30 minutos, dependendo do ambiente e das necessidades do paciente) e prescrever medicações, desenvolvemos métodos para mesclar a TCC nessas intervenções mais curtas de tratamento. Não descartamos nosso conhecimento e habilidades na TCC na porta do consultório quando um paciente que esteja tomando medicação aparece para uma sessão breve. Da mesma forma, quando temos a oportunidade de tratar pacientes em sessões mais tradicionais de TCC de 45 a 60 minutos, não esquecemos que somos psiquiatras que avaliam e manejam os componentes biológicos das doenças.

Mesmo em verificações breves de medicação de 15 minutos ou em grupos de pacientes que fazem uso de medicação, descobrimos que vale a pena extrair dos recursos da TCC para intensificar o manejo clínico padrão e métodos de prescrição. Se houver mais tempo disponível (p. ex., 20 a 30 minutos), geralmente conseguimos desenvolver intervenções de TCC como registros de pensamentos, ativação comportamental, exposição e prevenção de resposta ou estratégias de aprimoramento do sono. No Capítulo 2, "Indicações e Formatos para Sessões Breves de TCC", discutimos uma série de opções para fornecer tratamento em

20 Wright, Sudak, Turkington & Thase

sessões breves e detalhar situações clínicas nas quais as sessões breves podem ser um componente adequado de tratamento.

CARACTERÍSTICAS DA TCC QUE SÃO ÚTEIS EM SESSÕES BREVES

Empirismo colaborativo

Algumas das características gerais da TCC que podem ser aproveitadas em sessões breves são apresentadas na Tabela 1.1. O primeiro item, empirismo colaborativo, talvez seja o mais importante. O caráter colaborativo e empírico do relacionamento terapêutico na TCC pode ser enfatizado mesmo nos encontros clínicos mais curtos. O terapeuta pode estabelecer como prioridade máxima o estabelecimento de um relacionamento colaborativo no qual as atitudes e preocupações do paciente são esclarecidas e totalmente valorizadas e utilizar uma abordagem altamente genuína e compreensiva na qual paciente e terapeuta funcionam como uma equipe investigativa (p. ex., verificando a utilidade das medicações ou intervenções de TCC, testando a validade das conclusões, sendo aberto a tentar abordagens diferentes).

Em vez de usar um estilo controlador de manejo das medicações, o clínico que segue a orientação da TCC tenta criar um relacionamento colaborativo no qual o paciente assume um papel ativo no aprendizado sobre a doença, tomando decisões e

desenvolvendo o plano de tratamento. Desconfiamos que o relacionamento empírico colaborativo na TCC seja um dos motivos pelos quais essa terapia tem demonstrado ser útil na promoção da adesão ao tratamento (Cochran 1984; Weiden 2007; Weiden et al. 2007). Discutimos ilustrações em vídeo de relacionamentos colaborativos no Capítulo 2, "Indicações e Formatos para Sessões Breves de TCC" e Capítulo 3, "Aumentando o Impacto das Sessões Breves", além de fornecer mais recomendações para o desenvolvimento de relacionamentos eficazes de tratamento e usarmos outras características básicas da TCC no Capítulo 3.

Estruturação

A estruturação, outra característica básica da TCC, é especialmente adequada para as sessões breves. Se houver disponibilidade de apenas 20 a 25 minutos para a sessão, a eficiência e a organização pareceriam ser os primeiros itens da lista de traços desejados. Os clínicos podem ensinar os pacientes a estabelecer agendas rapidamente, concentrar seus esforços em problemas específicos que podem ser abordados dentro do tempo disponível, ritmar as sessões de maneira eficaz e dar e receber *feedback* sobre o andamento do tratamento. Muitos de nossos pacientes atendidos em sessões breves vêm para cada sessão com uma agenda escrita e já aprenderam outras maneiras de maximizar o tempo despendido no encontro

---

Tabela 1.1 • Características da terapia cognitivo-comportamental: vantagens das sessões breves

Empirismo colaborativo
Técnicas de estruturação
Ênfase psicoeducacional
Métodos práticos
Tarefa de casa

de tratamento. Por exemplo, uma paciente pode dizer que quer falar sobre um item específico da agenda, além de discutir um possível aumento na medicação, mas que outro item da agenda pode esperar até a próxima consulta marcada.

Psicoeducação

A TCC é conhecida por sua ênfase psicoeducacional. Uma das metas importantes da TCC é ajudar os pacientes a aprenderem o suficiente sobre essa abordagem para que possam se tornar seus próprios terapeutas ("autoterapeutas"). Em vez de contar com o terapeuta para solucionar seus problemas, eles podem chegar a um ponto em que serão capazes de identificar as distorções cognitivas ou comportamentos desadaptativos e conseguir reverter esses padrões. Quando são usadas sessões mais breves, os aspectos psicoeducacionais da terapia podem se tornar um pouco mais dominantes. Assim, clínicos que utilizam esta forma de TCC precisam aprender a inserir recursos educacionais que possam ser usados fora das sessões (p. ex., leituras, *sites* da internet, vídeos, gravações em áudio) para ajudar os pacientes a construírem seu conhecimento.

Uma forma especializada de TCC breve, a TCC assistida por computador, demonstrou ser particularmente eficaz na educação de pacientes e no fornecimento de oportunidades para praticar métodos da TCC. Em um estudo conduzido por Wright e seus colegas (2005), a TCC assistida por computador administrada em sessões de 25 minutos foi mais eficaz do que sessões-padrão de 50 minutos para ajudar os pacientes a adquirirem conhecimento sobre a TCC. São apresentadas sugestões detalhadas sobre psicoeducação em sessões breves no Capítulo 4, "Formulação de Caso e Planejamento do Tratamento".

Métodos práticos

Um motivo para a TCC ser muitas vezes atraente tanto para clínicos como para pacientes é o fato de ser caracterizada por vários métodos muito práticos que podem proporcionar bons resultados ao diminuir os sintomas. Em alguns casos, esses métodos podem ser aprendidos bastante rapidamente e são adequados para aplicação em sessões breves. A Tabela 1.2 traz uma lista de possíveis métodos de alto rendimento que poderiam ser considerados em planos de tratamento com pacientes que são atendidos em sessões mais curtas do que 45 a 60 minutos. Temos usado esses métodos repetidamente e os ilustraremos em vinhetas clínicas ao longo de todo o livro e em ilustrações em vídeo que podem ser acessadas no *hotsite* (apoio.grupoa.com.br/sessoesbreves) que o acompanha.

Tarefa de casa

Outra característica da TCC que consideramos muito útil em sessões breves é o uso de tarefas de casa. Esse procedimento fundamental da TCC estende o aprendizado para além das fronteiras da sessão e incentiva a autoajuda no processo de tratamento. Um exemplo de nossa prática clínica envolve o tratamento de Consuela, uma jovem de 22 anos de idade com agorafobia e medo de dirigir. Após explicar o modelo básico da TCC para transtornos de ansiedade, o psiquiatra ajudou Consuela a estabelecer uma hierarquia para a exposição graduada a seu medo de dirigir e lhe mostrou como usar o treinamento de respiração e de relaxamento para reduzir os níveis de ansiedade. A terapia de exposição foi primordialmente desenvolvida por Consuela em tarefas de casa. Durante cada sessão breve, Consuela relatava seu progresso, realizava resolução de problema de modo a perseverar com o

22 Wright, Sudak, Turkington & Thase

protocolo de exposição e estabelecia alvos específicos para a tarefa de casa de modo a dar passos crescentes na hierarquia. O tratamento de Consuela está detalhado no Capítulo 2, "Indicações e Formatos para Sessões Breves de TCC", e no Capítulo 9, "Métodos Comportamentais para Ansiedade".

COMBINANDO A TCC COM A FARMACOTERAPIA

De muitas maneiras, a TCC e a farmacoterapia são parceiras ideais no tratamento de transtornos mentais. Ambas têm fortes bases empíricas, com um grande número de estudos controlados e randomizados que confirmam sua efetividade.

São tratamentos pragmáticos que podem proporcionar alívio dos sintomas na terapia de fase aguda, além de produzir efeitos de longo prazo na prevenção da recaída. Além disso, cada um deles utiliza uma abordagem de tratamento ativa e direta.

Um modelo de tratamento integrado e abrangente

Recomendamos o uso de um modelo de tratamento integrado e abrangente de uso combinado da TCC com a farmacoterapia na prática clínica (Wright 2004; Wright et al. 2008), como ilustrado na Figura 1.1. Segundo Wright (2004, p. 355), esse modelo baseia-se nas seguintes premissas:

1. Processos cognitivos modulam os efeitos do ambiente externo (p. ex., eventos estressantes da vida, relacionamentos interpessoais, forças sociais) no substrato do sistema nervoso central (p. ex., funcionamento dos neurotransmissores, ativação das vias do SNC [sistema nervoso central], respostas autonômicas e neuroendócrinas) para emoção e comportamento.
2. Cognições disfuncionais podem ser produzidas tanto por influências psicológicas quanto biológicas.
3. Tratamentos biológicos podem alterar as cognições.
4. Intervenções cognitivas e comportamentais podem alterar os processos biológicos.
5. Processos ambientais, cognitivos, biológicos, emocionais e comportamentais devem ser conceituados como parte do mesmo sistema.
6. É válido buscar maneiras de integrar ou combinar intervenções cognitivas e biológicas para melhorar o desfecho do tratamento.

Tabela 1.2 • Métodos de alto rendimento da terapia cognitivo-comportamental (TCC) para sessões breves

• Programação de atividades	• Prescrição de tarefas graduais
• Retreinamento da respiração	• Listagem das vantagens e desvantagens
• TCC para insônia	• Adesão às intervenções medicamentosas
• Dramatização TCC	• Treinamento da consciência plena (*mindfulness*)
• Estabelecimento colaborativo de metas	• Entrevista motivacional
• TCC assistida por computador	• Normalização
• Cartões de enfrentamento	• Solução de problemas
• Exame de evidências	• Prevenção da recaída
• Exposição e prevenção de resposta	• Questionamento socrático
• Identificação de erros cognitivos	• Diários de sintomas
• Imagens mentais	• Registro de pensamentos
• Geração de motivos para ter esperança/viver	• Registros de bem-estar

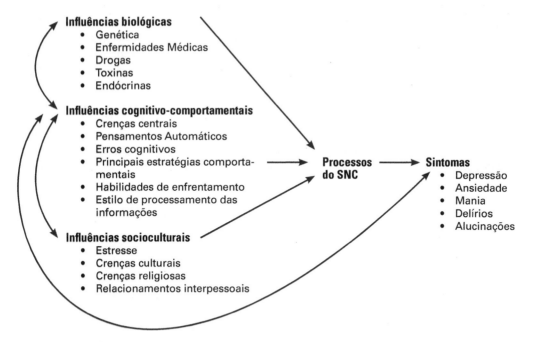

Figura 1.1 • Um modelo cognitivo-comportamental-biológico-sociocultural para tratamento combinado.
SNC = sistema nervoso central.

A Premissa 1 é uma característica central do modelo cognitivo-comportamental básico (Wright et al. 2008). Por ser um ser pensante, o homem confere significado aos sinais de informação em seus ambientes e essas cognições ativam processos biológicos do SNC envolvidos na produção de emoção e comportamento. As Premissas 2 a 5 baseiam-se em um amplo esforço de pesquisa que incluiu neuroimagem e outras investigações biológicas que demonstraram como a TCC age por meio das vias e processos do SNC (Baxter et al. 1992; Furmark et al. 2002; Goldapple et al. 2004; Joffe et al. 1996; Thase et al. 1998); estudos que demonstraram que a farmacoterapia pode reverter cognições desadaptativas (Blackburn e Bishop 1983; Simons et al. 1984); e o trabalho de Kandel (2001, 2005), Kandel e Schwartz (1982), além de outros que formularam uma abordagem integrada para entender a biologia da psicoterapia. A Premissa 6 se apoia em estudos de resultados do tratamento combinado examinado mais adiante neste capítulo e na experiência acumulada de muitos psiquiatras e outros profissionais de saúde mental que utilizam medicações e psicoterapia juntas rotineiramente na prática clínica.

Elementos centrais da TCC e da farmacoterapia combinadas

Se for utilizado um modelo integrado para a terapia combinada (conforme mostrado na Figura 1.1), os debates sobre o mérito de abordagens biológicas *versus* psicológicas podem pender em favor de uma abordagem unificada. Os clínicos poderão, então, tentar encontrar as melhores formas de combinar os tratamentos para alcançar os resultados desejados. Em alguns aspectos, um método ideal pode ser ter um psiquiatra, outro médico ou um profissional de enfermagem que tenha conhecimento especializado tanto da TCC como da farmacoterapia para administrar todo o curso da terapia. Quando um único clínico administra tanto a TCC como a farmacoterapia, pode ser apresentada ao paciente uma abordagem muito coesa e totalmente integrada; além disso, possíveis conflitos entre métodos de tratamento ou comunicações mal entendidas que podem ocorrer quando um médico ou profissional de enfermagem prescreve medicação e um terapeuta não médico fornece a TCC são evitados. Contudo, o método mais comum de administrar a terapia combinada envolve uma "equipe" de um farmacoterapeuta e um terapeuta cognitivo-comportamental não médico. A Tabela 1.3 traz uma lista dos elementos centrais de uma abordagem integrada ao tratamento combinado.

Quando mais de um clínico está envolvido no tratamento, recomendamos fortemente que os clínicos trabalhem juntos de modo regular, estabeleçam um modelo integrado para a terapia e expressem uma atitude compartilhada e favorável em relação ao tratamento combinado para o paciente. Para alguns pacientes, toda a TCC e toda a farmacoterapia são fornecidas pelo psiquiatra, geralmente usando sessões breves em uma parte ou todo o tratamento. Para outros pacientes, o terapeuta cognitivo--comportamental não médico administra

uma série de sessões de duração tradicional de 50 minutos (o termo *sessão de 50 minutos* é usado por todo o livro para descrever sessões de duração tradicional que podem variar de 45 minutos a 1 hora). No Capítulo 2, "Indicações e Formatos para Sessões Breves de TCC", explicamos alguns dos critérios que podem ser úteis na escolha do formato e da intensidade do plano de tratamento.

Seja no modo de um único terapeuta ou de dupla de terapeutas, o tratamento combinado pode ser facilitado pelo uso de uma abordagem flexível especialmente talhada para a mescla de problemas e pontos fortes de cada paciente. Nos estudos de pesquisa descritos na seção a seguir, a medicação foi normalmente prescrita com possibilidade limitada para o clínico variar doses ou tipos de tratamento. Da mesma forma, a TCC foi normalmente administrada de acordo com um protocolo manualizado. Valorizamos as informações coletadas em estudos controlados, mas em nossos consultórios clínicos empenhamos esforços para ajustar ambos os componentes de farmacoterapia e de TCC do tratamento para se adequarem às necessidades do paciente e aproveitar as oportunidades terapêuticas. O método de planejamento do tratamento baseado na formulação descrito no Capítulo 3, "Aumentando o Impacto das Sessões Breves", fundamenta essa estratégia flexível para realizar a combinação de TCC e farmacoterapia.

Tabela 1.3 • Elementos centrais de uma abordagem integrada ao tratamento combinado

- A terapia é guiada por um modelo cognitivo-comportamental-biológico-sociocultural abrangente.
- O tratamento é administrado somente por um médico ou um profissional de enfermagem, o qual é treinado tanto em psicofarmacoterapia como em terapia cognitivo-comportamental ou por uma equipe colaborativa de um médico e um terapeuta cognitivo-comportamental não médico.
- Os métodos de tratamento são flexíveis e personalizados para adequar o diagnóstico e as necessidades específicas de cada paciente.

Pesquisas sobre a TCC e a farmacoterapia combinadas

Investigações da terapia combinada em comparação com a TCC ou a farmacoterapia isoladamente influenciaram fortemente o estabelecimento da eficácia dos tratamentos para depressão e transtornos de ansiedade (p. ex., consulte as meta-análises e revisões conduzidas por Friedman et al. 2006; Hollon et al. 2005; Wright et al. 2008). No entanto, muitas características desses estudos limitam a generalização dos resultados para a prática no mundo real de combinar TCC e medicação em ambientes clínicos (Hollon et al. 2005; Wright et al. 2005). Pensadas como investigações de eficácia, essas comparações geralmente excluem muitos dos casos complexos que são normalmente atendidos na prática clínica.

Além disso, esses estudos concentraram-se primordialmente em desafiar a TCC contra a farmacoterapia, normalmente empregando diferentes clínicos para fornecer os componentes do tratamento de psicoterapia e farmacoterapia. Assim, os estudos não foram desenvolvidos para desenvolver ou investigar um modelo integrado e flexível para a terapia combinada.

Uma das principais críticas das pesquisas sobre o tratamento combinado é a de que os estudos não tiveram poder suficiente para detectar as vantagens do tratamento combinado (Friedman et al. 2006; Hollon et al. 2005). Em uma meta-análise dos estudos de tratamento combinado para depressão, Friedman e seus colegas (2006) descobriram que alguns estudos individuais de TCC para depressão demonstraram apenas uma tendência para a superioridade do uso da TCC e da farmacoterapia juntas.

No entanto, quando foram tomados juntos os resultados de todas as investigações, a abordagem combinada proporcionou os melhores resultados.

As investigações de farmacoterapia, TCC e tratamento combinado para transtornos de ansiedade foram revisadas por vários grupos, incluindo Bakker e seus colegas (2000), Hollifield e seus colegas (2006), Westra e Stewart (1998) e Wright (2004). Todas as revisões acima e uma meta-análise (van Balkom et al. 1997) concluíram que o tratamento combinado de TCC mais antidepressivos parecia oferecer benefícios além daqueles alcançados com a monoterapia. Mas quando se combinou alprazolam com a TCC, os resultados de longo prazo foram piores do que quando a TCC era usada com um placebo (Marks et al. 1993). Este achado é um raro exemplo de uma possível interação negativa entre medicação e TCC. Embora as benzodiazepinas com meias-vidas mais longas, como o diazepam, não pareçam ter esse efeito deletério sobre a TCC (Westra e Stewart 1998), o trabalho de Marks e seus colegas (1993) sugere cautela ao usar algumas benzodiazepinas com a TCC para transtornos de ansiedade.

Estudos controlados e randomizados de TCC e medicação antidepressiva para bulimia nervosa normalmente encontraram vantagens para o tratamento combinado. Com base em uma meta-análise de sete estudos, Bacaltchuck e seus colegas (2000) relataram que o índice de remissão para o tratamento combinado foi quase o dobro do índice atingido com a medicação sozinha. Os benefícios do tratamento combinado para bulimia nervosa pode ser, de certa forma, dependente da duração do tratamento. Por exemplo, Agras e seus colegas (1994) encontraram que após 16 semanas de tratamento, tanto o tratamento combinado como a TCC foram superiores à imipramina sozinha. No entanto, após 32 semanas de tratamento, apenas o tratamento combinado deu resultados melhores do que a medicação.

Para condições como transtorno bipolar e esquizofrenia, para as quais a farmacoterapia é a principal abordagem de tratamento, nenhum estudo comparou uma abordagem combinada com a TCC sozinha. Contudo, um grande número de investigações demonstrou um efeito aditivo positivo da TCC adjuvante (p. ex., consulte Drury et al. 1996; Lam et al. 2003; Miklowitz et al. 2007; Naeem et al. 2005; Rector & Beck 2001; Sensky et al. 2000; Tarrier et al. 1993; Turkington et al. 2006). Embora nem todos os estudos tenham demonstrado vantagens para a adição de TCC à farmacoterapia para esquizofrenia e transtorno bipolar, o padrão geral sugere que a TCC pode dar uma contribuição valiosa ao tratamento de muitos pacientes com esses transtornos. Leitores interessados em ler mais sobre os estudos do tratamento combinado podem consultar as publicações de Friedman et al. (2006), Hollifield et al. (2006), Hollon et al. (2005), Wright (2004) e Wright et al. (2008).

O QUE OS CLÍNICOS PRECISAM SABER SOBRE A TCC PARA USÁ-LA DE MANEIRA EFICAZ EM SESSÕES BREVES

O velho ditado "não coloque a carroça na frente dos bois" é perfeito para entender a sequência de aprendizado que recomendamos para a construção do conhecimento sobre o uso da TCC em sessões breves. Como a TCC em sessões breves exige a capacidade de desenvolver técnicas de forma rápida e habilidosa e de alinhavar de maneira eficaz os componentes do tratamento de farmacoterapia e psicoterapia, os clínicos precisam ter uma base sólida nas teorias e métodos da TCC básica. Na Tabela 1.4, damos sugestões de conhecimento básico e habilidades em TCC recomendados.

Antes de tentar usar a TCC em sessões breves, acreditamos que os clínicos devem ter experiência significativa na realização da TCC em sessões-padrão de 45 a 50 minutos descritas em textos como *Terapia Cognitiva: Teoria e Prática* (Beck 1995), *Cognitive Behavioral Therapy for Clinicians* (Sudak 2006) ou *Aprendendo a Terapia Cognitivo-Comportamental: Um Guia Ilustrado* (Wright et al. 2008). Ao fazer esse trabalho, os clínicos precisam adquirir prática na realização de conceituações de caso e no planejamento do tratamento com a TCC com base nessas formulações (para métodos para desenvolver as conceituações de caso na TCC, consulte Wright et al. 2008; Wright et al. 2010; e Capítulo 4, "Formulação de Caso e Planejamento do Tratamento"). Quando as sessões são breves, os clínicos devem ser capazes de gerar formulações sucintas e dirigidas que incluam as principais informações para permitir um claro entendimento do paciente, ao mesmo tempo procurando por problemas específicos ou

---

Tabela 1.4 • Recomendação de conhecimento básico e habilidades na terapia cognitivo-comportamental (TCC)

- Entender o modelo básico da TCC para tratamento.
- Obter experiência na condução de sessões-padrão de 45 a 50 minutos.
- Elaborar conceituações de caso e planejar o tratamento com base nos princípios da TCC.
- Estruturar e dar andamento ao tratamento para intensificar o aprendizado.
- Evidenciar e modificar os pensamentos automáticos e os esquemas.
- Usar métodos comportamentais padronizados como a ativação comportamental, a programação de atividades, a exposição e prevenção de resposta, o retreinamento da respiração e o treinamento de relaxamento.
- Identificar e implantar estratégias da TCC para transtornos específicos.

---

questões com probabilidade de render resultados positivos. Todos os atributos da boa TCC em sessões de duração regular, como formar relacionamentos altamente colaborativos, demonstrar autenticidade e empatia adequada, estruturar e sequenciar as sessões de modo a promover a eficiência e o aprendizado e fornecer psicoeducação eficaz precisam ser ainda mais refinados quando as sessões são breves.

Algumas das habilidades específicas da TCC que precisam ser adquiridas são as seguintes: identificar e mudar pensamentos automáticos; modificar esquemas; métodos comportamentais comumente utilizados para depressão (p. ex., ativação comportamental, programação de atividades e prescrições de tarefa gradual); e técnicas comportamentais para transtornos de ansiedade (p. ex., exposição e prevenção de resposta, treinamento da respiração, treinamento de relaxamento). Como os diferentes transtornos (p. ex., depressão, transtornos de ansiedade, psicoses) podem responder melhor se as técnicas forem personalizadas para se adequar às características únicas do transtorno, a plataforma de habilidades para o uso eficaz de sessões breves também deve incluir um entendimento da abordagem da TCC às principais formas de doenças psiquiátricas.

Os livros relacionados no Apêndice 3, "Recursos Educacionais da TCC para Clínicos", como *Aprendendo a Terapia Cognitivo-Comportamental: Um Guia Ilustrado* (Wright et al. 2008), *Tratamento Psicológico do Pânico* (Barlow & Cherney 1988), *Terapia Cognitivo-Comportamental para Transtorno Bipolar* (Basco & Rush 2005), *Cognitive Therapy of Schizophrenia* (Kingdon & Turkington 2005) e *Terapia Cognitivo-Comportamental para Doenças Mentais Graves* (Wright et al. 2010) podem ajudar os leitores a entenderem melhor como aplicar a TCC às condições psiquiátricas comumente encontradas.

Existem muitas oportunidades de treinamento para aprender a usar a TCC (vide Tabela 1.5). Como os residentes de psiquiatria nos Estados Unidos agora precisam ganhar competência nessa abordagem, a maioria dos programas de treinamento de residência oferece cursos básicos e supervisão em TCC. As grades curriculares dos programas de residência nas universidades onde ensinamos normalmente incluem uma ampla série de sessões didáticas; muitas demonstrações da TCC em vídeo, dramatização e/ou ao vivo; resenhas de casos para adquirir habilidades em formulação; experiências no tratamento de uma diversidade de pacientes com TCC e supervisão individual e/ou em grupo. Muitos programas de treinamento em TCC e centros de TCC também oferecem educação médica continuada para clínicos praticantes e constantes seminários para aprender técnicas avançadas da TCC. Cursos em TCC também são oferecidos em encontros anuais da Associação Psiquiátrica Americana, Associação

---

Tabela 1.5 • Oportunidades de treinamento na terapia cognitivo-comportamental (TCC)

- Residência em psiquiatria ou outros programas de educação graduada para TCC.
- Cursos de educação médica continuada, oferecidos por universidades ou outros programas de treinamento.
- Cursos e *workshops* em encontros científicos.
- *Workshops* em conferências regionais.
- Textos básicos sobre a TCC.
- Vídeos que demonstram TCC.
- DVD-ROMs e programas educacionais *online*.
- *Fellowships* em TCC.

Psicológica Americana, Associação para Terapias Comportamentais e Cognitivas e outras organizações científicas regionais, nacionais e internacionais.

Além de textos básicos em TCC, estão disponíveis materiais de treinamento em vídeo e formatos computadorizados. Por exemplo, os livros de Wright e seus colegas (2008, 2010) são acompanhados de DVDs com várias ilustrações dos métodos centrais da TCC. Além disso, foi desenvolvido no Reino Unido um programa de treinamento por computador totalmente inovador, o Praxis, por Turkington e outros (*www.praxiscbtonline.co.uk*). O Praxis ensina a TCC para depressão, ansiedade e psicose usando exercícios interativos computadorizados, demonstrações em vídeo e vinhetas de casos. Ele inclui supervisão por telefone e internet pelo custo básico do treinamento assistido por computador. Outros materiais de treinamento e oportunidades estão disponíveis em vários *sites* da internet, incluindo o da Academia de Terapia Cognitiva (*www.academyofct.org*), do Instituto Beck (*www.beckinstitute.org*) e do Centro de Depressão da Universidade de Louisville (*www.louisville.edu/depression*). O Apêndice 3, "Recursos Educacionais da TCC para Clínicos", contém listas de organizações que fornecem treinamento em TCC, mais livros, um programa computadorizado e *sites* da internet que podem ser úteis no desenvolvimento das habilidades na TCC.

Este livro, com suas ilustrações em vídeo e exercícios de aprendizagem, foi pensado para ajudar os leitores a refinarem suas técnicas básicas da TCC e aplicar de modo eficaz esse conhecimento no domínio estimulante e recompensador das sessões breves.

RESUMO

Pontos-chave para terapeutas

- Algumas das principais características da TCC que podem ser especialmente úteis em sessões breves são: empirismo colaborativo, técnicas de estruturação, ênfase psicoeducacional, métodos pragmáticos e tarefa de casa.
- A TCC e a farmacoterapia podem ser parceiros eficazes no tratamento de pacientes com transtornos psiquiátricos.
- É utilizado um modelo cognitivo-comportamental-biológico-sociocultural abrangente para combinar a TCC e a medicação no tratamento psiquiátrico.
- As pesquisas sobre a terapia combinada não testaram diretamente o método flexível e totalmente integrado sugerido neste livro. No entanto, os resultados gerais das investigações da TCC de curto prazo em geral apoiam o uso de tratamento combinado na prática clínica.
- Recomenda-se uma fundamentação básica em conceitos e métodos da TCC para clínicos que queiram adotar métodos da TCC para utilização em sessões breves.

Conceitos e habilidades para os pacientes aprenderem

- TCC oferece ajuda prática para lidar com muitos dos sintomas de transtornos psiquiátricos.
- Os métodos e habilidades da TCC podem ser aprendidos em sessões breves.
- A colaboração excelente ou "trabalho em equipe" com um clínico é um

- importante ingrediente de um tratamento eficaz.
- A abordagem combinada de medicação e TCC pode oferecer vantagens a algumas pessoas no sentido de melhorar e continuar bem.

REFERÊNCIAS

Agras WS, Rossiter EM, Arnow B, et al: One-year follow-up of psychosocial and pharmacologic treatments for bulimia nervosa. J Clin Psychiatry 55:179– 183, 1994

Bacaltchuk J, Trefiglio RP, Oliveira IR, et al: Combination of antidepressants and psychological treatments for bulimia nervosa: a systematic review. Acta Psychiatr Scand 101:256–264, 2000

Bakker A, van Balkolm AJ, van Dyck R: Selective serotonin reuptake inhibitors in the treatment of panic disorder and agoraphobia. Int Clin Psychopharmacol 15 (suppl 2):25–30, 2000

Barlow DH, Cherney JA: Psychological Treatment of Panic. New York, Guilford, 1988

Basco MR, Rush AJ: Cognitive-Behavioral Therapy for Bipolar Disorder, 2nd Edition. New York, Guilford, 2005

Baxter LR Jr, Schwartz JM, Bergman KS, et al: Caudate glucose metabolic rate changes with both drug and behavior therapy for obsessive-compulsive disorder. Arch Gen Psychiatry 49:681–689, 1992

Beck J: Cognitive Therapy: Basics and Beyond. New York, Guilford, 1995

Blackburn IM, Bishop S: Changes in cognition with pharmacotherapy and cognitive therapy. Br J Psychiatry 143:609–617, 1983

Cochran SD: Preventing medical noncompliance in the outpatient treatment of bipolar affective disorders. J Consult Clin Psychol 52:873–878, 1984

Drury V, Birchwood M, Cochrane R, et al: Cognitive therapy and recovery from acute psychosis: a controlled trial, I: impact on psychotic symptoms. Br J Psychiatry 169:593–601, 1996

Friedman ES, Wright JH, Jarrett RB, et al: Combining cognitive therapy and medication for mood disorders. Psychiatr Ann 36:320–328, 2006 Furmark T, Tillfors M, Marteinsdottir I, et al: Common changes in cerebral blood flow in patients with social phobia treated with citalopram or cognitivebehavioral therapy. Arch Gen Psychiatry 59:425–433, 2002

Goldapple K, Segal Z, Garson C, et al: Modulation of cortical-limbic pathways in major depression: treatment-specific effects of cognitive behavior therapy. Arch Gen Psychiatry 61:34–41, 2004

Hollifield M, Mackey A, Davidson J: Integrating therapies for anxiety disorders. Psychiatr Ann 36:329–338, 2006

Hollon SD, Jarrett RB, Nierenberg AA, et al: Psychotherapy and medication in the treatment of adult and geriatric depression: which monotherapy or combined treatment? J Clin Psychiatry 66:455–468, 2005

Joffe R, Segal Z, Singer W: Change in thyroid hormone levels following response to cognitive therapy for major depression. Am J Psychiatry 153:411–413, 1996

Kandel ER: Psychotherapy and the single synapse: the impact of psychiatric thought on neurobiological research. N Engl J Med 301:1028–1037, 2001

Kandel ER: Psychiatry, Psychoanalysis, and the New Biology of the Mind. Washington, DC, American Psychiatric Publishing, 2005

Kandel ER, Schwartz JH: Molecular biology of learning: modulation of transmitter release. Science 218:433–443, 1982

Kingdon DG, Turkington D: Cognitive Therapy of Schizophrenia. New York, Guilford, 2005

Lam DH, Watkins ER, Hayward P, et al: A randomized controlled study of cognitive therapy for relapse prevention for bipolar affective disorder: outcome of the first year. Arch Gen Psychiatry 60:145–152, 2003

Marks IM, Swinson RP, Basoglu M, et al: Alprazolam and exposure alone and combined in panic disorder with agoraphobia: a controlled study in London and Toronto. Br J Psychiatry 162:776–787, 1993

Miklowitz DJ, Otto MW, Frank E, et al: Psychosocial treatments for bipolar depression: a 1-year randomized trial from the Systematic Treatment Enhancement Program. Arch Gen Psychiatry 64:419–426, 2007

Naeem F, Kingdon D, Turkington D: Cognitive behavior therapy for schizophrenia in patients with mild to moderate substance misuse problems. Cogn Behav Ther 34:207–215, 2005

Rector NA, Beck AT: Cognitive behavioral therapy for schizophrenia: an empirical review. J Nerv Ment Dis 189:278–287, 2001

Sensky T, Turkington D, Kingdon D, et al: A randomized controlled trial of cognitive-behavioral therapy for persistent symptoms in schizophrenia resistant to medication. Arch Gen Psychiatry 57:165–172, 2000

Simons AD, Garfield SL, Murphy GE: The process of change in cognitive therapy and pharmacotherapy for depression. Arch Gen Psychiatry 41:45–51, 1984

Sudak D: Cognitive Behavioral Therapy for Clinicians. Philadelphia, PA, Lippincott Williams & Wilkins, 2006

Tarrier N, Beckett R, Harwood S, et al: A trial of two cognitive-behavioural methods of treating drug-resistant residual psychotic symptoms in schizophrenic patients: I. outcome. Br J Psychiatry 162:524–532, 1993

Thase ME, Fasiczka AL, Berman SR, et al: Electroencephalographic sleep profiles before and after cognitive behavior therapy of depression. Arch Gen Psychiatry 55:138–144, 1998

Turkington D, Kingdon D, Weiden PJ: Cognitive behavior therapy for schizophrenia. Am J Psychiatry 163:365–373, 2006 van Balkom, AJ, Bakker A, Spinhoven P, et al: A meta-analysis of the treatment of panic disorder with or without agoraphobia: a comparison of psychopharmacological, cognitive-behavioral, and combination treatments. J Nerv Ment Dis 185:510–516, 1997

Weiden PJ: Understanding and addressing adherence issues in schizophrenia: from theory to practice. J Clin Psychiatry 68 (suppl 14):14–19, 2007

Weiden PJ, Burkholder P, Schooler NR, et al: Improving antipsychotic adherence in schizophrenia: a randomized pilot study of a brief CBT intervention, in 2007 New Research Program and Abstracts, American Psychiatric Association 160th Annual Meeting, San Diego, CA, May 19–24, 2007. Washington, DC, American Psychiatric Association, 2007, p 346

Westra HA, Stewart SH: Cognitive behavioral therapy and pharmacotherapy: complementary or contradictory approaches to the treatment of anxiety? Clin Psychol Rev 18:307–340, 1998

Wright JH: Integrating cognitive-behavioral therapy and pharmacotherapy, in Contemporary Cognitive Therapy: Theory, Research, and Practice. Edited by Leahy RL. New York, Guilford, 2004, pp 341–366

Wright JH, Wright AS, Albano AM, et al: Computer-assisted cognitive therapy for depression: maintaining efficacy while reducing therapist time. Am J Psychiatry 162:1158–1164, 2005

Wright JH, Basco MR, Thase ME: Aprendendo a Terapia Cognitivo-Comportamental: Um Guia Ilustrado.Porto Alegre: Artmed 2008.

Wright JH, Beck AT, Thase ME: Cognitive therapy, in The American Psychiatric Publishing Textbook of Clinical Psychiatry, 5th Edition. Edited by Hales RE, Yudofsky SC, Gabbard GO. Washington, DC, American Psychiatric Publishing, 2008, pp 1211–1256

Wright JH, Turkington D, Kingdon DG, et al: Terapia Cognitivo-Comportamental para Doenças Mentais Graves. Porto Alegre: Artmed, 2010.

2

Indicações e formatos para sessões breves de TCC

Mapa de aprendizagem

Sessões breves de TCC: uma pesquisa da prática

Indicações para combinar a TCC com a farmacoterapia em sessões breves

Formatos para sessões breves de TCC e farmacoterapia combinadas

Exemplos de sessões breves de TCC e farmacoterapia combinadas

---

Neste capítulo, discutiremos possíveis situações clínicas nas quais podem ser usadas sessões breves de terapia cognitivo-comportamental (TCC) combinada à farmacoterapia e detalhamos várias maneiras de administrar o tratamento combinado.

Essas recomendações e sugestões provêm de nossas experiências clínicas no fornecimento de tratamento combinado em uma variedade de ambientes e de nosso trabalho com equipes multidisciplinares. São explicadas duas estratégias gerais de desenvolvimento:

1. uso de sessões breves quando o único fornecedor é um psiquiatra, outro médico ou um profissional de enfermagem;[*] e
2. uso de sessões breves juntamente com sessões de 50 minutos quando há dois profissionais tratando (um clínico prescritor e um terapeuta cognitivo-comportamental não médico).

SESSÕES BREVES DE TCC: A PESQUISA DA PRÁTICA

Iniciamos a exploração do capítulo de indicações e formatos compartilhando os resultados de uma pesquisa em nossos próprios consultórios. Essa pesquisa foi delineada

---

[*] N. de R.T.: Para simplificar o estilo de redação, usamos primordialmente os termos *psiquiatra* ou *clínico prescritor* ao longo do resto deste livro, em vez de observar repetidamente que clínicos que podem fornecer tanto TCC como farmacoterapia incluem psiquiatras, outros médicos treinados em TCC e profissionais de enfermagem.

32 Wright, Sudak, Turkington & Thase

para responder perguntas como: Com que frequência nós utilizamos o formato de sessão breve? Quais são os diagnósticos dos pacientes atendidos em sessões breves de TCC e farmacoterapia combinadas? Quais são alguns dos motivos clínicos para tratar os pacientes em sessões breves?

Completamos um inventário de 265 sessões sequenciais de pacientes em nossos consultórios para obter um quadro da frequência das sessões breves em comparação com sessões mais longas e fornecer informações sobre algumas das indicações para selecionar o formato de sessão breve. Administramos a TCC em todas, menos em 39 dessas sessões; portanto, nos concentramos nas 226 sessões que incluíam terapia (Tabela 2.1). Para esta pesquisa, definimos uma sessão breve como aquela com duração de menos de 30 minutos. A porcentagem de sessões breves em nossos consultórios clínicos foi de 51% (116/226); a duração modal das sessões breves foi de 20 minutos (variação: entre 15 e 30 minutos). A vasta maioria das sessões breves (92%; 107/116) foi com pacientes que estavam tomando psicofármacos.

Em 86% (100/116) das sessões breves, éramos os únicos provedores. Os intervalos entre as sessões breves variaram de 1 semana a 6 meses, sendo que a maioria (64%; 74/116) das sessões ocorreu pelo menos mensalmente. Quando esses dados foram agrupados, ficou claro que utilizamos sessões breves comumente e quase sempre utilizamos a TCC, que utilizamos mais comumente técnicas da TCC em combinação com medicação e que aplicamos sessões breves de TCC em todos os estágios de tratamento (ou seja, desde as sessões agudas até as sessões de manutenção).

Nosso sistema de programação é simples: organizamos os atendimentos em blocos de um paciente por hora (para avaliações iniciais ou psicoterapia tradicional de 50 minutos mais sessões de farmacoterapia) ou em blocos de três pacientes por hora. Quando são agendados três pacientes por hora, a média é de um paciente atendido por hora durante 15 minutos ou menos, para uma averiguação da medicação, e dois pacientes que podem se beneficiar com sessões mais longas de 22 a 25 minutos. Ao longo de várias horas de trabalho, normalmente conseguimos mesclar esses tipos de sessões em nossos horários de maneira fluente e eficiente, ao mesmo tempo fornecendo sessões significativas para uma série de pacientes.

Os principais diagnósticos dos pacientes em nossa pesquisa da prática são apresentados na Tabela 2.1. Como é o caso na maioria dos consultórios ambulatoriais, a maior parte dos pacientes apresenta transtornos de humor, seguidos de transtornos de ansiedade.

Tabela 2.1 • Principais diagnósticos dos pacientes atendidos para sessões breves em comparação com sessões de 50 minutos[a]

DIAGNÓSTICOS	SESSÕES BREVES ($n = 116$)	SESSÕES MAIS LONGAS ($n = 110$)
Depressão maior, episódio único	19 (16%)	22 (20%)
Depressão maior, recorrente ou crônica	31 (27%)	28 (25%)
Transtorno bipolar	12 (10%)	9 (8%)
Esquizofrenia ou transtorno esquizo-afetivo	20 (17%)	14 (13%)
Transtornos de ansiedade	18 (16%)	19 (17%)
Outros	16 (14%)	18 (16%)

[a] Da pesquisa de 226 sessões sequenciais em cada um dos quatro consultórios dos autores. As avaliações iniciais foram excluídas desta análise.

No entanto, a proporção de pacientes com esquizofrenia (15%; 34/226) não é pequena. A "outra" categoria é bastante heterogênea e inclui um pequeno número de pacientes com abuso de substâncias, transtorno de ajustamento, transtorno de déficit de atenção/hiperatividade e transtorno de somatização, juntamente com alguns pacientes com problemas emocionais e comportamentais relacionados a enfermidades médicas severas ou crônicas. Não houve diferenças observáveis na composição diagnóstica dos grupos que receberam sessões mais curtas ou mais longas.

Como nossa pesquisa da prática foi realizada com quatro psiquiatras apenas, cada um dos quais é altamente experiente na TCC e está claramente comprometido com um modelo de tratamento cognitivo-comportamental e biológico integrado, é improvável que uma pesquisa de uma amostra maior e mais variada tivesse os mesmos resultados. Contudo, acreditamos que estes dados proporcionem um vislumbre valioso em um estilo de prática que inclui uma proporção significativa de sessões breves de TCC juntamente com avaliações iniciais, sessões tradicionais de 50 minutos e sessões para o controle de medicações sem intervenções específicas de TCC.

INDICAÇÕES PARA COMBINAR A TCC COM A FARMACOTERAPIA EM SESSÕES BREVES

As indicações para TCC e farmacoterapia no modo de dupla de terapeutas são bastante simples. Como estão sendo fornecidas sessões-padrão de 50 minutos de TCC mais sessões breves com um médico prescritor, qualquer uma das indicações clássicas para TCC (p. ex., depressão maior e transtornos de ansiedade, transtornos alimentares, transtornos por abuso de substâncias, transtornos de personalidade, e tratamento

adjuvante para psicoses, transtorno bipolar e distúrbios médicos; Wright et al. 2010) é um alvo razoável para tratamento.

As indicações para usar sessões breves de TCC e farmacoterapia combinadas no modo de um único clínico não foram avaliadas em estudos controlados e randomizados. No entanto, as indicações gerais para esta forma de tratamento pareceriam ser as mesmas que para farmacoterapia, pois a medicação é usada em todos os casos.

As sessões tradicionais de 50 minutos continuam sendo o método padrão de fornecimento de um tratamento inteiro de TCC. A maioria dos estudos de resultados usou sessões de 50 minutos e a maioria dos terapeutas cognitivo-comportamentais que não têm licença para prescrever medicação devota todos ou a maior parte de seus esforços em terapia individual a sessões com essa duração. Em certas situações, nós *não* consideramos o uso de sessões mais breves no modo de um único terapeuta. A Tabela 2.2 traz uma lista de algumas dessas situações. O primeiro item da lista – "o paciente não passou por um tratamento inteiro de TCC padrão e o diagnóstico e os sintomas sugerem que essa abordagem é necessária" – é o mais importante.

Ao conduzir uma avaliação, os psiquiatras treinados tanto na TCC como na farmacoterapia devem se fazer a seguinte pergunta: as necessidades deste paciente seriam mais bem satisfeitas com um tratamento inteiro de sessões de 50 minutos ou pelo menos com uma combinação de sessões mais longas e mais breves? Se a resposta for que as sessões de 50 minutos seriam a abordagem preferível e se o paciente quiser e tiver os recursos para esse tipo de tratamento, procuramos organizar um tratamento de sessões mais longas. Em alguns casos, nós mesmos fornecemos todo esse tratamento. No entanto, como observado na próxima seção deste capítulo, "Formatos para Sessões Breves de TCC e Farmacoterapia Combinadas", geralmente organizamos uma abordagem de trabalho em equipe, com sessões de 50 minutos com um terapeuta não médico e sessões breves com um psiquiatra.

A complexidade e a cronicidade dos problemas de cada paciente também devem ter um papel na determinação do tipo de sessões usado para a TCC e a farmacoterapia combinadas. Pacientes traumatizados ou com problemas há muito tempo instalados que apresentam baixa autoestima, autoeficácia e conflitos interpessoais podem precisar de sessões cheias por um período significativo. Além disso, aqueles com transtornos de personalidade normalmente precisam de tratamento mais intensivo. Por outro lado, uma pessoa com sintomas de pânico ou depressivos bastante circunscritos, transtorno obsessivo-compulsivo ou fobia social que tem um bom autoconceito básico e que está funcionando bastante bem na vida cotidiana pode dar-se bem com sessões breves juntamente com medicação e exercícios de autoajuda.

Quando são escolhidas sessões breves, mas os resultados não são os ideais (p. ex., os sintomas pioram ou a paciente atinge um platô e não apresenta mais nenhum progresso), pode ser necessária uma mudança no plano de tratamento. Além de formular mudanças no regime farmacoterapêutico, os clínicos também devem considerar

intensificar o componente de TCC do tratamento – programando sessões mais longas ou sessões breves mais frequentes. Alguns dos formatos para isso são explorados na próxima seção deste capítulo.

• Exercício de Aprendizagem 2.1: Escolhendo sessões breves para o uso combinado de TCC e farmacoterapia

1. Identifique pelo menos três pacientes em seu consultório que você acredita que poderiam ser tratados adequadamente com sessões breves de TCC e farmacoterapia combinadas no modo de um único terapeuta.
2. Identifique pelo menos três pacientes em seu consultório que você acredita que deveriam ser tratados com sessões de TCC de 50 minutos.

FORMATOS PARA1 SESSÕES BREVES DE TCC E FARMACOTERAPIA COMBINADAS

Usamos vários formatos diferentes que podemos recomendar a psiquiatras ou a outros prescritores licenciados que realizam TCC em sessões breves (Tabela 2.3). A formulação de caso (vide Capítulo 4, "Formulação de Caso e Planejamento do Tratamento") e as considerações nas Tabelas 2.2 e 2.3

Tabela 2.2 • Possíveis motivos para não usar sessões breves isoladamente para a combinação de terapia cognitivo-comportamental (TCC) e farmacoterapia

- O paciente não passou por um tratamento inteiro de TCC padrão e o diagnóstico e os sintomas sugerem que essa abordagem é necessária.
- O paciente quer sessões longas normais e tem recursos para se envolver nessa forma de tratamento.
- A condição é complicada por sérios problemas interpessoais que não são manejáveis para sessões breves.
- O paciente tem uma história significativa de trauma ou abuso e precisa de ajuda extensiva para enfrentar essas influências.
- Está presente patologia de Eixo II que exige tratamento intensivo.
- Foram tentadas sessões breves, mas parece que estas não satisfazem as necessidades do paciente.

Terapia cognitivo-comportamental de alto rendimento para sessões breves **35**

Tabela 2.3 • Formatos para sessões breves de terapia cognitivo-comportamental (TCC) e farmacoterapia combinadas

FORMATO	PROVEDOR(ES)	DESCRIÇÃO
1	Psiquiatra[a]	Avaliação inicial seguida apenas de sessões breves.
2	Psiquiatra[a]	Várias sessões de 50 minutos para começar a terapia e depois passar para sessões mais breves.
3	Psiquiatra[a]	Uma mistura de sessões de 50 minutos e sessões mais breves dependendo da necessidade do paciente e da fase da terapia.
4	Equipe de psiquiatra[a] e terapeuta cognitivo-comportamental não médico	As sessões breves com o psiquiatra são combinadas com sessões de 50 minutos com terapeuta cognitivo-comportamental não médico.
5	Psiquiatra[a] e terapeuta cognitivo-comportamental não médico que trabalham paralelamente	Sessões breves com o psiquiatra e sessões de 50 minutos com o terapeuta cognitivo-comportamental não médico, mas os clínicos não trabalham juntos nem se comunicam regularmente.
6	Psiquiatra[a] e terapeuta não médico não treinado em TCC	Sessões breves com o psiquiatra e sessões mais longas com o terapeuta não médico (p. ex., conselheiro pastoral, terapeuta psicodinâmico, terapeuta de família) que fornece terapia de uma orientação diferente.

[a] Um psiquiatra, outro médico licenciado ou profissional de enfermagem treinado para administrar tanto a TCC quanto a farmacoterapia.

devem ser usadas para orientar a escolha de um formato.

Quando um psiquiatra ou outro prescritor de medicação é o único terapeuta

Após a avaliação inicial, alguns pacientes começam a ser atendidos imediatamente em sessões breves com um único terapeuta. Outro cenário de único terapeuta é marcar algumas sessões de 50 minutos para intensidade inicial do tratamento e depois passar para sessões mais breves. Ainda, outro formato de um único terapeuta que pode prescrever medicações é mesclar sessões de 50 minutos e sessões mais breves dependendo do quadro clínico do paciente e da severidade ou complexidade das questões que poderiam precisar de discussão.

Combinação de TCC e farmacoterapia com uma dupla de clínicos

O termo coterapia (*split treatment*) às vezes tem sido usado para descrever uma forma do modo de dupla de terapeutas para administrar a combinação de farmacoterapia e psicoterapia (Riba & Balon 2005). A palavra *split* enfatiza os problemas em potencial de ter dois terapeutas que não concordam sobre a abordagem teórica ou um plano de tratamento, podem não entender ou apoiar o trabalho do outro, podem ter rivalidades profissionais ou de território e não se comunicam de maneira eficaz na união de seus esforços em benefício do paciente. Em nossos consultórios, procuramos evitar qualquer divisão entre os clínicos. Em vez disso, enfatizamos a colaboração estreita e o trabalho em equipe sempre que possível.

Uma ilustração de abordagem em equipe à terapia combinada pode ser encontrada no ambiente clínico do primeiro autor (Wright) na Universidade de Louisville.

O *staff* deste centro inclui vários psiquiatras treinados em TCC, além de terapeutas não médicos que são especialistas na realização de TCC com indivíduos, famílias e grupos. Alguns dos terapeutas têm interesses especiais e habilidades em áreas como transtornos de humor e de ansiedade, saúde mental da mulher, abuso de substâncias, transtornos alimentares e psicoses.

Quando os pacientes são atendidos em um modo de dupla de terapeutas, o formato 4 na Tabela 2.3 é usado (ou seja, sessões breves com um psiquiatra são combinadas com sessões de 50 minutos com um terapeuta cognitivo-comportamental não médico).

É formulado um plano de tratamento conjunto que liga os pontos fortes e as experiências dos vários clínicos, um modelo cognitivo-comportamental-biológico-sociocultural geral é usado, uma abordagem unificada é apresentada ao paciente e a comunicação é facilitada de várias maneiras diferentes.

Uma vantagem óbvia de praticar a terapia combinada no mesmo consultório é o uso de um único registro médico. Um registro médico eletrônico com capacidade de enviar mensagens internas de *e-mail* referentes ao cuidado do paciente pode ser especialmente útil. Outra vantagem de trabalhar junto no mesmo consultório é a oportunidade de conversar diariamente sobre questões relativas ao tratamento. Na Universidade de Louisville, um grupo de supervisão por pares – o qual se reúne semanalmente para ajudar os clínicos a construir e manter sua capacidade de realizar a TCC – fornece ajuda adicional na formação de uma equipe clínica eficaz. Os outros autores deste livro têm ambientes profissionais muito semelhantes que priorizam

fortemente a administração da combinação de TCC e farmacoterapia de maneira altamente colaborativa e estreitamente integrada.

Muitos psiquiatras e outros clínicos prescritores podem ter ambientes de trabalho bastante diferentes daquele descrito acima. Eles podem trabalhar sozinhos em seus consultórios ou podem não ter terapeutas cognitivo-comportamentais não médicos em seus grupos. Portanto, eles provavelmente usarão os formatos 5 e 6 da Tabela 2.3. Também usamos esses formatos quando trabalhamos com pacientes que têm um terapeuta cognitivo-comportamental de fora de nossos grupos ou consultam um terapeuta que usa uma abordagem teórica diferente. Mesmo em situações como essas, achamos importante para o terapeuta médico e não médico comunicarem-se a respeito do plano de tratamento e tentarem coordenar os esforços.

EXEMPLOS DE SESSÕES BREVES DE TCC E FARMACOTERAPIA COMBINADAS

No primeiro exemplo de caso abaixo, é dada uma descrição detalhada de algumas das intervenções usadas no tratamento de Barbara, uma mulher de 46 anos de idade com transtorno bipolar, para demonstrar como a TCC pode ser administrada produtivamente em sessões breves. O segundo e o terceiro exemplos de caso apresentam ilustrações menores dos diferentes formatos para sessões breves de TCC e farmacoterapia combinadas.

Barbara

O *hotsite* (apoio.grupoa.com.br/sessoesbreves) que acompanha este livro apresenta uma ampla variedade de demonstrações de TCC em sessões breves. Recomendamos assistir a esses vídeos na sequência à medida que os discutimos ao longo do volume. O primeiro vídeo demonstra uma variação no uso do formato de tratamento 1 (vide Tabela 2.3).

Barbara foi atendida pela primeira vez pelo Dr. Wright durante uma rápida internação hospitalar devido a um episódio maníaco cerca de três semanas antes da sessão mostrada na Ilustração em Vídeo 1 (recomendamos assistir este vídeo mais adiante nesta seção). Ela foi internada depois de passar quatro noites sem dormir, mergulhada em uma extensa farra de gastos que levou a saques excessivos de suas contas bancárias e ouvindo de seu chefe que ela precisava buscar ajuda, pois estava agindo de maneira errática e estava "em todos os lugares". Durante a hospitalização, Barbara foi tratada com uma combinação de carbonato de lítio e um antipsicótico atípico. Também foi iniciado tratamento adjuvante com TCC (vide Wright et al. 2010 para uma descrição dos métodos da TCC para transtorno bipolar). A avaliação inicial de cerca de 50 minutos foi seguida por quatro sessões mais breves que variaram de 15 a 25 minutos cada.

Barbara também se reuniu com enfermeiras que auxiliavam o Dr. Wright no ensino dos princípios básicos da TCC. Após seis dias no hospital, o episódio maníaco foi esbatido e Barbara recebeu alta e encaminhada para tratamento ambulatorial.

A sessão mostrada na Ilustração em Vídeo 1 foi a segunda de uma série planejada de muitas sessões ambulatoriais breves. Esse plano incluía a programação de sessões breves a cada uma a duas semanas por cerca de dois a três meses, diminuindo gradualmente a cada mês e depois visitas quinzenais, dependendo da resposta de Barbara ao tratamento, seu padrão de adesão e capacidade para aprender as habilidades da TCC.

Se esse padrão de sessões ajudasse Barbara a atingir a remissão e evitar a recaída, um formato de sessão quinzenal breve poderia continuar. No entanto, se ocorressem exacerbações significativas ou surgissem outros problemas, a frequência das sessões breves poderia ser aumentada, algumas sessões mais longas poderiam ser adicionadas ou Barbara poderia ser encaminhada para TCC mais intensa com um terapeuta não médico (formatos 3 e 5 na Tabela 2.3). Além disso, o componente de farmacoterapia do tratamento seria monitorado de perto e modificado se necessário.

Barbara relatou uma história de três episódios anteriores de depressão, mas nenhuma ideação suicida ou tentativa de suicídio. Seu primeiro episódio maníaco ocorreu somente no final de seus trinta anos de idade. Ela nunca havia sido hospitalizada até o episódio atual – sua segunda experiência com mania. Ela não tinha história de abuso de substâncias. O pai de Barbara teve depressão por boa parte de sua vida e acabou sendo diagnosticado como tendo transtorno bipolar. Ele foi tratado com lítio que, aparentemente, funcionou bem. Embora seus pais tenham se divorciado quando ela tinha 15 anos, Barbara observou que teve uma "boa infância" e permaneceu próxima de ambos os pais. Seus próprios relacionamentos maritais foram marcados por muito conflito. Ela divorciou-se duas vezes e atualmente está solteira. Seu ultimo casamento fracassou depois que ela teve um caso com um homem casado enquanto estava em uma fase maníaca.

Barbara tem três filhos: de 13, 15 e 17 anos. Seu filho mais velho está lhe dando "trabalho"; embora seja bom aluno, ele às vezes mata aula e chega tarde em casa. Barbara tem uma carreira de sucesso planejando vitrines para lojas de departamento e outros estabelecimentos comerciais.

Como *hobby*, ela gosta de fazer colchas e bonecas de porcelana. O tratamento anterior de Barbara foi primordialmente com medicação antidepressiva.

Ela tomou lítio por pouco tempo depois do episódio anterior de mania, mas parou cerca de um ano depois porque chegou à conclusão de que realmente não tinha transtorno bipolar. Ela não havia passado por TCC antes de sua hospitalização recente.

No início da sessão mostrada na Ilustração em Vídeo 1, Barbara mostra ao Dr. Wright sua agenda escrita para a sessão e a planilha de resumo dos sintomas. Como detalhado no Capítulo 3, "Aumentando o Impacto das Sessões Breves", podem ser usadas técnicas como preparar uma agenda com antecedência e usar listas de verificação ou escalas para revisões de sintomas para tornar as sessões mais eficientes. As planilhas de resumo dos sintomas são usadas na TCC com pacientes que têm transtorno bipolar (Wright et al. 2010) para diversos propósitos: ajudar os pacientes a acompanhar e registrar seus sintomas, incentivá-los a terem maior consciência dos primeiros sinais de advertência de oscilações em direção à hipomania ou depressão e trabalharem em planos para controlar os sintomas antes de eles se desenvolverem para francos episódios da doença.

A agenda de Barbara tinha dois itens:

1. "Ajude-me a parar de 'perder a cabeça' quando brigo com meu filho" e
2. "Fazer alguma coisa em relação ao tremor".

Sua planilha de resumo dos sintomas havia sido iniciada quando ela foi hospitalizada. A tarefa de casa de Barbara antes da sessão mostrada na Ilustração em Vídeo 1 era revisar a planilha e circular qualquer sintoma que tenha observado em si mesma. A Figura 2.1 mostra sua planilha para sintomas hipomaníacos e maníacos. O único

sintoma que ela havia sentido era irritabilidade. Conforme mostrado na Ilustração em Vídeo, o reconhecimento desse sintoma proporcionou uma excelente oportunidade para uma intervenção breve de TCC.

Recomendamos assistir a Ilustração em Vídeo 1 agora e depois ler algumas de nossas observações nos destaques dessa demonstração de TCC usando um formato breve. A primeira parte da sessão de Barbara (uma intervenção de TCC para seu primeiro item da agenda, "Ajude-me a parar de 'perder a cabeça' quando brigo com meu filho") é apresentada na Ilustração em Vídeo 1. A última parte de sua sessão (trabalhar em seu segundo item da agenda, "Fazer alguma coisa em relação ao tremor") é discutida no Capítulo 5, "Promovendo a Adesão".

• Ilustração em Vídeo 1: Uma sessão breve de TCC
Dr. Wright e Barbara

O primeiro vídeo demonstra vários métodos da TCC que podem ser administrados com sucesso em sessões breves. É estabelecida uma agenda e a sessão é estruturada para ajudar Barbara a se manter nos trilhos para realizar um trabalho significativo de TCC em um breve espaço de tempo. O Dr. Wright lembra Barbara de seus esforços passados para aprender sobre pensamentos automáticos enquanto estava hospitalizada e depois aplica uma "miniaula" muito breve para revisar a definição. Ele então lhe pede para relembrar a cena da briga com seu filho para reconhecer alguns de seus pensamentos automáticos.

Dr. Wright: Você consegue recapitular a cena na sua cabeça? O que se passava pela sua cabeça?

Barbara: Provavelmente, tudo começou antes de ele ter aparecido no portão, depois da escola.

Dr. Wright: E o que se passava na sua cabeça antes?

Sintoma	Leve	Moderado	Severo
Irritabilidade	Irritável, rápida em criticar os outros, a voz pode ter um tom sarcástico.	Posso atirar pratos ou outros objetos, gritar com os filhos, demonstrar pouca preocupação com os problemas dos outros.	Grito, berro e me enfureço. Tenho dificuldade de ficar parada – é melhor para os outros saírem do meu caminho. Sempre à beira de um ataque de nervos – no trabalho, em casa, em qualquer lugar.
Penso que posso fazer mais do que é realista – não prestando atenção às preocupações reais.	Minimizo problemas reais em minha vida – presto menos atenção a preocupações genuínas como contas ou responsabilidades profissionais.	Começando a ficar ligada em projetos especiais – assumindo mais do que posso realmente. Eu mesma me coloco em posições que me deixam sobrecarregada.	A grandiosidade está fora de controle. Acho que sou a melhor em tudo que faço. Afasto os outros, não escuto ninguém – faço do meu jeito.
Dormindo muito pouco	Fico acordada cerca de 1 hora a mais na maioria das noites porque estou realmente me divertindo ou estou envolvida em um projeto especial.	Fico acordada 2 horas ou mais na maioria das noites. Estou em intensa atividade. Tenho problemas demais em minha cabeça para conseguir dormir. Não quero dormir realmente.	Vou de 0 a 100 em um minuto – não quero dormir de jeito nenhum. Eu poderia ficar acordada durante 3 ou 4 noites antes de desabar.
Mente acelerada	Os pensamentos começam a ganhar velocidade. É sutil, mas começo a me sentir mais criativa e cheia de vida.	Os pensamentos estão definitivamente em alta velocidade. Não presto muita atenção ao que os outros estão dizendo.	Os pensamentos estão saltando tão rápido que às vezes não faz muito sentido o que digo.
Tendo problemas	Assumindo um pouco mais de risco. Talvez esteja dirigindo a 10 ou 15 quilômetros mais rápido e flertando mais com homens.	Digo coisas que não deveria – piadas de mau gosto. Estou usando roupas mais provocativas. Estou gastando mais do que deveria.	Estou realmente encrencada agora – gastando mais dinheiro do que tenho, acumulando dívidas no cartão de crédito, me envolvendo com o tipo errado de homens.

Figura 2.1 • Planilha de resumo de sintomas para sintomas hipomaníacos e maníacos: exemplo de Barbara.

Barbara: Eu apenas pensei que... estava farta! Entende? Sou mãe solteira. Trabalho muito. E não tenho o respeito e nem a ajuda dele. Sabe?

Dr. Wright: E isso é tudo ou você tem pensamentos mais intensos nessa hora? Mais extremos...

Barbara: Eu penso que talvez ele vá ser como o pai: um vagabundo fracassado.

Dr. Wright: E quando vocês está a ponto de explodir, são esses os pensamentos que passam na sua cabeça? Que ele será um fracassado, um vagabundo...

Barbara: Sim! Exato.

Dr. Wright: Eu tenho um palpite de que é isso que faz aumentar sua raiva.

Barbara: Sim.

Dr. Wright: E uma vez que você fica com raiva, como você se comporta?

Barbara: Bem ...Eu fico com tanta raiva que eu jogo as coisas longe. Qualquer coisa que estiver na minha frente, eu pego e jogo longe... Eu simplesmente não tenho controle dos meus gritos. E atiro objetos.

Depois de evidenciar os pensamentos automáticos, Dr. Wright sugere que Barbara poderia lidar melhor com esses tipos de situações se ela reconhecer que seu pensamento é bastante extremo e absoluto. Ele percebe que esses tipos de pensamentos (p. ex., "Ele não me respeita. Ele vai se tornar um derrotado e vagabundo") podem se inflamar – "Eles podem deixá-la em chamas ... incendiar suas emoções por serem tão extremos".

O próximo passo nessa intervenção foi trabalhar no desenvolvimento de uma perspectiva mais racional. Embora Barbara admita acreditar "100%" em seus pensamentos automáticos quando está no meio da situação, sua crença é de apenas "30%" quando está pensando "com a cabeça fria". O Dr. Wright pede-lhe, então, que rompa o pensamento absolutista por meio do reconhecimento de alguns dos pontos positivos de seu filho.

Dr. Wright: Ele ajuda com alguma coisa na casa? Ou existe algo a respeito dele que você realmente goste?

Barbara: Ele corta a grama às vezes. Antes ele me ajudava com a louça. E ele já esteve no livro de honras da escola... no time de basquete.

Dr. Wright: Parece algo a se orgulhar em alguma medida! Não é?

Barbara: Sim, é verdade... Eu amo meu filho.

Depois que Barbara e Dr. Wright concordaram que suas reações extremas atrapalham sua demonstração de seu amor, eles usam outro valioso método de TCC para sessões breves – um cartão de enfrentamento – para capturar as ideias que eles geraram para lidar com a irritabilidade e a raiva (Figura 2.2). Esta vinheta termina com uma sugestão de continuar a trabalhar no problema da irritabilidade em sessões futuras

---

Problema: raiva e irritabilidade com o filho

1. Quando começar a ficar com raiva ou irritada, parar para identificar meus pensamentos automáticos e analisá-los para ver se eles correspondem à verdade.
2. Tentar ter uma visão equilibrada sobre a situação.
3. Fazer alguma coisa para sair da situação... Como por exemplo, fazer uma caminhada ou uma pausa.
4. Tentar conversar com meu filho e pensar em uma solução para o problema.

Figura 2.2 • Cartão de enfrentamento de Barbara.

Terapia cognitivo-comportamental de alto rendimento para sessões breves **41**

e que os princípios que Barbara aprendeu com o exemplo de uma "explosão" com seu filho podem ser aplicados a muitas outras situações em que ela fica irritada e com raiva. Acreditamos que esta ilustração em vídeo dá um bom exemplo de como os principais elementos de TCC podem ser administrados em sessões breves quando um psiquiatra é o único terapeuta e como as intervenções de uma série de sessões podem ser interligadas em um plano geral para a combinação de TCC e farmacoterapia.

Wayne

O segundo caso ilustra brevemente como o formato de dupla de terapeutas pode ser usado de maneira eficaz na terapia combinada.

Wayne era um supervisor de fábrica de 52 anos de idade que tinha depressão resistente ao tratamento. Ele foi encaminhado por outro psiquiatra que havia tentado uma ampla variedade de medicações, sem levar a uma remissão total ou sustentada. Embora ainda fosse capaz de trabalhar, Wayne tinha sintomas depressivos contínuos que limitavam sua eficácia e interferiam em seu funcionamento psicossocial. Depois do trabalho, ele sentava na frente da televisão e ali ficava – passando praticamente todo o seu tempo livre olhando para a TV ou fazendo "nada". Ele havia desistido de todas as suas atividades sociais (p. ex., jogar boliche, participar de grupos da igreja, pescar) e passava pouco tempo em atividades em família. Sua autoestima estava muito baixa. Embora tivesse pensamentos de desesperança quanto a ser capaz de se recuperar, ele não considerava o suicídio como uma opção.

Como Wayne nunca tinha feito TCC, tinha sintomas há muito tempo e parecia estar preso na depressão, foi desenvolvido um plano concentrado de tratamento de

sessões breves com Dr. Thase e sessões de TCC de 50 minutos com uma assistente social (formato 4 na Tabela 2.3). Dr. Thase marcou sessões breves a cada duas a quatro semanas nas quais ele iniciou uma série de estratégias de aumento para farmacoterapia da depressão resistente ao tratamento, mas também usou métodos da TCC que eram combinados com os esforços da assistente social. Algumas das influências e técnicas da TCC usadas por Dr. Thase nessas sessões foram:

1. formulação de caso com base no modelo cognitivo-comportamental-biológico--sociocultural abrangente;
2. empirismo colaborativo;
3. estruturação da sessão com metas gerais, um agenda e *feedback*;
4. perguntar sobre o trabalho de TCC feito pela assistente social e apoiar o valor dessa terapia;
5. pedir para Wayne explicar brevemente suas tarefas de casa das sessões de 50 minutos;
6. sugerir e/ou reforçar tarefas de ativação comportamental que fossem consistentes com o plano geral de tratamento;
7. identificar cognições desadaptativas óbvias, pedir ao paciente para tentar revisar seu pensamento e recomendar que ele discutisse as cognições mais longamente em sua próxima sessão com a assistente social e
8. escrever um cartão de enfrentamento para um problema discutido na sessão e pedir para Wayne mostrar o cartão em sua próxima sessão de TCC de 50 minutos.

Assim como Dr. Thase fez um claro esforço para promover o valor das sessões de TCC de 50 minutos, a assistente social que realizava a TCC mais intensa também trabalhou para apoiar as sessões de Wayne com Dr. Thase. Por exemplo, a cada sessão, ela pedia que Wayne fizesse um rápido resumo da sessão breve anterior com Dr. Thase, um relato das estratégias que eles estavam usando para a farmacoterapia e *feedback* sobre qualquer sugestão que Dr. Thase tivesse dado. Dessa maneira, os dois clínicos implementaram uma estratégia coesa e integrada de tratamento que evitam as armadilhas da coterapia.

Consuela

Um caso do consultório da Dra. Sudak demonstra um método de usar sessões breves juntamente com visitas de 50 minutos com um terapeuta que está utilizando um modelo diferente de tratamento (formato 6 na Tabela 2.3).

Consuela era uma moça de 22 anos de idade que foi encaminhada por seu médico de cuidado primário à Dra. Sudak para tratamento de agorafobia. Durante a avaliação inicial, Dra. Sudak soube que Consuela estava consultando um conselheiro pastoral cerca de duas vezes por mês a quase um ano devido ao luto depois da morte de um grande amigo em um acidente de carro. Consuela e seu amigo eram passageiros em um carro que foi atingido por um motorista embriagado. O acidente também havia levado a questionamentos e questões espirituais – Consuela questionava como um "Deus amoroso" podia deixar que uma tragédia dessas acontecesse. Embora Consuela valorizasse muito as sessões com o conselheiro pastoral, ela percebia que elas não estavam ajudando-a com seus sintomas agorafóbicos que, de certa forma, já estavam presentes desde seus 16 ou 17 anos de idade. Os principais sintomas eram medo e esquiva de dirigir (agora pior depois do acidente) e lugares cheios de gente como *shopping centers* ou supermercados. A Dra. Sudak também diagnosticou Consuela com transtorno de estresse pós-traumático. Embora o medo de dirigir estivesse presente de certa forma antes da morte trágica de seu amigo, o problema de esquiva estava muito pior agora e Consuela tinha "*flashbacks*". Ela não era capaz de dirigir sozinha ou com ajuda em nenhum lugar que lhe lembrasse o acidente (p. ex., avenidas com quatro pistas, congestionamentos e ruas perto de shopping centers).

Como Consuela já estava em terapia com um conselheiro pastoral, a Dra. Sudak:

1. explicou a Consuela uma abordagem combinada de TCC e farmacoterapia para transtornos de ansiedade;
2. pediu permissão a Consuela para discutir o tratamento com seu conselheiro pastoral;
3. determinou as preferências de Consuela em relação à terapia e descobriu que ela desejava continuar o aconselhamento pastoral ao mesmo tempo em que fazia a TCC;
4. discutiu um plano conjunto de tratamento com o conselheiro pastoral e decidiu por uma série de 8 a 12 sessões breves mais o uso de um inibidor seletivo de recaptação da serotonina; e
5. acertou com o conselheiro pastoral e Consuela a comunicação com atualizações sobre o progresso tanto na TCC como no aconselhamento pastoral.

A escolha de sessões breves parecia apropriada porque Consuela estava participando de sessões longas no aconselhamento pastoral, estava fortemente motivada para a TCC e parecia disposta e capaz de se envolver em um protocolo de exposição de autoajuda com tarefa de casa fora das sessões de terapia. O Capítulo 9, "Métodos Comportamentais para Ansiedade" traz mais detalhes sobre o tratamento de Consuela.

• Exercício de Aprendizagem 2.2: Selecionando formatos para o uso combinado de TCC e farmacoterapia

1. Revise os seis formatos para sessões breves de TCC e farmacoterapia combinadas relacionados na Tabela 2.3. Tente identificar os pacientes de seu consultório que poderiam ser (ou são) tratados com cada um dos seis formatos.

2. Liste pelo menos três problemas ou barreiras com os quais você se deparou ao usar qualquer um dos formatos combinados para sessões breves. Anote algumas possíveis soluções que você poderia desenvolver para cada um desses problemas ou barreiras.

RESUMO

Pontos-chave para terapeutas

- Há muitas indicações possíveis para usar sessões breves para o fornecimento de todo ou parte do plano de tratamento combinado de TCC e farmacoterapia.
- Os exemplos de indicações para sessões breves nas quais um psiquiatra ou outro clínico prescritor é o único provedor incluem as seguintes situações:
  1. a TCC está sendo usada como um adjuvante à farmacoterapia para um transtorno mental importante,
  2. sessões breves de TCC parecem ser uma abordagem razoável para um problema circunscrito e
  3. paciente e psiquiatra concordam com essa preferência.
- As indicações para administração por uma dupla de terapeutas de TCC e farmacoterapia combinadas incluem as seguintes situações:
  1. o diagnóstico e os sintomas do paciente sugerem que é necessário um tratamento integral de TCC;

2. a condição do paciente é complicada por trauma, abuso, problemas interpessoais sérios ou patologia significativa de Eixo II; e
3. paciente e psiquiatra concordam com essa preferência.

- A combinação de sessões breves de TCC e farmacoterapia pode ser administrada em vários formatos diferentes. A escolha do formato para a terapia deve se basear em uma avaliação e formulação de caso minuciosas.
- No modo de único clínico, o psiquiatra ou outro médico prescritor deve selecionar a extensão e a intensidade da sessão que atendam às necessidades e capacidades do paciente.
- No modo de dupla de clínicos, os clínicos devem usar um modelo cognitivo--comportamental-biológico-sociocultural para tratamento, apresentar uma abordagem unificada ao paciente e se comunicar regularmente.
- Mesmo quando sessões de TCC de 50 minutos estão sendo conduzidas por um terapeuta não médico, psiquiatras e outros prescritores podem usar os princípios da TCC em sessões breves para intensificar o plano geral de tratamento.

Conceitos e habilidades para os pacientes aprenderem

- Muito pode ser realizado em sessões breves de TCC e farmacoterapia combinadas.
- Ao desenvolver um plano de tratamento, pacientes e clínicos devem discutir os possíveis benefícios das sessões breves, sessões de 50 minutos ou uma mescla de diferentes extensões de sessões e tomar uma decisão colaborativa quanto à forma de terapia que será usada.

- Se uma forma de terapia não parecer estar funcionando bem, deve-se discutir sobre as opções para modificar o plano de tratamento.
- Se as sessões de 50 minutos estiverem sendo conduzidas, mas parecem não ser mais necessárias, paciente e clínico podem considerar passar para sessões mais breves.

REFERÊNCIAS

Riba MB, Balon R: Competence in Combining Pharmacotherapy and Psychotherapy: Integrated and Split Treatment. Washington, DC, American Psychiatric Publishing, 2005

Wright JH, Turkington D, Kingdon DG, et al: Terapia Cognitivo-comportamental para Doenças Mentais Graves. Porto Alegre: Artmed, 2010.

3
Aumentando o impacto das sessões breves

Mapa de aprendizagem

Maximização do relacionamento terapêutico

Checagem de sintomas

Estruturação e andamento: chaves para sessões de alto rendimento

Psicoeducação

Uso de tecnologia para melhorar a eficiência

Tarefa de casa e autoajuda como extensões da terapia

Aproveitamento das interações positivas entre farmacoterapia e TCC

Quando estão sendo usadas sessões breves para a terapia cognitivo-comportamental (TCC) e a farmacoterapia combinadas, os terapeutas precisam encontrar maneiras de aproveitar ao máximo o tempo disponível. Tanto terapeuta como paciente devem sair da sessão com uma sensação de que tiveram uma excelente comunicação, fizeram um trabalho produtivo e têm um plano razoável de tratamento para seguir adiante. Neste capítulo, descrevemos alguns métodos que podem ser usados para intensificar o impacto das sessões breves.

MAXIMIZAÇÃO DO RELACIONAMENTO TERAPÊUTICO

O relacionamento terapêutico empírico colaborativo na TCC (Beck et al. 1979; Sudak 2006; Wright et al. 2008) é especialmente adequado às sessões breves porque enfatiza o trabalho em equipe e uma abordagem à terapia orientada para a ação. Embora durante as sessões breves os terapeutas possam se sentir de certa forma pressionados a compactar uma quantidade considerável de trabalho em um pequeno espaço de tempo, ainda é preciso prestar atenção aos atributos fundamentais de todos os relacionamentos terapêuticos eficazes: autenticidade, consideração positiva, afeto e empatia adequada (Beck et al. 1979; Wright et al. 2008). Encontrar o equilíbrio entre essas atividades essenciais do terapeuta e a atividade da estruturação e fornecer intervenções específicas de TCC e farmacoterapia é um desafio criticamente importante para os terapeutas que estejam conduzindo o tratamento em sessões breves.

Ao escrever sobre sessões breves de TCC realizadas no Japão, Ono e Berger (1995) observaram que os terapeutas podem modelar seu comportamento na atenção exclusiva da pessoa que serve para quem é servido na tradicional cerimônia do chá japonesa. Os autores destacam o termo *ichigo ichie*, que é frequentemente usado para descrever o relacionamento entre o anfitrião e o convidado: *ichigo* significa uma vida inteira e *ichie* significa um encontro. Embora a TCC seja certamente um processo mais colaborativo, o ponto de vista dos autores faz bastante sentido.

Os terapeutas precisam mostrar aos pacientes sua preocupação mais profunda e atenção concentrada nas sessões breves.

Como demonstrado na Ilustração em Vídeo 2, o relacionamento terapêutico pode contribuir fortemente para o desfecho das sessões breves. Este vídeo mostra a Dra. Sudak trabalhando com Grace, uma mulher que tem depressão após a perda de seu marido por câncer e agora está tentando assumir um novo emprego. Ao mesmo tempo em que demonstra preocupação genuína e empatia, a terapeuta leva a sessão juntamente com um plano de ajudar Grace a revisar alguns pensamentos automáticos negativos. O vídeo também ilustra o uso eficaz do questionamento socrático para ajudar Grace a obter uma perspectiva mais saudável de seus problemas. O método de questionamento socrático é um elemento primordial do relacionamento empírico colaborativo na TCC. Descrevemos mais sobre o tratamento de Grace no Capítulo 7, "Enfocando o Pensamento Desadaptativo".

• Ilustração em Vídeo 2: Modificando pensamentos automáticos I
Dra. Sudak e Grace

No fragmento a seguir, da Ilustração em Vídeo 2, a Dra. Sudak demonstra como agregar comentários empáticos em um esforço terapêutico para mudar as cognições aflitivas.

Dra. Sudak: Você disse que pode ser despedida de novo. O que exatamente aconteceu no seu antigo emprego?

Grace: Bem, na verdade não fui despedida. Eles precisaram fazer uma redução de pessoal, e alguns de nós foram cortados. Eu sei que não foi nada especificamente dirigido a mim. Mas eu perdi meu emprego.

Dra. Sudak: Ok... E foi muito estressante perder seu emprego.

Grace: Sim.

Dra. Sudak: Mas ao mesmo tempo você disse que não teve nada a ver com você.

Grace: Sim, não teve. Eu estava indo bem.

Dra. Sudak: Não teve a ver com seu desempenho no trabalho?

Grace: Não. Mas... Eu de fato perdi o emprego. E por conta disso perdi muitas coisas. E... Tenho medo que isso aconteça novamente.

Dra. Sudak: Afinal, você tem todo o peso nos seus ombros agora.

Algumas sugestões para construir fortes relacionamentos terapêuticos em sessões breves são fornecidas na Tabela 3.1. Além do estilo colaborativo, empático e altamente atencioso na terapia que discutimos acima, o relacionamento em sessões breves pode ser intensificado ao selecionar alvos que rendam resultados rápidos e/ou especialmente bem vindos. Se os pacientes

Terapia cognitivo-comportamental de alto rendimento para sessões breves **47**

Tabela 3.1 • Maneiras de intensificar o empirismo colaborativo em sessões breves

- Enfatizar uma abordagem em equipe na qual a responsabilidade é compartilhada no trabalho de terapia.
- Manter-se sintonizado com as emoções do paciente e responder com empatia adequada quando apropriado.
- Dar ao paciente toda a sua atenção; tentar evitar divagações.
- Usar o questionamento socrático para mostrar perspectivas mais racionais e desenvolver o *rapport*.
- Escolher alvos de mudança que tenham tanto alta relevância como boas oportunidades de sucesso em um formato de sessão breve.
- Refinar suas habilidades de comunicação: ouvir com atenção, dar explicações claras e sucintas, resumir os pontos-chave e pedir e dar *feedback*.
- Não se esqueça que o humor às vezes pode ser um método muito eficaz de intensificar o relacionamento e promover o aprendizado.

estiverem obtendo alívio dos sintomas ou estão encontrando soluções para os problemas, sua confiança em si próprio e no terapeuta provavelmente crescerá. Assim, recomendamos que seja desenvolvida uma miniformulação (vide Capítulo 4, "Formulação de Caso e Planejamento do Tratamento") o mais rápido possível e que os terapeutas escolham alvos e intervenções que:

1. sejam claramente importantes para o paciente,
2. sejam adequados para o tratamento em sessões breves e
3. tenham boas chances de levar a desfechos positivos.

Um enfoque na comunicação clara é outra característica de bons relacionamentos terapêuticos em sessões breves. Como o tempo é limitado, os terapeutas precisam fazer esforços especiais para ouvir os pacientes com cuidado e ser comunicadores eficazes. Algumas das técnicas que gostamos de usar para melhorar a comunicação são:

1. trabalhar no sentido de reduzir nossas explicações e comentários para "compactar" as informações de modo que os pacientes possam facilmente entender e usar,

2. fornecer resumos breves, mas incisivos, dos pontos-chave e
3. pedir *feedback* para averiguar o entendimento.

O humor também pode ser uma ferramenta apropriada para promover bons relacionamentos em sessões breves. Algumas de nossas ilustrações em vídeo demonstram como o uso de um senso de humor ponderado pode ser uma maneira genuína e eficaz de normalizar o relacionamento e ajudar os pacientes a obterem novas perspectivas.

Outro benefício possível do humor é que ele pode ser usado como uma habilidade de enfrentamento para reagir ao estresse ou lidar com os problemas da vida. Tirar alguns instantes para rir juntos ou para incentivar o uso do humor como uma estratégia de enfrentamento geralmente pode ser um tempo bem gasto nas sessões breves.

CHECAGEM DE SINTOMAS

Um componente importante de toda sessão é a avaliação dos sintomas, o que pode ser feito em sessões breves por meio de várias maneiras de economizar tempo. Pode-se ensinar a um paciente como fazer um relato sucinto sobre o progresso ou os reveses no início de cada sessão e o terapeuta pode fazer um acompanhamento desse relato fazendo várias perguntas incisivas sobre os principais sintomas. Por exemplo, se problemas com o sono tiverem sido um enfoque do tratamento, o terapeuta pode fazer algumas perguntas breves sobre qualquer mudança recente no padrão de sono do paciente. Outro método comum é pedir ao paciente para classificar o grau geral dos sintomas (p. ex., depressão, ansiedade, a interferência do transtorno obsessivo-compulsivo [TOC] na vida cotidiana) em escalas de 0 a 10 pontos, onde 10 representa a angústia mais extrema e 0 representa a ausência de sintomas. Se essa técnica for usada em uma série de sessões, terapeuta e paciente terão um método simples, mas útil, de medir o impacto do tratamento.

O uso rotineiro de escalas de classificação autorrelatada pode proporcionar um modo mais sistemático de avaliar os sintomas e averiguar o progresso. Embora a maioria dos terapeutas não utilize escalas de classificação em seu trabalho clínico, esta prática tem o potencial de melhorar significativamente a qualidade do cuidado (Zimmerman & McGlinchey 2008). Um plano razoável para integrar escalas de classificação nas sessões breves poderia ser pedir aos pacientes para chegar 15 minutos antes do horário marcado da consulta com o terapeuta e usar esse tempo para preencher uma ou duas breves escalas de classificação. Se estiver sendo usado um registro médico eletrônico, os pacientes podem fazer a classificação em um computador na sala de espera para que a escala esteja disponível no início da sessão. Se estiver sendo usado um gráfico em papel, a escala de classificação pode ser pontuada pela equipe do consultório e anexada ao registro médico antes da sessão com o terapeuta começar.

Na Tabela 3.2, relacionamos escalas breves de classificação autorrelatada adequadas para uso rotineiro em ambientes clínicos. Com exceção do Inventário de Depressão de Beck e do Inventário de Ansiedade de Beck, as escalas são de domínio público e podem ser usadas gratuitamente. Relacionamos as escalas de Beck por serem amplamente empregadas em pesquisas e na prática clínica, sendo consideradas medidas padrão. No entanto, o custo desses instrumentos protegidos por direito autoral é algo a ser considerado quando são usados para a sessão de cada paciente.

Os leitores interessados em aprender mais sobre as escalas breves de classificação autorrelatada podem consultar as revisões de Lam e seus colegas (2005) ou Goodwin e Jamison (2007).

ESTRUTURAÇÃO E ANDAMENTO: CHAVES PARA SESSÕES DE ALTO RENDIMENTO

Estabelecer metas

O estabelecimento de metas – um dos métodos padrão de estruturação para sessões de TCC de qualquer duração – pode ser uma ferramenta poderosa para tirar o máximo das sessões breves.

As metas da terapia proporcionam uma direção para todo o curso do tratamento e, se estiverem explícitas entre terapeuta e paciente, podem ajudar a mantê-las em foco e a usar o tempo sabiamente. Em nossa experiência, metas atingíveis específicas normalmente funcionam melhor (p. ex., reduzir os rituais de TOC a menos de 10% do basal, sustentar uma remissão da depressão, ser capaz de dirigir todos os dias com pouco ou nenhum medo, minimizar o risco de recaída do transtorno bipolar, ser capaz de enfrentar alucinações para que elas pareçam apenas como um "ruído de fundo" e não me aborreçam e voltar ao trabalho e ser capaz de mantê-lo). Em contraste, metas vagas ou pouco pensadas podem levar terapeutas e pacientes a vagar por discussões improdutivas e perder boas oportunidades

Terapia cognitivo-comportamental de alto rendimento para sessões breves **49**

Tabela 3.2 • Escalas breves de classificação autorrelatada

APLICAÇÃO	ESCALA DE CLASSIFICAÇÃO E FONTE	REFERÊNCIA
Ansiedade	Inventário de Ansiedade de Beck (www.pearsonassessments.com/pai)	Beck et al. 1988
	Penn State Worry Questionnaire (Meyer et al. 1990)	Meyer et al. 1990
Delírios e alucinações	Psychotic Symptom Rating Scales (Haddock et al. 1999)	Haddock et al. 1999
Depressão	Inventário de Depressão de Beck (www.pearsonassessments.com/pai)	Beck et al. 1961
	Patient Health Questionnaire–9 (www.mapi-trust.org/test/129-phq)	Kroenke et al. 2001
	Quick Inventory of Depressive Symptomatology Self-Report Version–16 (www.ids-qids.org)	Rush et al. 2003

Nota: Estas escalas estão relacionadas no Apêndice 1, "Planilhas e Listas de Verificação".

de aplicar métodos de alto impacto em sessões breves.

A seguir, algumas perguntas úteis para os terapeutas se fazerem:

1. Nós estabelecemos metas específicas, significativas e atingíveis para o tratamento?
2. Essas metas são adequadas para sessões breves?
3. O paciente consegue distinguir as metas? O paciente tem uma ideia clara do que estamos tentando realizar? Em caso negativo, quais perguntas devo fazer para definir melhor as metas?
4. Tenho pedido *feedback* com frequência suficiente para ver se estamos mantendo a direção para atingir as metas?
5. As metas precisam ser reconsideradas ou revisadas?
6. O paciente e eu estamos de acordo quanto às metas? Se não estivermos de acordo quanto às metas para o tratamento, podemos colaborar para modificá-las e nos ajudar a usar as sessões breves de modo mais produtivo?

Focar claramente o esforço de terapia

Quando são escolhidas metas eficazes e a terapia é orientada por uma formulação precisa (vide Capítulo 4, "Formulação de Caso e Planejamento do Tratamento"), terapeutas e pacientes podem direcionar sua atenção para os problemas, temas ou processos centrais capazes de oferecer excelentes oportunidades de fazer um progresso sólido. Algumas das possíveis vantagens de manter um foco claro nas sessões breves estão relacionadas na Tabela 3.3. Os dois primeiros benefícios estão demonstrados na Ilustração em Vídeo 2. Grace estava inicialmente assoberbada com os vários problemas que estava enfrentando para começar um novo emprego e para lidar com a perda de seu marido. Porém, quando a Dra. Sudak direcionou o foco da sessão para um componente específico do problema (lidar com previsões negativas sobre sua situação profissional), Grace sentiu um grau significativo de alívio e ficou mais otimista em relação a seu futuro.

Tabela 3.3 • Vantagens de ter um foco claro para as sessões breves

- Pode reduzir a sensação de estar assoberbado.
- Pode estimular a esperança quando é feito progresso em um problema específico.
- Pode melhorar o aprendizado.
- Se os métodos de terapia cognitivo-comportamental para um problema puderem ser bem aprendidos, essas habilidades podem ser transferidas para outras situações e outros problemas.
- Ajuda a evitar divagações e ineficiências.
- Pode melhorar a produtividade das sessões breves.

Ao supervisionar profissionais em treinamento na TCC, geralmente descobrimos que eles tentam fazer muita coisa em uma única sessão. Eles podem não permanecer tempo suficiente em um problema ou ideia para o paciente entender os pontos--chave ou aprender totalmente um conceito ou habilidade da TCC. Acreditamos que é preferível fazer bem uma ou duas coisas em uma sessão de terapia a tentar dar conta de tudo. Se puderem assimilar totalmente um princípio básico da TCC à medida que ele é aplicado a uma situação circunscrita, os pacientes poderão aplicar o que aprenderam a muitos outros problemas em suas vidas. Pode ser desenvolvido um gabarito de entendimento que poderá ter efeitos abrangentes. Como observou Arieti (1985), o estudo da "cognição nos ensina que o ser humano é *Homo symbolicus* para o qual uma pequena parte se torna um símbolo que representa o todo" (p. 240).

Usar uma agenda para a sessão

Na TCC, as agendas são usadas para manter as sessões individuais direcionadas e para relacionar o trabalho na sessão individual com as metas gerais do tratamento.

No livro *Aprendendo a Terapia Cognitivo-Comportamental: Um Guia Ilustrado*, Wright e seus colegas (2008) explicaram detalhadamente o estabelecimento de agenda e forneceram um exemplo em vídeo do estabelecimento de agenda em uma sessão de 50 minutos. Esse exemplo, que acontece bem no início da terapia, dura quase 8 minutos – um espaço de tempo que pode ser necessário na fase de abertura do tratamento, quando os pacientes estão sendo socializados na natureza e estrutura das sessões de 50 minutos. No entanto, o tempo gasto no estabelecimento de agenda normalmente se reduz consideravelmente à medida que os pacientes passam para os estágios intermediários e adiantados da TCC em sessões de 50 minutos e também é bastante reduzido em sessões de 25 minutos ou menos.

Em sessões breves, procuramos usar técnicas abreviadas de estabelecimento de agenda que forneçam estrutura para a terapia, mas que possa necessitar apenas de alguns momentos para desenvolver (Tabela 3.4). Talvez a estratégia mais importante seja ensinar aos pacientes os benefícios e métodos de preparar, estabelecer e seguir as agendas. Fazemos isso de duas maneiras, principalmente: por meio de miniaulas (vide a seção "Psicoeducação" mais adiante neste capítulo) e dando o modelo do uso de agendas nas sessões.

Procuramos transmitir a· nossos pacientes os seguintes pontos-chave do estabelecimento eficaz de agenda para sessões breves:

1. os itens da agenda devem estar ligados às metas gerais da terapia;
2. os itens específicos da agenda (p. ex., desenvolver uma estratégia de enfrentamento para o problema no trabalho,

Terapia cognitivo-comportamental de alto rendimento para sessões breves **51**

Tabela 3.4 • Técnicas de estabelecimento de agenda para sessões breves

- Ensinar aos pacientes os métodos para elaborar agendas eficazes.
- Instruir os pacientes sobre o valor de preparar uma agenda antecipadamente.
- Pedir aos pacientes para assumirem a responsabilidade principal pela construção da agenda.
- Se o paciente não tiver preparado uma agenda antecipadamente, geralmente podem ser escolhidos rapidamente alvos úteis para uma sessão breve fazendo perguntas como estas:
  - O que você quer colocar na agenda de hoje?
  - Em que podemos trabalhar hoje que nos ajudaria a manter o foco em nossa meta (mencionar meta)?
  - Tudo bem se trabalhássemos em _____ (mencionar um alvo-chave que o terapeuta acredita ser importante)?
  - O que poderíamos continuar da sessão passada? (o terapeuta consulta o registro médico.)
  - Podemos colocar a tarefa de casa da última vez na agenda?

resolver questões relativas à dose e aos efeitos colaterais da medicação, decidir os próximos passos no seguimento do plano de terapia de exposição para o medo de dirigir, revisar a tarefa de casa) normalmente funcionam melhor do que tópicos gerais de discussão;

3. uma prática benéfica é frasear os itens da agenda de uma maneira que permita que paciente e terapeuta saibam se está havendo progresso e/ou se o item foi abordado de modo satisfatório e

4. os itens da agenda podem levar a tarefas de casa úteis, além de poderem ser levados de uma sessão para outra, ligando assim as sessões para alcançar os objetivos gerais do tratamento (Wright et al. 2008).

Como parte do esforço educacional, costumamos incentivar os pacientes a preparar uma agenda escrita antes do horário da terapia. Uma agenda escrita pode ajudar os pacientes a trazer suas preocupações à atenção imediata do clínico, garantir que itens importantes não sejam esquecidos e motivem paciente e terapeuta a trabalharem rapidamente para resolver problemas.

Como o estabelecimento de agenda é um processo colaborativo na TCC, os terapeutas sempre precisam manter a opção de sugerir outros itens que possam ser abordados de modo produtivo durante a sessão atual ou considerados para sessões futuras.

A Ilustração em Vídeo 1, discutida no Capítulo 2, "Indicações e Formatos para Sessões Breves de TCC", mostra o início de uma sessão breve para a qual Barbara, uma mulher com transtorno bipolar, trouxe uma agenda escrita. A agenda de Barbara é apresentada na Figura 3.1. A maioria das ilustrações em vídeo neste livro (p. ex., consulte a Ilustração em Vídeo 2 com Dra. Sudak e Grace neste capítulo) não mostra o início da visita quando uma agenda é estabelecida, mas sim começa em um ponto da sessão em que é demonstrado um método específico ou técnica específica. No entanto, em todos os casos, foi negociada uma agenda de algum tipo muito antes na sessão.

Muitos de nossos pacientes gostam de preparar agendas escritas antecipadamente.

1. Ajude-me a parar de 'perder a cabeça' quando brigo com meu filho.
2. Fazer alguma coisa em relação ao tremor.

Figura 3.1 • Uma agenda preparada antecipadamente para uma sessão breve: exemplo de Barbara.

52 Wright, Sudak, Turkington & Thase

Outros podem pensar em itens da agenda antes da sessão, mas preferem, em vez de escrever uma lista, passar algum tempo no início da sessão estabelecendo a agenda com o terapeuta. Exemplos de perguntas eficientes e eficazes que podem ser usadas para ajudar a moldar as agendas são apresentados no final da Tabela 3.4. Os exemplos incluem perguntas abertas que dão a chance ao paciente de delinear a agenda e outros que são mais diretivos ou focados. Essas perguntas podem ser usadas com pacientes que pensaram na agenda com antecedência mas ainda não consolidaram seus planos para a sessão. As perguntas também podem ser usadas com pacientes que vêm às sessões sem uma ideia clara do que querem obter. Nesta última situação, o terapeuta pode precisar assumir a liderança na elaboração de uma agenda e sugerir tópicos enquanto continua a ensinar ao paciente o valor de estruturar as sessões breves com agendas.

Os métodos de estabelecimento de agenda descritos acima são recomendados para o uso rotineiro no tratamento de pacientes com transtornos de Eixo I não psicóticos.

Na TCC para pacientes com esquizofrenia ou outras psicoses, uma agenda específica não pode ser discutida no início da sessão (para descrições detalhadas de métodos da TCC para essas condições, consulte o Capítulo 11, "Modificando Delírios"; Capítulo 12, "Enfrentando as Alucinações"; Wright et al. 2010). No entanto, o clínico ainda mantém uma agenda implícita em mente ao mesmo tempo em que orienta e estrutura o fluxo da sessão.

• **Exercício de Aprendizagem 3.1:** Estabelecimento de agenda

1. Pratique métodos de estabelecimento de agenda para sessões breves com pelo menos um de seus pacientes.

2. Eduque o paciente sobre o valor de ter uma agenda para cada sessão.

---

3. Peça ao paciente para preparar uma agenda antecipadamente para a próxima sessão.

4. Use a agenda para estruturar a sessão.

Andamento das intervenções

Durante as sessões breves, fazemos um esforço concentrado para dar andamento as intervenções de uma maneira que o tempo seja bem utilizado sem dar a impressão ao paciente de que estamos com pressa ou não estamos dando atenção total às suas preocupações. De certo modo, uma sessão breve de TCC com bom andamento exige que o terapeuta pense como um jogador de xadrez talentoso que trama várias jogadas e conceitua uma série de opções antecipadamente. Embora seja preciso manter uma postura colaborativa geral, conduzir a sessão por um caminho construtivo e eficiente desde seu começo até sua conclusão é uma responsabilidade do terapeuta.

As metas do andamento para as fases de abertura, intermediária e encerramento de sessões breves estão resumidas na Tabela 3.5. É possível realizar muita coisa em uma sessão breve com bom andamento. Na fase de abertura, o terapeuta cumprimenta o paciente, faz uma checagem dos sintomas e estabelece uma agenda. Embora o tempo necessário para realizar tais tarefas possa variar muito, normalmente conseguimos passar para a fase intermediária de uma sessão breve em menos de cinco minutos. Na fase intermediária, são discutidas questões referentes à medicação, se necessário, a tarefa de casa é revisada e o trabalho de TCC é feito em um ou mais itens específicos da agenda. Pode ser desenvolvida uma nova tarefa de casa na fase intermediária ou de encerramento da sessão.

Na fase de encerramento, o terapeuta deve oferecer uma revisão e um resumo da sessão. Nessas duas fases – intermediária e de encerramento –, o terapeuta deve pedir

Terapia cognitivo-comportamental de alto rendimento para sessões breves **53**

Tabela 3.5 • Metas de andamento para sessões breves

FASE DA SESSÃO	METAS DE ANDAMENTO
Fase de abertura	Estabelecer a agenda. Realizar checagem de sintomas. Revisar prescrição farmoterapêutica e modificar, se necessário. Revisar a tarefa de casa, se houver alguma, da sessão anterior.
Fase intermediária	Enfocar um ou mais itens da agenda com métodos de terapia cognitivo-comportamental. Verificar o entendimento e pedir *feedback* e/ou perguntas do paciente. Passar tarefa de casa, se apropriado.
Fase de encerramento	Revisar e fazer um resumo. Verificar o entendimento e pedir *feedback* e/ou perguntas do paciente. Passar tarefa de casa, se apropriado.

e dar *feedback* e verificar se o paciente tem alguma pergunta ou comentário sobre o trabalho que está sendo feito na sessão.

Se essas metas de andamento forem realizadas, os terapeutas podem precisar fazer uso de uma série de comentários e instruções habilidosos para moldar a sessão. Embora muitos estilos de comunicação possam funcionar de maneira eficaz para dar andamento as sessões breves, acreditamos que os métodos na Tabela 3.6 funcionarão bem para a maioria dos profissionais.

PSICOEDUCAÇÃO

A ênfase psicoeducacional de TCC é um dos principais motivos pelos quais achamos que essa abordagem de tratamento tem grande potencial para o uso em sessões breves. Embora o papel de professor/ *coach* do clínico seja altamente importante na TCC, esforços educacionais normalmente não requerem grandes quantidades de tempo. De fato, a psicoeducação em sessões mais longas de 45 a 50 minutos normalmente é ministrada em "miniaulas" (explicações ou demonstrações curtas) ou sugerindo leituras ou alguma outra tarefa de casa a ser feita entre as sessões com

o profissional (Basco e Rush 2005; Beck 1995; Sudak 2006; Wright et al. 2008).

A seguir, algumas de nossas recomendações para realizar psicoeducação em sessões breves de TCC:

1. **Tente relacionar diretamente os pontos de aprendizagem a situações ou problemas na própria vida do paciente.** Se os momentos educacionais forem altamente relevantes para o dilema ou modo de pensar atual do paciente, pode ser mais provável que ele se lembre deles e os utilize.

2. **Use o questionamento socrático para estimular o envolvimento do paciente no processo de aprendizagem.** Perguntas que deixem o paciente curioso e "pensando sobre seu modo de pensar" podem ser mais eficazes do que preleções ou o uso de um estilo de ensino excessivamente didático.

3. **Se parecer necessário dar uma aula didática (p. ex., explicar o conceito de terapia de exposição ou ensinar o valor de um cartão de enfrentamento), faça de forma breve e focada em um problema específico.** As miniaulas geralmente podem ser ministradas de uma maneira muito sucinta. Assista as

54 Wright, Sudak, Turkington & Thase

Tabela 3.6 • Dicas para o andamento das sessões breves

- Utilize um estilo coloquial e colaborativo de fazer perguntas e conduzir o curso da terapia de modo que os pacientes não se sintam pressionados ou "cutucados" durante a sessão.
- Se os pacientes começarem a divagar, faça comentários criteriosos para trazê-los de volta à tarefa.
- Se necessário, lembre os pacientes das metas gerais do tratamento ou faça sugestões que os ajudem a se concentrarem nos temas principais.
- Utilize anotações de terapia para manter os pacientes centrados em discussões úteis (p. ex., se a sessão parecer sem direção, diga: "Vamos dar uma olhada em nossas anotações para ver se estamos indo na direção certa... Qual é a principal coisa na qual estamos trabalhando?").
- Planeje com antecedência. Use uma formulação para traçar um curso para a sessão.
- Enfatize o uso de perguntas e comentários que tenham ligação direta com as metas e propósitos do tratamento; minimize perguntas e comentários que preencham o tempo com conversa sem foco. Um pouco de comunicação social (p. ex., comentários sobre o clima, um feriado, uma viagem que o paciente tenha acabado de fazer ou está planejando fazer) no início e no fim da sessão não tem problema, mas, se a sessão for largamente preenchida com esse tipo de comentário, os princípios do andamento das sessões breves de terapia cognitivo-comportamental serão violados.
- Dê e peça *feedback* para ter certeza de que o andamento da sessão não está rápido demais ou demasiadamente moroso (p. ex., "Você poderia recapitular os pontos principais sobre os quais discutimos hoje?", "Estamos abordando as coisas que você queria para hoje?", "O que você está achando da sessão até agora?", "Existe alguma coisa que você gostaria que eu fizesse de maneira diferente?").

ilustrações em vídeo que acompanham este livro para ver exemplos de explicações didáticas realizadas dentro de um espaço de tempo muito breve.

4. **Dê um toque amigável.** As pesquisas sobre o relacionamento terapêutico descobriram que os processos interpessoais mais produtivos são observados quando os profissionais são "professores amigáveis" (Muran 1993; Wright e Davis 1994). Assim, sugerimos aos profissionais que ensinem de uma maneira gentil, empática e em forma de conversa, ao mesmo tempo mantendo os limites profissionais adequados.

5. **Seja um bom *coach* ou mentor.** Ao ensinar os pacientes em sessões breves, pense nos atributos que são valiosos para uma prática de *coaching* eficaz. Tivemos a sorte de ter *coaches* e mentores fenomenais que demonstraram alguns dos seguintes traços: 1) uma abordagem estimulante e motivadora, 2) um interesse genuíno em ensinar, 3) uso de métodos capacitantes, 4) claras evidências de conhecimento especializado, 5) paciência e persistência e 6) respeito pelo aluno/pupilo.

6. **Utilize diagramas, instruções ou diários escritos como ferramentas de aprendizagem.** Um exercício escrito em uma sessão pode ser muito útil para ajudar os pacientes a entender um conceito-chave. Os exemplos incluem fazer um diagrama do modelo básico de TCC, trabalhar em um registro de modificação de pensamento ou iniciar uma programação de atividades. Normalmente, também incentivamos os pacientes a manterem cadernos de terapia para guardar e revisar seu trabalho. Diários ou outros esforços escritos de automonitoração (p. ex., registros de sono, gráficos de humor, diários de exposição e prevenção de resposta e diários de adesão à medicação) são valiosos para encorajar o aprendizado.

7. **Prepare uma "biblioteca" de apostilas educacionais para dar aos pacientes.** Para maximizar o tempo disponível

Terapia cognitivo-comportamental de alto rendimento para sessões breves **55**

para psicoeducação, usamos uma série de materiais impressos (p. ex., planilhas, registros de pensamentos, definições de erros cognitivos e panfletos) deixamos sempre à mão em nossas mesas. Várias planilhas, listas de verificação e outros exercícios educacionais diferentes são detalhados ao longo deste livro. Fornecemos exemplares de algumas apostilas úteis no Apêndice 1, "Planilhas e Listas de Verificação" e alguns desses itens podem ser copiados do apêndice ou baixados em formato maior do *site* da editora (*www.grupoa.com.br*).

8. **Organize uma lista de livros a ler que possam ajudar os pacientes a aprenderem sobre doenças psiquiátricas, TCC**

e **farmacoterapia**. Muitos pacientes ficam ansiosos para ler sobre sua condição ou para passar algum tempo fora das sessões aprendendo mais sobre os conceitos e habilidades da TCC. A Tabela 3.7 traz uma breve lista de alguns livros que geralmente recomendamos. Ao recomendar leituras, tenha cuidado para não sobrecarregar o paciente. Se estiver bastante sintomático ou tendo problemas de concentração, o paciente pode ter uma melhor experiência de aprendizagem com a tarefa de apenas um capítulo ou parte de um capítulo, em vez de ser solicitado a lutar contra um livro inteiro.

9. **Aprenda a respeito dos recursos de internet para psicoeducação. Prepare**

Tabela 3.7 • Leituras psicoeducacionais para pacientes e familiares

Livros para pacientes e familiares

- Antony MM, Norton PJ: The Antianxiety Workbook: Proven Strategies to Overcome Worry, Phobias, Panic, and Obsessions. New York, Guilford, 2009
- Basco MR: Never Good Enough. New York, Free Press, 1999
- Basco MR: The Bipolar Workbook. New York, Guilford, 2006
- Burns DD: Feeling Good. New York, Morrow, 1999
- Craske MG, Barlow DH: Mastery of Your Anxiety and Panic, 3rd Edition. San Antonio, TX, Psychological Corporation, 2000
- Foa EB, Wilson R: Stop Obsessing! How to Overcome Your Obsessions and Compulsions. New York, Bantam Books, 1991
- Greenberger D, Padesky CA: Mind Over Mood. New York, Guilford, 1995
- Jamison KR: Touched With Fire: Manic-Depressive Illness and the Artistic Temperament. New York, Simon & Schuster, 1996
- Miklowitz DJ: The Bipolar Survival Guide: What You and Your Family Need to Know. New York, Guilford, 2002
- Mueser KT, Gingerich S: The Complete Family Guide to Schizophrenia. New York, Guilford, 2006
- Romme M, Escher S: Understanding Voices: Coping With Auditory Hallucinations and Confusing Realities. London, Handsell, 1996
- Turkington D, Kingdon D, Rathod S, et al: Back to Life, Back to Normality: Cognitive Therapy, Recovery and Psychosis. Cambridge, UK, Cambridge University Press, 2009
- Wright JH, Basco MR: Getting Your Life Back: The Complete Guide to Recovery From Depression. New York, Touchstone, 2002

Relatos pessoais de doença mental

- Duke P: Brilliant Madness: Living With Manic Depressive Illness. New York, Bantam Books, 1992
- Jamison KR: An Unquiet Mind. New York, Knopf, 1995
- Nasar SA: A Beautiful Mind: The Life of Mathematical Genius and Nobel Laureate John Nash. New York, Touchstone, 1998
- Shields B: Down Came the Rain. New York, Hyperion, 2005
- Styron W: Darkness Visible: A Memoir of Madness. New York, Random House, 1990

Nota: Esta lista também é apresentada no Apêndice 2, "Recursos da TCC para Pacientes e familiares".

uma lista de *sites* da internet e/ou desenvolva um *site* contendo *links* úteis. Pacientes que desejam aprender sobre doenças psiquiátricas e tratamentos estão usando cada vez mais a internet (Fox 2008; Schwartz et al. 2006). Os profissionais podem ter uma influência positiva ao direcionar os pacientes para *sites* que forneçam informações precisas e sólidas. Discutimos o uso da tecnologia como um adjuvante às sessões breves e fornecemos uma lista de *sites* úteis na próxima seção deste capítulo.

• **Exercício de Aprendizagem 3.2:** Montando uma biblioteca de apostilas educacionais

1. A Tabela 3.7 traz uma lista de sugestões de leitura. Esses livros também estão listados no Apêndice 2, "Recursos da TCC para Pacientes e Familiares". Copie a lista do apêndice ou elabore sua própria lista para dar na forma de uma apostila aos pacientes.

2. Organize outras apostilas que você já esteja usando ou poderia usar para ajudar os pacientes a aprender sobre o tratamento psiquiátrico e a TCC. Nossos livros anteriores – Aprendendo a Terapia Cognitivo-Comportamental: Um Guia Ilustrado (Wright et al. 2008) e Terapia Cognitivo-Comportamental para Doenças Mentais Graves (Wright et al. 2010) – trazem várias planilhas, listas de verificação e exercícios de autoajuda que poderiam fazer parte de sua biblioteca de apostilas.

3. Adicione à biblioteca conforme você lê este livro e encontre apostilas que tenham a possibilidade de serem úteis para seus pacientes.

USO DE TECNOLOGIA PARA MELHORAR A EFICIÊNCIA

A maneira mais óbvia de usar a tecnologia para melhorar a eficiência das sessões breves é o registro médico eletrônico. Pode-se economizar tempo e a qualidade do cuidado pode ser melhorada se esse registro médico tiver menus *drop-down* e outros métodos de "apontar e clicar" para registrar sintomas, elaborar e modificar planos de tratamento, selecionar e prescrever medicações, anotar o uso de métodos da TCC, verificar interações medicamentosas e documentar outras funções clínicas cruciais (Lawlor 2008; Luo 2006; Tsai & Bond 2008). No entanto, a tecnologia pode ser usada de várias outras maneiras para auxiliar os clínicos e os pacientes no uso de sessões breves de maneira eficaz.

Embora uma revisão detalhada do uso da tecnologia na prática psiquiátrica esteja além do escopo deste livro, acreditamos que os itens apresentados na Tabela 3.8 podem proporcionar oportunidades significativas de melhorar a prática clínica em sessões breves de TCC e farmacoterapia combinadas. Recomendamos aos leitores que estejam interessados em aprender mais sobre este tópico o livro *Using Technology to Support Evidence-Based Behavioral Health Practices: a Clinician's Guide* (Cucciare & Weingardt 2009).

Há vários *sites* educativos excelentes na internet que podem dar aos pacientes informações gerais sobre doenças psiquiátricas e tratamento e vários *sites* especializados

---

Tabela 3.8 • Oportunidades para usar tecnologia para intensificar as sessões breves

- Registros médicos eletrônicos.
- Buscas na internet pelos pacientes e/ou terapeutas.
- Terapia cognitivo-comportamental assistida por computador.
- Uso de *sites* da internet que forneçam autoajuda e/ou apoio.
- *E-mail.*
- Telepsiquiatria.

no fornecimento de educação e, em alguns casos, exercícios de autoajuda na TCC. A Tabela 3.9 traz uma lista de *sites* que os clínicos podem considerar interessantes para recomendar aos pacientes. Outros *sites* oferecem grupos de autoajuda *online* (p. ex., o *Depression and Bipolar Support Alliance, Walkers in the Darkness*) ou auxílio para lidar com sintomas de psicose.

A TCC assistida por computador é um adjuvante especialmente interessante e potencialmente útil para sessões breves (vide Tabela 3.9). Estudos de dois programas multimídia computadorizados para depressão – *Beating the Blues* (Proudfoot et al. 2004) e *Good Days Ahead: The Multimedia Program for Cognitive Therapy* (Wright et al. 2002, 2005) – demonstraram que podem ser obtidas reduções substanciais dos sintomas mesmo se o tempo do profissional for reduzido a 4 horas ou menos para todo o curso do tratamento. Em um estudo de pacientes com depressão maior sem uso de drogas, Wright e seus colegas (2005) não encontraram diferenças significativas nos efeitos da TCC assistida por computador quando os pacientes foram atendidos em sessões de 25 minutos ou em sessões-padrão de 50 minutos. Kenwright e seus colegas (2001) também demonstraram que o tempo do terapeuta

Tabela 3.9 • Recursos por computador

Sites com informações gerais sobre tratamento psiquiátrico e/ou terapia cognitivo-comportamental (TCC)

Academy of Cognitive Therapy
www.academyofct.org

Depression and Bipolar Support Alliance
www.dbsalliance.org

Depression and Related Affective Disorders Association
www.drada.org

Massachusetts General Hospital Mood and Anxiety Disorders Institute
www2.massgeneral.org/madiresourcecenter/index.asp

National Alliance on Mental Illness
www.nami.org

National Institute of Mental Health
www.nimh.nih.gov

University of Louisville Depression Center
www.louisville.edu/depression

University of Michigan Depression Center
www.depressioncenter.org

Programas de TCC assistida por computador

Beating the Blues
www.beatingtheblues.co.uk

FearFighter: Panic and Phobia Treatment
www.fearfighter.com

Good Days Ahead: The Multimedia Program for

Cognitive Therapy
www.mindstreet.com

Programas de realidade virtual da Rothbaum and associates
www.virtuallybetter.com

Site psicoeducacional para TCC

Programa de Treinamento MoodGYM
www.moodgym.anu.edu.au

Sites para grupos de apoio *online*

Depression and Bipolar Support Alliance
www.dbsalliance.org

Walkers in Darkness (para pessoas com transtornos de humor)
www.walkers.org

Sites para ajudar pessoas com psicose

Hearing Voices Network
www.hearing-voices.org
(Fornece aconselhamento prático para entender as vozes)

Gloucestershire Hearing Voices & Recovery Groups
www.hearingvoices.org.uk/info_resources11.htm
(Dá exemplos de habilidades de enfrentamento para as vozes)

Paranoid Thoughts
www.paranoidthoughts.com
(Dá conselhos sobre como enfrentar a paranoia)

Nota: Esta lista também é apresentada no Apêndice 2, "Recursos da TCC para Pacientes e Familiares".

pode ser diminuído consideravelmente no tratamento de transtornos de ansiedade com o uso de um programa multimídia computadorizado. Outros estudos da TCC assistida por computador para transtornos de ansiedade (Carlbring et al. 2006; Litz et al. 2007; Spek et al. 2007) exploraram modelos de atendimento de TCC por meio de programas de internet juntamente com sessões breves com um terapeuta realizadas pessoalmente, por telefone ou *e-mail*.

Revisões da TCC assistida por computador descobriram que envolvimento terapêutico significativo é um elemento-chave para a efetividade (Spek et al. 2007; Wright 2008). Normalmente, são observados baixos níveis de conclusão do conteúdo do programa e redução dos sintomas quando os pacientes fazem uso de um *site* sem orientação. Por exemplo, um estudo do *site* de autoajuda MoodGYM (*www.moodgym.anu.edu.au*) encontrou que a grande maioria dos usuários é formada por navegadores casuais curiosos (Christensen et al. 2006). No entanto, os programas que incluem a seleção, supervisão e orientação por um terapeuta – por exemplo, *Beating the Blues* (*www.beatingtheblues.co.uk*), *Good Days Ahead* (*www.mindstreet.com*) e programas de realidade virtual fornecidos pela *Virtually Better* (*www.virtuallybetter.com*) – saíram-se muito melhor nos estudos de resultados.

A terapia de realidade virtual é outra ferramenta de terapia assistida por computador que pode ser bastante útil no desenvolvimento da TCC (Difede et al. 2007; Rothbaum et al. 1995, 2000, 2001). No entanto, por exigir que o terapeuta administre a terapia de exposição por períodos que normalmente se estendem para além de 30 minutos, a realidade virtual não costuma ser empregada em tratamentos nos quais são usadas somente sessões breves. A realidade virtual poderia ser um tipo útil de formato para sessões breves nos quais um terapeuta não médico esteja realizando esta parte do plano de tratamento ou um psiquiatra marque várias sessões mais longas juntamente com as sessões breves (vide Capítulo 2, "Indicações e Formatos para sessões breves de TCC"). A principal aplicação da realidade virtual está nas terapias para transtornos de ansiedade baseadas em exposição (Difede et al. 2007; Rothbaum et al. 1995, 2000, 2001).

As mensagens de *e-mail* e as teleconferências são outras tecnologias que podem ser consideradas para o formato de sessão breve de TCC e farmacoterapia combinadas.

Embora o *e-mail* possa ter certas vantagens (p. ex., lembretes para fazer a tarefa de casa, acesso aos terapeutas para fazer perguntas, ter uma fonte concreta para comunicação fora das sessões), muitos terapeutas hesitam em usar esse método (Callan & Wright 2010; Mehta & Chalhoub 2006).

Algumas das preocupações em relação ao uso do *e-mail* como uma extensão da terapia são questões de sigilo, demandas excessivas do tempo do terapeuta, falta de reembolso para o tempo gasto nas comunicações por *e-mail*, potencial para mal-entendidos (p. ex., com pacientes que têm problemas de concentração relacionados a transtornos de Eixo I) e vulnerabilidade médico-jurídica.

A teleconferência demonstrou ser um método eficaz de realizar a TCC em sessões de duração padrão (Bouchard et al. 2004; De Las Cuevas et al. 2006; Simpson et al. 2006), podendo ser útil também para sessões breves. Essa tecnologia poderia permitir aos psiquiatras e outros terapeutas prescritores realizarem a TCC e a farmacoterapia combinadas em sessões de duração variada a pessoas em locais remotos onde tal tratamento não esteja disponível.

TAREFA DE CASA E AUTOAJUDA COMO EXTENSÕES DA TERAPIA

A tarefa de casa pode proporcionar muitas oportunidades para alavancar o trabalho dos terapeutas em sessões breves. Os pacientes podem se envolver em trabalho altamente produtivo fora das sessões para desenvolver seu conhecimento sobre TCC e sua capacidade de aplicar esses princípios na vida cotidiana. Por exemplo, na Ilustração em Vídeo 2, a Dra. Sudak revisa a tarefa de casa da sessão anterior (um registro de pensamentos), extrai dessa tarefa de casa para abordar uma intervenção importante e bem-sucedida (cognições desadaptativas modificadas sobre começar em um novo emprego) e depois trabalha com Grace para elaborar uma nova tarefa útil (fazer uma lista de cognições racionais, decidir se elas deveriam ser colocadas no espelho do banheiro de Grace e preencher outros registros de pensamentos) que reforçassem o material aprendido na sessão e fortalecesse as habilidades de Grace para enfrentar a situação de novo emprego.

O grau em que a tarefa de casa e a autoajuda podem ser usadas como extensões das atividades do terapeuta na TCC varia muito de um paciente para outro.

Alguns pacientes com transtornos de ansiedade podem ter resultados bem-sucedidos do tratamento com a TCC quando a maior parte do trabalho é realizada por meio de autoajuda, seja com materiais impressos ou por meio de TCC assistida por computador (Carr et al. 1988; Ghosh et al. 1984; Kenright et al. 2001). Tivemos muitos pacientes com condições como agorafobia, transtorno de pânico e TOC que se envolveram rapidamente com o formato de sessão breve e fizeram grandes quantidades de tarefa de casa (p. ex., protocolos de exposição e prevenção de resposta, exercícios de retreinamento da respiração, treinamento de relaxamento) fora das sessões, as quais pareceram ter tido um papel fundamental na obtenção de resultados positivos.

Ilustrações de tais casos são fornecidas no Capítulo 9, "Métodos Comportamentais para Ansiedade". Além disso, muitos pacientes com depressão maior, transtorno bipolar, adições, psicoses e outras condições também pareceram se beneficiar amplamente com as tarefas de casa prescritas em sessões breves.

No entanto, outros pacientes, com uma série de diagnósticos, não concluem a tarefa de casa de forma rotineira ou têm grandes dificuldades em fazer dessa parte da TCC uma experiência produtiva.

Discutimos métodos de resolver a falta de conclusão das tarefas de casa em um livro anterior (Wright et al. 2008). A seguir, apresentamos alguns dos métodos que usamos para prevenir problemas com a tarefa de casa:

1. Desenvolver tarefas de casa de maneira colaborativa.
2. Ensaiar as tarefas de casa antecipadamente (especialmente se forem complicadas ou desafiadoras).
3. Certificar-se de sempre acompanhar a tarefa de casa da sessão anterior (caso contrário, o paciente pode presumir que a tarefa de casa não é importante).
4. Normalizar as dificuldades na conclusão da tarefa de casa (explicar que muitas pessoas podem ter problemas em fazer as tarefas – o terapeuta ajudará se a tarefa não funcionar como planejado).

Se o paciente vier a uma sessão sem concluir qualquer tarefa de casa ou forem encontradas outras dificuldades, o terapeuta então pode fazer o seguinte (Wright et al. 2008):

1. Avaliar a aceitabilidade e adequação da tarefa (a tarefa foi difícil demais ou fácil demais? Ela foi explicada suficiente e claramente? A tarefa foi dirigida a um alvo que era relevante para o paciente?).
2. Fazer o paciente concluir a tarefa na sessão (p. ex., educar mais o paciente sobre como realizar a tarefa e dar exemplos

de como usar a TCC em atividades de tarefa de casa).

3. Verificar se existe algum pensamento negativo sobre a tarefa de casa (a tarefa de casa desencadeou alguma cognição autocondenatória ou outro pensamento automático?)

4. Identificar barreiras à conclusão da tarefa de casa e tentar encontrar maneiras de superar esses obstáculos.

Um grande número de possíveis tarefas de casa pode ser usado para promover o aprendizado fora das sessões de terapia. Muitas delas são detalhadas e ilustradas em outros capítulos deste livro. Uma breve lista de alguns de nossos tipos favoritos de tarefas é mostrada na Tabela 3.10.

APROVEITAMENTO DAS INTERAÇÕES POSITIVAS ENTRE FARMACOTERAPIA E TCC

Nosso enfoque, nesse ponto do capítulo, foi nos métodos cognitivos e comportamentais para aumentar o impacto das sessões breves. Antes do encerramento, queremos sugerir algumas estratégias psicofarmacológicas gerais que também podem ter um lugar para tornar as sessões breves mais produtivas. Como revisado no Capítulo 1, "Introdução", os resultados gerais das pesquisas sobre a combinação de farmacoterapia e TCC sugerem que os dois tratamentos podem ter interações positivas cujo efeito pode ser favorável sobre o resultado. Na Tabela 3.11, relacionamos algumas influências possíveis da farmacoterapia sobre a TCC que poderiam ser usadas como uma vantagem na prática clínica (Wright 2004).

Uma maneira de ajudar os pacientes a aproveitarem mais as sessões breves de TCC é usar de maneira eficaz a farmacoterapia para reduzir os sintomas que interferem na atenção ou concentração. Atendemos pacientes que apresentavam depressão severa, sintomas maníacos ou desorganização psicótica que tornavam a psicoterapia de qualquer duração uma proposição difícil, se não impossível. Exemplos extremos desse problema são frequentemente encontrados em pacientes hospitalizados que apresentam sintomas de psicose ou mania tão salientes ou com retardo psicomotor tão profundo, devido à depressão, que as intervenções psicofarmacológicas devem ocorrer antes de tentar se engajar na TCC. Uma situação mais comum na prática ambulatorial é um paciente que está lutando para aprender conceitos da TCC, praticar em casa ou fazer tarefas de autoajuda porque um transtorno de Eixo I está interferindo na atenção ou concentração.

Tabela 3.10 • Exemplos de tarefas de casa para sessões breves

- Programação de atividades
- Ensaio do retreinamento da respiração
- Cartões de enfrentamento
- Leituras educativas
- Exercícios de exame de evidências
- Diários de exposição (exposição hierárquica)
- Geração de uma lista de motivos para ter esperança
- Ensaio de imagens mentais positivas
- Prática de habilidades de enfrentamento para alucinações
- Atividades de resolução de problemas
- Exercícios simples de ativação comportamental
- Registros de sono
- Identificação de erros cognitivos nos padrões de pensamento
- Registro de modificação de pensamentos

Tabela 3.11 • Possíveis efeitos positivos da farmacoterapia sobre a terapia cognitivo-comportamental (TCC)

- As medicações podem melhorar a atenção e a concentração e, assim, facilitar a TCC.
- As medicações podem reduzir as emoções dolorosas ou ativação fisiológica excessiva, aumentando assim a acessibilidade à TCC.
- As medicações podem ser usadas adequadamente para a perturbação do sono em episódios agudos de transtornos de Eixo I. Um sono melhor permite ao paciente aproveitar melhor as intervenções de TCC.
- As medicações podem diminuir o pensamento distorcido ou irracional, aumentando assim o efeito da TCC.

Fonte: Reimpresso de Wright JH: Integrating cognitive-behavior therapy and pharmacotherapy, in *Contemporary Cognitive Therapy: Theory, Research, and Practice*. Editado por Leahy RL. New York, Guilford, 2004, p. 343. © 2004 The Guilford Press. Reimpresso com a permissão da The Guilford Press.

Terapeutas que estejam conduzindo psicofarmacoterapia eficaz para esses tipos de problemas precisam considerar as possíveis ações de alerta ou de aumento cognitivo das medicações (p. ex., antidepressivos para depressão maior ou transtornos de ansiedade, estabilizadores de humor e antipsicóticos atípicos para transtorno bipolar, antipsicóticos para esquizofrenia, estimulantes para transtorno de déficit de atenção/hiperatividade) e, ao mesmo tempo, ter cuidado para evitar ou limitar os possíveis efeitos negativos de certas medicações sobre a cognição. Além da possibilidade de efeitos sedativos dos antipsicóticos, estabilizadores de humor e alguns antidepressivos (p. ex., mirtazapina e trazodona), é preciso ter uma preocupação especial quanto a possíveis efeitos adversos das benzodiazepinas na concentração de um paciente e no funcionamento do aprendizado e da memória. Como demonstrado por Marks e seus colegas (1993), o alprazolam pode interferir, em alguns casos, na efetividade da TCC para ansiedade, presumivelmente por interferir no aprendizado.

A escolha do tipo e da dose do agente psicofarmacológico também pode influenciar a psicoterapia quando os pacientes estiverem em intensa ativação emocional e fisiológica, insônia ou outros sintomas que podem ser impeditivos de sua capacidade de se beneficiar com a TCC. Por exemplo, um paciente deprimido com intensa ansiedade e agitação que esteja tendo problemas para se concentrar em intervenções comportamentais simples (vide Capítulo 6, "Métodos Comportamentais para Depressão") pode precisar da adição de uma benzodiazepina ao regime antidepressivo por um curto período ou poderia ser considerada uma troca para outro antidepressivo como uma maneira de reduzir a ansiedade e ajudar o paciente a ganhar mais do componente de TCC da terapia.

Embora as técnicas da TCC possam ser muito eficazes para insônia (vide Capítulo 10, "Métodos da TCC para Insônia"), em algumas situações, o tratamento psicofarmacológico para a perturbação do sono é claramente necessária. O uso adequado de medicações para o sono e/ou antidepressivos, estabilizadores de humor ou drogas antipsicóticas para transtornos de Eixo I (p. ex., depressão maior, transtorno bipolar, esquizofrenia) pode não apenas reverter um padrão destrutivo de sono e contribuir para a recuperação geral, mas, também, tornar as intervenções de TCC mais bem-sucedidas. Um paciente descansado provavelmente será mais capaz de entender e fazer as tarefas da TCC do que um exausto devido à privação do sono.

A psicofarmacoterapia também pode beneficiar pacientes em TCC ao enfocar pensamentos negativamente distorcidos, delírios, alucinações ou outros sintomas cognitivos de transtornos de Eixo I. O alívio desses sintomas – uma meta principal do tratamento com medicação – representa um bônus ao paciente que está realizando a TCC. Por exemplo, Samantha, uma paciente deprimida em tratamento com a farmacoterapia e TCC combinadas, relatou que finalmente havia sido capaz de usar as habilidades da TCC para não levar em conta pensamentos automáticos negativos intrusivos após a adição de um fármaco potencializador (um antipsicótico atípico); Roberto, um paciente em tratamento para TOC, foi capaz de concluir mais tarefas desafiadoras de exposição e prevenção de resposta após a dose de um inibidor seletivo de recaptação da serotonina ser elevada; e Gail, uma paciente com esquizofrenia paranoide crônica, começou a usar de maneira eficaz estratégias de enfrentamento da TCC para alucinações após começar o tratamento com clozapina. Estes são apenas alguns exemplos de como o uso eficaz de psicofármacos pode não apenas reduzir os sintomas centrais de transtornos de Eixo I mas também ter uma influência positiva no desenvolvimento da TCC.

• Exercício de Aprendizagem 3.3: Usando a psicofarmacoterapia para intensificar a TCC

1. Para os próximos dez pacientes que você atender em seu consultório, examine cuidadosamente as possíveis influências positivas ou negativas da medicação na capacidade de participar da psicoterapia.

2. Desses dez casos, identifique qualquer um no qual você acredite que a medicação já ajudou e/ou está ajudando atualmente o paciente a usar melhor os métodos da psicoterapia.

3. Identifique qualquer paciente para o qual um ajuste ou mudança da medicação poderia ajudar a reduzir os sintomas e melhorar a capacidade de participar da TCC.

RESUMO

Pontos-chave para terapeutas

- O relacionamento empírico colaborativo terapêutico na TCC pode funcionar bem em sessões breves. Em sessões curtas, os terapeutas precisam redobrar seus esforços para serem atenciosos e excelentes comunicadores.
- As checagens de sintomas podem ser feitas de forma eficiente e eficaz com perguntas dirigidas, o uso de classificações globais de 0 a 10 pontos e escalas de autorrelato padronizadas.
- A produtividade das sessões breves pode ser fortemente intensificada com métodos de estruturação. As principais técnicas são:
  1. desenvolvimento de metas específicas para o tratamento,
  2. encontrar um foco claro para as intervenções de TCC,
  3. estabelecimento de agendas e
  4. dar andamento cuidadosamente ao fluxo da sessão.
- Algumas ferramentas psicoeducacionais especialmente úteis para sessões breves incluem questionamento socrático; miniaulas; diagramas, instruções ou diários escritos; bibliotecas de apostilas educacionais e tarefas de leitura. Os terapeutas podem melhorar a eficiência de seu modo de ensino preparando materiais educativos antecipadamente.
- Ferramentas de computador podem servir como adjuvantes úteis aos esforços dos terapeutas em sessões breves. Programas totalmente desenvolvidos de terapia assistida por computador mostraram ser eficazes em estudos clínicos. Além disso, *sites* educativos e de autoajuda podem oferecer sugestões e conselhos úteis.

- A tarefa de casa pode multiplicar o impacto dos esforços do terapeuta em sessões breves.
- Uma vantagem de combinar farmacoterapia e TCC é o uso de medicações para intensificar os possíveis benefícios da psicoterapia. O terapeuta prescritor pode usar os esquemas medicamentosos que diminuem os sintomas (p. ex., pouca concentração, baixa energia, pensamento negativamente tendencioso, distúrbio de sono, pensamento delirante, severas oscilações de humor) capazes de interferir na participação na TCC.

Conceitos e habilidades para os pacientes aprenderem

- As pessoas podem aproveitar melhor as sessões breves de tratamento se praticarem um bom trabalho em equipe em seu relacionamento com seu terapeuta. A colaboração eficaz é muito importante para o sucesso da TCC.
- Uma prática benéfica é vir preparado para relatar seu progresso e ter uma agenda clara em mente para o que quer realizar na sessão.
- Manter-se focado em um tópico específico geralmente leva a bons resultados. Se conseguir entender bem um problema ou estratégia, você poderá aplicar esse conhecimento em muitas outras áreas de sua vida.
- A TCC é direcionada para ensinar às pessoas habilidades de enfrentamento eficazes. Quanto mais você trabalhar para aprender os princípios da TCC, mais provavelmente você obterá benefícios do tratamento.
- Tarefa de Casa – uma parte essencial da TCC – não é igual à tarefa de casa que você teve na escola. Ela deve ser algo que o faça sentir melhor porque está aprendendo maneiras de superar seus problemas. Normalmente, as pessoas que se empenham nas tarefas de casa da TCC obtêm muita ajuda dessas atividades. Se tiver perguntas sobre a tarefa de casa ou dificuldades com ela, não deixe de discuti-las com seu médico ou terapeuta.
- Quando é usada medicação juntamente com a TCC, seu médico tentará prescrever drogas que reduzam os sintomas e o ajudem a usar a TCC de maneira mais eficaz. Perguntas ou problemas com a medicação costumam ser questões rotineiras da agenda quando se está recebendo farmacoterapia e TCC.

REFERÊNCIAS

Arieti S: Cognition in psychoanalysis, in Cognition and Psychotherapy. Edited by Mahoney MJ, Freeman A. New York, Plenum Press, 1985, pp 223–241

Basco MR, Rush AJ: Cognitive-Behavioral Therapy for Bipolar Disorder, 2nd Edition. New York, Guilford, 2005

Beck AT, Ward CH, Mendelson M, et al: An inventory for measuring depression. Arch Gen Psychiatry 4:561–571, 1961

Beck AT, Rush AJ, Shaw BF, et al: Cognitive Therapy of Depression. New York, Guilford, 1979

Beck AT, Epstein N, Brown G, et al: An inventory for measuring clinical anxiety: psychometric properties. J Consult Clin Psychol 56:893–897, 1988

Beck J: Cognitive Therapy: Basics and Beyond. New York, Guilford, 1995

Bouchard S, Paquin B, Payeur R, et al: Delivering cognitive-behavior therapy for panic disorder with agoraphobia in videoconference. Telemed J E Health 10:13–25, 2004

Callan JA, Wright JH: Mood disorders, in Using Technology to Support Evidence- Based Behavioral Health Practices: A Clinician's Guide. Edited by Cucciare MA, Weingardt KR. New York, Routledge, 2010, pp 3–26

Carlbring P, Bohman S, Brunt S, et al: Remote treatment of panic disorder: a randomized trial of Internet-based cognitive behavior therapy supplemented with telephone calls. Am J Psychiatry 163:2119–2125, 2006

Carr AC, Ghosh A, Marks IM: Computer-supervised exposure treatment for phobias. Can J Psychiatry 33:112–117, 1988

Christensen H, Griffiths K, Groves C, et al: Free range users and one hit wonders: community users of an Internet-based cognitive behaviour therapy program. Aust N Z J Psychiatry 40:59–62, 2006

Cucciare MA, Weingardt K (eds): Using Technology to Support Evidence-Based Behavioral Health Practices: A Clinician's Guide. New York, Routledge, 2009

De Las Cuevas C, Arredondo MT, Cabrera MF, et al: Randomized clinical trial of telepsychiatry through videoconference *versus* face-to-face conventional psychiatric treatment. Telemed J E Health 12:341–350, 2006

Difede J, Cukor J, Jayasinge N, et al: Virtual reality exposure therapy for the treatment of posttraumatic stress disorder following September 11, 2001. J Clin Psychiatry 68:1639–1647, 2007

Fox S: The engaged e-patient population: people turn to the Internet for health information when the stakes are high and the connection fast. Pew Internet and American Life Project, August 26, 2008. Available at: www.pewinternet.org/~/media//Files/Reports/2008/PIP_Health_Aug08.pdf.pdf. Accessed August 21, 2009.

Ghosh A, Marks IM, Carr AC: Controlled study of self-exposure treatment for phobics: preliminary communication. J R Soc Med 77:483–487, 1984

Goodwin FK, Jamison KR: Manic-Depressive Illness: Bipolar Disorders and Recurrent Depression. New York: Oxford University Press, 2007

Haddock G, McCarron J, Tarrier N, et al: Scales to measure dimensions of hallucinations and delusions: the Psychotic Symptom Rating Scales (PSYRATS). Psychol Med 29:879–889, 1999

Kenwright M, Liness S, Marks I: Reducing demands on clinicians by offering computer-aided self-help for phobia/panic: feasibility study. Br J Psychiatry 179: 456–459, 2001

Kroenke K, Spitzer RL, Williams JB: The PHQ-9: validity of a brief depression severity measure. J Gen Intern Med 16:606–613, 2001

Lam RW, Michalak EE, Swinson RP: Assessment Scales in Depression, Mania, and Anxiety. London, Taylor & Francis, 2005

Lawlor T: Behavioral health electronic medical record. Psychiatr Clin North Am 31:95–103, 2008

Litz BT, Engel CG, Bryant RA, et al: A randomized, controlled proof of concept trial of an Internet-based, therapist-assisted self-management treatment for post-traumatic stress disorder. Am J Psychiatry 164:1676–1683, 2007

Luo JS: Electronic medical records. Prim Psychiatry 13(2):20–23, 2006

Marks IM, Swinson RP, Basoglu M, et al: Alprazolam and exposure alone and combined in panic disorder with agoraphobia: a controlled study in London and Toronto. Br J Psychiatry 162:776–787, 1993

Mehta S, Chalhoub N: An e-mail for your thoughts. Child Adolesc Ment Health 11:168–170, 2006

Meyer TJ, Miller ML, Metzger RL, et al: Development and validation of the Penn State Worry Questionnaire. Behav Res Ther 28:487–495, 1990

Muran JC: The self in cognitive-behavioral research: an interpersonal perspective. The Behavior Therapist 16:69–73, 1993

Ono Y, Berger D: Zen and the art of psychotherapy. Journal of Practical Psychiatry and Behavioral Health 1:203–210, 1995

Proudfoot J, Ryden C, Everitt B, et al: Clinical efficacy of computerized cognitivebehavioral therapy for anxiety and depression in primary care: randomized controlled trial. Br J Psychiatry 185:46–54, 2004

Rothbaum BO, Hodges LF, Kooper R, et al: Effectiveness of virtual reality graded exposure in the treatment of acrophobia. Am J Psychiatry 152:626–628, 1995

Rothbaum BO, Hodges L, Smith S, et al: A controlled study of virtual reality exposure therapy for the fear of flying. J Consult Clin Psychol 60:1020–1026, 2000

Rothbaum BO, Hodges LF, Ready D, et al: Virtual reality exposure therapy for Vietnam veterans with posttraumatic stress disorder. J Clin Psychiatry 62: 617–622, 2001

Rush AJ, Trivedi MH, Ibrahim HM, et al: The 16-item Quick Inventory of Depressive Symptomatology (QIDS) Clinician Rating (QIDS-C) and Self-Report (QIDS-SR): a psychometric evaluation in patients with chronic major depression. Biol Psychiatry 54:573–583, 2003

Schwartz KL, Roe T, Northrup J, et al: Family medicine patients' use of the Internet for health information: a MetroNet study. J Am Board Fam Med 19:39–45, 2006

Simpson S, Bell L, Britton P, et al: Does video therapy work? A single case series of bulimic disorders. Eur Eat Disord Rev 14:226–241, 2006

Spek V, Cuijpers P, Nyklicek I, et al: Internet-based cognitive-behavior therapy for symptoms of depression and anxiety: a meta-analysis. Psychol Med 37:319–328, 2007

Sudak D: Cognitive Behavioral Therapy for Clinicians. Philadelphia, PA, Lippincott Williams & Wilkins, 2006

Tsai J, Bond G: A comparison of electronic medical records to paper records in mental health centers. Int J Qual Health Care 20:136–143, 2008

Wright JH: Integrating cognitive-behavioral therapy and pharmacotherapy, in Contemporary Cognitive Therapy: Theory, Research, and Practice. Edited by Leahy RL. New York, Guilford, 2004, pp 341–366

Wright JH: Computer-assisted psychotherapy. Psychiatr Times 25:14–15, 2008

Wright JH, Davis DD: The therapeutic relationship in cognitive-behavioral therapy: patient perceptions and therapist responses. Cogn Behav Pract 1:25–45, 1994

Wright JH, Wright AS, Salmon P, et al: Development and initial testing of a multimedia program for computer-assisted cognitive therapy. Am J Psychother 56:76–86, 2002

Wright JH, Wright AS, Albano AM, et al: Computer-assisted cognitive therapy for depression: maintaining efficacy while reducing therapist time. Am J Psychiatry 162:1158–1164, 2005

Wright JH, Basco MR, Thase ME: Aprendendo a Terapia Cognitivo-Comportamental: Um Guia Ilustrado. Porto Alegre: Artmed, 2008

Wright JH, Turkington D, Kingdon DG, et al: Terapia Cognitivo-Comportamental para Doenças Mentais Graves. Porto Alegre: Artmed, 2010

Zimmerman M, McGlinchey JB: Why don't psychiatrists use scales to measure outcome when treating depressed patients? J Clin Psychiatry 69:1916–1919, 2008

4

Formulação de caso e planejamento do tratamento

> **Mapa de aprendizagem**
>
> Formulações abrangentes
> ⬇
> Exemplo de caso: desenvolvendo uma formulação abrangente para Grace
> ⬇
> Métodos eficientes para usar formulações em sessões breves
> ⬇
> Caso prático: elaborando uma miniformulação

Mesmo nas sessões mais breves, é necessária uma formulação sólida para orientar as escolhas de tratamento na terapia cognitivo-comportamental (TCC). Os fundamentos das estratégias de formulação na TCC são explicados em textos básicos, como aqueles de Beck (1995), Sudak (2006) e Wright e colegas (2008), sendo também detalhados no *site* da Academia de Terapia Cognitiva (*www.academyofct.org*). Neste capítulo, revisaremos brevemente as características essenciais dos métodos recomendados pela Academia de Terapia Cognitiva e depois explicaremos como as formulações podem ser usadas como ferramentas eficientes e práticas de tratamento em sessões breves.

FORMULAÇÕES ABRANGENTES

Recomendamos o desenvolvimento de uma formulação biopsicossocial abrangente para todos os pacientes que fazem TCC. Na avaliação inicial, o terapeuta pode começar a construir a formulação obtendo uma história completa que avalie todos os domínios mostrados em caixas na Figura 4.1. À medida que o tratamento evolui, mais detalhes podem ser acrescentados à formulação até que o terapeuta tenha um entendimento profundo do paciente, sendo o tratamento orientado por um plano claro e bem pensado.

As diretrizes da Academia de Terapia Cognitiva para a conceituação de caso

Formulação de caso e planejamento do tratamento

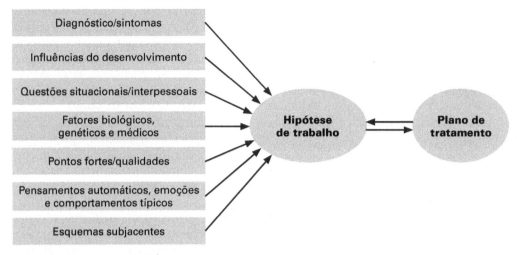

Figura 4.1 • Fluxograma da conceituação de caso.
Fonte: Reimpresso de Wright JH, Basco MR, Thase ME: *Aprendendo a Terapia Cognitivo-Comportamental: Um Guia Ilustrado.* Porto Alegre: Artmed, 2008, p. 49. Artmed Editora S.A. Usado com permissão. Copyright © 2008.

sugerem que sejam consideradas as perspectivas tanto transversais como longitudinais ao construir a formulação (*www.academyofct.org* [clique nas seguintes opções do menu: *Professionals > Certificate in CT > Application Process > Candidate Handbook*]; Wright et al. 2008). Na parte *transversal* da formulação, os terapeutas identificam exemplos característicos, do presente ou do passado recente, de como os eventos desencadeiam pensamentos automáticos que influenciam as emoções e moldam as respostas comportamentais. Juntamente com o conhecimento das teorias básicas da TCC para os principais tipos de transtornos psiquiátricos, esses exemplos ajudam no planejamento das intervenções de tratamento que têm como alvo disfunções cognitivas e comportamentais específicas que podem ser acessíveis à mudança. Para ilustrar, apresentamos Rick, um paciente com fobia social cujo caso é descrito em detalhes no Capítulo 9, "Métodos Comportamentais para Ansiedade".

Rick tinha ansiedade social clássica. Sempre que era confrontado com a obrigação de participar de um evento social, ele tinha pensamentos automáticos consistentes com as características da patologia cognitiva em transtornos de ansiedade:

1. medo excessivo do perigo, dano e/ou vulnerabilidade;
2. estimativa aumentada do risco nessas situações;
3. estimativa diminuída de capacidade de lidar com essas situações; e
4. maior atenção e vigilância quanto a ameaças em potencial (vide Capítulo 9 para mais informações sobre o modelo de TCC para transtornos de ansiedade).

O componente transversal da formulação de caso para Rick poderia incluir este exemplo:

Evento: Dirigir até um evento de arrecadação de fundos.
Pensamentos Automáticos: "Não vou saber o que dizer... Vou querer ir embora na mesma hora... Vou ficar paralisado e com cara de estúpido".
Emoção: Ansiedade, tensão.
Comportamento: Tentar evitar o evento ou dar uma desculpa e ir embora muito cedo.

Como Rick tinha pensamentos automáticos desadaptativos sobre os gatilhos sociais, ansiedade e tensão excessivas que pareciam ser guiadas pelas cognições disfuncionais e um padrão de evitação, o plano de tratamento foi direcionado para a modificação desses três componentes de seu problema com transtorno de ansiedade social. Foram usados registros de pensamentos e exame de evidências, entre outras técnicas cognitivas, para mudar seus pensamentos automáticos desadaptativos; treinamento de relaxamento para reduzir sua ansiedade e tensão e exposição hierárquica para modificar seu padrão de evitação.

A parte *longitudinal* da formulação acrescenta uma perspectiva do desenvolvimento para entender os sintomas do paciente e planejar o tratamento.

As influências formativas, como experiências no início da infância, relacionamentos com seus pares e atividades escolares, história conjugal e profissional e eventos importantes na vida adulta são consideradas. São levadas em conta tanto as influências negativas como as positivas. Na TCC, a parte do desenvolvimento da conceituação normalmente está centrada na evolução das crenças nucleares (esquemas) e padrões comportamentais arraigados que acompanham essas crenças.

A quantidade de atenção dada aos elementos longitudinais da conceituação em pacientes atendidos em sessões breves pode variar dependendo do tipo de transtorno, grau de patologia na infância e cronicidade e severidade dos sintomas. Em pacientes com baixa autoestima crônica com raízes em experiências negativas de fases anteriores de suas vidas ou naqueles que relatam traumas significativos ou abuso, a conceituação longitudinal pode ser crucial para desenvolver o entendimento e planejar um tratamento eficaz. No entanto, em pacientes com sintomas circunscritos que não apresentam esquemas desadaptativos firmemente entrincheirados ou dominantes, um foco primário dos elementos transversais da formulação pode ser suficiente para planejar intervenções úteis e produtivas de tratamento.

Para pacientes atendidos em sessões breves, os terapeutas devem primeiro elaborar uma formulação abrangente que inclua elementos transversais e longitudinais além de observações sobre o impacto de outros componentes do modelo cognitivo-comportamental-biológico-sociocultural (vide Capítulo 1, "Introdução", e Figura 4.1). Em seguida, podem ser tomadas decisões para refinar o foco do tratamento com os tipos de miniformulações descritos mais adiante no capítulo.

EXEMPLO DE CASO: DESENVOLVENDO UMA FORMULAÇÃO ABRANGENTE PARA GRACE

O exemplo de caso a seguir mostra o trabalho da Dra. Sudak no desenvolvimento de uma conceituação abrangente para o tratamento de Grace, uma paciente com depressão. A Ilustração em Vídeo 2, discutida no Capítulo 3, "Aumentando o Impacto das Sessões Breves", mostra uma parte de um das sessões breves da Dra. Sudak com Grace.

Informações introdutórias

Grace é uma mulher de 41 anos de idade que está passando por luto e depressão maior após a morte de seu marido por câncer cerebral há 10 meses. Sua doença foi rápida e progressiva e levou a uma mudança substancial em sua personalidade. Grace cuidou dele em casa durante toda a sua doença e conseguiu manter razoavelmente normal a vida dos filhos. Ela assumiu a responsabilidade por toda a casa e foi o principal apoio durante todas as consultas médicas de seu marido.

Grace foi encaminhada a um conselheiro pastoral por seu pastor 3 meses após a morte de seu marido. O encaminhamento foi inicialmente para trabalhar o luto com seus filhos. Seu médico de cuidado primário a encaminhou para a Dra. Sudak há cerca de 6 meses devido a sintomas depressivos. O conselheiro pastoral continuou a atender Grace e seus filhos por 3 meses após o encaminhamento e a Dra. Sudak comunicava-se com o conselheiro para coordenar seus esforços.

Depois de a Dra. Sudak começar um tratamento com um inibidor seletivo de recaptação da serotonina (ISRS), Grace melhorou significativamente e foi capaz de voltar ao trabalho como gerente de escritório. No entanto, sua empresa fez cortes e há 2 meses ela ficou desempregada.

Grace rapidamente conseguiu um emprego melhor como assistente administrativa de um diretor executivo de uma empresa de transportes; ela, porém, estava muito mais sintomática desde que aceitou o novo emprego. Andava ruminando sobre sua capacidade e a possibilidade de fracassar em seu cargo, especialmente agora que ela se via como a única fonte de sustento para seus filhos e a única progenitora da família. Ela pensa: "eu posso ser demitida novamente... meu chefe não vai gostar de mim... vou cometer algum erro e ser demitida". Grace tem preocupações especialmente intensas à

noite, quando está tentando dormir (p. ex., sente-se oprimida por pensamentos de não acordar no horário se não tiver dormido suficientemente, ter de fazer o almoço para todos, chegar ao trabalho no horário, cuidar de seus filhos, cuidar da casa, conferir seu talão de cheques). Como o novo emprego representa um "salto" em termos de responsabilidade, ela tem muitas dúvidas sobre sua própria competência e está extremamente preocupada com a catástrofe que acredita que o fracasso traria para sua vida. Ela voltou ao consultório da Dra. Sudak porque sabe que precisa ser menos ansiosa antes de começar no novo emprego.

Grace tem evitado tarefas simples, como pagar as contas em dia e conferir o talão de cheques. Suas amigas querem que ela namore, mas ela não está pronta. Ela está se isolando da família e dos amigos — não visita a família de seu falecido marido e evita suas amigas. Assim, elas pararam de telefonar com frequência. Ela se descreve como se sentindo "sozinha e solitária". Seus três filhos estão em melhor condição. Grace estava envolvida com a escola de seus filhos e dava aulas na escola dominical antes da doença de seu marido.

Embora anteriormente sentisse prazer em fazer exercícios recreativos ao ar livre com seu marido e com seus filhos, ela parou completamente porque se sente culpada por tirar algum tempo para ela mesma. Ela não passa tanto tempo se arrumando quanto fazia no passado.

História familiar/social

Grace é a segunda de dois filhos, nascida de um casal religioso de classe média baixa. Seu irmão, 4 anos mais velho, foi um rapaz atlético e agregador que era altamente bem-sucedido na escola e o filho favorito. Os pais de Grace pareciam esperar pouco dela, a não ser casar e ter uma família. Ela sempre foi uma boa aluna e uma pessoa diligente e cuidadosa. Ela se casou com Jim, seu namorado no ensino médio, depois de terminar a faculdade de 2 anos. Na opinião de todos, eles tinham um relacionamento de amor e apoio. Eles tinham três filhos, de 14, 11 e 8 anos de idade na ocasião da morte de Jim. Grace sempre foi ativa na igreja e na escola de seus filhos. Ela voltou a trabalhar como gerente de escritório quando seu filho mais novo entrou na pré-escola. Antes da doença de seu marido e o início da depressão de Grace, ela mantinha uma vida social ativa com amigos e família.

História de tratamento

Grace terminou a terapia focada no luto com o conselheiro pastoral e está tomando um ISRS com bons resultados desde que começou o tratamento com a Dra. Sudak há 6 meses. As sessões mensais de cerca de 20 minutos com a Dra. Sudak passaram a ocorrer a cada duas semanas quando Grace teve uma recaída depois do estresse de ter perdido o emprego e da expectativa das responsabilidades de seu novo emprego. Ela não tinha uma história psiquiátrica antes da morte de seu marido.

Formulação de caso

A conceituação da Dra. Sudak é mostrada na planilha de formulação de caso na TCC na Figura 4.2. Como terapeutas cognitivo-comportamentais experientes, normalmente nós não *despendemos* tempo para redigir formalmente toda uma conceituação como a mostrada na Figura 4.2, mas costumamos avaliar e considerar todos os elementos na planilha de formulação enquanto planejamos o tratamento. Além disso, recomendamos fortemente que os terapeutas iniciantes ou outros que estejam se familiarizando com as conceituações de caso da TCC redijam várias destas a fim de

desenvolver suas habilidades nessa abordagem. (O Apêndice 1 traz uma planilha de formulação de caso na TCC em branco, a qual também pode ser baixada em formato maior no *site www.grupoa.com.br.*)

• Exercício de Aprendizagem 4.1: Construindo uma formulação de caso abrangente

1. Revise a história do caso de um paciente que você esteja atendendo em sessões breves ou que poderia pensar em tratar em um formato de sessão breve.

2. Baixe a planilha de formulação de caso na TCC do *site* www.grupoa.com.br.

3. Redija uma formulação de caso abrangente.

4. Revise e atualize seu plano de tratamento com base na formulação.

5. Se estiver tratando este paciente atualmente, acrescente detalhes à conceituação de caso à medida que sejam disponibilizados.

MÉTODOS EFICIENTES PARA USAR FORMULAÇÕES EM SESSÕES BREVES

Em sessões breves, assim como em sessões de TCC de todas as durações, os terapeutas precisam ter em mente todas as informações valiosas da conceituação abrangente ao mesmo tempo em que ajudam os pacientes a selecionar um foco produtivo para seu trabalho. Uma estratégia que pode ter mérito especial para as sessões breves é envolver os pacientes na construção de um resumo abreviado e emocionalmente relevante dos principais elementos da formulação. Quando ajudam a redigir uma construção facilmente inteligível do modelo de TCC e conseguem ver como ele se aplica diretamente em suas vidas, os pacientes conseguem se envolver mais completamente à medida que os terapeutas prosseguem no desenvolvimento de técnicas específicas da TCC. Eles também aprendem bem sobre os conceitos

Terapia cognitivo-comportamental de alto rendimento para sessões breves **71**

Nome do paciente: Grace

Diagnósticos/sintomas: Depressão maior, episódio único com sintomas predominantes de tristeza, falta de interesse, insônia, ansiedade, isolamento e afastamento social.

Influências do desenvolvimento: De temperamento cauteloso, muitas informações sobre "ser cuidadosa" de seus pais; família esperava pouco dela – viu irmão como o filho competente e bem-sucedido; aculturada para se ver como esposa e mãe e não receber muito crédito por suas realizações.

Questões situacionais: Morte do marido há 10 meses; única progenitora agora; cortada do emprego há 2 meses – por corte de despesas; isolamento social; demandas do novo emprego.

Fatores biológicos, genéticos e médicos: Sem história familiar de depressão. Sem enfermidades médicas.

Pontos fortes/qualidades: Trabalhadora; saudável; inteligente; engajada; fé religiosa; apoio da família e dos amigos; tem um emprego novo e melhor.

Metas de tratamento:
1. Reduzir a ansiedade e a preocupação a níveis adequados para começar um novo emprego;
2. dormir de 7 a 8 horas por noite;
3. desenvolver habilidades de enfrentamento de estresses recentes;
4. desenvolver padrões mais realistas de desempenho e a autoestima;
5. retomar o nível de envolvimento social e participação em atividades prazerosas de antes da depressão.

Evento 1	Evento 2	Evento 3
Pensando sobre o novo emprego	Convidada para jantar com as amigas	Fazer o almoço dos filhos à noite
Pensamentos automáticos	**Pensamentos automáticos**	**Pensamentos automáticos**
"Vou cometer um erro e ser demitida". "O chefe pode não gostar de mim".	"Não sou mais divertida. Eu seria um peso para elas". "Seria demais para mim."	"Como vou conseguir lidar com meu novo emprego?" "Nunca serei capaz de me manter organizada." "Está tudo sobre meus ombros."
Emoções	**Emoções**	**Emoções**
Ansiedade Tensão	Tristeza Ansiedade	Tristeza Ansiedade
Comportamentos	**Comportamentos**	**Comportamentos**
Ruminar sobre o emprego Ficar acordada	Recusar convite Ficar sozinha	Assistir televisão até tarde da noite Inquieta, não consegue se acalmar

Esquemas: "Sou incapaz". "Se alguma coisa não estiver perfeita, vou fracassar". "Tenho de colocar as outras pessoas sempre em primeiro lugar".

(*Continua*)

Figura 4.2 • Planilha de formulação de caso na terapia cognitivo-comportamental: exemplo de Grace.

> **Hipótese de trabalho:** Grace sempre foi uma pessoa cuidadosa e ponderada, espelhando-se em seus pais. Seu mundo mudou abruptamente com a doença e a morte de seu marido. Esse estresse extraordinário deixou-a sem sua principal fonte de apoio interpessoal. Ela está socialmente isolada desde a morte do marido e tem lutado para retomar atividades prazerosas com amigos e participar de exercícios físicos. Seus sintomas haviam melhorado e ela estava começando a se envolver mais com os outros antes de perder seu emprego. O novo emprego que Grace encontrou demanda mais. Em virtude de suas influências durante seu desenvolvimento, ela nunca pensou em si mesma como uma pessoa muito capaz ou que merecia crédito por suas realizações. Essa vulnerabilidade cognitiva, em combinação com as demandas muito reais sobre ela – sendo agora a única progenitora da família e a única a trazer o ganha-pão, precipitou um aumento em sua ansiedade e disforia, pensamentos autodepreciadores mais intensos, insônia e um padrão mais elevado de isolamento social.
>
> **Plano de tratamento:**
> 1. Farmacoterapia com antidepressivos;
> 2. modificar os pensamentos automáticos e as crenças nucleares disfuncionais sobre competência e padrões realistas com questionamento socrático, registro de modificação de pensamentos, exame de evidências e outros métodos centrais da TCC;
> 3. usar a programação de atividades para ajudar no gerenciamento do tempo e aumentar o número de eventos e exercícios prazerosos;
> 4. gerenciamento dos hábitos de sono e exercícios de relaxamento;
> 5. diários de autocrédito;
> 6. cartões de enfrentamento para registrar e encorajar o desenvolvimento de estratégias.

Figura 4.2 • Planilha de formulação de caso na terapia cognitivo-comportamental: exemplo de Grace (*continuação*).

básicos da TCC e, assim, podem se tornar parceiros ativos na realização do tratamento em sessões breves e eficientes.

Como as formulações que são comunicadas apenas verbalmente com pacientes podem ser facilmente esquecidas, uma prática útil é rascunhar os conceitos centrais ou usar um quadro branco ou *flipchart* com canetas coloridas para intensificar o impacto do trabalho colaborativo na construção da formulação.

Os diagramas ou miniformulações escritos podem então ser levados para casa pelo paciente ou podem ser copiados em um diário de tarefas de casa. Tais formulações não incluem todos os detalhes mostrados na conceituação abrangente de Grace (Figura 4.2), mas dão uma rápida versão dos conceitos que nortearão a equipe paciente-terapeuta no uso da TCC para abordar os sintomas. Essas rápidas formulações escritas também podem melhorar muito as comunicações com outros profissionais e devem ser consideradas para arquivamento no registro médico do paciente. Nas próximas subseções, descrevemos miniformulações e linhas do tempo, que são métodos úteis para esquematizar os principais elementos da formulação.

Miniformulações

As miniformulações são ilustrações sucintas de como o modelo básico da TCC pode ser empregado para entender e tratar os sintomas. Um dos métodos comuns para elaboração de uma miniformulação baseia-se na parte transversal da conceituação de caso descrita anteriormente neste capítulo. É utilizado um exemplo do relacionamento entre eventos, pensamentos automáticos, emoções e comportamentos para ajudar os pacientes a desenvolverem um plano construtivo para usar técnicas cognitivas e comportamentais. As miniformulações podem ajudar os pacientes a voltar sua atenção para os componentes especialmente salientes da conceituação abrangente e usar o tempo de modo produtivo nas sessões breves.

Nosso primeiro exemplo de uma miniformulação vem do tratamento de Grace cuja conceituação abrangente é mostrada na Figura 4.2. A Figura 4.3 traz uma miniformulação delineada pela Dra. Sudak e Grace.

Nosso segundo exemplo de uma miniformulação, apresentada na Figura 4.4, foi extraído do tratamento de Terrell, um paciente com agorafobia. Essa miniformulação ligeiramente mais detalhada também descreve comportamentos de segurança e inclui planos para reduzir esse impedimento ao progresso no tratamento.

Explicaremos os comportamentos de segurança, tentativas de enfrentamento da situação continuada, no Capítulo 9, "Métodos Comportamentais para Ansiedade". Terrell e seu terapeuta identificaram pensamentos automáticos típicos que norteavam sua ansiedade e evitação e rascunharam as linhas gerais de um plano para interromper esse ciclo vicioso de cognições e comportamentos disfuncionais.

Uma maneira relacionada de esquematizar miniformulações é usar o modelo ABC descrito pela primeira vez por Ellis (1962). Os pacientes geralmente acham essa maneira simples de construir uma formulação bastante fácil de entender. No caso de Helen, uma paciente com esquizofrenia, mostrada em vários capítulos deste livro (Capítulo 5, "Promovendo a Adesão"; Capítulo 11, "Modificando Delírios"; e Capítulo 12, "Enfrentando as Alucinações"), a explicação ABC funcionou da seguinte maneira:

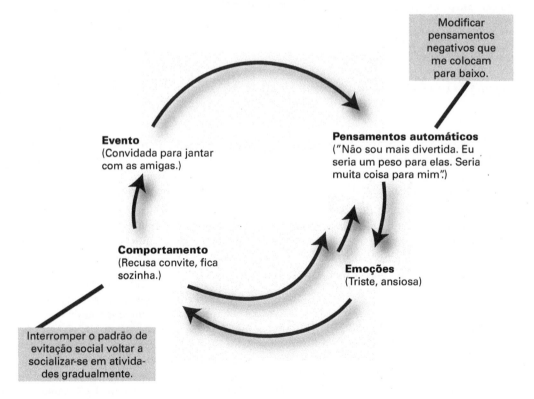

Figura 4.3 • Uma miniformulação: exemplo de Grace.

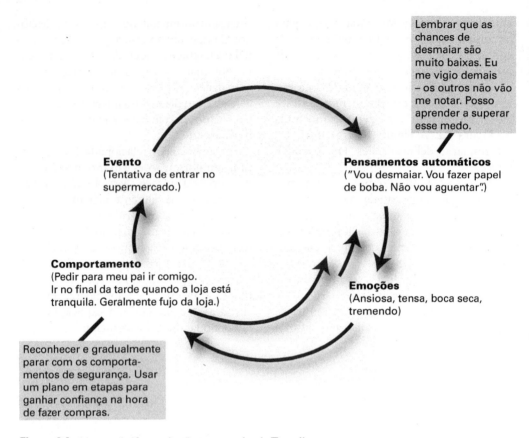

Figura 4.4 • Uma miniformulação: exemplo de Terrell.

A = (Evento) Ativador
John (namorado) olhou para mim de modo estranho.

B = Crença (em inglês, **B**elief)
"Ele deve estar possuído. Seus olhos ficam pálidos quando ele está possuído".

C = Consequência
Emoção: ansiedade.
Comportamento: Não olhar em seus olhos.

Quando começam a perceber que estão continuamente avaliando os eventos de seu ambiente (os As), os pacientes conseguem entender que suas crenças a respeito desses eventos (os Bs) têm consequências (os Cs) para suas emoções e comportamentos. Além disso, eles começam a ver como as tentativas de focar interpretações distorcidas podem trazer benefícios.

No exemplo a seguir, o psiquiatra esquematizou a miniformulação do ABC em uma folha de papel e pediu a Jerry, um paciente com baixa autoestima crônica, para revisá-la como tarefa de casa.

Jerry: Realmente me sinto mal. Meu vizinho me ignorou completamente quando passou por mim na rua... Sou um imprestável.
Psiquiatra: Vamos rascunhar os ABCs da situação?
Jerry: Bem, o A é que ele passou reto por mim na rua e nem ao menos olhou para mim. Acho que o B é... não me admira que ele tenha me ignorado; eu sou um inútil. E o C é uma tristeza profunda.

Psiquiatra: Pode ser que ajude observar o A e o B aqui. Você tem certeza que ele o ignorou de propósito? Não pode ser que alguma coisa o estivesse distraindo?

Jerry: Eu soube que ele está tendo problemas financeiros.

Psiquiatra: Bom, então, talvez seu vizinho estivesse distraído com problemas de dinheiro e talvez você não seja tão inútil quanto você pensa.

Jerry: Você tem alguma razão.

Psiquiatra: Além disso, fico imaginando se todos que você conhece o ignoram quando o veem. Em algum momento você sente que as pessoas prestam atenção em você?

Jerry: Claro, as pessoas no trabalho conversam bastante comigo e meus amigos não me ignoram.

Psiquiatra: Você pode levar este diagrama dos ABCs para casa e revisá-lo para que você se lembre de verificar os Bs se você se sentir aborrecido? Podemos usar essa mesma estratégia para ajudá-lo a enfrentar muitos de seus outros problemas.

Jerry: OK, acho que entendi.

Linhas do tempo

Com alguns pacientes, construir uma linha do tempo de eventos críticos em sua história de vida pode ser útil. Este método longitudinal de esquematizar algumas das influências formativas importantes tem sido usado com sucesso por Dr. Turkington e outros ao ajudar os pacientes com transtornos psicóticos a entenderem como os estressores podem estar tendo um papel no desenvolvimento dos sintomas e como as tentativas de enfrentá-los podem desempenhar um papel na redução dos sintomas (Wright et al. 2010). Trabalhar com linhas do tempo pode ter os seguintes benefícios:

1. Permitir que os pacientes considerem os eventos positivos bem como os negativos em suas vidas que levaram ao desenvolvimento de um transtorno psiquiátrico.

2. Ajudar os pacientes a responder perguntas que costumam deixá-los perplexos, como "Por que comigo?" ou "Por que agora?".

3. Permitir que os pacientes entendam sua doença em termos de uma conceituação de vulnerabilidade ao estresse, o que pode ajudá-los na normalização e na eliminação do estigma dos sintomas.

4. Permitir que os pacientes tenham acesso aos relacionamentos entre os eventos críticos da vida que não foram reconhecidos anteriormente.

5. Ajudar os pacientes a obter uma perspectiva mais saudável dos eventos negativos e interpretações com viés negativo dos eventos.

6. Melhorar o *rapport* entre pacientes e terapeutas à medida que desenvolvem um modelo compartilhado para o desenvolvimento dos sintomas.

Ao trabalhar com os pacientes na construção de linhas do tempo, os terapeutas podem usar o questionamento socrático e a descoberta guiada para ajudar a discutir as ocorrências que podem ter desempenhado um papel no início e na manutenção de um transtorno psiquiátrico.

Os terapeutas devem perguntar aos pacientes sobre as principais lembranças e conquistas, bem como os relacionamentos cruciais. A Figura 4.5 mostra um exemplo de linha do tempo para Grace, a paciente que ficou deprimida após a morte de seu marido e depois teve de lidar com o estresse de começar em um novo emprego.

A linha do tempo inclui observações sobre experiências anteriores, mas enfoca primordialmente as influências mais recentes no desenvolvimento dos sintomas. Neste exemplo, a linha do tempo ressalta todos os desafios difíceis que se apresentaram recentemente na vida de Grace. A Dra. Sudak pode usar a linha do tempo para ajudar Grace a avaliar alguns de seus eventos positivos de longo tempo, como sucessos na

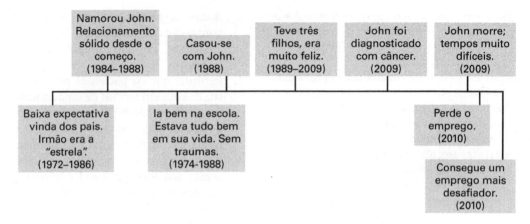

Figura 4.5 • Cronologia de longo prazo: exemplo de Grace.

escola, trabalho, casamento e criação dos filhos. Além disso, foram identificados alvos para a terapia (p. ex., melhorar a autoestima, desenvolver suas capacidades de lidar com a vida como mãe sozinha e melhorar o enfrentamento do estresse recente).

CASO PRÁTICO: ELABORANDO UMA MINIFORMULAÇÃO

Samuel é um rapaz afrodescendente de 19 anos de idade que desenvolveu alucinações auditivas. No exercício de aprendizagem a seguir, você deverá construir uma miniformulação para Samuel.

• **Exercício de Aprendizagem 4.2:**
Desenvolvendo uma miniformulação

1. Samuel acaba de ser diagnosticado com esquizofrenia. Ele começou a ouvir vozes há cerca de 2 anos, mas escondia de todos até muito recentemente, inclusive de seus familiares mais próximos. Depois de tentar participar de um programa de treinamento em tecnologia em uma escola vocacional, suas alucinações se intensificaram. Ele ficou paranóide em relação a alunos e começou a agir de modo estranho (p. ex., andar de um lado para outro do lado de fora da sala de aula e muitas vezes não conseguir ficar sentado na sala, vestir uma capa pesada que cobria quase todo o seu rosto mesmo no calor do verão). Felizmente, Samuel quer ajuda e está vindo a seu consultório para sessões breves pelos últimos 2 meses.

Na primeira miniformulação que você desenvolve com Samuel, você usa o modelo de TCC para ajudá-lo a entender e enfrentar o estigma que ele sente por ter alucinações e outros sintomas de psicose. Preencha os espaços em branco no diagrama apresentado na primeira miniformulação. Use termos que seriam entendidos por Samuel. Imagine que está redigindo este diagrama com ele em uma sessão breve de terapia.

2. Sua miniformulação direcionada para a eliminação do estigma foi bastante bem-sucedida. Samuel está se culpando muito menos por seus sintomas e agora está mais envolvido no trabalho para enfrentar as alucinações. Na próxima miniformulação, você o ajuda a entender o papel dos comportamentos de segurança na manutenção dos sintomas e rascunha as bases de um plano para reduzir esses comportamentos. Preencha os espaços em branco na segunda miniformulação.
Se não estiver familiarizado com os métodos da TCC para psicose, tente pensar em uma estratégia que possa funcionar. Você aprenderá mais sobre a TCC para psicose no Capítulo 11, "Modificando Delírios", e no Capítulo 12, "Enfrentando as Alucinações".

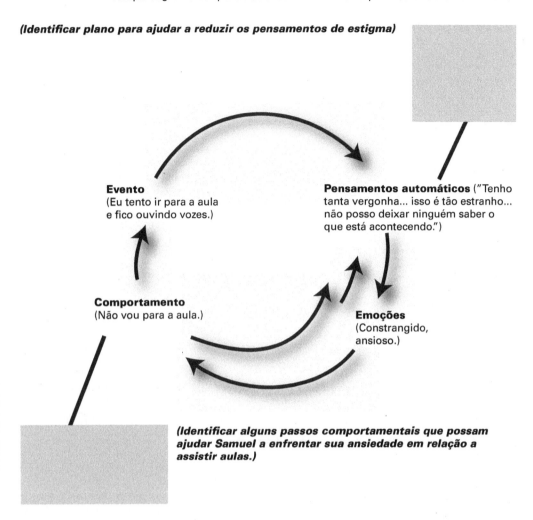

Figura 4.6 • Miniformulação 1: exemplo de Samuel.

RESUMO

Pontos-chave para terapeutas

- A formulação de caso abrangente é usada na TCC para sintetizar as informações dos domínios biológico, o cognitivo-comportamental e sociocultural no planejamento de um tratamento eficaz.
- A planilha de formulação de caso na TCC pode proporcionar um gabarito útil para realizar conceituações abrangentes.
- São incluídas tanto perspectivas transversais como longitudinais no desenvolvimento de sintomas nas formulações de caso abrangentes.
- Miniformulações, linhas do tempo e outros métodos rápidos são usados para ajudar os pacientes a entenderem e usarem o modelo de TCC.
- Idealmente, esses métodos rápidos são adequados para sessões breves porque apuram o foco das intervenções e proporcionam aos terapeutas e aos

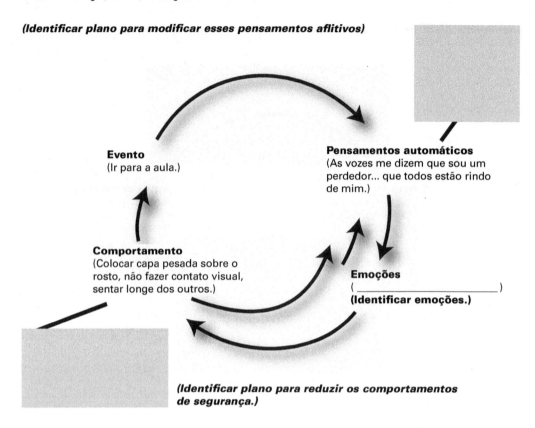

Figura 4.7 • Miniformulação 2: exemplo de Samuel..

pacientes um mapa claro para o trabalho terapêutico colaborativo.

Conceitos e habilidades para os pacientes aprenderem

- Muitas influências diferentes podem contribuir para o desenvolvimento dos sintomas. Essas influências podem incluir problemas genéticos, médicos e físicos, experiências no início da vida, família e outros relacionamentos próximos e o estilo de pensamento e comportamento que as pessoas desenvolvem ao longo de suas vidas.
- Ao planejar o tratamento, pode ser útil considerar todas as principais influências que podem ter tido um papel no desenvolvimento dos sintomas. Seu médico ou terapeuta o ajudará a descrever essas influências e entender melhor como elas podem ter levado aos problemas.
- Também é muito importante identificar as experiências positivas que o moldaram e reconhecer seus pontos fortes e capacidades. Seu médico ou terapeuta o ajudará a usar esses pontos fortes para combater os sintomas.
- Seu médico ou terapeuta pode trabalhar com você para esquematizar ou redigir alguns dos principais conceitos

da TCC. Esses diagramas ou explicações o ajudarão a aprender mais como essa abordagem pode ser usada para superar os problemas.

REFERÊNCIAS

Beck J: Cognitive Therapy: Basics and Beyond. New York, Guilford, 1995

Ellis A: Reason and Emotion in Psychotherapy. New York, Lyle Stuart, 1962

Sudak D: Cognitive Behavioral Therapy for Clinicians. Philadelphia, PA, Lippincott Williams & Wilkins, 2006

Wright JH, Basco MR, Thase ME: Aprendendo a Terapia Cognitivo-Comportamental: Um Guia Ilustrado. Porto Alegre: Artmed, 2008.

Wright JH, Turkington D, Kingdon DG, et al: Terapia Cognitivo-Comportamental para Doenças Mentais Graves. Porto Alegre: Artmed, 2010.

5
Promovendo a adesão

Mapa de aprendizagem

Estratégias gerais de tratamento para problemas de adesão

Doze métodos da TCC para promover a adesão

Exemplos de uso de métodos da TCC para promover a adesão

Caso prático: usando a TCC para promover a adesão

A maioria dos pacientes sabe que é uma boa ideia tomar a medicação regularmente, mas muitos têm problemas em seguir as instruções da prescrição. As pesquisas normalmente encontram índices bastante altos de não adesão. Por exemplo, foram encontrados problemas significativos com a adesão em 48% dos pacientes com esquizofrenia (Rosa et al. 2005), 51% dos pacientes com transtorno bipolar (Keck et al. 1997) e 49% dos pacientes com depressão (Akincigil et al. 2007). Neste capítulo, descrevemos métodos da terapia cognitivo-comportamental (TCC) que podem ser usados para promover a adesão e damos ilustrações de como desenvolver esses procedimentos na prática clínica.

ESTRATÉGIAS GERAIS DE TRATAMENTO PARA PROBLEMAS DE ADESÃO

Antes de descrever as técnicas para ajudar os pacientes a tomar as medicações de modo confiável, queremos parar um momento para explicar nosso uso dos termos *adesão* e *observância*. Alguns terapeutas fazem objeções ao termo *observância*. Eles ressaltam, com precisão, que o equilíbrio de poder no relacionamento médico-paciente pode se tornar disfuncional quando é distorcido, com os médicos forçando sua agenda sobre os pacientes que "devem cumprir obedientemente" com os desejos do médico para tomar medicação. Como a TCC utiliza um relacionamento terapêutico altamente colaborativo com uma grande dose de cooperação e trabalho em equipe, nos preocupamos muito menos com as consequências negativas do uso do termo *observância* para descrever o comportamento na ingestão da medicação.

Preferimos o termo *adesão*, mas usamos aqui ambas as palavras alternadamente para proporcionar alguma variação em nosso texto sobre o uso de medicação.

Algumas estratégias básicas de tratamento que podem incentivar a adesão à farmacoterapia são apresentadas na Tabela 5.1. Esses métodos são tão universais e óbvios que eles quase poderiam passar sem serem mencionados; no entanto, imaginamos que os terapeutas prescritores nem sempre maximizam o uso dessas estratégias. Como muitos outros médicos, às vezes nos afastamos de alguns desses princípios básicos e, mais tarde, descobrimos que estavam ocorrendo problemas de adesão.

Embora um excelente relacionamento terapêutico não garanta que os pacientes tomarão as medicações de modo confiável, muitos estudos encontraram uma forte associação entre a qualidade do relacionamento médico-paciente e a adesão (Kikkert et al. 2006; Sajatovic et al. 2005; Zeber et al. 2008). O relacionamento colaborativo-empírico na TCC (vide Capítulo 3, "Aumentando o Impacto das Sessões Breves") enfatiza o respeito pelas opiniões dos pacientes e os envolve como parceiros ativos no processo terapêutico. A abordagem de trabalho em equipe inclui pedir a opinião e o *feedback* do paciente regularmente. Assim, uma sessão de tratamento influenciada pela TCC normalmente incluiria conversas abertas com o paciente sobre como a medicação está funcionando; quais problemas, se houver, foram encontrados; e quais estratégias deveriam ser buscadas para lidar com os problemas ou melhorar o resultado. As ilustrações em vídeo discutidas posteriormente neste capítulo demonstram o estilo empírico-colaborativo da TCC que recomendamos para promover a adesão à farmacoterapia.

Uma das armadilhas na qual os médicos podem cair é assumir que os pacientes estão tomando a medicação como prescrita quando o relacionamento terapêutico parece estar em excelente forma e os sintomas do paciente estão sob controle. Às vezes, o médico pode concluir que os pacientes atendidos por longos períodos e que são muito conhecidos do médico devem estar tomando as medicações de modo confiável. Outras vezes, um médico pode ficar

---

Tabela 5.1 • Estratégias gerais de tratamento para melhorar a adesão

- Estabelecer e manter um relacionamento terapêutico colaborativo-empírico.
- Perguntar rotineiramente sobre a adesão à farmacoterapia.
- Fornecer esquemas descomplicados de dosagem.
- Avaliar e tratar de maneira eficaz os efeitos colaterais.
- Abordar preocupações práticas como custo e disponibilidade da medicação.

ocupado com outras preocupações durante as sessões de tratamento e se esquece de verificar a adesão. Esses tipos de problemas já aconteceram conosco com mais frequência do que gostaríamos de admitir. Tornamo-nos confiantes demais em nossa estimativa de quanto o paciente está aderindo ao esquema farmacoterapêutico e não perguntamos sobre os hábitos em relação à medicação. Às vezes, ficamos ocupados com outras questões e simplesmente não fazemos as perguntas necessárias sobre a observância à prescrição. Mais tarde, quando os sintomas retornam, descobrimos que o paciente não tem tomado as medicações como planejado. Para evitar esses problemas, sempre que houver qualquer desconfiança de que a adesão pode estar falhando, o terapeuta pode habitualmente fazer perguntas como:

"Você está conseguindo seguir o esquema para tomar a medicação?"

"Com que frequência você deixa de tomar uma dose ou se esquece de tomar os comprimidos?"

"No período de um mês, qual a porcentagem da medicação que você realmente tomou?"

Esquemas muito complicados de dosagem podem ser outra razão para a não adesão. Sabe-se que é mais provável que os pacientes tomem todas as doses se a medicação puder ser administrada uma vez ao dia do que se precisar ser tomada várias vezes durante o dia (Fincham 2007; Julius et al. 2009). Um de nós toma quatro medicações controladas por dia. Felizmente, todas essas medicações podem ser tomadas pela manhã após se barbear, o que facilita lembrar-se de tomar as medicações de maneira rotineira. Em contraste, temos atendido muitos pacientes que têm vários médicos e recebem prescrições de grandes quantidades de medicações que devem ser tomadas três ou até quatro vezes ao dia. Quando são relatados esquemas complexos de medicação, sugerimos que os terapeutas tentem entrar em contato com os médicos

prescritores e trabalhem juntos para simplificar o plano medicamentoso. Se o psiquiatra for o único terapeuta prescritor, devem ser feitos esforços para criar esquemas de dosagem práticos, claros e descomplicados para os psicofármacos.

Um dos motivos mais frequentes pelos quais os pacientes se recusam a tomar ou decidem parar suas medicações são os efeitos colaterais (Julius et al. 2009; van Geffen et al. 2008). Assim, os terapeutas precisam preparar os pacientes antecipadamente para os efeitos colaterais comuns, discutir o que pode ser feito se aparecerem efeitos colaterais e manter uma linha de comunicação aberta para que os pacientes se sintam confortáveis para relatar os efeitos colaterais e pedir conselhos sobre como lidar com esses problemas. As ilustrações em vídeo discutidas mais adiante neste capítulo trazem dois exemplos de não adesão relacionada a efeitos colaterais: uma paciente pulou ou "esqueceu" muitas doses de lítio depois de sentir um tremor que interferiu em seu passatempo favorito – fazer colchas. Outra paciente tinha uma longa história de interromper as medicações antipsicóticas em virtude do ganho de peso. Em cada caso, o psiquiatra foi capaz de trabalhar junto com o paciente para elaborar um esquema medicamentoso aceitável que desse conta e lidasse com a preocupação da paciente com os efeitos colaterais.

Preocupações práticas – como ter condições de pagar a medicação, precisar de autorização prévia para certas medicações, mudanças nos planos de saúde, marcar hora para testes laboratoriais (p. ex., hemograma completo para pacientes que usam clozapina; níveis de lítio e monitoramento renal e de tireóide em pacientes que tomam lítio) e rápido acesso a reposições de medicamentos – também podem ter um papel significativo na adesão à medicação. Assim, pode não ser suficiente para o terapeuta simplesmente prescrever uma medicação e explicar como usá-la. Se houver obstáculos práticos à adesão, será preciso criar um plano para transpor esses problemas ou pode ser necessário fazer uma mudança no esquema medicamentoso de modo que o paciente possa garantir a medicação e tomá-la regularmente.

DOZE MÉTODOS DA TCC PARA PROMOVER A ADESÃO

Vários métodos mais específicos da TCC para melhorar a adesão podem ser acrescentados à abordagem geral descrita acima. Os 12 métodos a seguir são bastante adequados para sessões breves:

1. **Normalizar problemas com a ingestão da medicação.** Os pacientes podem ter maior probabilidade de discutir seus problemas de adesão livremente se o médico normalizar os problemas de não tomar as medicações conforme prescritas. O terapeuta pode fazer comentários como: "Quase todo mundo tem problemas em um momento ou outro de se esquecer de tomar a medicação ou não seguir a prescrição exatamente" ou "perder doses da medicação é realmente um problema comum, portanto você não está sozinha nessa dificuldade". Outra estratégia de normalização é usar a autorrevelação: "posso entender o problema que você está tendo de tomar as medicações de forma rotineira. Quando o médico me receitou remédios para a hipertensão pela primeira vez, perdi muitas doses, até que finalmente encontrei uma rotina que funcionava para mim". A estratégia de normalização não desculpa ou fecha os olhos à não adesão, mas sim abre esse tópico para discussão e prepara o terreno para o trabalho produtivo a fim de encontrar maneiras de melhorar a continuidade ao tomar as medicações.

2. **Educar o paciente quanto à doença e seu tratamento.** A ênfase psicoeducacional da TCC é adequada para ajudar os pacientes a entender melhor e aceitar suas doenças. Pode-se usar questionamento socrático, miniaulas, apostilas, leituras recomendadas e buscas na internet para promover o aprendizado. O Apêndice 2, "Recursos da TCC para Pacientes e Familiares", traz listas de livros e *sites* da internet recomendados, os quais também podem ser baixados do *site www.grupoa.com.br.*

3. **Perguntar sobre a rotina diária do paciente.** Ao perguntar aos pacientes sobre seu comportamento na ingestão da medicação, descobrimos que pessoas com uma rotina consistente podem ter maior probabilidade de tomar suas medicações regularmente. Por outro lado, pessoas com esquemas diários desorganizados e caóticos podem ter mais dificuldade em aderir a um esquema medicamentoso. Se o paciente tiver uma agenda irregular, podem ser feitos esforços para ajudá-lo a organizar melhor seu dia. Pode-se empregar uma programação de atividades para planejar os principais eventos diários, como horários de sono e vigília, horários das refeições e de tomar a medicação. Alternativamente, um plano comportamental simples pode ser criado para melhorar a confiabilidade ao ter como alvo certo horário do dia para tomar os comprimidos (p. ex., ao acordar de manhã, preparando-se para dormir).

4. **Sugerir que as medicações sejam guardadas em um mesmo lugar e fácil de lembrar.** Uma das perguntas altamente úteis que podem ser feitas sobre a adesão é: "Onde você guarda suas medicações?" Há oportunidades de melhorar a adesão se você ouvir respostas como: "varia"; "em minha bolsa, mas às vezes esqueço que troquei de bolsa e o remédio fica na casa de

minha mãe"; ou "normalmente enfio embaixo de algumas roupas dentro da gaveta, mas outras vezes pode ficar em minha mesa ou em cima da geladeira". Um plano comportamental para colocar a medicação sempre no mesmo lugar, onde possa ser vista facilmente todos os dias muitas vezes pode ser um componente útil da estratégia geral para melhorar a observância à prescrição.

5. **Associar tomar a medicação a uma atividade rotineira.** Outra intervenção comportamental valiosa que frequentemente utilizamos é a associação – ou seja, ligar o fato de tomar a medicação com um comportamento que o paciente tenha todos os dias. Se o paciente já tem uma rotina comportamental que seja consistentemente realizada cada dia, esse padrão pode ser ligado a tomar a medicação como um lembrete e ajudar a tornar a farmacoterapia uma parte "automática" da rotina diária. Anteriormente, observamos que um de nós toma quatro medicações de uma vez a cada dia. Ele usa a associação com seu ritual matinal de se barbear como a principal estratégia para lembrar. Sua medicação é colocada ao lado do creme de barbear de modo que ele a vê todos os dias. Alguns outros exemplos de comportamentos que nossos pacientes usaram para associação incluem tomar a medicação durante as refeições, após vestir o pijama todas as noites e após servir-se da primeira xícara de café todos os dias. Ao usar a associação, é importante encontrar uma atividade que seja realizada todos os dias. Para alguns pacientes com doença mental grave ou para outros com horários altamente irregulares, pode ser difícil encontrar um comportamento constante para associar a tomar a medicação. Em tais casos, um plano comportamental para executar uma atividade diariamente (p. ex., escovar os dentes, tomar café da manhã, fazer uma refeição noturna de modo confiável) poderia ser praticado como tarefa de casa. O paciente poderia registrar seus esforços para executar o plano e tomar a medicação ao mesmo tempo.

6. **Usar uma caixinha de comprimidos ou outro sistema de lembretes.** Muitos pacientes acham que caixinhas de comprimidos ou outros sistemas de lembretes podem ajudá-los a manter-se em um esquema medicamentoso. Embora sejam sabiamente recomendados na prática médica e, portanto, não são exclusivos da TCC, tais sistemas de lembretes podem ser conceituados como intervenções comportamentais dentro da estrutura da TCC para o tratamento. Caixinhas de comprimidos para sete dias podem ser abastecidas uma vez por semana no mesmo dia ao mesmo tempo (p. ex., após os últimos comprimidos da semana terem sido tomados no domingo à noite) e verificadas regularmente para ter certeza de que todos os comprimidos estejam sendo tomados nos horários certos. As caixinhas de comprimidos podem ser especialmente úteis quando são necessários regimes complexos (p. ex., várias medicações e vários horários para a dosagem durante o dia) ou para pessoas idosas ou outros que podem ter problemas de esquecimento. Outros sistemas de lembretes que poderiam ser considerados são:

1. soluções de baixa tecnologia, como diários, calendários e *post-its* e
2. auxiliares eletrônicos como programar alarmes no telefone celular ou usar caixinhas de comprimidos disponíveis no mercado com bips computadorizados ou alertas de voz que dizem aos usuários quando é hora de tomar a medicação.

7. **Avaliar as barreiras à adesão.** Quando os pacientes relatam problemas de

Terapia cognitivo-comportamental de alto rendimento para sessões breves **85**

adesão, pode ser conduzida uma análise das barreiras ou obstáculos para tomar as medicações de modo confiável e, em seguida, pode ser elaborado um plano para superar esses problemas. Às vezes, os obstáculos são práticos, podendo ser remediados por planos comportamentais simples. A Tabela 5.2 apresenta alguns exemplos de tais planos.

Se as barreiras forem mais complexas ou desafiadoras (p. ex., a família se opõe veementemente a tomar medicação para uma doença psiquiátrica e acredita que o paciente somente precisa ter mais força de vontade ou a paciente teme que seu namorado fique assustado e se afaste se descobrir que ela está tomando medicação), o terapeuta pode tentar desenvolver estratégias para lidar com esses obstáculos. Por exemplo, o terapeuta pode:

1. marcar sessões com a família para ajudar a romper qualquer atitude negativa em relação ao tratamento psiquiátrico e à farmacoterapia ou

2. recomendar leituras e *sites* da internet para educar os familiares.

8. **Perguntar aos pacientes o significado dos sintomas.** Os significados que os pacientes dão a seus sintomas podem ter um grande impacto na adesão. Pacientes que têm uma explicação para seu mal e que aceitam totalmente sua doença podem ter maior probabilidade de incorporar a necessidade de medicação do que aqueles com atribuições disfuncionais aos sintomas. Alguns dos significados que podem afastar os pacientes de sua rotina medicamentosa são negações (p. ex., "Foi só porque eu estava estressado – Na verdade, eu não tenho nenhuma doença que precise de tratamento"), explicações psicóticas (p. ex., "É o demônio que está falando comigo") ou explicações alternativas que podem ter um toque de verdade parcial, mas ainda interferem no comprometimento com a ingestão regular da medicação (p. ex., "Sou artista e meus melhores momentos são quando estou realmente criativo e faço muitas

Tabela 5.2 • Planos práticos para superar barreiras à adesão

BARREIRA	PLANO COMPORTAMENTAL
"Meu plano de saúde não cobre a medicação e as amostras acabam antes de minha próxima consulta médica".	Fazer uma anotação no calendário para telefonar pelo menos 10 dias antes para pedir ao médico mais amostras.
"Esqueço-me de colocar a medicação na mala quando viajo com pressa a negócios".	Obter prescrição ou amostras extras e colocar na pasta de *laptop* para que haja medicação disponível durante a viagem.
"Eu sempre tomo as medicações pela manhã depois de tomar banho. Mas se minha esposa tiver colocado o copo que fica no banheiro na lava-louças, digo a mim mesmo que vou tomar mais tarde – e acabo esquecendo".	Comprar copos de papel e sempre deixar o banheiro abastecido com copos.
"Muitas vezes perco a hora pela manhã, deixo de seguir a maior parte de minha rotina matinal e saio correndo para o trabalho sem tomar minha medicação".	Acertar o despertador todas as noites e colocá-lo longe da cama como um incentivo para levantar da cama para desligá-lo. Ter tempo de manhã para tomar banho e tomar as medicações.

coisas – não é transtorno bipolar, é apenas a maneira pela qual fico ligado"). Quando o significado da doença está minando a observância, os terapeutas podem usar o questionamento socrático, exame de evidências e outros métodos padrão da TCC para ajudar os pacientes a desenvolverem explicações mais adaptativas. A ilustração em Vídeo de Dr. Wright e uma paciente com transtorno bipolar, discutida mais adiante neste capítulo, demonstra uma abordagem cognitivo-comportamental ao trabalho nas explicações desadaptativas para os sintomas psiquiátricos.

9. **Identificar pensamentos automáticos e crenças nucleares sobre tomar medicação.** Os terapeutas precisam determinar se os pacientes estão tendo pensamentos automáticos negativos que estejam influenciando a não adesão à medicação e se esquemas subjacentes estão tendo um papel no comportamento de ingestão da medicação. Métodos comuns da TCC como descoberta guiada, registros de pensamentos e usar a técnica da seta descendente para revelar crenças nucleares (vide Wright et al. 2008) podem ajudar a responder essas perguntas e preparar o paciente para modificar essas cognições disfuncionais.

10. **Modificar pensamentos automáticos e crenças nucleares sobre tomar medicação.** A Tabela 5.3 mostra alguns pensamentos automáticos típicos que observamos em pacientes com dificuldades para tomar as medicações regularmente. Muitas técnicas da TCC podem ser usadas em sessões breves para gerar alternativas racionais. Esses métodos – como exame de evidências, identificação de erros cognitivos e usar registros de mudança de pensamento – são detalhadamente explicados no Capítulo 7, "Enfocando o Pensamento Desadaptativo".

O último exemplo na Tabela 5.3 é do tratamento de Glenn, um paciente internado com esquizofrenia que rejeitava a recomendação de tomar clozapina porque acreditava que o Dr. Wright estava tentando fazer com que tomasse uma "droga experimental". A Figura 5.1 descreve um exercício de exame de evidências que foi conduzido com este paciente, que não havia respondido a muitas outras medicações antipsicóticas. Durante sua internação no hospital, ele foi atendido quase diariamente por um total de oito sessões breves de aproximadamente 15 a 20 minutos cada. Construindo gradualmente a confiança, fortalecendo o relacionamento terapêutico e explorando as evidências a favor da crença disfuncional de Glenn, o Dr. Wright foi capaz de ajudar este paciente a aceitar e aderir à medicação necessária.

Parte do trabalho de revisão do pensamento disfuncional de Glenn envolveu examinar as conclusões ilógicas na coluna de "evidência a favor" de sua crença. Embora estivesse sendo conduzida uma pesquisa no hospital, esta nada tinha a ver com clozapina. Além disso, a premissa de Glenn de que a penicilina era completamente segura proporcionou uma oportunidade de verificar suas suposições. Um experimento comportamental de participar em um grupo pós-alta para pacientes que tomavam clozapina era talvez a parte mais útil da intervenção de TCC. Glenn logo foi capaz de aprender com outros pacientes que a clozapina tem efeitos colaterais e riscos, mas que os resultados gerais para muitas pessoas são altamente favoráveis. Glenn está tomando clozapina há mais de 4 anos e não voltou a ser internado. Ele vive em uma casa de passagem e continua a ser atendido pelo Dr. Wright em sessões breves cerca de uma vez por

Terapia cognitivo-comportamental de alto rendimento para sessões breves **87**

Tabela 5.3 • Pensamentos automáticos e pensamentos racionais sobre a farmacoterapia

PENSAMENTOS AUTOMÁTICOS	PENSAMENTOS RACIONAIS
"Tomar antidepressivo significa que eu sou um fraco".	"Depressão é uma doença como diabetes ou pressão alta. Antidepressivos são tratamentos úteis tomados por um grande número de pessoas – até mesmo aquelas que são muito bem-sucedidas e com muita força de vontade".
"Sou sempre eu quem tem os efeitos colaterais. Se um efeito colateral for possível, eu vou ter".	"Pode ser que eu tenha tido mais efeitos colaterais do que a média das pessoas, mas estou tendo um pensamento extremo quando digo que 'sempre' tenho efeitos colaterais".
"Vou me tornar dependente de antidepressivos".	"Soube que as pessoas podem ter sintomas de abstinência se tentarem parar de tomar antidepressivos muito rapidamente. No entanto, essas drogas não causam dependência como os narcóticos ou as drogas das ruas".
"Vou perder o controle para a droga. Não vou ser mais eu mesmo".	"Sou eu quem decide tomar a medicação – para fazer uma tentativa. Se não estiver de acordo comigo ou se eu sentir que ela está me mudando muito, eu posso parar e discutir as opções com meu médico".
"Eles estão tentando me dar uma droga experimental".	"Essa droga foi experimental um dia, mas agora é um medicamento aprovado. Acho que entendo os riscos reais e como a droga pode me ajudar".

Pensamento automático:
"Você está tentando me dar uma droga experimental. O que eu realmente preciso é de penicilina".

Evidência a favor	**Evidência contra**
Médicos apenas contam parte da história. Eu não confio neles.	Confio em meu novo médico mais do que nos antigos.
Eles estão recrutando pessoas para uma pesquisa neste hospital.	O estudo de pesquisa é de outra droga, não é de clozapina.
A penicilina é segura. Ela tem sido usada por mais de 50 anos.	Soube que a penicilina também tem efeitos colaterais e provoca alergias.
Clozapina é uma droga perigosa.	A clozapina foi aprovada pelo FDA.[*] Conheci cinco pessoas que estão tomando clozapina e dizem que ela é boa. As enfermeiras aqui acreditam que a clozapina ajuda mais do que qualquer uma das outras medicações. Meu médico explicou os riscos, a necessidade de exames de sangue e como a clozapina pode me ajudar.

Figura 5.1 • Exame de evidências: exemplo de Glenn.
[*] FDA = U.S. Food and Drug Administration.

mês. Sua adesão à medicação parece ser excelente.

11. **Usar técnicas de entrevista motivacional.** A entrevista motivacional demonstrou ser um método altamente útil de ajudar os pacientes a se envolverem no tratamento eficaz para dependências (vide Capítulo 13, "TCC para Mau Uso e Abuso de Substâncias") e pode ter muitas outras aplicações no tratamento psiquiátrico, incluindo a promoção da adesão às recomendações de tratamento (Barrowclough et al. 2001; Drymalski e Campbell 2009; Julius et al. 2009). Para usar esse método de incentivar a adesão, os terapeutas podem fazer perguntas como estas para estimular o paciente a pensar em razões positivas para tomar a medicação: quais benefícios a medicação pode trazer? Quais riscos ou desvantagens ela pode prevenir? De que forma a medicação pode melhorar o funcionamento no trabalho, nos relacionamentos ou em outras questões? O teapeuta também pode ajudar o paciente a identificar e desenvolver estratégias de enfrentamento para possíveis desmotivadores, como efeitos colaterais ou reações negativas de outras pessoas.

12. **Desenvolver um plano de adesão por escrito ou cartão de enfrentamento.** Após discutir os comportamentos de observância e desenvolver estratégias com base nos itens anteriores nesta lista de doze métodos da TCC, pode ser útil organizar todas as recomendações em um plano escrito de adesão ou cartão de enfrentamento. Recomendamos especialmente planos de adesão por escrito a pacientes com registros anteriores de não observância, sintomas severos que podem interferir no seguimento de um plano de adesão (p. ex., psicose, transtorno bipolar severo ou com ciclagem rápida, depressão marcante com retardo psicomotor) ou problemas de concentração ou memória. Outra estratégia que às vezes utilizamos é pedir aos pacientes para redigirem e assinarem sua própria "prescrição" para adesão em um bloco de prescrições. Esta técnica motivacional pode ajudar certos pacientes a se comprometer e manter o compromisso de seguir um plano racional ao tomar a medicação.

EXEMPLOS DE USO DE MÉTODOS DA TCC PARA PROMOVER A ADESÃO

Nesta seção, fornecemos duas ilustrações detalhadas de como desenvolver estratégias de promoção de adesão da TCC em sessões breves. O primeiro caso mostra problemas comuns de adesão em uma paciente que está começando o tratamento para transtorno bipolar. O segundo caso demonstra métodos da TCC para melhorar a adesão em uma paciente com alucinações e delírios ativos.

Barbara, uma paciente com transtorno bipolar

A história de transtorno bipolar de Barbara foi descrita no Capítulo 2, "Indicações e Formatos para Sessões Breves de TCC". Ela havia sido hospitalizada devido a um episódio maníaco e, em seguida, começou a comparecer a sessões breves ambulatoriais com o Dr. Wright.

Na segunda dessas sessões ambulatoriais, ela relacionou dois itens da agenda para discussão:

1. "Ajude-me a parar de 'perder a cabeça' quando brigo com meu filho" e
2. "Fazer alguma coisa em relação ao tremor".

O trabalho no primeiro item da agenda foi detalhado no Capítulo 2.

Quando o Dr. Wright começou a fazer perguntas a Barbara sobre o segundo item da agenda, ele rapidamente descobriu que ela havia "pulado e esquecido" algumas doses. Barbara estimou que havia perdido cerca de 50% das doses. Parte da dificuldade devia-se ao tremor que provavelmente era causado pelo lítio. O tremor era uma preocupação em particular para Barbara, pois ele estava interferindo em uma de suas atividades favoritas – fazer colchas. Conforme mostrado na Ilustração em Vídeo 3, havia outras razões para sua não adesão. Expor algumas atitudes de Barbara em relação a ter um diagnóstico de transtorno bipolar e ter de tomar medicação preparou o terreno para uma intervenção abrangente de TCC para melhorar a observância. Este vídeo demonstra alguns dos métodos da TCC para adesão que foram descritos anteriormente no capítulo.

• Ilustração em Vídeo 3: TCC para adesão I
Dr. Wright e Barbara

Depois de Barbara dizer que ela "simplesmente não quer ter o problema de transtorno bipolar", o Dr. Wright usa métodos de normalização para ajudá-la a entender que não está sozinha na luta para aceitar uma doença e a necessidade de tratamento. Em seguida, ele pergunta se há outras razões para ela hesitar em tomar medicação regularmente. Seu relato de que "às vezes eu acho que é só estresse" e "não preciso de remédio" leva a um exercício de exame de evidências. Dr. Wright e Barbara revisam sua planilha de resumo de sintomas (vide Capítulo 2, Figura 2.1), que traz uma lista de muitos dos sintomas que ocorrem quando ela tem episódios maníacos ou depressivos e Barbara conclui que há muitas evidências de que ela realmente tem transtorno bipolar.

A vinheta também demonstra o uso de técnicas de entrevista motivacional. O Dr. Wright sugere que eles desenvolvam um cartão de enfrentamento para tomar medicação relacionando os principais motivadores para a adesão.

Barbara se envolve totalmente nesse processo e consegue identificar quatro fortes motivadores: manter-se fora do hospital, melhorar seu relacionamento com seu filho, manter-se controlada nas finanças e ajudar a evitar problemas no trabalho.

A próxima parte da intervenção é direcionada a lidar com o tremor, um efeito colateral do lítio. O Dr. Wright enfatiza seu problema com o tremor e o fato de que o tremor torna difícil fazer colchas, educa Barbara quanto ao relacionamento entre os níveis de lítio e os efeitos colaterais e consegue chegar a um acordo com Barbara para que ela tome a medicação por uma semana inteira para ajudar a determinar um nível ideal de lítio. Se o nível ainda estiver no limite superior da faixa terapêutica, eles tentarão baixá-lo para ver se isso reduzirá o tremor. Se os ajustes de dose não funcionarem, será desenvolvido um plano alternativo para a farmacoterapia. Um dos componentes mais importantes desta seção da entrevista é seu acordo em comunicar abertamente quanto às preocupações com a medicação e trabalhar juntos como uma equipe para encontrar soluções.

À medida que a sessão avança para sua conclusão, são empregados alguns dos doze métodos da TCC relacionados anteriormente neste capítulo para preencher e fortalecer o plano de adesão. Quando o Dr. Wright pergunta a Barbara como ela está indo no seguimento da rotina para tomar medicação, ela percebe que não está guardando sua medicação em um mesmo lugar. De fato, ela às vezes guarda a medicação em sua bolsa e a deixa no trabalho. Nessas ocasiões, ela fica sem acesso à medicação quando precisa tomá-la antes de ir para a cama. Depois de explorar oportunidades de associação, eles elaboram um plano no qual Barbara guardará a medicação ao lado de sua escova e pasta de dentes e a tomará todas as noites imediatamente após remover sua maquiagem e escovar os dentes. A parte final da sessão é usada para juntar os pedaços no papel em um cartão de enfrentamento (Figura 5.2) e definir como tarefa de casa. O Dr. Wright sugere que Barbara registre seus esforços para tomar a medicação de modo confiável fazendo uma marca em um calendário. Ele também estabelece um possível trabalho futuro na observância à prescrição explicando que se eles encontrarem barreiras a tomar a medicação de forma rotineira, eles poderão trabalhar colaborativamente para superar esses obstáculos.

Helen, uma paciente com esquizofrenia

O tratamento de Helen já foi discutido no Capítulo 4 ("Formulação de Caso e Planejamento do Tratamento"). Ela é uma jovem com esquizofrenia que foi tratada por Dr. Turkington para delírios e alucinações (vide Capítulo 11, "Modificando Delírios", e Capítulo 12, "Enfrentando as Alucinações").

Na Ilustração em Vídeo 4, Helen relata que não tomou qualquer medicação na última semana e já tinha perdido muitas doses antes disso. Algumas das razões que ela dá para a não adesão são a dificuldade de lembrar, o ganho de peso, uma sensação de que a medicação não está ajudando e um sentimento de que está "com a cabeça morta".

• Ilustração em Vídeo 4: TCC para adesão II
Dr. Turkington e Helen

A principal estratégia usada pelo Dr. Turkington nesta sessão breve é construir o relacionamento terapêutico encorajando a comunicação aberta e a confiança. Quando Helen pergunta de que forma a medicação poderia ajudar, o Dr. Turkington começa a explicar que ela a relaxará. Esta introdução aparentemente delicada aos possíveis benefícios de tomar a medicação provocou certo efeito contrário. Helen fica em guarda e percebe que não quer relaxar demais, pois assim não será capaz de acompanhar o que as "sombras" (parte de seu pensamento psicótico) estão fazendo. No entanto, o Dr. Turkington rapidamente se refaz e dá uma explicação mais detalhada e aceitável. Um tom altamente colaborativo parece apaziguar Helen e ajuda-a a entender como a medicação poderia ajudar a controlar o estresse e enfrentar os delírios e alucinações.

Um momento decisivo na sessão ocorre logo depois de Dr. Turkington enfatizar a importância de ter um "diálogo honesto". Não demora e Helen lhe pergunta o que ele faria a respeito de tomar medicação.

Lembrar a mim mesma dos motivadores para tomar medicação regularmente:
   Manter-me fora do hospital.
   Melhorar o relacionamento com meu filho.
   Manter-me controlada nas finanças.
   Ajudar a evitar problemas no trabalho.
Trabalhar com o Dr. Wright para lidar com o tremor – comunicar abertamente.
Guardar a medicação em um mesmo lugar – ao lado da escova e da pasta de dentes.
Tomar a medicação uma vez ao dia, logo após remover a maquiagem e escovar os dentes.
Registrar a ingestão de medicação, pelo menos até minha próxima sessão.

Figura 5.2 • Cartão de enfrentamento: exemplo de Barbara.

Terapia cognitivo-comportamental de alto rendimento para sessões breves **91**

Como eles já haviam estabelecido um excelente relacionamento de trabalho, ela é capaz de aceitar sua recomendação de dar uma chance para a medicação que ele acabara de prescrever. São sugeridos métodos comportamentais como caixinhas de comprimidos e associação como possíveis auxiliares para se lembrar da medicação. Embora a adesão pudesse muito bem continuar sendo um problema importante no tratamento desta paciente psicótica, os esforços para promover a comunicação e a colaboração nesta sessão breve poderiam proporcionar uma base importante para um comportamento mais consistente na ingestão da medicação.

CASO PRÁTICO: USANDO A TCC PARA PROMOVER A ADESÃO

• **Exercício de Aprendizagem 5.1:** Usando a TCC para promover a adesão

1. Imagine que você está tratando Alonzo, um paciente solteiro de 27 anos de idade com transtorno bipolar que teve várias recaídas depois de interromper as medicações ou tomá-las de modo irregular. Você começou o tratamento com Alonzo recentemente, depois que ele se mudou para sua cidade porque arrumou um emprego como programador de computadores. Alonzo teve pelo menos cinco episódios maníacos ou hipomaníacos e tem entrado e saído da depressão desde os 18 anos de idade. Embora ele aceite o diagnóstico de transtorno bipolar e tenha tomado a iniciativa de solicitar uma indicação de seu psiquiatra anterior, você fica imaginando se ele pode estar tendo alguns pensamentos automáticos que poderiam estar interferindo em sua ingestão regular da medicação. Portanto, logo no início do tratamento, você faz algumas perguntas para tentar identificar pensamentos automáticos sobre tomar medicação. Anote alguns possíveis pensamentos automáticos e/ou crenças nucleares que poderiam levar a problemas de adesão para esse jovem paciente que está tentando construir uma carreira profissional e encontrar uma companheira estável.

2. Em seguida, liste algumas estratégias da TCC que você poderia utilizar para modificar cognições que você acredita que poderiam estar envolvidas em seus problemas de adesão. Qual é seu plano para ajudar Alonzo a desenvolver cognições de promoção da adesão?

3. Você descobre que Alonzo tem hábitos diários muito irregulares. Seus horários de sono e vigília podem variar de 4 a 5 horas de uma noite para outra. Embora venha levantando de modo confiável às 6h30 durante a semana para chegar ao trabalho no horário, ele pode estar indo para a cama em qualquer horário entre 22h30 e 2h e nos finais de semana ele pode ficar acordado até as 3 ou 4 horas da manhã e dormir até o meio-dia. Sua medicação está prescrita para ser tomada uma vez ao dia antes de ir para a cama, mas às vezes ele se envolve "a todo vapor" com jogos de computador ou atividades sociais e depois "esquece" de tomar a medicação antes de cair no sono. Ele guarda sua medicação no armário de medicamentos de seu apartamento. No entanto, ele pode se envolver tanto com seus jogos e outras atividades noturnas que acaba caindo no sono de roupa e tudo e não vai ao banheiro, onde a medicação está guardada.

   Embora pareça óbvio que uma rotina mais regular poderia ajudar na ingestão da medicação, você precisa decidir quanto a uma estratégia para trabalhar com este problema com um paciente de 27 anos de idade que quer ter uma vida social ativa, ficar na rua até tarde nos finais de semana e ter a liberdade de fazer suas próprias escolhas do que fazer com seu tempo. Quais metas realistas você teria ao usar métodos comportamentais para melhorar sua observância à prescrição? Anote pelo menos duas barreiras que você prevê no desenvolvimento de estratégias comportamentais. Depois, anote possíveis maneiras para superar esses obstáculos à adesão.

RESUMO

Pontos-chave para terapeutas

- O relacionamento empírico colaborativo terapêutico é a base fundamental da abordagem da TCC para melhorar a adesão.

- Mesmo se parecer haver um excelente relacionamento terapêutico, é importante perguntar frequentemente sobre a adesão ao tratamento.
- Sempre que possível, os terapeutas devem tentar simplificar os esquemas medicamentosos, minimizar ou tratar de maneira eficaz os efeitos colaterais e ajudar os pacientes a lidar com preocupações práticas como custo e disponibilidade da medicação.
- Métodos de normalização e educação são componentes importantes da TCC para a adesão.
- As estratégias comportamentais incluem melhorar a continuidade do esquema medicamentoso do paciente, guardar a medicação em um lugar fácil de lembrar e rotineiro, associar a ingestão da medicação a uma outra atividade e sistemas de lembretes como caixinhas de comprimidos ou diários.
- Outro método comportamental altamente útil é identificar e depois trabalhar em um plano para transpor barreiras à adesão total ao esquema medicamentoso.
- Intervenções cognitivas para problemas de adesão usam métodos padrão da TCC, como avaliar o significado dos eventos (neste caso, um diagnóstico de uma doença mental e/ou a ingestão de medicação para sintomas psiquiátricos), evidenciando pensamentos automáticos e crenças nucleares pertinentes à doença e à medicação e exame de evidências, além de outras técnicas de modificação de pensamento.
- A entrevista motivacional pode ser usada para ajudar os pacientes a reconhecerem as características positivas de tomar a medicação e identificarem possíveis questões ou preocupações que possam interferir na ingestão da medicação regularmente.

- Um cartão de enfrentamento ou plano de adesão por escrito pode ser uma boa maneira de ajudar os pacientes a lembrarem e seguirem as estratégias da TCC para a adesão desenvolvidas nas sessões breves.

Conceitos e habilidades para os pacientes aprenderem

- Comumente, ocorrem problemas de tomar a medicação no tratamento de uma ampla variedade de doenças.
- Como as dificuldades na ingestão da medicação são uma parte normal do tratamento médico, os médicos esperam que esses problemas ocorram. Eles não o desprezarão se você se esquecer de tomar os comprimidos ou tiver outros problemas para seguir a prescrição. Eles apenas querem ajudá-lo a entender melhor seus sintomas e desenvolver um plano de tratamento que funcionará para você.
- Se você tiver preocupações quanto a ser diagnosticado com uma doença, problemas com efeitos colaterais ou tiver dúvidas a respeito da medicação, é melhor discutir essas questões diretamente com seu médico.
- Encontrar uma rotina clara para a ingestão da medicação e colocar a medicação em um lugar onde você a encontrará de modo confiável pode facilitar lembrar-se de tomar as doses nos horários certos.
- Às vezes, as pessoas podem ter pensamentos negativos sobre tomar medicação. Por exemplo, elas podem pensar que "tomar um antidepressivo significa que se é fraco... Eu deveria ser capaz de lidar com esse problema sozinho". Se estiver tendo pensamentos desse tipo, pode ser útil verificar se são precisos.
- Pode haver muitos motivos positivos para tomar a medicação para doenças

psiquiátricas. Fazer uma lista desses motivos pode tornar mais fácil para você seguir um plano que você e seu médico desenvolverem para superar seus sintomas.

REFERÊNCIAS

Akincigil A, Bowblis JR, Levin C, et al: Adherence to antidepressant treatment among privately insured patients diagnosed with depression. Med Care 45:363–369, 2007

Barrowclough C, Haddock G, Tarrier N, et al: Randomized controlled trial of motivational interviewing, cognitive behavior therapy, and family intervention for patients with comorbid schizophrenia and substance use disorders. Am J Psychiatry 158:1706–1713, 2001

Drymalski WM, Campbell TC: A review of motivational interviewing to enhance adherence to antipsychotic medication in patients with schizophrenia: evidence and recommendations. J Ment Health 18:6–15, 2009

Fincham JE: Patient Compliance With Medications: Issues and Opportunities. New York, Haworth Press, 2007

Julius RJ, Novitsky AM, Dubin WR: Medication adherence: a review of the literature and implications for clinical practice. J Psychiatr Pract 15:34–44, 2009

Keck PE, McElroy SL, Strakowski SM, et al: Compliance with maintenance treatment in bipolar disorder. Psychopharmacol Bull 33:87–91, 1997

Kikkert MJ, Schene AH, Koeter MWJ, et al: Medication adherence in schizophrenia: exploring patients,' carers,' and professionals' views. Schizophr Bull 32:786–794, 2006

Rosa MA, Marcolin MA, Elkis H: Evaluation of the factors interfering with drug compliance among Brazilian patients with schizophrenia. Rev Bras Psiquiatr 27:178–184, 2005

Sajatovic M, Davies M, Bauer MS, et al: Attitudes regarding the collaborative practice model and treatment adherence among individuals with bipolar disorder. Compr Psychiatry 46:272–277, 2005

van Geffen EC, van Hulten R, Bouvy ML, et al: Characteristics and reasons associated with nonacceptance of selective serotonin-reuptake inhibitor treatment. Ann Pharmacother 42:218–225, 2008

Wright JH, Basco MR, Thase ME: Aprendendo a Terapia Cognitivo-Comportamental: Um Guia Ilustrado. Porto Alegre: Artmed, 2008

Zeber JE, Copeland LA, Good CB, et al: Therapeutic alliance perceptions and medication adherence in patients with bipolar disorder. J Affect Disord 107(1–3):53–62, 2008

6

Métodos comportamentais para depressão

Mapa de aprendizagem

Modelo comportamental para depressão

⬇

Monitoração do humor e de atividades

⬇

Ativação comportamental

⬇

Prescrições de tarefas graduais

⬇

Ensaio comportamental

⬇

Caso prático: planejando a intervenção comportamental para depressão

---

Procedimentos comportamentais usados para tratar a depressão são um componente importante da terapia cognitivo--comportamental (TCC) e métodos fundamentais para uso em sessões breves. As técnicas comportamentais revisadas neste capítulo normalmente podem ser ensinadas em 10 a 15 minutos ou, em algumas circunstâncias, em até menos tempo.

A intenção é que os pacientes pratiquem essas intervenções como tarefas de casa e meçam seu impacto sobre o humor e os comportamentos-alvo. Após uma breve visão geral do modelo comportamental de depressão, detalhamos quatro dos métodos comportamentais mais utilizados:

monitoração do humor e de atividades, ativação comportamental, prescrições de tarefas graduais e ensaio comportamental. Outras estratégias comportamentais que às vezes são usadas para abordar sintomas associados de depressão, como ansiedade e insônia, são revisadas em outro lugar neste volume (vide Capítulo 9, "Métodos Comportamentais para Ansiedade", e Capítulo 10, "Métodos da TCC para Insônia").

Embora somente as intervenções comportamentais sejam suficientes para alguns pacientes, para a maioria deles as estratégias comportamentais servem apenas como um componente de um plano de terapia mais abrangente que também inclui reestruturação cognitiva (vide Capítulo 7, "Enfocando o Pensamento Desadaptativo"). Quando são usadas dentro de um plano de terapia mais abrangente, as intervenções comportamentais proporcionam uma importante oportunidade de evidenciar pensamentos automáticos negativos e atitudes disfuncionais que normalmente emergem durante as tarefas de casa ou dos ensaios dentro da sessão.

MODELO COMPORTAMENTAL PARA DEPRESSÃO

Alguns teóricos comparam o estado comportamental da depressão a um paradigma de extinção, sendo que a perturbação emocional resulta do afastamento do reforço positivo. Um motivo para tal "extinção" é um baixo índice de comportamentos direcionados a metas: pessoas deprimidas sentem-se cansadas, têm pouco apetite e não respondem com a mesma alegria a atividades que costumavam dar-lhes prazer. Este último problema, geralmente chamado de *anedonia*, também pode ser visto como um estado de ênfase reduzida do reforço. Em tais casos, a pessoa com depressão normalmente já notou que as coisas simplesmente não parecem muito divertidas ou ela simplesmente parece estar "seguindo a onda".

Outro problema para as pessoas com depressão é sua previsão de que tais atividades não valerão seu esforço ("Do que adianta? Por que me dar ao trabalho?"). Porém, os problemas não são simplesmente perceptivos e, em casa e no local de trabalho, a maioria das pessoas deprimidas tem dificuldade para concluir tarefas trabalhosas, trabalha em um ritmo mais lento e tendem a adiar ou evitar tarefas mais exigentes.

Além desses exemplos de déficits comportamentais, as pessoas com depressão muitas vezes demonstram um excesso de comportamentos emocionais que seus amigos, entes queridos e colegas de trabalho podem achar aversivos, como queixar-se ou dominar a conversa com suas próprias preocupações (ou seja, não demonstrando um grau normal de reciprocidade). Ao longo do tempo, as consequências prováveis – recusar convites, evitar contatos interpessoais ou comportar-se de maneira não recíproca nas interações interpessoais – resultam em uma redução na quantidade de companheirismo e apoio dos outros. Assim, as pessoas deprimidas fazem menos das coisas que fazem a vida valer a pena, têm menos prazer e satisfação com as atividades que fazem, avaliam essas atividades de forma mais negativa e comportam-se de uma maneira que reduz o potencial para o reforço de seu ambiente social interpessoal.

As metas comportamentais para as intervenções na depressão podem ser resumidas como se segue:

1. Aumentar o nível de atividades prazerosas.
2. Diminuir o tempo em que fica sozinho.
3. Aumentar o comportamento recíproco nas atividades interpessoais.
4. Aumentar a capacidade de concluir tarefas trabalhosas ou desafiadoras (p. ex., solução de problemas no trabalho e em atividades da vida diária que demandam mais).

As primeiras sessões da TCC convencional para depressão normalmente enfatizam as estratégias comportamentais para começar a abordar esses problemas com uma troca do foco terapêutico para estratégias cognitivas depois de o paciente começar a sentir algum alívio dos sintomas. A orquestração dessa abordagem, bem como as inter-relações mais amplas entre os sintomas comportamentais, cognitivos e emocionais da depressão, não mudou muito desde a publicação do manual de tratamento de Beck e seus colegas (1979). Não obstante, os modelos comportamentais de tratamento para depressão que não abordam diretamente os pensamentos automáticos negativos ou as atitudes disfuncionais também estabeleceram sua eficácia (p. ex., consulte o estudo controlado de Dimidjian et al. [2006] ou a meta-análise de Ekers et al. [2008]). Para uma descrição mais completa de uma intervenção comportamental expandida, recomendamos ao leitor interessado o livro de Addis e Martell (2004).

A Figura 6.1 mostra uma miniformulação para intervenções comportamentais com Darrell, um paciente de 33 anos de idade que buscou tratamento para um episódio depressivo maior. Apresentamos Darrell neste capítulo para ilustrar os métodos comportamentais para depressão. As ilustrações em vídeo no Capítulo 8, "Tratando a Desesperança e a Suicidalidade", e no Capítulo 13, "TCC para Mau Uso e Abuso de Substâncias", demonstram as intervenções da TCC que ajudaram Darrell com sua desesperança e um problema com bebida. A essa altura da terapia, o Dr. Thase acabou de começar o trabalho com Darrell. Embora Darrell relate inicialmente beber "uma ou duas cervejas duas vezes por semana", o Dr. Thase descobre mais tarde que o abuso de álcool é uma parte significativa do problema.

Darrell é um homem afrodescendente que nunca se casou e nunca teve filhos. Ele tem uma história de um episódio anterior de depressão maior. O episódio atual de depressão está presente há pelo menos 3 meses e parece ter sido desencadeado pelo diagnóstico de câncer metastático em sua mãe. O prognóstico é ruim e Darrell sabe que a condição dela provavelmente é terminal. Além do episódio atual de depressão, Darrell também relata baixa autoestima crônica, uma sensação de estagnação em seu trabalho como programador de computadores

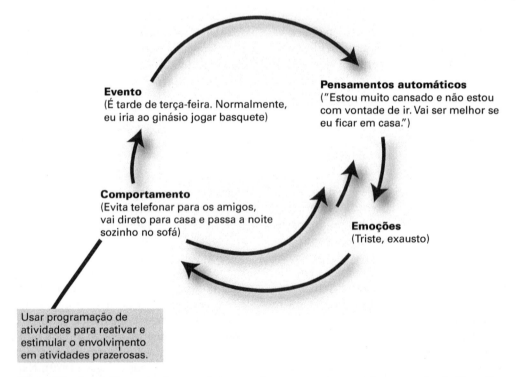

Figura 6.1 • A miniformulação para intervenções comportamentais: exemplo de Darrell.

e decepções em seus relacionamentos com mulheres.

Darrell tem vários amigos e interesses. Normalmente, adora jogar basquete e passa o tempo com seus amigos assistindo e conversando sobre esportes. No entanto, nos últimos meses, Darrell tem saído menos e muitas vezes se sente cansado demais quando chega em casa do trabalho para sair de novo para jogar basquete ou conversar com seus amigos. Em vez disso, na maioria das noites ele visita brevemente sua mãe e depois fica em casa sozinho.

Como esquematizado na Figura 6.1, há vários ciclos de *feedback* entre as cognições negativas, respostas emocionais e comportamento na depressão que tendem a piorar o estado doentio de Darrell. Ele se sente triste e cansado após o trabalho e, consequentemente, evita se envolver em uma das atividades mais agradáveis em sua vida adulta de modo confiável. Em vez de se exercitar e interagir com os amigos, ele acaba ficando em casa sozinho e faz poucas coisas que lhe deem prazer ou satisfação. Não é de se admirar que ele se sinta ainda mais solitário e mais isolado ao final do dia ou que seu humor no dia seguinte esteja ainda mais baixo do que antes.

MONITORAÇÃO DO HUMOR E DE ATIVIDADES

Para a maioria das pessoas com depressão, podem ser introduzidas estratégias comportamentais na primeira sessão. De fato, no clássico panfleto de autoajuda "Enfrentando a Depressão", Beck e seus colegas (1995) sugerem um exercício comportamental como o primeiro passo. Essa tarefa consiste em completar um exercício de automonitoração usando uma programação semanal de atividades, incluída no panfleto (vide Apêndice 1, "Planilhas e Listas de Verificação", para uma programação semanal de atividades). A versão mais condensada desse formulário

simples consiste em apenas uma página, com as horas do dia na vertical e os dias da semana na horizontal.

Esse formulário é muito restritivo para alguns pacientes que preferem usar uma folha solta ou um caderno espiral, no qual cada página pode ser usada para resumir as atividades do dia. Outros pacientes podem achar muito impositivo registrar as atividades de uma semana inteira. Para tais pessoas, uma tarefa de registrar as atividades para um único dia ou parte de um dia pode ser suficiente.

Recomendamos aos terapeutas ilustrar como preencher o formulário na primeira sessão, rascunhando as atividades das horas do dia da sessão atual. Em cada espaço de hora, o paciente deve escrever o que estava fazendo, classificar seu humor e descrever as atividades. Cada atividade, por sua vez, pode ser classificada em duas dimensões: domínio e prazer. A maioria dos terapeutas utiliza uma escala de 0 (*nenhum*) a 10 (*máximo possível*) para classificar o domínio e o prazer durante as atividades, embora às vezes se prefira outros métodos de classificação (p. ex., 0 a 100). Normalmente, leva menos de 10 minutos para apresentar a justificativa para monitorar o humor e as atividades e descrever como fazer o diagrama. A automonitoração tem quatro metas muito específicas:

1. **Ajudar a melhorar o humor e o ânimo.** Embora essa melhora seja talvez parte de um espectro maior dos chamados efeitos terapêuticos não específicos, as pessoas em geral começam a se sentir melhor quando começam a agir. Como uma primeira tarefa de casa, o automonitoramento explicitamente também inicia o processo colaborativo- -empírico da TCC.

2. **Ajudar os pacientes a visualizarem os relacionamentos de "causa-efeito" entre o que estão fazendo e como estão se sentindo.** Embora a associação

de períodos de solidão e de atividade sedentária com baixo humor possa parecer óbvia, assim como o fato de as pessoas em geral se sentirem melhor quando estão envolvidas em atividades interessantes ou estimulantes, ver a regularidade dessa associação mapeada pode ajudar a pessoa deprimida a decidir agir.

3. **Ajudar os pacientes a fazer avaliações mais sintonizadas das atividades associadas a melhor humor e a classificações mais altas de prazer e domínio.** O viés cognitivo da depressão tende a fazer as pessoas pensarem de uma forma globalmente negativa e desconsiderem o fato de que mesmo nos piores momentos, elas podem exercer algum grau de influência sobre suas condições. Identificar esses relacionamentos ajuda a salientar este pensamento saudável orientado ao enfrentamento: "Há coisas que posso fazer para melhorar meu humor".

4. **Identificar os momentos de humor e atividade habitualmente rebaixados que podem ser alvos de tarefas comportamentais.** Embora Darrell não se sinta especialmente bem na maior parte do dia, seu humor e nível de energia normalmente abaixam à noite, após o trabalho, quando fica em casa sozinho. Além disso, embora um terapeuta persuasivo possa conseguir que Darrell concorde em ficar as primeiras horas da noite como um momento "de alto rendimento" para intervenções comportamentais sem coletar estes dados, o processo de fazer o exercício de monitoramento de atividades pode promover uma sensação de colaboração e ajudar a ilustrar o aspecto de "cientista pessoal" da TCC, especialmente se Darrell for capaz de ver os méritos em potencial dessa abordagem ao coletar por si mesmo as evidências. Esse processo tem a probabilidade de aumentar as chances de sua colaboração mais ativa na criação de tarefas de casa subsequentes e de aumentar sua capacidade de realizar esses exercícios.

Normalmente, a tarefa de casa de automonitoração é necessária por apenas uma ou duas sessões. No entanto, descobrimos que para alguns pacientes atendidos em sessões breves, a programação de atividades, especialmente a programação de eventos prazerosos, é bastante útil por um prazo mais longo.

ATIVAÇÃO COMPORTAMENTAL

O termo *ativação comportamental* descreve uma série de estratégias que empregam atividades planejadas para aumentar a quantidade de tempo gasto pela pessoa com depressão fazendo coisas que podem aumentar os sentimentos de prazer e, em menor medida, de domínio. Normalmente, as atividades planejadas são coisas que a pessoa gostava de fazer no passado e faziam parte do que ajudava a definir uma vida normal e saudável.

Geralmente, desenvolvemos uma tarefa simples de ativação comportamental na primeira ou segunda sessão, mesmo antes de ser preenchida uma programação de atividades. Por exemplo, o terapeuta pode perguntar ao paciente: "Você consegue pensar em uma coisa que você poderia fazer na próxima semana que o faria sentir melhor se pudesse se envolver nessa atividade?" O terapeuta tenta ajudar o paciente a escolher uma atividade que seja:

1. específica,
2. provável de ser alcançada e
3. provável de elevar o humor ou trazer pelo menos um pouco de prazer.

Uma vez escolhida uma atividade, faz-se uma breve resolução de problemas para ajudar o paciente a identificar as possíveis barreiras que podem interferir na conclusão da atividade planejada e a fazer planos para superar tais obstáculos.

Por exemplo, um paciente que diz: "Seria bom voltar a cozinhar – eu só tenho comido sanduíches", poderia selecionar uma tarefa que não seja claramente definida ou muito desafiadora nesse ponto do tratamento. O terapeuta poderia dizer: "podemos pensar em uma meta realista de cozinhar esta semana – algo que você ache realmente que pode fazer? Depois, podemos pensar em um plano específico para dar início". Esta linha de questionamento pode levar a um plano para tentar:

1. sair para fazer as compras para preparar duas refeições;
2. preparar uma refeição no sábado e outra no domingo (ou dias em que a pessoa não tem de trabalhar); e
3. selecionar refeições que sejam relativamente simples (ou seja, algo fácil de preparar e que não dê muito trabalho, mas que tenha bom sabor).

Em sessões posteriores, após ter sido concluída uma programação de atividades, os terapeutas podem ajudar seus pacientes a organizar planos mais abrangentes de ativação comportamental. As atividades normalmente são planejadas para preencher as "lacunas" na programação diária de atividades – ou seja, aqueles momentos em que eram previamente associados a atividades solitárias ou desestimulantes. Um alvo especialmente importante para a programação de atividades é combater a anedonia com a programação de eventos prazerosos. Muitas pessoas deprimidas conseguem identificar rapidamente várias atividades de lazer ou passatempos que pararam de realizar ou passam muito menos tempo fazendo durante o episódio da doença. Para outros, pode ser necessário um *brainstorming* colaborativo para pensar em

atividades que sejam viáveis e se encaixem facilmente em seu estilo de vida atual. Ocasionalmente, quando o *brainstorming* não é bem-sucedido, o terapeuta pode pedir à pessoa com depressão para completar uma programação de eventos prazerosos (p. ex., consulte o *site http://anxietydisorderscentre-com.nationprotect.net/Pleasant%20Events. doc*, que contém uma pesquisa mais abrangente da grande gama de atividades que pelo menos algumas pessoas acham reforçadoras).

Uma atividade quase universal que pode ajudar a combater a depressão é o exercício aeróbico. Dados epidemiológicos sugerem que pessoas que se exercitam regularmente têm menos sintomas depressivos (Daley 2008) e a maioria das pessoas que buscam tratamento para depressão já teve alguma experiência para sugerir que se sentem melhor quando se exercitam.

Entretanto, relativamente poucas pessoas com depressão se exercitam com alguma regularidade. Os resultados de vários estudos controlados de depressão leve ainda indicam que aproximadamente 30 a 60 minutos de exercício aeróbico leve podem ter um efeito sobre os sintomas depressivos, o que é comparável com as medicações antidepressivas padrão (Blumenthal et al. 1999, 2007; Brenes et al. 2007).

Quando a fadiga é especialmente um problema ou a pessoa com depressão está acima do peso ou extremamente fora de forma, 5 minutos de caminhada por dia é uma maneira apropriada de começar. Alguns terapeutas sugerem exercícios ao ar livre pela manhã após o nascer do sol para também aproveitar os efeitos terapêuticos em potencial da luz do sol e estabilizar os ritmos circadianos. Quando o indivíduo prevê dificuldades para iniciar um programa de exercícios, o mesmo tipo descrito acima de análise de barreiras e soluções para a simples ativação comportamental pode ser útil. Além disso, o terapeuta pode usar métodos de entrevista motivacional, descritos em outro lugar neste livro (vide Capítulo 5, "Promovendo a Adesão"; Capítulo 13, "TCC para Mau Uso e Abuso de Substâncias"; e Capítulo 14, "Mudança de Estilo de Vida: Construindo Hábitos Saudáveis").

Mais importante do que as tarefas específicas selecionadas é o processo usado para escolher as atividades e monitorar os resultados. A seleção de tarefas deve ser colaborativa, deve haver forte acordo de que a pessoa será capaz de concluir as tarefas durante o tempo determinado e deve ficar claro que o impacto da atividade no humor e nas classificações de domínio e prazer será monitorado e as tarefas de ativação comportamental serão revisadas com base nesses dados. No caso de as tarefas de ativação comportamental não serem concluídas ou parecerem deixar o humor pior em vez de melhor, o terapeuta pode conseguir evidenciar as cognições negativas sobre o que aconteceu e abordá-las dentro da sessão antes de criar a próxima tarefa.

É importante estabelecer expectativas iniciais relativamente baixas; essas atividades têm a intenção de serem pequenos passos em direção à recuperação e são improváveis de melhorar plenamente a depressão. Entretanto, como sugerido pelo aforismo Zen sobre a jornada mais longa começar com um pequeno passo, pequenos aumentos na atividade e no envolvimento em atividades recompensadoras podem ter um impacto confiável e significativo que pode colocar em movimento o processo de mudança planejada de comportamento.

A Ilustração em Vídeo 5 mostra o Dr. Thase usando a programação de atividades e a ativação comportamental para ajudar nos sintomas de baixa energia, anedonia e isolamento social de Darrell. O trabalho sólido feito com esses métodos comportamentais no início do tratamento foi bem-sucedido em reduzir os sintomas, deu a Darrell evidências de que a terapia poderia ajudar, fortaleceu o relacionamento terapêutico e pavimentou o caminho para o trabalho futuro nas questões mais difíceis e mais carregadas emocionalmente.

• Ilustração em Vídeo 5: Métodos comportamentais para depressão
Dr. Thase e Darrell

A vinheta começa com o Dr. Thase revisando uma programação de atividades da sessão anterior. Após Darrell relatar que sua energia está baixa e dizer: "Isso é tudo o que posso fazer para conseguir atravessar o dia de trabalho", Dr. Thase normaliza os problemas de energia na depressão e educa Darrell a respeito do modelo comportamental. Ele, então, sugere que eles tentem encontrar atividades prazerosas para dois dias da semana que possam acrescentar na programação de Darrell.

A primeira ideia de Darrell é encontrar com seus amigos para assistir a um jogo de basquete e comer alguma coisa em um domingo à tarde. O Dr. Thase faz uma série de perguntas para ajudar Darrell a aumentar as chances de essa tarefa de casa ser um sucesso. Ele pergunta a Darrell: "O que você pode fazer para garantir que isso aconteça e que você vá lá?" Eles também discutem quando ele telefonará para seu amigo para marcarem de se encontrarem e consideram os detalhes sobre a que horas ele acordará de manhã, tomará banho e se preparará para o evento social. O questionamento adicional está centrado no desenvolvimento de soluções para possíveis barreiras que poderiam interferir no plano.

Dr. Thase: E você consegue pensar em algo que possa atrapalhar os seus planos, uma briga com a sua mãe, qualquer coisa?
Darrell: Provavelmente vou pensar que estou muito cansado... Que não tenho vontade de ir... Talvez seja muito trabalhoso...
Dr. Thase: Você consegue pensar em algo que possamos trabalhar juntos e que diminuiria as chances de isso acontecer?

Darrell: Talvez eu precise acordar mais cedo. Isso poderia ajudar... Não deixar para levantar na última hora. Se acho que vai ser muito desgastante sair correndo é melhor eu levantar mais cedo.

Dr. Thase: Certo. Você consegue pensar em alguma outra coisa?

Darrell: Talvez eu precise de um lembrete... Pendurado na geladeira... Ou uma marca no calendário. Ou algo em cima da minha mesa no escritório... Algo que me lembre de fazer isso..

Dr. Thase: Você consegue pensar em alguma motivação, ou em uma mensagem para si mesmo, que o incentive a fazer isso?

Darrell: Acho que uma das coisas que realmente sinto falta é de me divertir. Talvez eu possa dizer para mim mesmo algo como: "Vai ser divertido!", "Vai ser bom pra você." Algo assim...

O esforço extra que o Dr. Thase fez para resolver possíveis dificuldades em aumentar os níveis de atividade levou apenas alguns minutos extras. No entanto, esse tipo de preparação pode dar dividendos ao ajudar a reativar pessoas presas em rotinas comportamentais.

PRESCRIÇÕES DE TAREFAS GRADUAIS

Quando os sintomas depressivos são severos, é comum que o indivíduo postergue ou evite tentar realizar atividades mais difíceis ou exigentes. Tanto no trabalho como em casa, tarefas trabalhosas ficam sem serem feitas, em parte porque a pessoa deprimida sabe que sua capacidade funcional está significativamente reduzida e, consequentemente, ela pode falhar. Além disso, o paciente pode ter uma esperança melancólica de que poderá estar se sentindo melhor em um dia ou dois (ou uma semana ou duas) e conseguirá aproveitar melhor suas habilidades habituais. Como é óbvio até para a pessoa que está em procrastinação, essa estratégia

autoenganadora raramente é eficaz (ou seja, para além do breve senso de alívio que se obtém com o adiamento de uma tarefa difícil). E quando a pessoa está em meio a um longo surto de depressão, o peso do trabalho e a dificuldade de realmente superar apenas aumentam ao longo do tempo.

O método usado para realizar uma prescrição de tarefa gradual basicamente segue o aforismo sobre como uma pessoa pode mover uma rocha de uma tonelada que está bloqueando o caminho – a saber, quebrando a rocha em cinquenta pedras de vinte quilos. Essa abordagem de senso comum é aplicável a quase todas as atividades ou tarefas. Embora a grande maioria das pessoas já conheça esse princípio e de fato já o usou no passado para resolver problemas, a depressão interfere na capacidade da pessoa de mapear e desenvolver uma solução.

Seguindo o exemplo da rocha, a pessoa deprimida pode sentir como se não fosse capaz de encontrar uma marreta, ficará muito cansada para mover todas aquelas pedras e – mesmo se pudesse – não terá tempo para fazer isso. Em tais casos, o terapeuta ajuda a treinar as pessoas em como colocar o método de prescrição de tarefa gradual para funcionar em suas vidas. O processo de identificar a tarefa, quebrando-a em pedaços manejáveis e programando espaços de tempo para trabalhar no problema é um processo colaborativo. Do começo ao fim, a prescrição de tarefa gradual geralmente pode ser elaborada em 10 minutos ou menos nas sessões breves. Muitas vezes, esse breve espaço de tempo é suficiente para fazer com que os pacientes comecem a identificar alguns passos. Eles poderão, então, preencher um plano escrito para uma abordagem graduada como uma tarefa de casa e escolher alguns dos passos anteriores para trabalhar entre as sessões.

Os resultados são então registrados (incluindo os efeitos nas classificações de prazer e domínio) e revisados na próxima sessão.

Durante o desenvolvimento ou a implementação de uma prescrição de tarefa gradual, a pessoa com depressão pode se deparar com pensamentos automáticos negativos sobre sua situação; normalmente, pensamentos sobre o tamanho oprimente do problema (p. ex., "nunca vou conseguir terminar isso") ou os atributos pessoais que possam ter causado o problema (p. ex., "sou tão preguiçoso" ou "sou um perdedor, para ter deixado isso para trás"). Essa situação cria a oportunidade de abordar esses pensamentos automáticos negativos com estratégias de reestruturação cognitiva (vide Capítulo 7, "Enfocando o Pensamento Desadaptativo").

ENSAIO COMPORTAMENTAL

As estratégias de ensaio comportamental são uma maneira importante de ajudar os pacientes com depressão a se prepararem e praticarem as interações em situações exigentes ou desafiadoras que eles estavam evitando ou sentiam que haviam lidado precariamente no passado. Como essas situações normalmente são interpessoais por natureza, a díade terapeuta-paciente fornece um excelente "estúdio" para ensaiar novas habilidades sob circunstâncias menos ameaçadoras. Um evento em particular que não ocorreu bem na semana passada ou que está surgindo no horizonte normalmente pode ser identificado e fornecer uma oportunidade de ensaio.

Seguindo o trabalho de McCullough (2000), o terapeuta pode fazer estas perguntas: "O que você quer tirar dessa interação?" e "O que provavelmente atrapalha no alcance dessa meta?" Escrever um roteiro para o intercâmbio planejado também pode ser válido para orientar o início do comportamento e fornecer um resumo dos pontos-chave e das metas.

Às vezes, é útil para o terapeuta e o paciente inverter os papéis no primeiro ensaio para dar ao paciente uma chance de aprender pela observação.

Se for utilizada a inversão de papéis, o paciente pode ser incentivado a "se aquecer" comportando-se de uma maneira de acordo com seus medos sobre o que poderia dar errado na interação.

Outra aplicação útil do ensaio comportamental é fazer com que o paciente seja um bom ouvinte em conversas com amigos ou entes queridos. Como observado anteriormente, a pessoa deprimida geralmente se vê presa em seu humor e cognições negativos e domina a conversa com queixas e autoafirmações sombrias, sem dar tempo para a outra pessoa falar sobre suas preocupações. Em um ensaio comportamental focado nessa situação, o terapeuta treina o paciente para praticar declarações específicas de interesse na vida da outra pessoa e fazer comentários reflexivos e não julgadores que incentivem a revelação continuada. Pode ser mais fácil começar esse tipo de exercício comportamental com conversas telefônicas com a outra pessoa de modo que possíveis incongruências entre afeto e comportamento verbal ou seguimento ocasional de observações escritas não interfiram no sucesso da tarefa. Ao demonstrar explicitamente que é possível voltar a ser capaz de ser um membro recíproco de um relacionamento saudável, as chances de mais companheirismo e apoio social aumentam.

CASO PRÁTICO: PLANEJANDO A INTERVENÇÃO COMPORTAMENTAL PARA DEPRESSÃO

O exercício de aprendizagem a seguir é fornecido para ajudar os terapeutas a desenvolver habilidades no uso de estratégias comportamentais. O caso prático envolve o planejamento de intervenções de

Terapia cognitivo-comportamental de alto rendimento para sessões breves **103**

tratamento para Susan, uma paciente de 37 anos de idade com uma história de depressão recorrente.

• Exercício de Aprendizagem 6.1: Planejando uma intervenção comportamental para depressão

1. Durante a primeira sessão, você pergunta a Susan como ela está passando seu tempo em casa e ela timidamente responde que na maioria das noites ela vai para a cama logo depois do jantar e ali fica até a hora de se arrumar para trabalhar de manhã. Anote algumas ideias para o que você poderia fazer a seguir.

2. Suponha que vocês dois concordaram na primeira sessão em fazer um exercício de automonitoração como tarefa de casa e, na próxima sessão, os dados essencialmente confirmam sua descrição, com claros déficits tanto em domínio como em prazer. Enquanto ela está na cama, seu humor está consistentemente baixo, com as classificações de prazer variando entre 1 e 4 (alguns seriados de televisão a animaram um pouco), mas com as classificações de domínio indo de 0 a 1. Embora os déficits sejam claros, o que mais você precisa saber sobre a vida de Susan?

3. Você pergunta a Susan como ela passava suas noites quando se sentia menos deprimida e ela diz que além de assistir televisão, ela gostava de ler e "conversar" (por telefone e mensagens instantâneas) com vários amigos que moram em outras cidades. Pelo menos uma vez por semana, Susan costumava visitar sua irmã e ocasionalmente cuidava dos três filhos pequenos dela. Em seus melhores momentos, Susan também se exercitava quatro ou cinco vezes por semana na sala de ginástica de seu prédio, embora afirme não conseguir lembrar quando foi a última vez que ela se exercitou. Pense em como você abordaria a tarefa de casa de ativação comportamental e anote algumas atividades sugeridas que poderiam aumentar as classificações de prazer de Susan.

4. Nas próximas semanas, Susan faz algum progresso com as tarefas de ativação comportamental e consegue fazer mais coisas que lhe dão prazer, está passando menos tempo na cama e, de modo geral, está se sentindo melhor, agora com as classificações de prazer normalmente entre 4 e 6 durante as horas da noite. Embora suas classificações de domínio também tenham tendido a aumentar durante o dia (enquanto estava no trabalho), essas classificações permaneceram baixas durante as noites. Susan confidencia que ficaria constrangida em ter qualquer companhia, pois ela não abre suas correspondências há dias e não tira o pó ou passa o aspirador há "semanas". Ela também relata que seus cestos de roupas limpas e de roupas sujas estão transbordando. Pense em alguns exercícios apropriados que possam ajudar Susan a aumentar suas classificações de domínio e anote seu plano para apresentar essas tarefas.

5. As prescrições de tarefas graduais que você e Susan desenvolveram foram tão eficazes que dentro de 2 semanas ela já era capaz de abrir todas as suas correspondências, limpar sua casa e lavar toda a roupa suja. O escore de Susan no Questionário de Saúde–9 do paciente (Kroenke et al. 2001; consulte o Capítulo 3, "Aumentando o Impacto das Sessões Breves", para mais informações sobre escalas de classificação) está agora em apenas 9, o que é 50% mais baixo do que antes do tratamento. Porém, Susan ainda não voltou a se exercitar e confidencia que depois de um tempo tão longo, ela provavelmente ficará constrangida com o que os participantes regulares da sala de ginástica pensarão sobre ela tentar voltar. Em particular, ela está apavorada com a possibilidade de encontrar um homem com quem ela namorou brevemente vários anos antes e que havia feito um comentário pernicioso na sala de ginástica sobre como Susan poderia se beneficiar com exercícios extras para melhorar seu tônus muscular. Quais planos você tem para a próxima tarefa de casa?

RESUMO

Pontos-chave para terapeutas

- A depressão é um estado caracterizado por um baixo índice de atividades que geram prazer e autoavaliações de domínio e uma maior probabilidade de passar o tempo em atividades solitárias e desestimulantes.

- Estratégias que especificamente abordam essas mudanças comportamentais são um componente importante da TCC e geralmente são enfatizadas logo no início de uma abordagem abrangente à terapia.

- Geralmente, podem ser usadas quatro estratégias comportamentais – automonitoração, ativação comportamental, prescrições de tarefas graduais e ensaio comportamental – de maneira eficaz em sessões breves.
- Além da utilidade dessas estratégias para abordar os principais sintomas depressivos e promover estilos de vida saudáveis, o processo de apresentação e desenvolvimento das intervenções comportamentais pode intensificar a aliança terapêutica e criar a oportunidade para identificar pensamentos automáticos negativos e testar intervenções cognitivas.

Conceitos e habilidades para os pacientes aprenderem

- A depressão normalmente baixa os níveis de energia e interfere na capacidade das pessoas de sentir prazer. Uma reação natural a esses problemas é se retirar das atividades normais e passar mais tempo sozinho. Infelizmente, a redução de seu nível de atividade frequentemente torna as coisas piores.
- Uma das estratégias mais úteis para combater a depressão e restaurar sua energia e interesse é registrar suas atividades diárias em um quadro. Assim, você poderá ver em "preto e branco" os efeitos das diferentes atividades em sua sensação de prazer e de domínio das coisas que você faz todos os dias.
- Seu médico ou terapeuta pode treiná-lo em modos de retomar gradualmente as atividades prazerosas, interessantes e significativas. Tomar uma atitude para desenvolver níveis de atividade pode ser uma parte muito importante de um

plano eficaz para se recuperar da depressão.

- Se você estiver enfrentando uma tarefa desafiadora, pode ser útil quebrá-la em pedaços manejáveis. Uma abordagem passo a passo pode desenvolver sua confiança e aumentar as chances de sucesso.

REFERÊNCIAS

Addis ME, Martell CR: Overcoming Depression One Step at a Time. Oakland, CA, New Harbinger, 2004

Beck AT, Rush AJ, Shaw BF, et al: Cognitive Therapy of Depression. New York, Guilford, 1979

Beck AT, Greenberg RL, Beck J: Coping With Depression (pamphlet). Bala Cynwyd, PA, Beck Institute, 1995

Blumenthal JA, Babyak MA, Moore KA, et al: Effects of exercise training on older patients with major depression. Arch Intern Med 159:2349–2356, 1999

Blumenthal JA, Babyak MA, Doraiswamy PM, et al: Exercise and pharmacotherapy in the treatment of major depressive disorder. Psychosom Med 69:587–596, 2007

Brenes GA, Williamson JD, Messier SP, et al: Treatment of minor depression in older adults: a pilot study comparing sertraline and exercise. Aging Ment Health 11:61–68, 2007

Daley A: Exercise and depression: a review of reviews. J Clin Psychol Med Settings 15:140–147, 2008

Dimidjian S, Hollon SD, Dobson KS, et al: Randomized trial of behavioral activation, cognitive therapy, and antidepressant medication in the acute treatment of adults with major depression. J Consult Clin Psychol 74:658–670, 2006

Ekers D, Richards D, Gilbody S: A meta-analysis of randomized trials of behavioural treatment of depression. Psychol Med 38:611–623, 2008

Kroenke K, Spitzer RL, Williams JB: The PHQ-9: validity of a brief depression severity measure. J Gen Intern Med 16:606–613, 2001

McCullough JP Jr: Treatment for Chronic Depression: Cognitive Behavioral Analysis System of Psychotherapy. New York, Guilford, 2000

7

Enfocando o pensamento desadaptativo

Mapa de aprendizagem

Alvos cognitivos para sessões breves

⬇

Patologia cognitiva na depressão e transtornos de ansiedade

⬇

Métodos eficientes para identificar pensamentos automáticos

⬇

Problemas para identificar pensamentos automáticos

⬇

Modificando pensamentos automáticos em sessões breves

⬇

Trabalhando com pensamentos mais precisos

⬇

Promovendo crenças nucleares adaptativas

⬇

Montando uma biblioteca de apostilas

Mudar o pensamento desadaptativo é uma marca registrada da abordagem da terapia cognitivo-comportamental (TCC). Um longo e amplo esforço de pesquisa caracterizou a patologia cognitiva em transtornos de humor, transtornos de ansiedade, psicoses, transtornos alimentares, abuso de substâncias, além de outras doenças psiquiátricas e demonstrou que os métodos da TCC são eficazes na reversão do pensamento disfuncional nessas condições (Clark et al. 1999; Wright et al. 2008). Neste capítulo, explicaremos como adaptar os métodos da TCC que modificam o pensamento patológico a sessões mais breves do que a hora padrão de 50 minutos.

ALVOS COGNITIVOS PARA SESSÕES BREVES

Os principais alvos cognitivos para sessões breves – ou seja, pensamentos automáticos, erros cognitivos, atribuições errôneas (ou seja, atribuir significados desadaptativos a eventos) e crenças nucleares – são os mesmos que nas sessões-padrão de TCC. No entanto, a ênfase normalmente reside nos pensamentos automáticos, erros cognitivos, e atribuições errôneas mais prontamente acessíveis do que nas crenças nucleares ou esquemas profundamente arraigados. Como este livro não é um texto introdutório, não explicaremos com detalhes os diferentes níveis de processos cognitivos nos transtornos psiquiátricos. Os leitores que não estejam totalmente versados neste conceito devem consultar textos básicos de Beck (1995), Sudak (2006) ou Wright et al. (2008). A Tabela 7.1 traz breves definições.

Embora o trabalho de identificação e revisão de crenças nucleares possa ser uma parte muito produtiva da TCC padrão, os intensos esforços para modificar os esquemas podem estar além do escopo da maioria das aplicações que utilizam sessões breves. Como observado no Capítulo 2, "Indicações e Formatos para Sessões Breves de TCC", pessoas com baixa autoestima crônica, longas histórias de trauma psicológico, patologia de Eixo II significativa ou outras evidências de patologia profundamente arraigada e intrincada podem não ser as melhores candidatas para a TCC em sessões breves. Esforços para identificar e mudar crenças nucleares e padrões comportamentais associados frequentemente são uma parte central da TCC mais extensa e de prazo mais longo para tais pessoas. Entretanto, realmente acreditamos que os esforços para reconhecer padrões esquemáticos e educar os pacientes nos métodos cognitivos para tornar essas crenças mais adaptativas podem valer a pena para alguns pacientes que são tratados em sessões breves. As mudanças comportamentais que ocorrem em consequência das sessões mais breves também podem fornecer novas informações que desafiem regras e premissas mantidas há muito tempo por alguns pacientes.

Tabela 7.1 • Principais alvos cognitivos para sessões breves

Pensamentos automáticos: O fluxo do processamento cognitivo estimulado por eventos ou lembranças de eventos situados logo abaixo da superfície da mente totalmente consciente. Pessoas com transtornos psiquiátricos muitas vezes têm muitos desses tipos de pensamentos, os quais eles não submetem a análises racionais. Pensamentos automáticos negativamente distorcidos ou desadaptativos (p. ex., "Não adianta tentar... Não consigo lidar com isso... Será um desastre") muitas vezes podem ser modificados com técnicas de terapia cognitivo-comportamental.

Erros cognitivos: Erros lógicos que ocorrem em pensamentos automáticos e esquemas. Erros cognitivos como o pensamento do tipo tudo ou nada, a personalização, a maximização e minimização e a supergeneralização são muito comuns na depressão, nos transtornos de ansiedade e em outras doenças psiquiátricas.

Atribuições errôneas: Atribuições são os significados que as pessoas dão a eventos. Ocorrem atribuições errôneas quando as pessoas atribuem significados desadaptativos aos eventos. A depressão está associada a uma tendência para atribuições errôneas. Por exemplo, uma pessoa deprimida pode assumir culpa excessiva por um evento negativo, dar ao evento relevância global em sua vida e enxergar o evento como tendo um impacto fixo e improdutivo sobre todo o seu futuro. Por outro lado, uma pessoa sem depressão que passa pelo mesmo evento pode ter uma visão equilibrada da responsabilidade, fazer uma atribuição circunscrita sobre a relevância do evento e pensar que "isso também vai passar". São utilizados métodos de terapia cognitivo-comportamental para ajudar as pessoas a moverem-se em direção a um estilo atributivo racional.

Crenças nucleares (esquemas): As regras básicas para o processamento de informações sob a superfície dos pensamentos automáticos mais superficiais e específicos à situação. Os esquemas podem ser adaptativos (p. ex., "Os outros podem confiar em mim"; "Quase nada me assusta"; "Quando me dedico a algo, normalmente consigo aprender e dominar") ou desadaptativo (p. ex., "Sou burro"; "Não sou digno de amor"; "Preciso ser perfeito para ser aceito").

Terapia cognitivo-comportamental de alto rendimento para sessões breves **107**

As pesquisas na TCC assistida por computador, um método que utiliza sessões breves de aproximadamente 25 minutos de duração em combinação com um programa computadorizado que ensina os princípios básicos da TCC, apontaram que as crenças nucleares podem mudar com contatos relativamente curtos com um terapeuta (Wright et al. 2005). Em um estudo com pacientes sem uso de medicamentos com depressão maior, as pessoas tratadas com TCC assistida por computador apresentaram redução significativamente maior nas crenças nucleares disfuncionais do que aquelas em um grupo-controle em lista de espera, enquanto aquelas tratadas com TCC padrão (sessões de 50 minutos) não demonstraram esse benefício (Wright et al. 2005). O tempo total gasto pelo terapeuta na TCC assistida por computador neste estudo foi de aproximadamente 4 horas ou menos. Os resultados deste estudo sugerem que os esforços para intensificar as sessões breves com a terapia assistida por computador ou, talvez, com outros adjuvantes que poderiam estimular o aprendizado e a autoajuda podem ser uma abordagem útil para modificar crenças nucleares.

PATOLOGIA COGNITIVA NA DEPRESSÃO E TRANSTORNOS DE ANSIEDADE

Ao planejar intervenções cognitivas para sessões breves, os terapeutas podem se beneficiar com o entendimento das características típicas do processamento desadaptativo de informações nos diversos tipos de transtornos mentais. Esse conhecimento pode ajudar os terapeutas a direcionar suas intervenções para os alvos cognitivos mais importantes em cada transtorno. A Tabela 7.2 traz uma lista de algumas das características predominantes da patologia

Tabela 7.2 • Patologia cognitiva na depressão e Transtornos de ansiedade

PREDOMINANTE NA DEPRESSÃO	PREDOMINANTE NOS TRANSTORNOS DE ANSIEDADE	COMUM TANTO NA DEPRESSÃO COMO NOS TRANSTORNOS DE ANSIEDADE
Desesperança	Temores excessivos de danos ou perigo	Desmoralização
Baixa autoestima		Egocentrismo
Visão negativa do ambiente	Alta sensibilidade a informações sobre ameaças em potencial	Processamento automático de informações mais elevado
Pensamentos automáticos com temas negativos		Erros cognitivos no processamento de informações
Atribuições errôneas	Pensamentos automáticos associados a perigo, risco, falta de controle, incapacidade	Esquemas desadaptativos
Recordação intensificada de lembranças negativas	Estimativas exageradas de risco nas situações	
	Estimativa diminuída da capacidade de enfrentar o objeto temido ou situação temida	
	Recordação intensificada de lembranças de situações ameaçadoras	

Fonte: Adaptado de Wright JH, Beck AT, Thase ME: "Cognitive Therapy", in The American Psychiatric *Publishing Textbook of Psychiatry*, 5th Edition. Editadopor Hales RE, Yudofsky SC, Gabbard GO. Washington, DC, American Psychiatric Publishing, 2008, p. 1217. Uso com permissão. Copyright © 2008 American Psychiatric Publishing.

cognitiva na depressão e transtornos de ansiedade.

Como observou Aaron Beck, a depressão caracteriza-se por pensamento negativamente distorcido em três domínios principais: o futuro (desesperança), em si mesmo (baixa autoestima, culpa, cognições autocondenatórias) e o mundo ao redor do indivíduo (visão negativa do ambiente) (Beck 1963, 1964, 1967; Clark et al. 1999). Além dessa "tríade cognitiva negativa", as pessoas com depressão frequentemente apresentam atribuições errôneas e muitas vezes têm uma recordação intensificada de lembranças negativas (Wright et al. 2008). Em contraste, pessoas com transtornos de ansiedade normalmente têm temores excessivos de danos ou perigo de objetos ou situações (p. ex., encontros sociais, gatilhos ou lembretes de eventos traumáticos anteriores, multidões, dirigir, não concluir um ritual), uma estimativa aumentada do risco nessas situações e uma estimativa diminuída de sua capacidade de enfrentar ou lidar com a situação (Mathews e MacLeod 1987; Wright et al. 2008). Esses pacientes também têm maior atenção e vigilância quanto a possíveis ameaças. Pensamentos automáticos desadaptativos, erros cognitivos e esquemas problemáticos são comuns tanto na depressão como nos transtornos de ansiedade.

Embora este livro enfoque primordialmente os transtornos de humor e de ansiedade, incluímos capítulos sobre o trabalho com sintomas psicóticos, abuso de substâncias, insônia e problemas médicos. As formas típicas da patologia cognitiva para essas condições ou aplicações são discutidas nos respectivos capítulos. Os métodos para identificar e modificar pensamentos automáticos são um componente central das sessões breves de TCC para todos esses problemas clínicos.

MÉTODOS EFICIENTES PARA IDENTIFICAR PENSAMENTOS AUTOMÁTICOS

Os primeiros passos no trabalho com os pensamentos automáticos são no sentido de ajudar os pacientes a reconhecer que estão tendo essas cognições desadaptativas e a identificar pensamentos automáticos específicos que estão causando aflição. No entanto, antes de dar início a esforços para reconhecer pensamentos automáticos, o terapeuta deve considerar o momento oportuno e os passos das intervenções. Para alguns pacientes gravemente deprimidos e que apresentam inércia considerável, a melhor abordagem talvez seja começar com intervenções comportamentais para aumentar os níveis de atividade e combater a baixa energia e a anedonia (vide Capítulo 6, "Métodos Comportamentais para Depressão"). Além disso, pacientes com problemas marcantes de sono e concentração podem precisar de assistência para melhorar os padrões de sono e, assim, melhorar sua capacidade de monitorar e mudar os pensamentos automáticos. É comum perceber os pensamentos desadaptativos dos pacientes antes de eles estarem prontos para concentrarem a atenção no pensamento em uma sessão. Este é um bom momento para levantar hipóteses sobre o estilo cognitivo do paciente que guiarão as futuras intervenções. A Tabela 7.3 traz uma lista de métodos eficientes para identificar pensamentos automáticos, cada um descrito em detalhes nas seções a seguir.

Descoberta guiada

O método mais comumente usado para trazer à luz pensamentos automáticos em

Tabela 7.3 • Métodos eficientes para identificar pensamentos automáticos

- Descoberta guiada
- Identificação de pensamentos automáticos que ocorrem em uma sessão
- Breves explicações/miniaulas
- Leituras e outros recursos educacionais
- Registros de pensamentos
- Listas de verificação de pensamentos automáticos
- Terapia cognitivo-comportamental assistida por computador

todos os formatos de TCC é a descoberta guiada, a qual envolve fazer boas perguntas que ajudem os pacientes a entenderem como seus padrões de pensamento fazem parte de seu problema. Os terapeutas qualificados em TCC em sessões breves podem usar a descoberta guiada de uma maneira altamente eficiente e emocionalmente significativa para evidenciar e, depois, modificar os pensamentos automáticos. As ilustrações em vídeo ao longo deste livro demonstram como as perguntas são feitas na TCC breve para identificar pensamentos automáticos e outras cognições. A Tabela 7.4 traz detalhes das características do uso eficaz da descoberta guiada em sessões breves.

Identificação de pensamentos automáticos que ocorrem em uma sessão

Uma das maneiras mais poderosas de ajudar os pacientes a entenderem e identificarem

Tabela 7.4 • Métodos de descoberta guiada de alto impacto para sessões breves

Foco em eventos recentes de alta relevância. Em geral, os pacientes acreditam ser mais fácil reconhecer e lembrar claramente de pensamentos automáticos que ocorreram muito recentemente e são altamente significativos para eles. Uma abordagem menos eficiente é discorrer sobre eventos ou circunstâncias de muito tempo atrás.

Seja específico. Tente evitar discussões difusas ou pouco focadas. No lugar, procure uma situação específica ou gatilho específico e, depois, faça perguntas focadas para identificar os pensamentos automáticos.

Mantenha-se em uma linha de questionamento e um tópico. É especialmente importante em sessões breves manter-se concentrado em uma área de questionamento que tenha alto potencial para resultados positivos. Lembre-se de que fazer bem uma coisa na terapia cognitivo-comportamental pode ser uma abordagem melhor do que tentar abordar um grande número de tópicos e questões. Se um paciente aprende as habilidades da terapia cognitivo-comportamental para um problema ou preocupação, essas habilidades poderão então ser usadas em muitas outras situações.

Faça perguntas que estimulem a emoção. Os pensamentos automáticos de alta relevância normalmente estimulam emoção significativa. Assim, as perguntas que extraem emoções significativas muitas vezes levarão a importantes pensamentos automáticos.

Use uma miniformulação para guiar o questionamento. As perguntas mais eficazes são muitas vezes aquelas que fluem diretamente de uma miniformulação. Em vez de uma abordagem desorganizada, use uma miniformulação para concentrar a atenção nos pensamentos automáticos mais evidentes.

Fonte: Adaptado de Wright JH, Basco MR, Thase ME: Aprendendo a Terapia Cognitivo-Comportamental: *Um Guia Ilustrado*. Porto Alegre: Artmed, p.79-81. Uso com permissão. Copyright © 2008 Artmed Editora S.A.

rapidamente os pensamentos automáticos é chamar a atenção para as cognições que acabaram de ocorrer em uma sessão. Portanto, os terapeutas devem observar atentamente para identificar aqueles momentos em que o paciente experimenta uma "mudança de humor", marcada pelo aparecimento repentino de emoções como ansiedade, tristeza, ou raiva. Essas mudanças de humor quase sempre são um sinal de que acabaram de ocorrer pensamentos automáticos significativos. A pergunta "qual pensamento acabou de passar por sua cabeça?" muitas vezes ajuda o paciente a acessar pensamentos relacionados à emoção aflitiva.

Em sessões mais breves, o momento oportuno dessas intervenções é muito importante. Os pacientes precisam ter um embasamento adequado dos princípios da TCC para analisar a necessidade de trazer à luz e avaliar os pensamentos automáticos, enquanto o relacionamento terapêutico deve ser suficientemente forte para os pacientes confiarem no terapeuta para guiá-los de modo seguro pelo processo de exploração de pensamentos e emoções dolorosos. Os pacientes também precisam de tempo suficiente para indagar e entender o motivo das intervenções feitas pelo terapeuta antes de terminar a sessão. Os terapeutas devem ter cuidado ao explicar que os pensamentos automáticos nem sempre são um reflexo exato dos fatos, mas se forem considerados verdadeiros, o terapeuta ajudará o paciente a resolver qualquer que seja o problema existente.

Breves explicações/miniaulas

Uma boa maneira de ajudar os pacientes a aprenderem a identificar os pensamentos automáticos é dar uma breve explicação ou miniaula sobre o modelo cognitivo-comportamental. O terapeuta pode seguir o passo anterior de identificar algumas das cognições do paciente que ocorrem em uma sessão com uma breve discussão que normalize a ocorrência de pensamentos automáticos ou pode explicar como os pensamentos automáticos influenciam as emoções e o comportamento. Muitas vezes, fazemos um diagrama do modelo de TCC na forma de uma miniformulação em uma sessão e pedimos ao paciente para revisar o diagrama como tarefa de casa. A Tabela 7.5 traz uma lista das características dos pensamentos automáticos que podem ser úteis para ensinar aos pacientes ao longo do tempo.

Tabela 7.5 • Características dos pensamentos automáticos

Os pensamentos automáticos normalmente estão fora da consciência da pessoa, a menos que ela concentre a atenção neles.

Os pensamentos automáticos podem vir em diversas formas: verbal, visual (imagens) e forma abreviada (breves comentários que indicam a presença de um pensamento automático mais expandido).

Quando os pensamentos automáticos vêm em forma abreviada (p. ex., "Só podia ser", "Tanto faz", "Coisas acontecem") ou perguntas retóricas (p. ex., "Por que ela não gosta de mim?", "Não dá para ele entender meus sentimentos?", "O que eu poderia fazer para ser aceita?"), os terapeutas precisam ajudar o paciente a expandir o pensamento ou responder à pergunta para torná-los passíveis de análise lógica.

O grau de aflição causado por um pensamento automático pode ser inversamente proporcional ao quanto ele é valorizado.

É mais provável que os pensamentos automáticos "pareçam" fatos quando não são articulados nem escritos.

Os pensamentos automáticos frequentemente são recorrentes e se fundem ao redor de temas centrais.

Terapia cognitivo-comportamental de alto rendimento para sessões breves **111**

Outro método de ensinar os pacientes sobre pensamentos automáticos é dar exemplos de como outras pessoas podem desenvolver tipos variados de cognições em resposta a um evento gatilho. Um dos exemplos que muitas vezes usamos é pedir aos pacientes para tentarem identificar os pensamentos automáticos que podem ser comuns em uma pessoa com "direção raivosa" em comparação com alguém que enfrenta calmamente uma situação difícil ao dirigir.

Leituras e outros recursos educacionais

Leituras e outros materiais psicoeducativos que os pacientes podem usar fora das sessões são especialmente importantes quando estão sendo usadas sessões breves. Para pacientes que querem aprender sobre pensamentos automáticos e estão dispostos a ler como tarefa de casa, os terapeutas podem sugerir livros úteis de autoajuda ou outros recursos (Tabela 7.6). No entanto, eles precisam evitar sobrecarregar os pacientes com leituras ou outras tarefas de aprendizagem. Para pacientes gravemente deprimidos ou ansiosos, a melhor prática pode ser recomendar apenas um único capítulo de um livro, uma parte de um capítulo ou um panfleto, em vez de um livro inteiro ou uma lista de livros.

Registros de pensamentos

Métodos para usar registros de pensamentos para identificar e, em seguida, mudar pensamentos automáticos são descritos em todos os textos básicos (p. ex., Beck 1995; Sudak 2006; Wright et al. 2008) e não são extensamente explicados aqui. No entanto, queremos enfatizar que os registros de pensamentos são um elemento fundamental das técnicas da TCC para trazer à luz pensamentos automáticos, sendo bem adequados para uso em sessões breves. O tratamento de Grace, uma mulher com depressão e ansiedade, demonstra como um registro de pensamentos solicitado como tarefa de casa pode levar muito rapidamente ao trabalho produtivo em uma sessão breve. Discutimos uma ilustração em vídeo do uso de um registro de pensamentos por Grace mais adiante neste capítulo. Nesta sessão, a Dra. Sudak pede a Grace para usar um registro de pensamentos de três colunas para identificar pensamentos automáticos estimulados

Tabela 7.6 • Leituras e outros recursos educacionais para aprender sobre pensamentos automáticos

Livros de autoajuda

Burns DD: Feeling Good. New York, Morrow, 1999

Greenberger D, Padesky CA: A Mente Vencendo o Humor. Porto Alegre, Artmed, 1999

Wright JH, Basco MR: Getting Your Life Back: The Complete Guide to Recovery From Depression. New York, Touchstone, 2002

Programas computadorizados

Beatingthe Blues
www.beatingtheblues.co.uk

Good Days Ahead: The Multimedia Program for Cognitive Therapy
www.mindstreet.com

Recursos de internet

Programa de treinamento MoodGYM
www.moodgym.anu.edu.au

Nota: Estas e outras recomendações são apresentadas no Apêndice 2, "Recursos da TCC para Pacientes e Familiares".

por uma situação profissional estressante. Grace anotou no registro pensamentos automáticos altamente proeminentes (Figura 7.1) e a Dra. Sudak foi capaz de dar impulso à sessão sintonizando-se rapidamente a essas cognições e começando o trabalho de ajudar Grace a enfrentar melhor suas preocupações sobre um novo emprego.

• Exercício de Aprendizagem 7.1: Identificando pensamentos automáticos em uma sessão breve

1. Use a descoberta guiada e/ou uma mudança de humor para identificar pensamentos automáticos com um paciente que você esteja atendendo em uma sessão breve.

2. Dê uma breve explicação/miniaula sobre pensamentos automáticos.

3. Sugira um registro de pensamentos como uma tarefa de casa.

Listas de verificação de pensamentos automáticos

Outro método que pode ser útil em sessões breves é pedir ao paciente para preencher uma lista de verificação de pensamentos automáticos. Essa técnica pode ajudar os pacientes a identificarem pensamentos automáticos significativos que de outra forma poderiam passar sem serem reconhecidos. O inventário mais pesquisado é o Questionário de Pensamentos Automáticos (Hollon e Kendall 1980), que contém 30 itens classificados em uma escala de 5 pontos – de 0 (nem um pouco) a 4 (o tempo todo). Uma lista de verificação mais breve de 15 itens é usada no programa computadorizado *GoodDaysAhead*, uma forma de terapia assistida por computador que demonstrou ser eficaz na prática clínica (Wright et al. 2005). Essa lista de verificação é apresentada na Tabela 7.7.

TCC assistida por computador

Programas computadorizados e a psicoeducação via internet também podem ajudar os pacientes a aprenderem a identificar pensamentos automáticos e podem ser especialmente úteis para pacientes que estão sendo atendidos em sessões breves e desejam utilizar os materiais de aprendizagem em casa. Os recursos por computador para TCC estão relacionados no Apêndice 2, "Recursos da TCC para Pacientes e Familiares".

PROBLEMAS PARA IDENTIFICAR PENSAMENTOS AUTOMÁTICOS

Quando são encontradas dificuldades em acessar pensamentos automáticos (Tabela

Evento	Pensamentos automáticos (Classifique o grau de crença de 0% a 100%)	Emoções Classifique a (intensidade de 0% a 100%)
Preparar-se para um novo emprego	Posso ser demitida de novo. (95%) Meu chefe pode não gostar de mim. (85%) Vou cometer um erro e ser demitida. (90%)	Ansiedade (90%) Tensão (75%)

Figura 7.1 • Um registro de pensamentos de três colunas: exemplo de Grace.

Terapia cognitivo-comportamental de alto rendimento para sessões breves **113**

Tabela 7.7 • Lista de verificação de pensamentos automáticos

Instruções: Marque um x ao lado de cada pensamento automático negativo que você teve nas últimas 2 semanas:

_____Eu deveria estar vivendo melhor.
_____Ele/ela não me entende.
_____Eu o/a decepcionei.
_____Simplesmente não consigo mais me divertir.
_____Por que sou tão fraco(a)?
_____Estou sempre estragando as coisas.
_____Minha vida está sem rumo.
_____Não consigo lidar com isso.
_____Estou fracassando.
_____É muita coisa para mim.
_____Não tenho muito futuro.
_____As coisas estão fora de controle.
_____Estou com vontade de desistir.
_____Com certeza, vai acontecer alguma coisa ruim.
_____Deve ter algo de errado comigo.

Nota: Essa lista de verificação está disponível no Apêndice 1, "Planilhas e Listas de Verificação".
Fonte: Adaptado de Wright JH, Wright AS, Beck AT: _Good Days Ahead: The Multimedia Program for Cognitive Therapy, Professional Edition, Version 3.0._ Louisville, KY, Mindstreet, 2010. Uso com permissão. Copyright © 2010 Mindstreet.

7.8), várias técnicas, incluindo imagens mentais ou dramatizações, podem ser ferramentas úteis para alcançar bons resultados (Wright et al. 2008). Terapeutas acostumados com o uso de imagens mentais e dramatizações em sessões tradicionais de 45 a 50 minutos precisarão modificar essas intervenções para adaptá-las de maneira suave para um formato mais breve. Após uma breve introdução ou explicação, o terapeuta pode pedir ao paciente para imaginar que está de volta a uma situação ou simular a situação em uma discussão com o terapeuta. Os pacientes precisarão de tempo suficiente para identificar seu pensamento e questionar com o terapeuta após a experiência com as imagens mentais ou dramatizações.

Os terapeutas precisam ter certeza de que têm um relacionamento terapêutico sólido e que o paciente é capaz de testar a realidade antes de usar a dramatização.

Os pacientes podem ter problemas para identificar pensamentos automáticos por não perceberem ou identificarem emoções ou por se engajarem em evitação emocional. Em tal situação, pode ser útil discutir uma miniformulação com o paciente. Além disso, o terapeuta pode ensinar habilidades ao paciente para aumentar a tolerância ao vivenciar a emoção. Alguns pacientes relatarão os pensamentos que eles têm como estados emocionais – por exemplo, "Sinto que não tenho nenhum valor" – e precisam ser instruídos sobre o que são emoções.

Tabela 7.8 • Problemas para identificar pensamentos automáticos

- O paciente não teve tempo suficiente para aprender a habilidade.
- O paciente tem problemas para identificar a emoção ou a evita.
- O paciente tem pensamentos na forma de imagens.
- O paciente está assustado com o conteúdo do pensamento.
- O paciente tem dificuldade em relacionar a experiência emocional com um evento externo.

Os pacientes também podem ter pensamentos na forma de imagens e relatar "não ter pensamentos" no momento das emoções aflitivas. Esforços educacionais podem auxiliar esses pacientes no relato dessas imagens como a resposta mental a um evento. Pode ocorrer outro problema quando os pacientes ficam assustados com pensamentos que parecem repreensíveis ou irracionais. Uma boa aliança e frases de normalização sobre a natureza onipresente de tais pensamentos podem ajudar a amenizar as barreiras à sua expressão. Às vezes, os pacientes não identificam um determinado evento externo que provoca disforia. Em vez disso, eles "simplesmente começam a se sentir mal". Uma explicação para esse tipo de experiência é que o paciente está tendo pensamentos automáticos sobre pensamentos, emoções ou sensações fisiológicas internas mantidas privativamente. Os terapeutas podem ajudar sensivelmente tais pacientes a identificar esses estados internos como os precipitantes dos pensamentos automáticos que leva ao humor disfórico.

• **Exercício de Aprendizagem 7.2**: Respondendo a desafios na identificação de pensamentos automáticos

1. Peça a um colega para representar um paciente que está tendo dificuldade para acessar pensamentos automáticos em uma sessão breve.

2. Resolva qualquer motivo em potencial para a dificuldade e identifique pelo menos duas ideias para ajudar o paciente a trazer pensamentos automáticos à luz.

3. Pratique pelo menos um método para superar a dificuldade na identificação de pensamentos automáticos.

MODIFICANDO PENSAMENTOS AUTOMÁTICOS EM SESSÕES BREVES

A maioria ou todos os métodos para modificar pensamentos automáticos usados em sessões mais longas de 45 a 50 minutos podem ser adaptados para sessões mais breves (vide Tabela 7.9). Descrevemos adaptações para sessões breves nas subseções a seguir. Primeiro, discutimos um caso com ilustrações em vídeo que demonstra alguns métodos-chave para modificar pensamentos automáticos.

Exemplo de caso: Grace

A história e a conceituação de caso de Grace foram apresentadas no Capítulo 3, "Aumentando o Impacto das Sessões Breves", e no Capítulo 4, "Formulação de Caso e Planejamento do Tratamento". A Ilustração em Vídeo 2 foi apresentada no Capítulo 3 para dar uma noção geral de como adaptar a TCC para sessões breves. Aqui, usamos a Ilustração em Vídeo 2 para demonstrar métodos para modificar pensamentos automáticos.

Tabela 7.9 • Métodos para modificar pensamentos automáticos em sessões breves

- Questionamento socrático
- Registro de modificação de pensamentos
- Exame de evidências
- Geração de alternativas racionais
- Cartões de Enfrentamento
- Identificação de erros cognitivos
- Reatribuição
- Ensaio cognitivo

• Ilustração em Vídeo 2: Modificando pensamentos automáticos I
Dra. Sudak e Grace

Neste vídeo, a Dra. Sudak ajuda Grace a identificar e mudar seus pensamentos automáticos relacionados à ansiedade sobre seu novo emprego. A Dra. Sudak obtém pensamentos específicos ao usar perguntas eficazes, pede a Grace para anotar os pensamentos e escolhe o pensamento mais problemático como alvo para a maior atenção. Os principais métodos para trabalhar com pensamentos automáticos demonstrados nesta ilustração em vídeo são o questionamento socrático, registro de mudança de pensamentos (RMPs), exame de evidências, geração de alternativas racionais e desenvolvimento de uma estratégia de enfrentamento escrita. Uma observação interessante é como todos esses procedimentos são usados para ter um bom efeito em um segmento da sessão com duração de aproximadamente 10½ minutos apenas.

Questionamento socrático

O questionamento socrático é uma maneira excelente de ensinar os pacientes a avaliar e reestruturar seu pensamento (Wright et al. 2008). O questionamento socrático incentiva os pacientes a submeter seus pensamentos à análise lógica e, muitas vezes, aumentar a curiosidade e engajamento terapêutico. Idealmente, o questionamento socrático estimula os pacientes a quererem descobrir mais sobre seu próprio modo de pensar. O terapeuta frequentemente tem um objetivo em mente durante esse processo de descoberta, mas permanece objetivo e sintonizado com a direção dada pelo paciente.

Na Ilustração em Vídeo 2, a Dra. Sudak demonstra várias linhas produtivas de questionamento socrático. Em uma delas, ela ajuda Grace a começar a modificar um pensamento automático de que ela cometerá um erro e será demitida.

Grace: Bem, eu sei que vou cometer erros.
Dra. Sudak: [Isto é] Algo que acontece especialmente com você?
Grace: Não. Muitas pessoas cometem erros. Quando são novas no emprego.
Dra. Sudak: Na sua opinião, qual a porcentagem de pessoas que cometem erros quando começam em um novo emprego, com novas responsabilidades?
Grace: Muitas pessoas. Eu diria que 90% das pessoas cometem erros. Talvez 95%...
Dra. Sudak: E quantas dessas pessoas são despedidas:
Grace: Acho que no início quase nenhuma. As pessoas cometem erros quando estão aprendendo um novo trabalho.

Fazer um questionamento socrático eficaz é um dos métodos mais úteis da TCC em sessões de qualquer duração. A Tabela 7.10 traz dicas de como usar o questionamento socrático em sessões breves.

Registro de mudança de pensamentos

Em sessões breves, os RMPs são muitas vezes usados para aproveitar melhor o tempo disponível para o trabalho com os pensamentos automáticos. Se os pacientes puderem registrar seus pensamentos como tarefa de casa e depois trazer esses diários às sessões, eles podem conseguir prosseguir de maneira eficaz na geração de um modo de pensar mais adaptativo. Anotar os pensamentos em papel (ou em um computador) pode funcionar como uma função poderosa. As percepções que parecem bastante "reais" e precisas quando vêm à mente de uma pessoa pela primeira vez podem se tornar muito menos críveis quando submetidas à objetividade de um exercício escrito.

116 Wright, Sudak, Turkington & Thase

Tabela 7.10 • Dicas para usar o questionamento socrático em sessões breves

Faça um questionamento socrático de alto rendimento. Os terapeutas devem visar os principais pontos ao fazer o questionamento socrático. Pode-se usar uma miniformulação da terapia cognitivo-comportamental para identificar os problemas-chave e as oportunidades que podem ser responsivas ao questionamento socrático.

Faça perguntas que envolvam os pacientes no processo de aprendizagem. Todas as formas de terapia cognitivo-comportamental destinam-se a ajudar os pacientes a aprender a se tornarem seus próprios terapeutas. Em sessões breves, é especialmente importante para o terapeuta dar o modelo do estilo de questionamento que incentivará os pacientes a se questionarem para romper os padrões rígidos e desadaptativos de pensamento.

Faça perguntas que deem abertura para a mudança. O bom questionamento socrático muitas vezes revela oportunidades para a mudança no modo de pensar e/ou comportamento. No formato breve de terapia cognitivo-comportamental, pode ser melhor selecionar apenas um ou dois alvos para a mudança em uma única sessão.

Escolha perguntas que combinem com o nível de sintomas e capacidades cognitivas do paciente e sejam adequadas para sessões breves. O questionamento socrático deve ser feito em um nível que estimule um modo de pensar mais adaptativo, mas não confunda ou oprima o paciente. As metas preliminares nas sessões breves podem ser começar o processo de questionamento socrático e demonstrar de modo sucinto seu valor, em vez de envolver-se em linhas longas ou pesadas de perguntas.

Às vezes, pacientes altamente deprimidos podem ficar mais disfóricos quando começam a anotar os pensamentos na ausência de uma avaliação objetiva. Tais pacientes podem acreditar fortemente no conteúdo de seus pensamentos altamente negativos e têm dificuldade para revisá-los rapidamente. Os terapeutas devem avisar aos pacientes que, se eles se sentirem pior após anotar pensamentos negativos, eles devem parar e esperar. Em sessões futuras de terapia, serão ensinadas ferramentas para avaliar o pensamento ou resolver o problema ao qual o pensamento se refere.

Ao usar RMPs, o terapeuta pode achar útil pedir aos pacientes para classificarem sua porcentagem de crença (0% a 100%) em seus pensamentos automáticos e a intensidade das emoções (1% a 100%) associadas às cognições. Os pensamentos automáticos podem então se tornar mais acessíveis à avaliação objetiva e à mudança. Uma estimativa quantitativa da crença no pensamento e o grau de emoção vivenciada podem ajudar o terapeuta e o paciente a identificarem quais pensamentos são mais centrais e importantes. Pensamentos disfuncionais fortemente mantidos e associados a um alto grau de emoção negativa provavelmente estão relacionados a uma quantidade substancial de alívio dos sintomas quando examinados e reestruturados. Quando experimentam esse alívio, os pacientes podem funcionar melhor e ter maior motivação para o tratamento.

A Ilustração em Vídeo 2 mostra um uso breve, mas eficaz da técnica de RMP. Como já havia ensinado os fundamentos do registro de pensamentos a Grace em uma sessão anterior, a Dra. Sudak pode apresentar rapidamente o RMP como um método de evidenciar e mudar pensamentos automáticos. Nos dois primeiros minutos da vinheta, a Dra. Sudak e Grace trabalham com um RMP para identificar três pensamentos automáticos importantes (ou seja, "Pode ser que eu seja demitida de novo", "Meu chefe pode não gostar de mim", "Vou cometer um erro e ser demitida") relacionados ao seu início em um novo emprego (vide Figura 7.1). Esses pensamentos automáticos proporcionaram alvos importantes para as outras intervenções usadas nesta sessão (questionamento socrático, exame de evidências, geração de alternativas racionais e desenvolvimento de um plano de enfrentamento por escrito). Ao final da sessão breve, Grace está preparada para uma tarefa de casa de usar os RMPs para registrar outros pensamentos automáticos e usar esse método para reduzir a ansiedade e a depressão associadas aos estresses da vida.

Está disponível em Wright et al. (2008) uma explicação detalhada do método de RMP e o Apêndice 1, "Planilhas e Listas de Verificação" traz um RMP de cinco colunas em branco que também pode ser baixado em formato maior do *site* da editora (*www. grupoa.com.br*). A Tabela 7.11 traz algumas dicas para usar RMPs em sessões mais curtas.

Exame de evidências

A sessão de terapia mostrada na Ilustração em Vídeo 2 também demonstra uma abordagem informal, mas útil ao exame de evidências. A Dra. Sudak não estabelece um exercício de exame de evidências totalmente desenvolvido no qual o paciente é solicitado a identificar e escrever listas de "evidências a favor" e "evidências contra" um pensamento automático (vide Wright et al. 2008 para uma descrição e ilustração em vídeo dessa

técnica). No entanto, ela faz perguntas muito eficazes que ajudam Grace a reconhecer que seus temores quanto a cometer um erro e ser demitida de um novo emprego são extremamente infundados. Estas perguntas também exploram as evidências sobre precisar ser perfeita para ser bem-sucedida no novo emprego.

Os exercícios de exame de evidências de duas colunas por escrito também podem ser ferramentas eficazes para sessões breves. Por exemplo, Luke, um paciente de 45 anos de idade que estava sendo tratado com um antidepressivo e sessões breves de TCC para transtorno obsessivo-compulsivo lutava com um pensamento automático obsessivo: "Se eu não seguir meus rituais, algo de terrível vai acontecer". Luke estava começando a progredir com os métodos de exposição e prevenção de resposta tão importantes no tratamento de transtorno obsessivo-compulsivo (vide Capítulo 9, "Métodos Comportamentais para Ansiedade"), mas o pensamento obsessivo interferia de certa forma em seu progresso. Durante o curso de duas sessões breves, Luke e seu psiquiatra desenvolveram a planilha de exame de evidências, mostrada na Figura 7.2. Notavelmente, a planilha inclui identificação de erros cognitivos e geração de uma alternativa racional, dois

Tabela 7.11 • Dicas para usar o Registro de Mudança de Pensamentos em sessões breves

Explique o método para usar o registro de mudança de pensamentos em uma sessão e anote pelo menos uma sequência de "evento → pensamentos automáticos → emoções" para demonstrar a técnica.

Sugira materiais de leitura para ajudar o paciente a aprender o método para usar registro de mudança de pensamentos.

Dê o registro de mudança de pensamentos como tarefa de casa. Sempre confira a tarefa de casa.

Ajuste o grau de tarefa à fase da terapia e à capacidade do paciente. Não espere demais tão cedo.

Mantenha as tarefas iniciais bastante simples e fáceis de realizar.

Procure ter o máximo de trabalho realizado no registro de mudança de pensamentos como um exercício de autoajuda entre as sessões breves.

Resolva dificuldades no uso de registro de mudança de pensamentos e dê ao paciente ajuda prática na resolução dessas dificuldades.

Peça ao paciente para manter o registro de mudança de pensamentos em um caderno de terapia e revisá-lo para reforçar o aprendizado.

Use o registro de mudança de pensamentos para fazer uma ponte entre as sessões, insista nos tópicos ou problemas importantes e mantenha o foco nas metas importantes para a terapia.

Pensamento automático:

"Se eu não fizer meus rituais, algo de terrível vai acontecer".

Evidências a favor:

Meu pai é idoso e muito frágil, algo pode acontecer a ele a qualquer momento.

Quando tento parar de contar, fico realmente nervoso e coisas ruins podem acontecer.

Estou indo bem em meu emprego – os rituais parecem me ajudar a evitar problemas.

Evidências contra:

Como meu pai está ficando muito velho, é provável que ele fique doente ou até morra.

Isso vai acontecer com ou sem meus rituais.

Tenho reduzido minha mania de contar e nada de ruim aconteceu.

Não há evidências científicas de que fazer rituais pode me proteger ou aos meus entes queridos de algo ruim.

Erros cognitivos nas evidências a favor:

Maximizar o risco e maximizar meu controle sobre as coisas ruins que podem ocorrer.

Ignorar as evidências – há montanhas de evidências de que contar não tem a capacidade de evitar problemas.

Tirar conclusões precipitadas – pensar que o pior acontecerá simplesmente porque não contei.

Pensamento do tipo tudo ou nada – se eu não seguir o ritual completo, algo de terrível vai acontecer, com certeza.

Pensamentos alternativos:

Eu tenho TOC, o que me faz pensar que tenho de seguir os rituais.

Contar é apenas um hábito que está relacionado ao modo como meu cérebro funciona.

Preciso treinar meu cérebro para parar de contar – a TCC e a medicação me ajudarão nisso.

Figura 7.2 • Exame de evidências em sessões breves: exemplo de Luke.
TCC = terapia cognitivo-comportamental; TOC = transtorno obsessivo-compulsivo.

métodos relacionados para modificar pensamentos automáticos que são descritos mais adiante neste capítulo.

Geração de alternativas racionais

Como ilustrado nas intervenções com Grace e Luke, o desenvolvimento de alternativas racionais a um pensamento automático desadaptativo é um resultado projetado do método de exame de evidências. Se o paciente não conseguir gerar alternativas, pode ser que o pensamento esteja ligado a sistemas de crenças firmemente mantidos que exigirão um meio diferente de mudança, como um experimento comportamental. Quando os pacientes têm dificuldades para gerar pensamentos alternativos, os terapeutas devem normalizar essas dificuldades observando que são necessários esforço e prática para a maioria das pessoas aprender como avaliar e reestruturar seu pensamento.

O exame de evidências é apenas um de uma série de métodos da TCC que podem

Terapia cognitivo-comportamental de alto rendimento para sessões breves **119**

ser usados em sessões breves para ajudar os pacientes a gerar alternativas racionais. Todas as outras técnicas relacionadas na Tabela 7.9 (p. ex., questionamento socrático, RMPs, cartões de enfrentamento, identificação de erros cognitivos, reatribuição) podem ser usadas de maneira eficaz. Além disso, quando os pensamentos automáticos parecem ser regras firmemente mantidas que os pacientes têm para si mesmos, pode ser útil explorar se o paciente mantém os outros na mesma regra ou padrão de comportamento. Reconhecer a existência de um "padrão duplo" muitas vezes pode ajudar os pacientes a gerarem uma nova resposta para a situação.

Outro bom método para gerar alternativas racionais é pedir ao paciente para colocar-se no lugar de outra pessoa. O terapeuta pode fazer perguntas como: "Se seu amigo estivesse pensando dessa maneira, o que você lhe diria?", "Se você tivesse uma orientação eficaz e de apoio, o que essa pessoa diria sobre seu pensamento?". Outras técnicas incluem a descatastrofização de uma situação ao pedir ao paciente para prever os melhores, piores e mais prováveis resultados e gerar estratégias de enfrentamento para os "piores cenários". As metas de todas essas intervenções são melhorar a flexibilidade cognitiva do paciente e aumentar a probabilidade de o paciente considerar outros significados possíveis de se atribuir à situação.

• Exercício de Aprendizagem 7.3: Modificando pensamentos automáticos em uma sessão breve

1. Use o questionamento socrático para trabalhar com os pensamentos automáticos de um paciente que você esteja atendendo em uma sessão breve.

2. Apresente um RMP como um método de mudar pensamentos automáticos.

3. Examine as evidências a favor dos pensamentos automáticos em uma sessão breve.

4. Gere pelo menos uma alternativa racional a um pensamento automático em uma sessão breve.

Desenvolvendo cartões de enfrentamento e outras estratégias de enfrentamento

Sessões de terapia, especialmente sessões mais breves, muitas vezes envolvem rápidas trocas de informações em um ambiente emocionalmente carregado. Os pacientes podem ter dificuldade para se lembrarem das alternativas racionais ou outras mudanças positivas em suas cognições, a menos que recebam reforço nas sessões e/ou nas tarefas de casa. Ao final da Ilustração em Vídeo 2, a Dra. Sudak trabalha com Grace para solidificar uma estratégia de enfrentamento de afixar uma série de pensamentos revisados em seu espelho para lembrar-se de usar essas mudanças saudáveis para enfrentar seus temores em relação a um novo emprego. Esses pensamentos estão relacionados na Figura 7.3.

Índices ou cartões do tamanho de um cartão de visitas também podem ser usados para anotar uma estratégia de enfrentamento. O terapeuta e/ou paciente pode redigir esses cartões de enfrentamento durante a sessão ou o paciente pode fazê-lo como tarefa de casa. Recomendamos aos terapeutas ter sempre à disposição cartões em branco em seus consultórios para dar aos pacientes, com tópicos contendo os elementos essenciais aprendidos na terapia. Os terapeutas podem intensificar a efetividade da estratégia do cartão de enfrentamento

> • As pessoas não são demitidas por cometer um único erro.
> • Não preciso ser perfeita para manter o emprego.
> • Eu não espero que os outros sejam perfeitos.
> • Eu posso fazer isso!

Figura 7.3 • Uma estratégia de enfrentamento: pensamentos que Grace colocou no espelho de seu banheiro.

certificando-se de que os cartões sejam curtos, práticos e vistos frequentemente. Até mesmo o melhor cartão de enfrentamento não será muito útil se for deixado no fundo da bolsa da paciente. Uma das estratégias produtivas que usamos é fazer uma série de cartões de enfrentamento e colocá-los em um chaveiro ou algum lugar prontamente acessível.

Em uma sessão não mostrada nas ilustrações em vídeo, a Dra. Sudak trabalhou com Grace na produção do cartão de enfrentamento mostrado na Figura 7.4. Grace concordou em mantê-lo em sua agenda diária.

• Exercício de Aprendizagem 7.4:
Desenvolvendo cartões de enfrentamento

1. Gere um cartão de enfrentamento para um de seus pacientes atuais.

2. Ao criar esse cartão, concentre-se primordialmente em reforçar o uso pelos pacientes de alternativas racionais aos pensamentos automáticos.

Identificação de erros cognitivos

Embora a Dra. Sudak não demonstre o método de identificar erros cognitivos nas ilustrações em vídeo com Grace, essa técnica pode ser uma maneira muito eficiente de ajudar os pacientes a mudar os pensamentos automáticos em sessões breves. Esse processo tem três estágios. Primeiro, o terapeuta usa a técnica de miniaula para instruir o paciente quanto à natureza dos erros cognitivos. Pode ser útil dar ao paciente uma lista de erros cognitivos comuns, semelhante àquela apresentada na Tabela 7.12. Durante essa fase educacional da intervenção, também é útil normalizar a ocorrência de erros cognitivos. Pacientes que veem os erros de pensamento como algo universal podem começar a ver seus próprios pensamentos como menos anormais e incomuns.

Depois de educar o paciente quanto aos erros cognitivos, o segundo passo é identificar os erros cognitivos em pelo menos um dos pensamentos automáticos do próprio paciente, de preferência, algum que tenha sido recentemente identificado na sessão atual. O terceiro passo é pedir ao paciente para fazer como tarefa de casa a identificação de erros cognitivos nos pensamentos automáticos. Um bom modo de fazer isso é pedir ao paciente para anotar esses erros cognitivos na quarta coluna de um RMP de cinco colunas (a coluna chamada "Resposta Racional"). À medida que os pacientes identificam qual erro está sendo cometido, os pensamentos automáticos normalmente passam a ficar mais acessíveis à análise racional.

Situação: Na cozinha à noite, pensando sobre cometer erros no trabalho e a possibilidade de perder o emprego.

1. Pegue um pedaço de papel e escreva as evidências a favor e contra um fraco desempenho no trabalho.
2. Preste atenção quanto a padrões não realistas. Lembre-se de que é normal deixar algumas coisas sem fazer ao final do dia.
3. Não fique pensando nisso! Revise a lista de alternativas racionais, faça um registro de pensamento ou planeje o dia seguinte.
4. Depois, desligue-se das preocupações, faça algo eficaz para relaxar (chá, livro).

Figura 7.4 • Um cartão de enfrentamento desenvolvido em uma sessão breve: exemplo de Grace.

Terapia cognitivo-comportamental de alto rendimento para sessões breves **121**

Tabela 7.12 • Definições de erros cognitivos

Ignorar as evidências: Quando você ignora as evidências, você faz um julgamento (normalmente sobre suas falhas ou sobre algo que você não se considera capaz de fazer) sem verificar todas as informações. Este erro cognitivo também é chamado de *filtro mental* porque você filtra – ou seleciona – as informações valiosas de tópicos como: 1) vivências positivas no passado, 2) seus pontos fortes e 3) apoio que os outros podem dar.

Tirar conclusões precipitadas: se estiver deprimido ou ansioso, você pode acabar tirando conclusões precipitadas. Você pode pensar imediatamente nas piores interpretações possíveis das situações. Uma vez que essas imagens negativas entram em sua mente, você pode passar a ter certeza de que coisas ruins vão acontecer.

Supergeneralização: Às vezes, pode ser que você deixe um único problema significar tanto para você que ele dá o tom de tudo em sua vida. Você pode dar a uma pequena dificuldade ou defeito um peso tão grande que ela parece definir todo o cenário. Esse tipo de erro cognitivo é chamado de supergeneralização.

Maximização ou minimização: Um dos erros cognitivos mais comuns é a maximização ou minimização da relevância das coisas em sua vida. Quando você está deprimido ou ansioso, pode ser que você maximize suas culpas e minimize seus pontos fortes. Você também pode maximizar os riscos de dificuldades em situações e minimizar as opções ou recursos que você tem para lidar com o problema.

Uma forma extrema de maximização é às vezes chamada de *catastrofização*. Quando isso ocorre, automaticamente você pensa que acontecerá o pior possível. Se você estiver tendo um ataque de pânico, sua mente se enche de pensamentos como: "Vou ter um ataque cardíaco ou um derrame" ou "Vou perder o controle totalmente". Pessoas deprimidas podem achar que estão fadadas a fracassar ou estão prestes a perder tudo.

Personalização: A personalização é uma característica clássica da ansiedade e da depressão, na qual você passa a assumir culpa pessoal por tudo o que parece estar errado. Quando você personaliza, você aceita total responsabilidade por uma situação difícil ou um problema, mesmo quando não há boas evidências para confirmar sua conclusão. Esse tipo de erro cognitivo mina sua autoestima e o deixa mais deprimido.

Certamente, você precisa aceitar a responsabilidade quando comete erros. Admitir francamente os problemas pode ajudá-lo a começar a mudar as coisas. No entanto, se você conseguir reconhecer os momentos em que está personalizando, você pode evitar colocar-se para baixo desnecessariamente e pode começar a desenvolver um estilo de pensamento mais saudável.

Pensamento do tipo tudo ou nada: Um dos erros cognitivos mais danosos – pensamento do tipo tudo ou nada – é demonstrado pelos seguintes tipos de pensamentos: "Nada acontece do jeito que eu quero", "Não conseguiria lidar com isso de jeito nenhum", "Eu sempre estrago tudo", "Ela fica com tudo", "Está tudo dando errado". Quando você deixa o pensamento do tipo tudo ou nada passar em branco, você passa a ver o mundo em termos absolutos. É tudo muito bom ou tudo muito ruim. Você acredita que os outros estão indo extremamente bem e você está indo completamente mal.

O pensamento do tipo tudo ou nada também pode interferir em seu trabalho nas tarefas. Imagine o que aconteceria se você achasse que tinha de atingir 100% de sucesso ou nem deveria tentar. Normalmente, é melhor estabelecer metas razoáveis e perceber que as pessoas raramente são um completo sucesso ou um fracasso total. A maioria das coisas na vida recai entre um e outro.

Nota: Estas definições estão disponíveis no Apêndice 1, "Planilhas e Listas de Verificação".
Fonte: Adaptado de Wright JH, Wright AS, Beck AT: *Good Days Ahead: The Multimedia Program for Cognitive Therapy*, Professional Edition, Versão 3.0. Louisville, KY, Mindstreet, 2010. Uso com permissão. Copyright © 2010 Mindstreet.

Reatribuição

Outra técnica valiosa que não é mostrada nas ilustrações em vídeo é a reatribuição.

Como os transtornos de humor e outras doenças psiquiátricas estão associados a atribuições errôneas, um alvo razoável para algumas sessões breves é ajudar os pacientes a reconhecerem e corrigirem essas cognições danosas. Muitas vezes, usamos o método do gráfico em formato de pizza para rapidamente ajudar os pacientes que se culpam excessivamente por eventos negativos (uma atribuição internamente enviesada). Quando se pede para uma pessoa deprimida dividir um gráfico em formato de pizza em setores para atribuir a culpa por um evento negativo (p. ex., divórcio, perda do emprego, revés financeiro, dificuldade com um filho), muitas vezes ela consegue identificar apenas dois ou três contribuintes e coloca uma quantidade irracional de culpa em si mesma. No entanto, depois do questionamento socrático, normalmente podem ser identificadas várias outras possíveis influências e o grau de culpa ou responsabilidade pode mudar para uma perspectiva mais equilibrada. Esse método também pode ser usado com pacientes que fazem atribuições em uma direção desadaptativa externa (ou seja, coloca culpa demais nos outros e não aceita a responsabilidade pessoal suficiente para as ações). Pacientes com hipomania ou abuso de substâncias têm propensão para fazer esses tipos de atribuições.

A técnica da régua também pode ser usada para acelerar o processo de reatribuição. Por exemplo, quando as atribuições são distorcidas em uma supergeneralização (dando relevância geral ou global aos eventos negativos, em vez de vê-los como vivências localizadas ou compartimentadas), o terapeuta pode desenhar uma régua com marcas de 0 a 100 em uma folha de papel. Pode-se, então, pedir ao paciente para fazer marcas na régua indicando as respostas a perguntas como:

1. Neste momento, até que ponto parece que este evento prejudica a sua vida (define quem você é, afeta como os outros o veem e assim por diante)?
2. Qual seria uma visão saudável do quanto este evento prejudica a sua vida (define quem você é, afeta como os outros o veem e assim por diante)? Como uma pessoa que não está deprimida veria o evento?
3. Qual é sua meta para o significado que você quer dar a este evento?

Ensaio cognitivo – Fechando o acordo

Os pacientes podem aprender novas habilidades, como a reatribuição e o exame de evidências, em sessões breves com a orientação do terapeuta. No entanto, outro passo necessário é ajudá-los a utilizar essas habilidades em situações do mundo real. Os pacientes devem ser capazes de aplicar o que aprenderam na terapia fora das sessões e na presença de forte emoção. Sem essa transferência de habilidades, o trabalho de mudança dos pensamentos automáticos fica inacabado.

O desenvolvimento de novo aprendizado pode ser bastante difícil quando as emoções estão altamente ativas. Os terapeutas devem ajudar os pacientes a entenderem o desafio de desenvolver habilidades em situações altamente carregadas. Outras situações de aprendizagem de adultos – como aprender um novo esporte – podem ser exemplos úteis do tempo necessário para modificar velhos comportamentos ou aprender novas habilidades. Já discutimos vários métodos centrais da TCC, como tarefas de casa e cartões de enfrentamento, os quais podem ajudar os pacientes a transferir as lições da terapia para sua vida diária. O ensaio cognitivo é outro método que pode ser especialmente eficaz na solidificação dos ganhos das sessões breves.

Muitos terapeutas estão familiarizados com a utilidade de imaginar uma situação importante ou difícil e ensaiar métodos de melhorar seus esforços ou preparar-se para circunstâncias adversas. Este mesmo processo pode ser extremamente útil para preparar os pacientes para usarem as técnicas na contenção de pensamentos automáticos negativos fora da terapia. Pode-se solicitar aos pacientes para imaginarem situações que lhes evoque pensamentos automáticos e emoções negativas. Em seguida, eles podem ser instruídos a imaginar estarem usando as técnicas que aprenderam na terapia para lidar com esses pensamentos e, por fim, mudar seu comportamento. Este é um bom exercício para dar aos pacientes como tarefa de casa entre sessões.

Um exemplo não mostrado nas ilustrações em vídeo vem de uma sessão breve da Dra. Sudak com Grace posteriormente. Elas reconheceram que uma situação que poderia causar bastante dificuldade para Grace era quando seu chefe fizesse comentários sobre uma tarefa não cumprida ou talvez não realizada ao contento dele. Elas ensaiaram o seguinte: 1) identificar os pensamentos automáticos que Grace pudesse ter em uma situação assim (p. ex., "Eu realmente estraguei tudo"; "Não sou boa o suficiente para este trabalho"; "Vou perder o emprego e acabar na rua"); 2) combater os pensamentos automáticos com uma perspectiva mais racional (p. ex., "Não exagerar – ele está apenas chamando minha atenção para um problema"; "Meu desempenho geral no trabalho está bom"; "Ele tem me apoiado e me agradecido por fazer um bom trabalho"; "Manter o foco em escutar o problema e trabalhar em uma solução"); e 3) usar as alternativas racionais para enfrentar a situação de maneira eficaz.

TRABALHANDO COM PENSAMENTOS MAIS PRECISOS

Obviamente, nem todo o pensamento automático de um paciente será desadaptativo. Os pacientes podem enfrentar situações que apresentem dilemas reais e gerar fortes emoções. Podem existir problemas não resolvidos devido à depressão ou ansiedade. As perdas são endêmicas à vida.

Frequentemente, porém, os pacientes têm sistemas de crenças que os deixam particularmente vulneráveis à perda e à decepção. Os eventos significativos que ocorrem nas vidas de muitas pessoas podem ter significados idiossincráticos, podendo assim aumentar sua predisposição para queixas afetivas ou ansiosas. Por exemplo, pacientes que acreditam que a felicidade verdadeira só é possível no contexto de um relacionamento compromissado estarão especialmente vulneráveis à rejeição interpessoal. Portanto, quando um pensamento é verdadeiro ou parcialmente verdadeiro, os terapeutas precisam avaliar se o paciente precisa de ajuda para resolver problemas ou se a situação tem um significado em particular que leva a sintomas para o paciente.

Os pacientes também podem ter pensamentos precisos, mas sem utilidade e que aumentam sua disforia em circunstâncias adversas. Um residente de plantão que precisa ficar acordado a noite toda, por exemplo, pode sentir raiva em relação à situação e considerar injusto ter de ficar acordado (apesar de todas as justificativas educacionais apresentadas). Se esse pensamento recorrer durante as 2 horas em que o residente pode descansar e a emoção subsequente mantiver o indivíduo acordado, o pensamento não tem utilidade. Muitas vezes, estando equipados com o conhecimento de que os pensamentos podem ser verdadeiros e não serem úteis, os pacientes podem neutralizar e colocar de lado mais facilmente pensamentos precisos que funcionam para produzir mais sintomas e disfunção.

PROMOVENDO CRENÇAS NUCLEARES ADAPTATIVAS

Como observado anteriormente neste capítulo e no Capítulo 2, "Indicações e Formatos para sessões breves de TCC", pacientes que exigem esforços intensos para identificar e modificar esquemas podem ser mais bem tratados com TCC padrão em sessões de 45 a 50 minutos ou, pelo menos, em várias sessões mais longas mescladas com sessões breves. No entanto, terapeutas que estejam atendendo pacientes em sessões breves não precisam ignorar a importância dos esquemas ou deixar passar oportunidades de incentivar os pacientes a usarem e desenvolverem mais completamente crenças nucleares adaptativas. Em muitos aspectos, os métodos da TCC para trabalhar com crenças nucleares se equiparam àqueles já descritos para modificar os pensamentos automáticos (p. ex., questionamento socrático, exame de evidências e geração de alternativas racionais). Leitores que não estejam familiarizados com os métodos da TCC para esquemas ou desejem refinar seu conhecimento e habilidades podem consultar Wright et al. (2008) ou outros textos inseridos na Lista de Leitura Recomendada (vide Apêndice 3, "Recursos Educacionais da TCC para Terapeutas"). Nesta seção, fornecemos algumas sugestões de como adaptar os métodos da TCC para trabalhar com crenças nucleares em sessões breves e discutir uma ilustração em vídeo desse tipo de trabalho. Algumas ideias para usar métodos da TCC para crenças nucleares são apresentadas na Tabela 7.13.

Na TCC padrão, as sessões mais longas podem ser usadas para identificar sistematicamente uma série de esquemas desadaptativos e adaptativos. Nas sessões breves, no entanto, intervenções no nível dos esquemas podem ser mais úteis se estiverem focadas no trabalho com as crenças nucleares mais fortes que são reveladas durante o exercício do questionamento socrático ou são observadas nos padrões de pensamentos automáticos. Por exemplo, se um paciente relata que "não importa o que eu faça, estou fadado a fracassar", o terapeuta pode parar para observar que manter esse tipo de crença pode levar a um sério estrago na autoconfiança, além de interferir no esforço produtivo empenhado nas tarefas. O terapeuta e o paciente podem, então, usar os métodos da TCC descritos neste capítulo (p. ex., a identificação de erros cognitivos, o exame de evidências e a geração de alternativas racionais) para combater esta crença nuclear negativa e, como tarefa de casa, praticar a revisão dos esquemas.

Recomendamos que os terapeutas que estejam atendendo pacientes em sessões breves fiquem sempre atentos aos esquemas adaptativos que possam ser usados para combater os sintomas e enfrentar os problemas. Os terapeutas têm uma tendência

Tabela 7.13 • Dicas para promover crenças nucleares adaptativas em sessões breves

Enfoque crenças nucleares espontaneamente verbalizadas.

Procure esquemas nos temas ou padrões de pensamentos automáticos.

Questione a validade das crenças com efeitos danosos óbvios (p. ex., "sou um fracasso"; "não sou digno de amor"; "sou burro").

Identifique e reforce os esquemas positivos (p. ex., "sou uma boa amiga"; "se eu me esforçar, normalmente consigo encontrar uma solução"; "sou um sobrevivente") que podem ajudar os pacientes a enfrentarem seus problemas.

Use adjuvantes ao tratamento (p. ex., leituras, terapia assistida por computador) para complementar os esforços na sessão.

Sugira ferramentas práticas para colocar crenças nucleares adaptativas em funcionamento (p. ex., cartões de enfrentamento).

Enfatize os efeitos positivos das crenças nucleares adaptativas no comportamento (p. ex., construir e manter relacionamentos, solução de problemas, concluir tarefas).

natural de dar mais peso às características negativas ou desadaptativas do modo de pensar dos pacientes, resultando no risco de as crenças positivas serem perdidas ou receberem atenção insuficiente. Uma estratégia que pode ser usada é dar aos pacientes uma breve lista de verificação de crenças adaptativas (Figura 7.5) para estimular seu pensamento neste domínio das cognições.

Como o tempo é limitado nas sessões breves, podem ser considerados adjuvantes ao tratamento (p. ex., leituras sobre crenças nucleares, terapia assistida por computador) quando o trabalho nos esquemas parecer importante. Além disso, o uso de ferramentas práticas como cartões de enfrentamento e tarefas de casa por escrito pode ser especialmente importante para reforçar conceitos e ajudar os pacientes a efetivarem as mudanças necessárias. Também recomendamos que os terapeutas façam um esforço especial para salientar os efeitos positivos dos esquemas adaptativos no comportamento. Quando percebem que estão deixando de avaliar as crenças adaptativas que os ajudam a se comportarem de uma maneira mais produtiva ou eficaz, os pacientes podem ter avanços significativos na aceitação e utilização de seus pontos fortes.

A Ilustração em Vídeo 6 mostra um acompanhamento do trabalho feito pela Dra. Sudak e Grace nos pensamentos automáticos da Ilustração em Vídeo 2. Embora seja bastante breve (cerca de 7½ minutos), o segmento da sessão na Ilustração em Vídeo 6 demonstra um esforço altamente colaborativo para ajudar Grace a enfrentar a morte de seu marido, reduzir os pensamentos automáticos autocondenatórios e prestar atenção adequada à crença nuclear de que ela é uma pessoa forte que conseguiu continuar trabalhando, cuidar do marido com câncer terminal, dar conta das tarefas domésticas e das finanças da família e manter sua família intacta diante de um grande estresse. Embora a Dra. Sudak não tenha empreendido um esforço formal e detalhado para trazer à luz e testar esquemas, o vídeo demonstra como ela mesclou uma abordagem empática à dor emocional de Grace

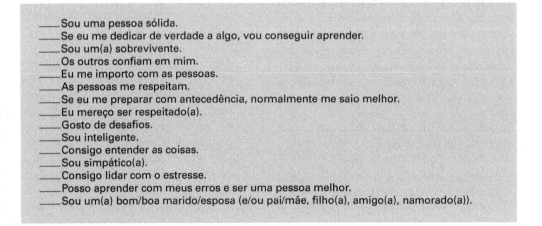

Figura 7.5 • Breve lista de verificação de crenças nucleares adaptativas.
Nota: Essa lista de verificação também está disponível no Apêndice 1, "Planilhas e Listas de Verificação".
Fonte: Adaptado de Wright JH, Wright AS, Beck AT: *Good Days Ahead: The Multimedia Program for Cognitive Therapy*, Professional Edition, Versão 3.0. Louisville, KY, Mindstreet, 2010. Uso com permissão. Copyright © 2010 Mindstreet.

com métodos eficazes da TCC para identificar, sustentar e utilizar uma crença nuclear adaptativa. Acreditamos que esse tipo de intervenção terapêutica pode ser útil em sessões de TCC de qualquer duração.

• **Ilustração em Vídeo 6:** Modificando pensamentos automáticos II
Dra. Sudak e Grace

MONTANDO UMA BIBLIOTECA DE APOSTILAS

Neste capítulo, discutimos uma ampla gama de métodos que podem ser usados em sessões breves para o pensamento desadaptativo. Para aumentar o entendimento e o uso eficaz desses métodos, pode ser útil organizar uma série de apostilas para dar aos pacientes. Descobrimos que os pacientes obtêm grande benefício dos materiais escritos levados das sessões para reforçar o que aprenderam. As apostilas podem ser especialmente importantes quando o paciente estiver ansioso ou deprimido, pois tais condições frequentemente alteram o processamento e a retenção de informações. Este capítulo traz várias apostilas úteis na forma de tabelas e figuras, as quais também podem ser baixadas em formato maior no *site* da editora (*www.grupoa.com.br*).

• **Exercício de Aprendizagem 7.5:** Montando uma biblioteca de materiais em apostilas

1. Revise as tabelas e figuras neste capítulo. Monte apostilas com exemplares dessas tabelas e figuras ou baixe estes itens do *site www.grupoa. com.br.*

2. Complemente esses materiais com quaisquer outras apostilas que você acredite serem úteis

para uso na TCC para abordar o pensamento desadaptativo.

3. À medida que for lendo outros capítulos deste livro, acrescente apostilas para outros métodos e aplicações da TCC.

RESUMO

Pontos-chave para terapeutas

- Terapeutas que desejem usar os métodos da TCC em sessões breves para modificar cognições precisam ter um bom entendimento básico da patologia cognitiva nos principais transtornos mentais, dos métodos eficientes de identificação de pensamentos automáticos e técnicas da TCC para mudar pensamentos automáticos e crenças nucleares.

- Adaptações dos métodos da TCC para mudar os pensamentos desadaptativos em sessões breves enfatizam a psicoeducação sucinta e clara, o uso de miniformulações para direcionar as intervenções para os alvos mais importantes, a seleção e o uso hábil de técnicas que podem ser administradas em sequências relativamente curtas e o uso de tarefa de casa para estender e reforçar o aprendizado.

- Alguns dos métodos comumente usados para mudar pensamentos automáticos em sessões breves são: questionamento socrático, mudança de registros de pensamento, exame de evidências, geração de alternativas racionais, cartões de enfrentamento, identificação de erros cognitivos, reatribuição e ensaio cognitivo.

- Embora extensos esforços para mudar esquemas possam estar além do escopo da maioria dos formatos para sessões breves, pode ser feito um trabalho produtivo na promoção do uso de crenças nucleares adaptativas.

- É vantajoso preparar um arquivo de leituras e planilhas de TCC para usar como apostilas a fim de abordar cognições desadaptativas em sessões breves.

Conceitos e habilidades para os pacientes aprenderem

- Os pensamentos imediatos (pensamentos automáticos) que as pessoas têm nas situações podem ser distorcidos ou imprecisos, podendo levar a emoções dolorosas.
- É possível, em sessões relativamente breves de tratamento, aprender os métodos da TCC para identificar esses pensamentos automáticos disfuncionais, mudá-los e, assim, aliviar os sintomas.
- Anotar os pensamentos automáticos em um papel ou no computador e depois verificá-los quanto a sua precisão pode ser uma maneira muito útil de combater a depressão e a ansiedade.
- Para obter o máximo benefício das sessões breves na mudança do pensamento desadaptativo, é aconselhável fazer a "tarefa de casa" para identificar e modificar pensamentos automáticos entre as visitas a seu médico ou terapeuta.
- Todo mundo tem crenças nucleares positivas, mas essas crenças podem ser esquecidas quando as pessoas ficam muito deprimidas ou ansiosas. Muitas vezes, é útil tentar identificar suas crenças nucleares positivas e usá-las de maneira eficaz para enfrentar os problemas.

REFERÊNCIAS

Beck AT: Thinking and depression. Arch Gen Psychiatry 9:324–333, 1963

Beck AT: Thinking and depression, II: theory and therapy. Arch Gen Psychiatry 10:561–571, 1964

Beck AT: Depression: Clinical, Experimental, and Theoretical Aspects. New York, Harper & Row, 1967

Beck J: Cognitive Therapy: Basics and Beyond. New York, Guilford, 1995

Burns DD: Feeling Good. New York, Morrow, 1999

Clark DA, Beck AT, Alford BA: Scientific Foundations of Cognitive Theory and Therapy of Depression. New York, Wiley, 1999

Hollon SD, Kendall PC: Cognitive self-statements in depression: development of an automatic thoughts questionnaire. Cognit Ther Res 4:383–395, 1980

Mathews A, MacLeod C: An information-processing approach to anxiety. J CognPsychother 1:105–115, 1987

Sudak D: Cognitive Behavioral Therapy for Clinicians. Philadelphia, PA, Lippincott Williams & Wilkins, 2006

Wright JH, Basco MR: Getting Your Life Back: The Complete Guide to Recovery From Depression. New York, Touchstone, 2002

Wright JH, Wright AS, Albano AM, et al: Computer-assisted cognitive therapy for depression: maintaining efficacy while reducing therapist time. Am J Psychiatry 162:1158–1164, 2005

Wright JH, Basco MR, Thase ME: Aprendendo a Terapia Cognitivo-Comportamental: Um Guia Ilustrado. Porto Alegre: Artmed, 2008

Wright JH, Beck AT, Thase ME: Cognitive therapy, in The American Psychiatric Publishing Textbook of Psychiatry, 5th Edition. Edited by Hales RE, Yudofsky SC, Gabbard GO. Washington, DC, American Psychiatric Publishing, 2008, pp 1211–1256

Wright JH, Wright AS, Beck AT: Good Days Ahead: The Multimedia Program for Cognitive Therapy, Professional Edition, Version 3.0. Louisville, KY, Mindstreet, 2010

8
Tratando a desesperança e a suicidalidade

Mapa de aprendizagem

Os efeitos danosos da desesperança

Métodos para construir a esperança

Lidando com o risco de suicídio em sessões breves

Desenvolvimento de planos antissuicídio

A desesperança, um sintoma central da depressão, bem como um problema frequente em muitas outras doenças psiquiátricas, pode minar a confiança e enfraquecer os esforços dos pacientes para mudar. Em sua forma mais perniciosa, a desesperança pode ser uma força motriz do suicídio. Como os psiquiatras e outros terapeutas prescritores muitas vezes atendem pacientes que expressam pensamentos desesperançados e suicidas, são necessárias ferramentas eficazes para abordar esses problemas. Este capítulo detalha os métodos da terapia cognitivo-comportamental (TCC) que podem ser usados para construir a esperança e combater o pensamento suicida em sessões breves.

OS EFEITOS DANOSOS DA DESESPERANÇA

Desde os primeiros textos sobre a TCC, a desesperança é considerada uma forma especialmente destrutiva de pensamento desadaptativo (Beck 1963; Beck et al. 1975). Pessoas com baixos níveis de esperança podem fazer menos esforço para participar de atividades da vida cotidiana e para resolver tarefas. Elas podem se afastar socialmente e desistir de objetivos significativos. Elas também podem desistir de tentar as opções de tratamento para combater a depressão ou outros problemas psiquiátricos (Wright 2003). Se as pessoas agirem de maneira impotente e

Terapia cognitivo-comportamental de alto rendimento para sessões breves **129**

derrotada, suas previsões negativas (p. ex., "Minha esposa vai me deixar", "Vou perder meu emprego", "Ninguém vai querer passar nenhum tempo comigo") podem ser mais prováveis de se tornar realidade.

Um grande número de investigações confirmou que a desesperança é um preditor importante do risco de suicídio (Beck et al. 1975, 1985; Fawcett et al. 1987). Em um estudo, Beck e seus colegas (1975) descobriram que os escores na Escala de Desesperança de Beck estiveram muito mais fortemente associados ao pensamento suicida do que uma classificação do nível geral dos sintomas depressivos. Em uma investigação posterior, Beck e seus colegas (1985) observaram que os altos escores na Escala de Desesperança de Beck de pacientes deprimidos na ocasião da alta do hospital eram altamente preditoresde risco futuro de suicídio.

Dos muitos fatores de risco de suicídio, a desesperança representa um alvo especialmente importante para as intervenções de TCC. Se uma pessoa tiver perdido toda a esperança, não conseguir ver motivos para viver e estiver sofrendo de desespero profundo, o suicídio pode parecer ser a melhor ou a única opção. No entanto, se o terapeuta puder ajudar o paciente a gerar alguma esperança genuína para o futuro e alguns motivos positivos para continuar em frente, o risco de suicídio pode ser amenizado. A TCC tem demonstrado ter um forte efeito na construção da esperança e na redução da suicidalidade (Brown et al. 2005; Rush et al. 1982). Um estudo altamente influente conduzido por Brown e seus colegas (2005) encontrou que os pacientes que receberam TCC após uma tentativa de suicídio tinham cerca de 50% menos tentativas de suicídio posteriores do que aqueles que receberam tratamento padrão. Métodos específicos para enfrentar a suicidalidade são detalhados mais adiante no capítulo, mas primeiro descreveremos algumas estratégias gerais da TCC para tratar a desesperança.

MÉTODOS PARA CONSTRUIR A ESPERANÇA

Várias intervenções da TCC podem ser usadas em sessões breves para ajudar a restaurar a esperança (vide Tabela 8.1). O primeiro item na tabela, "usar o relacionamento terapêutico para instilar a esperança", é um elemento-chave em todas as psicoterapias eficazes. Jerome Frank (1978) observou que "a maioria das pessoas que buscam

Tabela 8.1 • Métodos de terapia cognitivo-comportamental para construir a esperança

- Usar o relacionamento terapêutico para instilar a esperança.
- Educar sobre os motivos para um resultado otimista.
- Estruturar o tratamento.
- Estabelecer metas realistas.
- Sugerir tarefas comportamentais que demonstrem capacidade de mudança.
- Contestar as cognições desesperançadas.
- Identificar os pontos fortes e as crenças nucleares positivas.
- Usar métodos cognitivos para desenvolver um estilo de pensamento mais otimista.
- Usar cartões de enfrentamento.

Fonte: Adaptado de Wright JH, Turkington D, Kingdon DG, et al: *Terapia Cognitivo-Comportamental para Doenças Mentais Graves.* Porto Alegre: Artmed, 2010, p. 126. Uso com permissão. Copyright © 2010 Artmed Editora S.A.

psicoterapia sofre de uma única condição que assume múltiplas formas... desmoralização e a efetividade de todas as formas de psicoterapia depende dos ingredientes que combatem esse estado de espírito" (p. 10). Na TCC, o processo de re-moralização começa com o relacionamento terapêutico. Se tiverem alcançado um ponto em que não conseguem encontrar soluções por eles mesmos, os pacientes precisam de uma tábua de salvação de um terapeuta que seja genuíno e empático e que ofereça um caminho sensato em direção à recuperação.

O relacionamento empírico colaborativo da TCC (descrito no Capítulo 3, "Aumentando o Impacto das Sessões Breves") pode oferecer esperança considerável a pacientes que estejam desmoralizados, desmotivados ou derrotados. Na Ilustração em Vídeo 7, o Dr. Thase demonstra uma abordagem sensível e carinhosa a um paciente que está enfrentando a doença terminal de sua mãe. Darrell é um jovem que acabou de saber que sua mãe tem apenas 6 a 12 meses de vida. O terapeuta usa um estilo empático, sintonizado com a tristeza e o luto de Darrell, mas continua a adotar uma abordagem empírica de solução de problema para ajudar Darrell a enfrentar a perda iminente e as repercussões desse evento que vai mudar sua vida. Acreditamos que este vídeo mostra a mescla especial de empatia bem dosada e intervenções voltadas para a ação – características da abordagem da TCC. Recomendamos que, enquanto assistem a esta ilustração em vídeo, os leitores concentrem-se no relacionamento terapêutico e tentem identificar os métodos específicos da TCC usados para gerar esperança.

• Ilustração em Vídeo 7: Gerando esperança
Dr. Thase e Darrell

Na primeira parte da sessão (não mostrada na ilustração em vídeo), o Dr. Thase colaborou com Darrell para estabelecer uma agenda e realizar uma checagem de sintomas. Embora Darrell tenha observado que ficou mais deprimido desde sua última sessão e quisesse trabalhar em como estava enfrentando algumas notícias ruins sobre sua mãe, ele não tinha nenhuma ideação suicida significativa e deixou claro que tinha muitos motivos para continuar vivendo.

Depois de começarem a discutir os problemas de Darrell para enfrentar a doença de sua mãe, o Dr. Thase observou que o "estado de espírito sombrio" de Darrell poderia estar fazendo com que ele olhasse para outras áreas de sua vida de maneira mais pessimista.

Darrell: Tudo isso tem sido uma luta constante. E parece que simplesmente nada vai mudar. Parece que nunca é ruim o bastante, sempre piora. Que garota vai querer namorar um cara que mora com a mãe?... É como se você acabasse como "o garotinho da mamãe"! E elas vão pensar: "ele tem que fazer tudo por ela e não vai sobrar nada para mim".

Darrell, então, passa a falar sobre ter sido passado para trás em uma promoção em seu trabalho e conclui que nada vai dar certo para ele. O Dr. Thase sabe da dor emocional de Darrell, mas ressalta que o estado negativo em que ele se encontra parece estar colorindo sua percepção de quanto essas coisas podem ser simplesmente pessimistas ou desesperançadas. Depois de perguntar a Darrell sobre a possibilidade de haver outras maneiras de olhar para as circunstâncias, Darrell concorda em tentar. Alguns dos métodos usados incluem: psicoeducação sobre as influências do pensamento negativo na depressão, manter uma estrutura e um foco para o tratamento, contestar as cognições desesperançadas, usar métodos cognitivos para desenvolver um estilo de pensamento mais otimista, identificar os pontos fortes e usar cartões de enfrentamento.

Um método de alto rendimento frequentemente usado para modificar cognições desesperançadas é envolver os pacientes em uma tentativa muito direta de gerar motivos para ter esperança. Como explicaremos mais adiante, uma técnica paralela para perguntar sobre os motivos para viver é uma das poderosas intervenções da TCC que pode ser usada para combater o pensamento suicida. Na Ilustração em Vídeo 7, o Dr. Thase vai direto ao ponto com a seguinte pergunta.

Dr. Thase: Há alguma razão para ter esperanças em relação a sua vida agora?

Darrell: É difícil pensar nisso, Dr. Thase... É realmente... É tão ruim quanto parece! E eu acho que será terrível quando eu realmente tiver de lutar contra a doença dela. Será horrível para todo mundo. Mas isso não vai durar para sempre. Acho que esse é o outro lado disso. "Não pode durar para sempre."

Dr. Thase: Ou seja: é o pior que poderia ser, mas esse pior está limitado a essa fase da sua vida agora.

Darrell: Sim.

Darrell foi capaz de gerar uma maneira alternativa de ver as coisas, dando-lhe um pouco mais de esperança de que sua vida não seria sempre carregada de tanto sofrimento e dor. O Dr. Thase, então, continuou nessa linha fazendo algum questionamento socrático para trazer à luz motivos adicionais para ter uma perspectiva melhor para o futuro.

Dr. Thase: Você disse que algumas mulheres podem achar que você é "o garotinho da mamãe". Por você cuidar dela. Eu fico pensando se você conseguiria ter uma outra visão de um homem que precisa sair do apartamento para cuidar da mãe doente.

Darrell: Bem, eu acho que... É o que tem que ser feito. É o que as pessoas fazem quando têm uma mãe doente e... talvez algumas garotas pensem: "Uau, ele faz isso porque é um cara legal. Este é um cara que vai me tratar tão bem quanto ele trata a mãe dele."

Dr. Thase: E isso seria um incentivo... Uma coisa boa?

Darrell: Sim!

Dr. Thase: Me parece que você pensa que terá que colocar sua vida pessoal totalmente de lado. Durante 6 ou 12 meses... Você acha mesmo isso? Que você terá que desistir de todas as coisas que quer fazer?

Darrell: Você não sabe exatamente como será com uma mãe doente... Se você vai conseguir dair com as pessoas e se divertir... Parece simplemente terrível.

Dr. Thase: Existe nas pessoas deprimidas uma tendência a ver tudo em extremos. "Ou tudo ou nada." E acho que o que você está pensando agora te coloca em um desses extremos. Você se preocupa que não terá nenhuma vida amorosa e coisas assim. Ou então acha que, se tiver, seria irresponsável sair enquanto sua mãe está em casa doente. Você percebe a distância entre esses dois pontos?

Darrell: É difícil ver as coisas com clareza! Parece tudo muito difícil, mas eu acho que algumas pessoas conseguem conciliar as duas coisas.

Dr. Thase, então, explica que a mãe de Darrell provavelmente terá dias melhores e dias piores e que, em alguns dias melhores, ela pode precisar menos dele.

Dr. Thase: O que você acha que ela quer que você faça?

Darrell: Bem, ela não vai querer com certeza que eu fique sentado infeliz ao lado dela.

Darrell, então, concorda que é razoável encontrar um equilíbrio entre o cuidado de sua mãe e ainda ter uma vida fora dessa situação. Ele e o Dr. Thase exploram outros aspectos positivos ou "que vêm para o bem" da situação e descobrem que Darrell pode usar essa oportunidade para reduzir as despesas e organizar suas finanças. Como o ponto alto dessa intervenção, o Dr. Thase apresenta um cartão de enfrentamento direcionado para a construção da esperança.

Dr. Thase: Enquanto você falava, eu fui desenvolvendo um caminho para enfrentar isso... Se chama "cartão de enfrentamento". E eu anotei aqui as quatro razões para ter esperanças que você mencionou (vide Figura 8.1).

A parte final desta ilustração em vídeo mostra o Dr. Thase:

1. explicando que o cartão de enfrentamento funcionará melhor se estiver sempre à mão para que possa ser usado para interromper monólogos negativos; e
2. observando que o humor de Darrell parece melhor desde que eles trabalharam na identificação de motivos para ter esperança.

Toda a ilustração em vídeo tem cerca de 10 minutos – um espaço de tempo que parece razoável para gastar na construção da esperança em uma sessão breve.

O vídeo não ilustra diretamente o estabelecimento de metas ou o uso de tarefas comportamentais para demonstrar a capacidade de mudar (itens relacionados na Tabela 8.1). No entanto, Darrell e Dr. Thase tinham metas gerais claras para seu trabalho juntos e foram usados métodos comportamentais consistentemente durante todo o tratamento (conforme mostrado na Ilustração em Vídeo 5, discutida no Capítulo 6, "Métodos Comportamentais para Depressão"). Ter em mente metas alcançáveis e específicas (e progredir em direção a essas metas) pode ser um antídoto eficaz para a desesperança. Além disso, se os métodos comportamentais começarem a produzir ganhos (p. ex., programação de atividades para aumentar o interesse e a energia, tarefas graduais para ajudar a realizar tarefas, exposição hierárquica para reduzir ansiedade e evitação), a confiança do paciente nos benefícios positivos da terapia e a esperança de recuperação provavelmente melhorarão.

Acreditamos que todos os métodos relacionados na Tabela 8.1 podem ser apropriadamente desenvolvidos em sessões breves para construir a esperança. Os terapeutas podem trabalhar para desenvolver relacionamentos altamente atenciosos e colaborativos capazes de ter um impacto positivo sobre os pacientes em um espaço de tempo limitado. Miniaulas ou outras técnicas educacionais sucintas podem ajudar os pacientes a verem que a mudança é possível. Pode ser usada uma abordagem estruturada para estabelecer metas e agendas que tenham resultados e que reduzam a sensação de estar oprimido ou incapaz de enfrentar. Métodos diretos e bem focados da TCC – como questionamento socrático, registro de mudança de pensamentos, e exame de evidências – podem ser empregados em sessões breves para modificar cognições desesperançadas. Tarefas comportamentais e cartões de enfrentamento podem ajudar os pacientes a fazer mudanças que neutralizam a desesperança.

Descobrimos que esses métodos muitas vezes funcionam bem em sessões breves. No entanto, se o paciente continuar

---

Motivos para ter esperança no futuro

- Não importa quão ruim é a circunstância, ela tem tempo limitado e passará.
- Não serei visto pelos outros como "Filhinho da mamãe". Estou sendo um homem conscencioso... Algumas mulheres acham isso atraente.
- Ainda posso namorar... esse problema não precisa bloquear completamente essa parte da minha vida.
- Abrir mão de meu apartamento me permitirá reorganizar minha situação financeira e eliminar as dívidas.

Figura 8.1 • Um cartão de enfrentamento para construir a esperança: exemplo de Darrell.

desesperançado e parecer precisar de uma abordagem mais intensiva, podem ser marcadas sessões mais longas ou mais frequentes ou o formato de dupla de terapeutas pode ser usado para acrescentar mais recursos. Além disso, podem ser consideradas mudanças no esquema farmacoterapêutico. Os leitores que quiserem aprender mais sobre os métodos da TCC para a desesperança e assistir outras ilustrações em vídeo sobre este tópico devem consultar o Capítulo 7, "Depressão", no livro Terapia Cognitivo--Comportamental para Doenças Mentais Graves(Wright et al. 2010).

• Exercício de Aprendizagem 8.1: Construindo a esperança

1. Identifique pelo menos um paciente que você esteja atendendo em sessões breves que poderiam se beneficiar com os métodos da TCC para construir a esperança.

2. Revise a relaçãoterapêutica. Há alguma coisa que você possa fazer para melhorar os aspectos estimuladores de esperança da relação terapêutica? Você está tendo esperança adequada? Você está ficando desanimado com o tratamento e isso está possivelmente afetando a atitude do paciente?

3. Revise as metas e estruture o tratamento. Há alguma oportunidade de dar às sessões mais foco e estrutura? Esses esforços poderiam ter um efeito positivo na esperança do paciente?

4. Tente identificar pelo menos uma cognição e um comportamento que estejam contribuindo para a desesperança. Use métodos da TCC na tentativa de reverter esses problemas.

5. Reforce vários dos pontos fortes e crenças nucleares do paciente.

6. Redija um cartão de enfrentamento destinado a estimular a esperança.

LIDANDO COM O RISCO DE SUICÍDIO EM SESSÕES BREVES

A Pesquisa Nacional da Prática Psiquiátrica de 2002 encontrou que o tempo médio gasto pelos psiquiatras com os pacientes caiu para 34 minutos em 2002, em comparação com 55 minutos nos anos de 1988 a 1989 (Scully e Wilk 2003). Embora não estivessem disponíveis dados mais recentes no momento do lançamento deste livro, esperamos que a tendência de reduzir o tempo das sessões tenha continuado. Assim, psiquiatras e outros profissionais prescritores provavelmente atenderão em sessões breves muitos pacientes suicidas, que estão tendo pensamentos suicidas ou terão tais pensamentos no futuro.

Métodos gerais para avaliar e lidar com o risco de suicídio já foram detalhados em várias excelentes publicações (consulte, p. ex., Jacobs e Brewer 2004; Simon 2004; Simon e Hales 2006) e são repetidos aqui. É esperada para o tratamento clínico responsável uma avaliação completa do risco de suicídio e o desenvolvimento de precauções e intervenções razoáveis. Acreditamos que ao avaliar a suicidalidade e aplicar métodos da TCC em sessões breves, os terapeutas precisam fazer várias perguntas-chave, as quais são discutidas nas subseções a seguir e relacionadas na Tabela 8.2.

Que tipos de pensamentos suicidas o paciente tem? Quais são os fatores de risco de suicídio do paciente?

As duas primeiras perguntas na Tabela 8.2 são padrão na avaliação do risco de suicídio. Os terapeutas precisam determinar a intensidade, a frequência e a mutabilidade dos pensamentos e planos suicidas. Além disso, os terapeutas devem considerar os fatores de risco de suicídio (p. ex., desesperança, idade, sexo, etnia, história de tentativas anteriores, letalidade dos planos suicidas se presentes, abuso de substâncias, psicose e história familiar de suicídio).

Tabela 8.2 • Perguntas a fazer quando são expressos pensamentos suicidas nas sessões breves

- Que tipos de pensamentos suicidas o paciente tem?
- Quais são os fatores de risco de suicídio do paciente?
- Quais são os motivos positivos que o paciente tem para continuar vivendo?
- Quais são os pontos fortes pessoais do paciente para combater os pensamentos suicidas?
- Quais apoios o paciente tem?
- Quais são as capacidades do paciente para modificar cognições desesperançadas e autodestrutivas?
- Quais são as capacidades do paciente para se engajar em comportamentos positivos que possam combater pensamentos suicidas?
- Até que ponto o paciente é capaz de se comprometer e aderir a um plano antissuicídio?

Quais são os motivos positivos que o paciente tem para continuar vivendo?

Perguntar ao paciente "quais são os motivos positivos que você tem para continuar vivendo?" é primordial tanto para a avaliação como para o tratamento cognitivo-comportamental da suicidalidade (Ellis e Newman 1996; Linehan et al. 1983; Malone et al. 2000). Se o paciente relatar vários motivos altamente significativos para viver e, ao fazer isso tem uma elevação do humor e um declínio na intensidade dos pensamentos suicidas, o terapeuta normalmente pode ficar tranquilo porque podem ser feitas ações para construir um plano antissuicídio eficaz. Por outro lado, se o paciente não conseguir identificar motivos ou identificar motivos muito fracos para viver, a preocupação é muito maior. A resposta mais pessimista a esse tipo de pergunta ocorre quando o paciente não apenas não relata motivos para viver, mas também parece convencido de que os outros ficariam melhores se ele estivesse morto.

Perguntas sobre os motivos para viver podem ajudar os terapeutas a avaliarem o risco de suicídio, bem como proporcionar uma oportunidade para romper a desesperança intensa e começar a direcionar o pensamento do paciente em uma direção mais positiva. Às vezes, os pacientes verbalizam facilmente motivos sólidos para viver

com pouca estimulação. Outras vezes, eles podem precisar da ajuda do terapeuta para trazer à luz e detalhar os motivos para viver. Damos dois exemplos aqui:

Dan era um paciente de 54 anos de idade com uma história de transtorno bipolar que estava atualmente deprimido. Dan teve recentemente alguns problemas em seu trabalho como supervisor de caminhões. Seu chefe havia criticado o modo como ele lidara com um problema com os funcionários e perguntado se Dan precisava de alguma ajuda para lidar com uma recente promoção para ser supervisor-chefe de todos os caminhoneiros da frota.

Em uma sessão com a Dra. Sudak, Dan relatou que estava com muito medo de perder seu emprego e não sabia se conseguiria viver com a humilhação de ser demitido. Após perguntar sobre os elementos-padrão do risco de suicídio, a Dra. Sudak fez a Dan uma série de perguntas.

Dra. Sudak: Dan, você vem falando de seus motivos para estar com medo e desanimado, mas e se olhássemos para um lado mais positivo de seu modo de pensar? Quais motivos você tem para sobreviver a uma perda do emprego se isso realmente acontecesse? Quais motivos você teria para continuar vivendo, independente do que acontecer com você?

Dan: Minha família – minha esposa, meus filhos e minha mãe. A última coisa que eu iria querer

Terapia cognitivo-comportamental de alto rendimento para sessões breves **135**

fazer é magoá-los. Eu teria de engolir isso de alguma maneira e continuar em frente.

Dra. Sudak: O que em sua família o faria querer combater os pensamentos de suicídio?

Dan: Eu os amo e eles me amam. Eles são a coisa mais importante da minha vida. E quero ter netos algum dia.

Dra. Sudak: Vejo que sua família realmente significa muito para você. E quanto a outros motivos positivos para continuar vivendo?

Dan: (pausa) Meus irmãos – somos muito próximos. Nós nos divertimos muito juntos em nosso chalé.

Dra. Sudak: Estou fazendo uma lista de alguns desses motivos positivos para viver. (Ela escreve a lista.) mais alguma coisa para acrescentar à lista?

Dan: Sim, o trabalho que faço com a Habitat for Humanity significa muito para mim. É algo que eu poderia fazer por muito tempo, mesmo depois de me aposentar. (Dan é voluntário nesse esforço para construir casas para aqueles que não podem pagar)

Dra. Sudak: Você está pensando em muitos motivos fortes para continuar vivendo. Se eu der esta lista a você, você acha que poderia acrescentar mais algumas coisas mais tarde?

Dan: Provavelmente.

Dra. Sudak: O que acontece quando você pondera todos esses motivos para viver com seus pensamentos negativos sobre o trabalho e as ideias de suicídio que vieram à sua mente?

Dan: A última coisa que eu iria fazer é me causar dano. Há muito a perder... Muita dor a causar aos outros.

Como Dan não tinha uma sensação profunda e fixa de desesperança, não tinha história de tentativas anteriores de suicídio, não tinha nenhum plano suicida e tinha

muitos motivos para viver, a Dra. Sudak estava razoavelmente confiante de que poderia ajudá-lo a desenvolver um plano antissuicídio eficaz, como observado mais adiante neste capítulo. A Figura 8.2 traz uma lista de motivos de Dan para viver.

Outro caso mostrou ser um terreno um tanto mais difícil para o terapeuta:

> Allie era uma paciente de 38 anos de idade com esquizofrenia que relatava ouvir vozes que lhe diziam para tomar veneno. Antes, Allie tinha um futuro muito promissor. Ela estava indo bem no primeiro ano de faculdade, para a qual havia recebido bolsa de 100% para estudar música. No entanto, um episódio psicótico ao final daquele ano deu início a uma curva descendente. Agora, ela estava desempregada, aposentada por invalidez e morando com seus pais e um irmão que tem um transtorno neurológico de desenvolvimento. Apesar do tratamento agressivo com medicações antipsicóticas, Allie continuava a ter alucinações auditivas. Havia uma história de duas tentativas anteriores de suicídio por overdose e cinco internações psiquiátricas no total.

Como parte da avaliação e manejo do risco de suicídio, o Dr. Wright fez a Allie duas perguntas importantes.

Dr. Wright: Allie, você está me falando que as vozes têm ficado mais fortes e estão lhe dizendo para se ferir. O que a impede de fazer alguma coisa para se ferir? Existe algum motivo para você querer continuar vivendo e lutar contra a mensagem das vozes?

- Minha família – Não quero magoá-los.
- Tem esperança de ter netos algum dia.
- Meus irmãos – por todos os bons momentos que passamos juntos.
- Meu trabalho voluntário com a "Habitat for Humanity".

Figura 8.2 • A lista de motivos positivos de Dan para viver.

Allie: Não sei... Minha vida toda está indo para o buraco... Não consigo mais nem trabalhar em restaurantes de *fastfood*... E não vejo nenhuma de minhas antigas amigas. Não tenho coragem de encontrar nenhuma daquelas pessoas... Todas têm maridos e filhos... Eu não tenho nada.

Como Allie ainda parecia sem esperança e não havia respondido com nenhum motivo positivo para viver, o Dr. Wright tentou novamente extrair um conjunto mais esperançoso de cognições.

Dr. Wright: (em um tom empático) Sei que tem sido muito difícil para você. Essa doença tem cobrado seu preço. Mas você ainda está indo em frente... Você veio à sessão hoje. Então, suponho que exista algo em sua vida – algo positivo – que a faz querer viver e não se entregar às vozes. Pense um pouco nisso. Vamos tentar fazer uma lista de seus motivos para viver.

Allie: (pausa) Acho que meu irmão precisa de mim. Eu o levo às consultas médicas e o ajudo a fazer as coisas... Ele não tem nenhum amigo de verdade a não ser eu.

Dr. Wright: Tem razão... Sei que você é muito próxima de seu irmão e que você o ajuda muito. Você consegue pensar em algum outro motivo positivo para continuar vivendo?

Allie: Só que tenho lutado há tanto tempo e não desisti ainda. Eu realmente não quero me matar. É só que me sinto oprimida às vezes e é difícil seguir em frente.

Dr. Wright: Você tem tentado muito e acho que você tem realmente feito progresso. Eu estava pensando em um exemplo recente de mudança positiva que você fez. Você não disse algo sobre se envolver em um show beneficente que a associação de saúde mental está fazendo?

Allie: Sim. Estou tocando violão na pequena banda que está se apresentando no show... É maravilhoso tocar violão de novo (seu humor começa a melhorar e ela sorri.).

Dr. Wright: Posso ver que tocar violão e ajudar no show significa muito para você.

Allie: Sim, é legal fazer algo realmente construtivo.

Embora Allie tivesse identificado alguns motivos para viver com a ajuda do Dr.

Wright, ela ainda não parecia ter identificado um forte contra-argumento à mensagem das vozes. Portanto, o Dr. Wright fez mais perguntas para ajudar a construir razões para viver.

Dr. Wright: Tudo bem, eu escrevi essas coisas na lista de motivos para continuar vivendo. Agora que conseguimos começar, você consegue pensar em algumas outras razões?

Allie: (pausa) Talvez eu pudesse ter um relacionamento algum dia. Já namorei uns dois caras, mas nada foi muito longe. Mas já vi outras pessoas com meu tipo de problema encontrar alguém... E eu gostaria de fazer mais com minha música.

Dr. Wright: Estou realmente feliz de ver você falando sobre esperanças para o futuro. Podemos colocá-las na lista e também passar algum tempo trabalhando em seus planos em nossas sessões... Antes de finalizarmos nosso trabalho na lista, queria saber se há algum relacionamento de qualquer tipo em sua vida nesse momento que lhe dê alguma razão para querer continuar vivendo.

Allie: Não faço mais muitas coisas com meus pais. Mas eles ainda são importantes para mim. Sei que se eu morresse, seria muito difícil para eles. Eles já se sentem culpados por eu ter essa doença.

Decidir o que fazer a respeito do risco de suicídio de Allie foi mais desafiador do que desenvolver um plano para lidar com os pensamentos suicidas leves de Dan. Embora negasse ter um plano suicida, Allie já havia passado por duas overdoses antes. Além disso, ela estava ouvindo vozes que lhe diziam para tomar veneno e havia tido muitas decepções que poderiam ser combustíveis para o desespero. Adicionalmente, ela precisava de bastante ajuda para gerar uma lista de motivos para viver (vide Figura 8.3). Pelo lado positivo, ela havia desenvolvido uma lista significativa, tinha um bom relacionamento terapêutico com o Dr. Wright e parecia estar disposta a continuar a trabalhar no desenvolvimento de maneiras para

- Meu irmão – ele precisa de mim e sou sua única amiga.
- Tenho tentado muito combater meus problemas – eu realmente não quero morrer.
- Gosto de música e voltar a tocar violão.
- Tenho esperança de ter um relacionamento algum dia.
- Meus pais ficariam magoados se eu morresse.

Figura 8.3 • A lista de motivos positivos de Allie para viver.

enfrentar os pensamentos suicidas. Será que ela poderia ser tratada ambulatorialmente com sessões breves ou seria necessário um plano de tratamento mais intensivo? As respostas a algumas das perguntas adicionais na Tabela 8.2 ajudaram a resolver esse dilema.

Quais são os pontos fortes pessoais do paciente para combater os pensamentos suicidas? Quais apoios o paciente tem?

No Capítulo 4, "Formulação de Caso e Planejamento do Tratamento", discutimos a importância de identificar e aproveitar os recursos positivos de um paciente. Quando estão presentes pensamentos suicidas, os terapeutas podem tentar ajudar os pacientes a atravessarem o véu escuro da desesperança de modo a reconhecer e liberar seus pontos fortes pessoais e apoios. Alguns exemplos podem incluir crenças religiosas ou espirituais, atividades ou interesses altamente significativos, relacionamentos com a família ou amigos marcados por apoio, hábitos de participar de exercícios físicos e/ou esportes, compromissos com pessoas ou causas e senso de humor. Se os pacientes tiverem tais pontos fortes e conseguirem mobilizar planos e usá-los para lidar com os pensamentos suicidas e combater a desesperança, a probabilidade de um bom resultado pode aumentar.

Dan tinha um histórico básico muito bom no trabalho e parecia que suas chances de ser demitido eram realmente bastante baixas. Ele também era um homem profundamente espiritual que relatava que cometer suicídio ia "contra minha religião".

Ele já havia observado que o trabalho voluntário na comunidade era muito importante para ele. Ele também disse à Dra. Sudak que poderia assumir o compromisso de ligar para sua esposa ou um de seus irmãos se os pensamentos suicidas por acaso se intensificassem ao ponto de levar a sérias considerações. Se tais recursos e apoios não pudessem ser identificados, a Dra. Sudak teria de exercer um grau de vigilância maior para o possível comportamento suicida.

Allie não tinha muito apoio da família. Seu pai tinha doença cardíaca avançada e ambos os pais estavam eles próprios frequentemente estressados, irritados e deprimidos. Além disso, ela tinha mais dificuldade para reconhecer seus pontos fortes. Entretanto, havia qualidades significativas que poderiam ser usadas para combater a suicidalidade. Embora seus pais tivessem de alguma forma se desconectado de Allie ao longo dos anos e ficassem muitas vezes preocupados com seus próprios problemas, o Dr. Wright soube em uma sessão com a família há vários meses que eles continuavam interessados em ajudar Allie sempre que possível e ainda se importavam profundamente com ela. Além disso, Allie identificou a preocupação com seus pais como um motivo para continuar vivendo.

O Dr. Wright tinha uma meta maior de tentar ajudar Allie a melhorar sua comunicação com seus pais. Nesse momento, porém, os apoios sociais mais acessíveis que poderiam ser usados para elaborar um plano de segurança imediato pareciam estar no Bridgespring, um programa-dia que Allie costumava frequentar três vezes por semana. O Bridgespring tinha uma assistente social em período integral que se preocupava bastante com Allie e poderia servir de um recurso local para ajudá-la a enfrentar os pensamentos suicidas e realizar outros elementos de um plano antissuicídio. Além disso, Allie tinha amigos no Bridgespring para quem ela podia pedir apoio.

Na procura de outros pontos fortes que pudessem ser usados para lidar com a suicidalidade, os interesses musicais de Allie se destacavam como um recurso definitivo. Ela tinha algum talento nessa área, claramente gostava de participar dessas atividades e estava obtendo retorno positivo por ter se envolvido em um show beneficente. Ela também gostava de trabalhar no jardim da casa de seus pais e ler revistas e romances. O Dr. Wright foi capaz de se valer desses pontos fortes à medida que ajudava Allie a elaborar um plano antissuicídio (vide Figura 8.5, mais adiante neste capítulo).

Quais são as capacidades do paciente para modificar cognições desesperançadas e autodestrutivas?

A maleabilidade das cognições negativas é um fator importante para calibrar a efetividade de intervenções de TCC na redução do risco de suicídio. O questionamento socrático ajuda o paciente a ver por perspectivas mais saudáveis? As intervenções descritas anteriormente neste capítulo (vide Tabela 8.1) ajudam a reduzir o nível de desesperança? Se estiverem presentes características psicóticas, como no caso de Allie, o paciente é capaz de desenvolver um entendimento dos sintomas que permita o teste de realidade eficaz? O paciente é capaz de usar os métodos da TCC para desenvolver estratégias de enfrentamento para delírios ou alucinações (vide Capítulo 11, "Modificando Delírios" e Capítulo 12, "Enfrentando as Alucinações")?

Felizmente, tanto Dan como Allie eram capazes de usar os métodos da TCC no formato de sessão breve para abrandar cognições que pudessem estar associadas a comportamentos autodestrutivos. Dan logo gerou uma lista de motivos para viver e conseguiu reconhecer que provavelmente estava maximizando o risco de ser demitido. Ele também foi capaz de colaborar com a Dra. Sudak no desenvolvimento de uma estratégia de enfrentamento para a "pior das hipóteses" se ele realmente perdesse seu emprego. Allie foi capaz de reconhecer e dar mais valor a alguns dos recursos de sua vida atual (p. ex., atividades e apoios no Bridgespring, potencial para melhorar a comunicação com os pais, relacionamentos com os amigos), em vez de continuar a remoer as perdas que estavam associadas a sua doença. Além disso, ela conseguiu trabalhar com o Dr. Wright para reforçar uma explicação saudável para suas alucinações de comando (ou seja, "Não tenho culpa pelo meu desequilíbrio químico... O estresse pode piorar as vozes... posso aprender a enfrentar as vozes e não permitir que elas tenham poder sobre mim").

Outro caso do consultório do Dr. Wright mostrou muito pouca mudança em cognições potencialmente perigosas. Carl estava sendo atendido pela segunda vez no formato de sessão breve. Ele era um paciente de 67 anos de idade com uma história de depressão recorrente que acabara de se aposentar e mudar com sua esposa para uma nova cidade para ficar mais perto de seu único filho e dos três netos. Carl havia solicitado ser atendido pelo Dr. Wright para manejo de longo prazo das medicações porque ele precisou mudar de psiquiatra após a mudança. O Dr. Wright havia atendido Carl para uma avaliação inicial cerca de 4 semanas antes. No momento da avaliação inicial, Carl reportara uma história de pelo menos cinco episódios anteriores de depressão maior, uma hospitalização após uma tentativa de suicídio quando tinha por volta de 45 anos de idade e mais de 30 anos de tratamento com medicação antidepressiva.

Carl parecia estar em remissão no momento da avaliação inicial e negava qualquer ideação suicida, portanto, o Dr. Wright decidiu continuar o esquema farmacoterapêutico anterior e marcar sessões breves para farmacoterapia e TCC. As metas iniciais da TCC eram ajudar Carl a ajustar-se à mudança e trabalhar na prevenção da recaída. No entanto, no momento da primeira sessão de acompanhamento 4 semanas depois, a situação havia claramente se deteriorado. Carl parecia estar severamente deprimido e percebia que os pensamentos suicidas haviam retornado depois de muitos anos.

A recaída da depressão com um rápido surto de desesperança parecia ter sido desencadeada por sua aposentadoria e mudança para uma nova cidade. A seguir, veja exemplos de algumas das cognições extremamente negativas de Carl: "Este foi o maior erro da minha vida... Nunca deveria ter me mudado... Não tenho nada para fazer aqui... Tudo que consigo ver é um tédio total e ficar remoendo os dias até que não sobre mais nada... Só quero acabar com tudo agora e parar de prolongar a agonia". Carl estava tendo pensamentos suicidas bastante intensos e tinha um plano de dar-se um tiro.

O Dr. Wright tentou ajudar Carl a modificar essas cognições na sessão breve e prolongou a sessão o máximo possível para tentar reduzir o desespero de Carl. Entretanto, foram possíveis ganhos apenas modestos. Embora Carl aparentemente tivesse forte apoio de sua esposa, filho e família do filho, ele continuava a pensar que era um "traste e eles ficariam melhor se eu saísse de cena agora e poupasse um bocado de problemas para eles". Além disso, as tentativas de fazê-lo olhar para possibilidades de adaptar a vida ao novo ambiente não foram muito bem-sucedidas (p. ex., "Acho que eu poderia fazer algumas aulas ou tentar conhecer algumas pessoas, mas realmente não acho que vai funcionar"). Como o risco de suicídio era bastante alto e os esforços para mudar suas cognições desesperançadas não tiveram muito impacto, foi tomada a decisão de hospitalizar Carl. Após uma estadia produtiva no hospital, foi desenvolvido um detalhado plano antissuicídio e um plano ambulatorial para um programa mais intensivo com uma dupla de terapeutas com o Dr. Wright e um terapeuta cognitivo-comportamental não médico.

Quais são as capacidades do paciente de se engajar em comportamentos positivos que possam combater os pensamentos suicidas?

Se conseguirem executar ações que lhes mostrem que mudanças positivas são possíveis, os pacientes podem ficar mais otimistas em relação a seu futuro. As mudanças comportamentais não têm de ser avassaladoras ou profundas para fazer uma diferença. Por exemplo, Allie concordou em passar mais tempo com dois de seus amigos que tocam música em um pequeno grupo no Bridgespring e participar mais de várias outras atividades na instituição. Embora esta fosse uma mudança comportamental simples, ela reduziu sua preocupação com as alucinações de comando (vide Capítulo 12, "Enfrentando as Alucinações", para mais detalhes sobre os métodos comportamentais para alucinações) e aliviou um pouco de sua angústia. Dan relatou que passar um tempo se exercitando provavelmente o ajudaria a se sentir mais esperançoso. Ele também observou que os projetos da Habitat for Humanity estavam acabando, mas havia várias oportunidades de trabalho voluntário por meio de sua igreja.

Outros exemplos de planos comportamentais simples que poderiam desempenhar um papel na estratégia geral para reduzir a suicidalidade incluem dedicar uma quantidade específica de tempo a atividades prazerosas (p. ex., preparar uma nova receita, fazer uma massagem terapêutica, programar um tempo para conversar ao telefone com um velho amigo); ouvir uma fita de relaxamento; usar métodos comportamentais para a insônia; e convidar um irmão para uma visita. Embora sejam improváveis de representar antídotos completos para a desesperança e suicidalidade, esses esforços podem ser somados a outras iniciativas na construção de uma estratégia abrangente para reduzir o risco de suicídio.

Até que ponto o paciente é capaz de se comprometer e aderir a um plano antissuicídio?

Se terapeuta e paciente tiverem um relacionamento forte e altamente colaborativo e se o paciente for capaz de assumir um compromisso firme de colocar em prática um plano antissuicídio gerado pela TCC, pode haver uma expectativa razoável de que o plano seja útil. Contudo, essas medidas têm o potencial de somente reduzir o risco, e não eliminá-lo. Os terapeutas precisam estar atentos para não ficarem tranquilos demais a respeito da segurança do paciente simplesmente porque foram usados métodos da TCC para estimular a esperança e enfrentar os pensamentos suicidas. Em um estudo da efetividade da TCC na prevenção de tentativas repetidas de suicídio, Brown e

seus colegas (2005) relataram que o índice de tentativas subsequentes de suicídio em um período de 18 meses foi reduzido para 24% no grupo de TCC em comparação com 43% em pacientes que receberam o tratamento habitual. Em situações em que os pacientes parecem incapazes de levar adiante um plano antissuicídio eficaz ou expressar ambivalência significativa em relação ao plano, justifica-se um grau maior de preocupação. Na próxima seção do capítulo, descreveremos os ingredientes comuns dos planos antissuicídio e daremos exemplos de como são usados na prática clínica.

DESENVOLVIMENTO DE PLANOS ANTISSUICÍDIO

Alguns dos elementos básicos dos planos antissuicídio eficazes estão relacionados na Tabela 8.3. A importância de identificar motivos para viver e encontrar cognições e comportamentos adaptativos para combater o desespero já foram detalhados anteriormente. Precauções de segurança específicas também são componentes importantes de muitos planos antissuicídio. Embora parecesse não ter um alto risco de suicídio, Dan era caçador e tinha armas em sua casa. Como parte de seu plano antissuicídio, ele concordou em pedir a um de seus irmãos que pegasse todas as armas e as trancasse em um armário ao qual não tivesse acesso. Ele também concordou em entrar em contato com a Dra. Sudak (ou o médico de plantão em seu consultório) e telefonar para seu irmão se os pensamentos suicidas por acaso se intensificassem ao ponto de ele considerar seriamente se ferir. Allie decidiu que telefonaria para a assistente social no Bridgespring se seus pensamentos suicidas piorassem. Como uma medida de apoio, ela fez uma lista dos números de telefone do Dr. Wright e de duas de suas amigas do programa-dia. Outro item do seu plano de segurança era levar todos os venenos para

Terapia cognitivo-comportamental de alto rendimento para sessões breves **141**

Tabela 8.3 • Principais características dos planos antissuicídio eficazes

- Identificar motivos específicos para viver.
- Concordar colaborativamente com as precauções de segurança.
- Assumir o compromisso de entrar em contato/telefonar para uma pessoa específica (fazer uma lista de contatos).
- Assumir o compromisso de entrar em contato com o terapeuta ou obter outra ajuda (fazer uma lista de contatos).
- Bloquear ou reduzir o acesso a armas ou outros itens perigosos (p. ex., pedir a um membro da família para trancar todas as medicações e fornecer apenas a dose de um dia de cada vez).
- Identificar cognições e comportamentos adaptativos que possam ajudar o paciente a combater o desespero, a ansiedade ou outros sintomas.
- Desenvolver estratégias de enfrentamento para possíveis gatilhos de maior pensamento suicida.
- Redigir um plano e revisá-lo frequentemente.

Fonte: Reimpresso de Wright JH, Turkington D, Kingdon DG, et al: *Terapia Cognitivo-Comportamental para Doenças Mentais Graves.* Porto Alegre: Artmed, 2010, p. 128. Uso com permissão. Copyright © 2010 Artmed Editora S.A.

ratos e inseticidas de jardim que estavam em sua casa para serem guardados na casa de uma tia.

O adágio "mesmo os planos mais bem elaborados podem dar errado", tem uma mensagem de precaução à qual os terapeutas precisam atentar. Mesmo se um plano antissuicídio parecer bem pensado, prático e cheio de boas estratégias, os pacientes podem ter dificuldades para cumprir com alguns dos itens. Novos estresses ou gatilhos também podem tirar os pacientes dos trilhos e colocá-los de volta em uma espiral descendente em direção ao suicídio. Assim, muitas vezes pode ser útil passar algum tempo preparando os pacientes para possíveis obstáculos futuros.

O ensaio cognitivo-comportamental pode ser um método útil para ajudar os pacientes a desenvolverem estratégias de enfrentamento para a pior das hipóteses ou outros problemas em potencial. Por exemplo, a Dra. Sudak trabalhou com Dan para prepará-lo para a possibilidade de que seus temores de ser demitido se tornassem realidade.

Dra. Sudak: Antes de terminar a sessão de hoje, quero voltar para algumas declarações que você fez. Se me lembro bem, você disse: "Não sei se conseguiria viver com a humilhação de ser demitido."

Dan: Sim, eu disse algo assim. Mas ainda acho que não faria nada para me ferir.

Dra. Sudak: Caso os seus piores temores se tornassem realidade e você perdesse o emprego, acho que seria bom já pensar em como você poderia enfrentar essa situação. Podemos pensar nisso?

Dan: Tudo bem.

Dra. Sudak: Tenho certeza de que seria um baque e tanto e você ficaria bastante magoado. Mesmo se isso acontecesse, o que será que você diria para si mesmo para manter sua autoestima e não ver essa situação como uma humilhação intolerável?

Dan: Eu pensaria em como eu ficaria envergonhado de contar para minha esposa e minha família... Mas acho que eu poderia tentar me lembrar de meus sucessos no trabalho – nesse emprego e em alguns outros. Eu realmente fui promovido, então eles devem ter achado que eu tinha o que era necessário para fazer aquele trabalho. E provavelmente eu conseguiria outro emprego bem rápido. Mesmo com a economia ruim, alguém com experiência em transportes normalmente consegue encontrar emprego. Eu poderia até voltar a dirigir um caminhão se precisasse.

Dra. Sudak: Você está tendo ótimas ideias. O principal em situações como essa é ter uma atitude de solução do problema. Você sentiria a dor de perder o emprego, mas sua próxima tarefa seria retomar sua autoestima e começar a buscar soluções. Existem outros pensamentos positivos que poderiam ajudar a apoiá-lo nesse momento difícil? Você conseguiria pensar em coisas que você ainda tem, em vez de se concentrar apenas na perda?

Dan: Ninguém poderia tirar minha fé e eu ainda teria minha família... E minha saúde.

Dra. Sudak: Como tarefa de casa, você poderia anotar alguns dos pensamentos automáticos negativos que possam vir a sua mente se você realmente fosse demitido? E depois fazer um cartão de enfrentamento com algumas das ideias que acabamos de discutir?

Dan: Claro.

Temos feito os tipos de perguntas relacionados na Tabela 8.2 e desenvolvido planos antissuicídio por escrito em muitas sessões breves (vide exemplos nas Figuras 8.4 e 8.5). No entanto, queremos ressaltar

- Lembrar-me de meus muitos motivos para viver:
  - Minha família – Não quero magoá-los.
  - Ter esperança de ter netos algum dia.
  - Meus irmãos – por todos os bons momentos que passamos juntos.
  - Meu trabalho voluntário na "Habitat for Humanity".
- Ferir a si mesmo vai contra minha religião.
- Se por acaso eu tiver qualquer pensamento significativo de suicídio, dizer para minha esposa e/ou meu irmão e pedir-lhes ajuda.
- Pedir para meu irmão guardar minhas armas em seu armário trancado.
- Perceber que provavelmente estou maximizando o risco de ser demitido.
- Fazer algumas coisas positivas para me sentir melhor:
  - Exercício
  - Trabalho voluntário na igreja

Figura 8.4 • Plano antissuicídio de Dan.

- Pensar em motivos para querer viver e não fazer o que as vozes mandam:
  - Meu irmão – ele precisa de mim e sou sua única amiga.
  - Estou tentando muito combater meus problemas – eu realmente não quero morrer.
  - Gosto de tocar violão.
  - Tenho esperança de ter um relacionamento algum dia.
  - Meus pais ficariam magoados se eu morresse.
- Se eu estiver pensando em me ferir realmente, telefonarei para Linda – a assistente social no Bridgespring – ou Dr. Wright. Também posso falar com minhas duas melhores amigas, Miranda e Letícia.
- Tocar meu violão no grupo do Bridgespring.
- Lembrar-me de que as vozes provêm de um desequilíbrio químico em meu cérebro. Não preciso dar atenção a elas ou deixá-las me dominar.
- Manter-me envolvida em atividades que acalmem as vozes:
  - Trabalhar no jardim
  - Ler uma revista
  - Ouvir uma música suave

Figura 8.5 • Plano antissuicídio de Allie.

Terapia cognitivo-comportamental de alto rendimento para sessões breves **143**

a importância de conduzir uma avaliação minuciosa da suicidalidade e dedicar tempo suficiente para o desenvolvimento de planos antissuicídio. Se a sessão breve não proporcionar tempo suficiente ou se o risco de suicídio parecer alto demais para manejar no limitado tempo disponível, podem ser consideradas várias opções:

1. estender a sessão;
2. pedir a um colega (p. ex., uma enfermeira ou assistente social) de seu consultório que tenha mais tempo disponível para atender o paciente imediatamente; ou
3. providenciar a hospitalização.

Outro ponto que queremos enfatizar é o valor de revisar os planos antissuicídio regularmente. Na sessão seguinte, o terapeuta pode perguntar ao paciente como está indo o plano. Quais pensamentos suicidas, se houver algum, ocorreram desde a última sessão? Como ele lidou com os pensamentos? Quais partes do plano foram usadas? O que pareceu ser útil? Houve problemas para levar a cabo alguma parte do plano? Precisa ser feita alguma mudança para tornar o plano mais útil? As respostas a essas perguntas ajudarão o terapeuta a reavaliar o risco de suicídio e resolver qualquer dificuldade no uso do plano.

• Exercício de Aprendizagem 8.2:
Desenvolvendo um plano antissuicídio

1. Da próxima vez que você tiver uma sessão breve com um paciente que relate pensamentos suicidas, pergunte ao paciente seus motivos para viver.

2. Se a avaliação do risco de suicídio indicar que o paciente ainda pode ser tratado em um ambiente ambulatorial (ou seja, não exigindo hospitalização), desenvolva um plano antissuicídio com os seguintes elementos:

   - Motivos para viver
   - Precauções de segurança específicas
   - Cognições e comportamentos adaptativos

3. Use o ensaio cognitivo-comportamental para preparar o paciente para futuros gatilhos de maior desesperança ou de pensamentos suicidas.

RESUMO

Pontos-chave para terapeutas

- A desesperança é uma cognição especialmente danosa. Está associada ao sentimento de impotência, comportamento de derrota e suicidalidade. Quando está presente, a desesperança se torna o alvo principal das intervenções de TCC.
- Uma série de métodos gerais e específicos da TCC pode instilar esperança. Tais métodos incluem: 1) tirar forças da relação terapêutica; 2) fornecer psicoeducação sobre os motivos para ter esperança; 3) manter as sessões concentradas em metas e agendas atingíveis; 4) envolver os pacientes em exercícios comportamentais que demonstrem capacidade para mudar; 5) modificar cognições desesperançadas; 6) identificar pontos fortes e crenças nucleares positivas; e 7) desenvolver cartões de enfrentamento que construam a esperança.
- Os terapeutas podem usar métodos da TCC para tratar a suicidalidade com a combinação de sessões breves de TCC e farmacoterapia. No entanto, se o risco de suicídio não puder ser manejado de maneira eficaz no tempo disponível, o terapeuta deve estender as sessões ou encaminhar o paciente para tratamento mais intensivo.
- Perguntar sobre motivos positivos para viver é muitas vezes um método eficaz tanto para avaliar como para tratar o risco de suicídio.
- Ao desenvolver planos antissuicídio, os terapeutas precisam identificar os pontos fortes e apoios do paciente que

possam se tornar componentes do plano. Eles também precisam considerar as capacidades do paciente para modificar as cognições desesperançadas e autodestrutivas e engajar-se em comportamentos saudáveis que possam ajudar a combater os pensamentos suicidas.

- O ensaio cognitivo-comportamental pode ajudar os pacientes a enfrentar possíveis eventos estressantes no futuro com possibilidade de elevar o pensamento suicida.

Conceitos e habilidades para os pacientes aprenderem

- A depressão e outras doenças psiquiátricas podem gerar uma sensação de desesperança. Tente não se entregar à desesperança – este é um sintoma da doença. Trabalhe com seu terapeuta para enxergar para além do pensamento negativo atual e encontrar motivos para ter esperança.
- A depressão e outras doenças psiquiátricas são tratáveis. À medida que sintomas melhoram, as pessoas normalmente se tornam mais esperançosas em relação ao futuro.
- Uma maneira de construir a esperança é identificar e dar atenção a seus pontos positivos. Faça uma lista de alguns de seus pontos fortes e crenças nucleares saudáveis. Leia esta lista frequentemente.
- A terapia cognitivo-comportamental ensina as pessoas como identificar e reverter o pensamento negativo. Aprender esses métodos pode ajudar as pessoas a ficarem mais otimistas e animadas com a vida.
- Se você estiver tendo pensamentos suicidas, não deixe de contar a seu terapeuta. Além disso, peça ajuda a sua família, amigos ou qualquer outra pessoa que possa lhe dar apoio.
- O pensamento suicida é temporário. O tratamento serve para reduzir a dor emocional e ajudar as pessoas a superarem os pensamentos suicidas.
- Uma das perguntas mais importantes a se fazer é: "Quais são meus motivos positivos para viver?" Quando ficam profundamente deprimidas e pensam em suicídio, as pessoas muitas vezes perdem de vista seus motivos para viver. Voltar a entrar em contato com esse lado positivo de sua vida pode elevar seu humor e dar-lhe mais esperança para o futuro.
- Seu terapeuta pode trabalhar com você para desenvolver um plano antissuicídio. Esses planos normalmente funcionam melhor se você colaborar com o terapeuta e der muitas informações. Se você desenvolver um plano antissuicídio, não deixe de lê-lo regularmente e conte a seu médico ou terapeuta seus sucessos e problemas, se houver, para usar o plano.

REFERÊNCIAS

Beck AT: Thinking and depression. Arch Gen Psychiatry 9:324–333, 1963

Beck AT, Kovacs M, Weissman A: Hopelessness and suicidal behavior—an overview. JAMA 234:1146–1149, 1975

Beck AT, Steer RA, Kovacs M, et al: Hopelessness and eventual suicide: a 10-year prospective study of patients hospitalized with suicidal ideation. Am J Psychiatry 142:559–562, 1985

Brown GK, Ten Have T, Henriques GR, et al: Cognitive therapy for the prevention of suicide attempts: a randomized controlled trial. JAMA 294:563–570, 2005

Ellis TE, Newman CF: Choosing to Live: How to Defeat Suicide Through Cognitive Therapy. Oakland, CA, New Harbinger, 1996

Fawcett J, Scheftner W, Clark D, et al: Clinical predictors of suicide in patients with major affective disorders: a controlled prospective study. Am J Psychiatry 144:35–40, 1987

Frank JD: Psychotherapy and the Human Predicament: A Psychosocial Approach. Edited by Dietz PE. New York, Shocken Books, 1978

Jacobs D, Brewer M: APA practice guideline provides recommendations for assessing and treating patients with suicidal behaviors. Psychiatr Ann 34:373–380, 2004

Linehan MM, Goodstein JL, Nielson SL, et al: Reasons for staying alive when you are thinking of killing yourself: the Reasons for Living Inventory. J Consult ClinPsychol 51:276–286, 1983

Malone KM, Oquendo MA, Hass GL, et al: Protective factors against suicidal acts in major depression: reasons for living. Am J Psychiatry 157:1084–1088, 2000

Rush AJ, Beck AT, Kovacs M, et al. Comparison of the effects of cognitive therapy and imipramine on hopelessness and self-concept. Am J Psychiatry 139:862–866, 1982

Scully JH, Wilk JE: Selected characteristics and data of psychiatrists in the United States, 2001–2002. Acad Psychiatry 27:247–251, 2003

Simon RI: Assessing and Managing Suicide Risk: Guidelines for Clinically Based Risk Management. Washington, DC, American Psychiatric Publishing, 2004

Simon RI, Hales RE (eds.): The American Psychiatric Publishing Textbook of Suicide Assessment and Management. Washington, DC, American Psychiatric Publishing, 2006

Wright JH: Cognitive-behavior therapy for chronic depression. Psychiatr Ann 33:777–784, 2003

Wright JH, Turkington D, Kingdon D, et al: Terapia Cognitivo-Comportamental para Doenças Mentais Graves. Porto Alegre: Artmed, 2010.

9

Métodos comportamentais para ansiedade

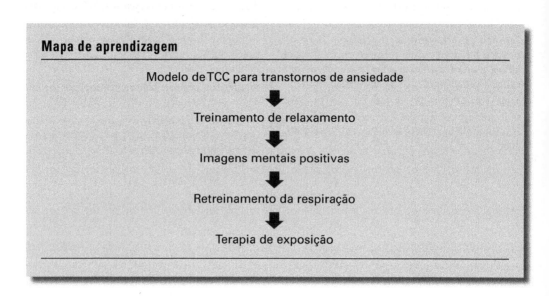

Os métodos comportamentais para transtornos de ansiedade oferecem uma oportunidade especialmente atraente para usar a terapia cognitivo-comportamental (TCC) em sessões breves.

As técnicas descritas neste capítulo muitas vezes podem ser ensinadas aos pacientes em espaços curtos de tempo e podem ser praticadas e desenvolvidas como tarefa de casa. Pacientes dispostos a assumir a responsabilidade por desenvolver habilidades para controlar a ansiedade e seguir protocolos de exposição e prevenção de resposta podem realizar muito do trabalho fora das sessões de terapia.

Começaremos o capítulo com uma rápida visão geral do modelo básico de TCC para transtornos de ansiedade. Em seguida, descreveremos três métodos comportamentais – treinamento de relaxamento, imagens mentais positivas e retreinamento da respiração – que são comumente usados para reduzir a ansiedade e tensão física. Embora possam ser usadas isoladamente para tratar sintomas de ansiedade, muitas vezes essas estratégias de enfrentamento são mais usadas como componentes de um pacote abrangente que também inclui terapia de exposição e reestruturação cognitiva (vide Capítulo 7, "Enfocando o Pensamento Desadaptativo"). Na parte final do capítulo, fazemos um relato detalhado dos métodos para usar as técnicas de exposição e de prevenção de resposta em sessões breves. São fornecidos vários exemplos de abordagens baseadas na exposição para ilustrar maneiras de tratar formas diferentes de transtornos de ansiedade.

MODELO DE TCC PARA TRANSTORNOS DE ANSIEDADE

Os elementos cognitivos dos transtornos de ansiedade foram descritos no Capítulo 7, "Enfocando o Pensamento Desadaptativo". A seguir estão as principais características da patologia cognitiva nessas condições:

1. Temores excessivos de perigo, prejuízo e/ou vulnerabilidade (por ex., em resposta a objetos ou situações como elevadores, dirigir, multidões, encontros sociais, gatilhos ou lembretes de eventos traumáticos anteriores, não concluir um ritual)
2. Estimativa aumentada do risco nessas situações
3. Estimativa diminuída da capacidade de lidar com essas situações
4. Maior atenção e vigilância em relação a ameaças em potencial

As interrelações entre esses tipos de cognições e as respostas emocionais e padrões comportamentais nos transtornos de ansiedade podem ser entendidas usando o modelo básico da TCC que foi descrito no Capítulo 4, "Formulação de Caso e Planejamento do Tratamento". A Figura 9.1 mostra um exemplo do modelo de TCC em um formato de miniformulação para Rick, o paciente com fobia social apresentado no Capítulo 4. Recomendamos assistir às duas

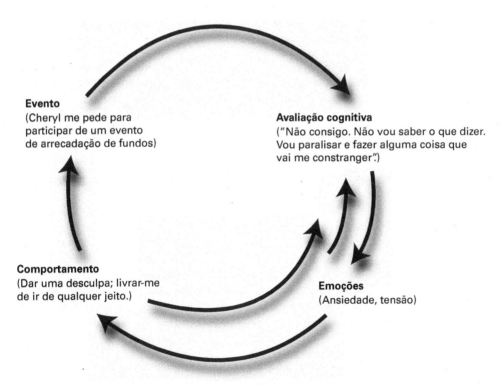

Figura 9.1 • Modelo de terapia cognitivo-comportamental para transtornos de ansiedade: exemplo de Rick.

ilustrações em vídeo do tratamento de Rick com a TCC mais adiante neste capítulo.

Rick é um paciente de 37 anos de idade que trabalha como supervisor em uma construtora. Ele nunca se casou, mas está noivo de Cheryl, uma pessoa socialmente extrovertida que trabalha como arrecadadora de fundos para uma faculdade local. Cheryl, que tem muitos amigos e interesses, tem insistido para Rick se envolver mais em atividades sociais e participar de seus compromissos sociais relacionados ao trabalho (p. ex., almoços com colegas de trabalho e amigos, shows musicais e peças de teatro, eventos de arrecadação de fundos). Rick sempre foi tímido e socialmente esquivo, mas tem conseguido esconder bastante este problema trabalhando em um emprego voltado para tarefas e passando muito de suas horas de lazer em atividades ao ar livre (p. ex., pescar e fazer caminhadas) com alguns poucos amigos. Seus relacionamentos amorosos anteriores foram com mulheres que também eram socialmente retraídas. Mas agora que se apaixonou por Cheryl e quer passar o resto de sua vida com ela, seu problema de fobia social passou para a linha de frente.

Como esquematizado na Figura 9.1, existem múltiplos ciclos de *feedback* entre cognições desadaptativas, respostas emocionais e os comportamentos de evitação dos transtornos de ansiedade. Quando os pacientes evitam situações temidas, suas cognições desadaptativas (p. ex., "Não consigo"; "Não vou saber o que dizer"; "Vou paralisar e fazer alguma coisa que vai me constranger") são reforçadas e se estabelece um ciclo vicioso no qual os componentes cognitivos e comportamentais do transtorno de ansiedade se retroalimentam e perpetuam os sintomas. As intervenções de TCC para transtornos de ansiedade podem ser direcionadas para qualquer um dos quatro componentes do modelo básico:

1. eventos (p. ex., solução de problemas);
2. avaliação cognitiva (p. ex., modificação de pensamentos automáticos e esquemas);
3. emoções (p. ex., treinamento de relaxamento para reduzir a ansiedade e a tensão física); e
4. comportamento (p. ex., terapia de exposição).

Para a maioria dos transtornos de ansiedade (p. ex., fobia simples, fobia social, transtorno de pânico, transtorno de estresse pós-traumático [TEPT], transtorno obsessivo-compulsivo [TOC]), o ponto crucial do componente comportamental da TCC é envolver os pacientes em uma forma ou outra de terapia de exposição. Esses métodos podem ajudá-los a romper padrões arraigados de evitação e desenvolver habilidades construtivas de enfrentamento (Klosko e Barlow 1996; Sanderson e Wetzler 1995). A evitação pode ser observada em pelo menos três níveis:

1. **O paciente evita total ou parcialmente um objeto temido ou situação temida.** Os exemplos incluem subir muitos lances de escada para burlar a necessidade de pegar elevadores; limitar o ato de dirigir a distâncias muito curtas em uma "zona de segurança"; não ir a shopping centers ou outros lugares cheios de gente; e seguir um ritual compulsivo por medo do que possa acontecer se não o fizer.

2. **O paciente utiliza "comportamentos de segurança" para participar de uma situação temida.** Embora possa parecer que está confrontando uma situação temida ou dando passos para mudar comportamentos de evitação, o paciente está usando manobras de segurança que podem ter um papel na manutenção do transtorno de ansiedade. Os exemplos incluem ficar bêbado ou tomar tranquilizantes para conseguir

pegar um voo; lidar com o medo de dirigir recrutando um amigo ou familiar para servir de assistente; e não sair de perto de um companheiro quando em situações sociais, deixando essa pessoa fazer a vasta maioria do trabalho de realizar o contato social. A menos que os comportamentos de segurança sejam identificados e reduzidos, o paciente não obterá benefício total das terapias baseadas na exposição.

3. **O paciente não se envolve em atividades que ajudem a aprender maneiras de enfrentar melhor as situações temidas.** Quando Rick tem pensamentos automáticos como "Não vou ter nada para falar a eles" ou "Não sou bom com festas", essas cognições podem ser parcialmente verdadeiras.Ele pode ter evitado situações sociais por tanto tempo que suas habilidades de se envolver com os outros e conversar podem não estar bem desenvolvidas. Como concluiu que não consegue se dar bem em situações sociais, ele também evita dar qualquer passo positivo para aprender esses tipos de habilidades. Como ilustrado mais adiante no capítulo, a TCC para transtornos de ansiedade pode ser complementada com esforços para desenvolver de maneira eficaz a capacidade do paciente de lidar com situações temidas (por ex., orientação e/ou leituras sobre como ter conversas informais; fazer aulas eficazes para falar em público; praticar a assertividade, estabelecer limites e precauções racionais de segurança por pessoas que foram atacadas e sofrem de TEPT). É importante observar que esses tipos de exercícios de construção de habilidade destinam--se a intensificar o enfrentamento eficaz, e não promover os tipos de comportamentos de segurança que estão associados à contínua evitação do paciente.

A terapia de exposição pode ser rápida (como na terapia de imersão para uma fobia simples, na qual se pode pedir ao paciente para confrontar um objeto temido ou situação temida em uma única sessão), mas comumente é desenvolvida de uma maneira gradual (Klosko e Barlow 1996; Sanderson e Wetzler 1995). Em nossas sessões breves com pessoas que têm transtornos de ansiedade, desenhamos colaborativamente hierarquias nas quais começamos com atividades de exposição com classificação bastante baixa no grau de dificuldade, progredindo depois para graus mais altos da lista de atividades à medida que os pacientes adquirem confiança e habilidades.

Estão disponíveis várias outras técnicas comportamentais para reduzir os níveis de ansiedade e tensão e ajudar os pacientes a participarem dos exercícios de exposição. Nas seções a seguir, detalharemos três dos métodos mais úteis e frequentemente aplicados: treinamento de relaxamento, imagens mentais positivas e retreinamento da respiração. Além de serem úteis na promoção de um uso tolerável e eficaz da terapia de exposição, essas técnicas podem ser bastante benéficas no tratamento de transtorno de ansiedade generalizada, abatendo a ativação fisiológica no transtorno de pânico e ansiedade de desempenho, corrigindo padrões de hiperventilação, aliviando a insônia e ajudando em vários outros problemas clínicos associados à ansiedade.

TREINAMENTO DE RELAXAMENTO

A resposta de relaxamento tem feito parte do tratamento comportamental de ansiedade desde o início da história dessa abordagem. No livro *The Practice of Behavior Therapy*, Wolpe (1969) argumentou que se os pacientes pudessem atingir um estado de relaxamento físico, a ansiedade psíquica seria reduzida porque relaxamento e ansiedade são fundamentalmente incompatíveis.

Ele recomendou ensinar aos pacientes o relaxamento progressivo antes de se envolverem na exposição hierárquica de modo que pudessem ter uma ferramenta eficaz para lidar com a ansiedade, ao mesmo tempo adquirindo experiência no confronto de objetos temidos ou situações temidas. Posteriormente, o treinamento de relaxamento foi amplamente estudado no tratamento de transtornos de ansiedade e para ajudar os pacientes a enfrentarem doenças orgânicas relacionadas ao estresse, como enxaqueca, hipertensão e doença coronariana.

Uma meta-análise de 27 estudos do treinamento de relaxamento conduzida entre 1997 e 2007 encontrou um efeito geral moderado para os benefícios desse método na redução da ansiedade (Manzoni et al. 2008). Como esperado, os resultados foram melhores para aqueles que passavam algum tempo praticando a técnica em casa. Outros dois estudos (Arntz 2003; Ost e Breitholtz 2000) encontraram que o treinamento de relaxamento sozinho era tão eficaz quanto um pacote inteiro de TCC para transtorno de ansiedade generalizada. Também digno de nota, Clark e seus colegas (2006) observaram que o treinamento de relaxamento levou a uma melhora substancial na fobia social. Esses achados sugerem que os esforços para adaptar os métodos de treinamento de relaxamento a sessões breves poderiam ter um impacto positivo na capacidade dos terapeutas para ajudar os pacientes com transtornos de ansiedade.

A forma clássica de treinamento de relaxamento, descrita por Jacobsen (1938), é às vezes chamada *relaxamento progressivo de Jacobsen*. Em anos mais recentes, alguns pesquisadores e terapeutas usaram termos como *relaxamento aplicado* ou *treinamento autógeno*. No entanto, o elemento central desse método – a prática de passos sequenciais para relaxar músculos voluntários – é usado em todos esses protocolos. Recomenda-se que os leitores que quiserem aprender mais sobre o relaxamento progressivo

consultem os textos de Bernstein e Borkovec (1973), Jacobsen (1938) ou Payne (2005). Na Tabela 9.1, fornecemos um método de um de nossos livros anteriores que acreditamos poder ser adaptado muito bem para uso em sessões breves (Wright et al. 2008).

Se não houver disponibilidade suficiente de tempo em uma sessão breve para ensinar detalhadamente aos pacientes os princípios do relaxamento progressivo ou se o terapeuta acreditar que a sessão deve se concentrar em outros tópicos, uma parte ou toda a instrução pode ser dada de maneiras alternativas. A Tabela 9.2 traz uma lista de vários recursos (incluindo guias em áudio) que oferecem uma base completa para essa técnica. Além disso, o terapeuta pode sugerir que os pacientes consultem outro terapeuta que seja especialista nessa abordagem. Por exemplo, trabalhamos em unidades de internação nas quais as enfermeiras ou terapeutas de atividades fornecem educação excelente sobre o relaxamento progressivo. Se o psiquiatra estiver trabalhando no modo de dupla de terapeutas para a combinação de TCC e farmacoterapia, o terapeuta não médico pode fornecer o treinamento de relaxamento. Uma abordagem totalmente nova que pode ter potencial considerável é utilizar a realidade virtual para ajudar os pacientes a atingirem e utilizarem as respostas de relaxamento (p. ex., veja os programas de relaxamento oferecidos pelo VirtuallyBetter). Embora esse método *high-tech* não esteja disponível em muitos ambientes clínicos, os consultórios de saúde mental do futuro provavelmente poderão ter ferramentas cibernéticas como a realidade virtual para auxiliar terapeutas e pacientes.

• Exercício de Aprendizagem 9.1: Orientando o relaxamento progressivo em sessões breves

1. Revise as instruções na Tabela 9.1 e pratique dar orientação a um ou mais de seus pacientes nas técnicas de relaxamento usando 10 minutos ou menos de uma sessão breve.

Terapia cognitivo-comportamental de alto rendimento para sessões breves **151**

Tabela 9.1 • Método para treinamento de relaxamento em sessões breves

1. **Ensine os pacientes sobre os benefícios em potencial do treinamento de relaxamento.** Prepare o paciente para o exercício de relaxamento explicando como ele pode ser usado para reduzir a tensão e ajudar a enfrentar a ansiedade ou outros sintomas. Uma miniaula deve bastar. Enfatize o componente de autoajuda dessa técnica. O terapeuta iniciará o processo em uma sessão, mas dependerá do paciente praticar as habilidades em casa.
2. **Explique como classificar os graus de tensão muscular e ansiedade.** Use uma escala de 0 a 100, onde uma classificação de 0 é equivalente a *nenhuma tensão ou ansiedade* e 100 representa *tensão ou ansiedade máxima.*
3. **Demonstre controle voluntário sobre a tensão muscular.** Para mostrar ao paciente que ele tem a capacidade de reduzir a tensão muscular, peça-lhe para tentar fechar o punho o máximo possível e depois relaxar a mão completamente até uma classificação de zero ou ao menor nível possível de tensão que conseguir. Em seguida, peça-lhe para fazer com a mão oposta os exercícios de apertar e relaxar.
4. **Ajude o paciente a aprender a reduzir a tensão muscular.** Começando pelas mãos, ajude o paciente a relaxar os músculos o máximo possível (com classificação zero ou quase zero). Métodos para facilitar esse processo podem incluir: a) exercer controle consciente sobre os grupos musculares pela monitoração da tensão e dizendo a si mesmo para relaxar os músculos; b) alongar os grupos musculares desejados em toda a sua amplitude de movimento; c) automassagem suave para soltar e relaxar músculos contraídos; e d) uso de imagens mentais tranquilizadoras (a seção "Imagens Mentais Positivas" deste capítulo traz mais detalhes de como usar essa técnica).
5. **Peça ao paciente para relaxar progressivamente cada um dos principais grupos musculares do corpo.** Depois de alcançar um estado de relaxamento profundo das mãos, peça ao paciente para permitir que o relaxamento se espalhe por todo o corpo, um grupo muscular de cada vez. Uma sequência comumente usada **é:** mãos, antebraços, braços, ombros, pescoço, cabeça, olhos, rosto, peito, costas, abdômen, quadris, coxas, pernas, pés e dedos dos pés. Mas pode ser escolhida qualquer sequência que você e o paciente acreditem funcionar melhor para ele. Durante essa fase da indução, todos os métodos a partir do passo 4 que tenham se mostrado úteis podem ser repetidos. Muitas vezes, descobrimos que o alongamento permite ao paciente encontrar os grupos musculares especialmente tensos que podem exigir atenção extra.
6. **Dê o relaxamento progressivo como tarefa de casa.** Reforce o valor de praticar o relaxamento entre as sessões. Além disso, considere usar materiais de apoio em áudio, vídeo ou por computador (Tabela 9.2) de modo que o paciente não tenha que contar apenas com o terapeuta para aprender e ensaiar essa habilidade.

Fonte: Adaptado de Wright JH, Basco MR, Thase ME: *Aprendendo a Terapia Cognitivo-Comportamental: Um Guia Ilustrado.* Porto Alegre: Artmed, 2008. Uso com permissão. Copyright © 2008. Artmed Editora S.A.

2. Utilize os recursos relacionados na Tabela 9.2 como auxiliares do treinamento de relaxamento ou desenvolva sua própria lista. Faça sugestões a um ou mais pacientes para usar um desses auxiliares como uma ferramenta de autoajuda.

IMAGENS MENTAIS POSITIVAS

As técnicas de imagens mentais são muitas vezes usadas em combinação com outros métodos da TCC, como relaxamento progressivo, retreinamento da respiração e terapia de exposição, como parte de um esforço abrangente para tratar transtornos de ansiedade (Simpson et al. 2008; Singer et al. 1999; Wolpe 1973; Wright et al. 2008). Há duas maneiras principais de usar imagens mentais para facilitar os métodos comportamentais para reduzir a ansiedade e a tensão. A primeira, imagens mentais guiadas, é um método no qual um terapeuta trabalha para induzir um estado de relaxamento dando instruções suaves e detalhadas ao paciente para imaginar estar em um ambiente tranquilizador. Normalmente, não usamos esse tipo de imagens mentais guiadas em nossas sessões de TCC porque o terapeuta

Tabela 9.2 • Recursos para treinamento e prática de relaxamento

Benson-Henry Institute for Mind Body Medicine (CD de áudio)
www.massgeneral.org/bhi

Letting Go of Stress: Four Effective Techniques for Relaxation and Stress Reduction
(CD de áudio por Emmett Miller and Steven Halpern)
Disponível em várias lojas de música

Progressive Muscle Relaxation (CD de áudio por Frank Dattilio, Ph.D.)
www.dattilio.com

Time for Healing: Relaxation for Mind and Body (coleção de áudios por Catherine Regan, Ph.D.)

Bull Publishing Company
www.bullpub.com/healing.html

Programa de realidade virtual para relaxamento de Rothbaum e associados
http://virtuallybetter.com

Nota: Estes recursos também estão relacionados no Apêndice 2, "Recursos da TCC para Pacientes e Familiares".

tem de fazer a maior parte do trabalho na criação da imagem e, assim, os pacientes não são incentivados a desenvolver suas próprias habilidades de usar imagens mentais. Além disso, exercícios totalmente desenvolvidos de imagens mentais guiadas podem consumir muito tempo e não oferecer rendimento suficiente para justificar seu uso em sessões breves. Acreditamos ser uma boa solução para uso de protocolos completos para imagens mentais guiadas recomendar que os pacientes usem um dos recursos relacionados na Tabela 9.2 para praticar esse tipo de exercício.

Uma técnica de imagens mentais mais comumente usada é simplesmente pedir ao paciente para imaginar uma cena calma de modo a desviar a atenção das cognições angustiantes ou reduzir a ativação fisiológica. Por exemplo, um paciente com transtorno de pânico pode ser ensinado a usar imagens mentais positivas (p. ex., imaginar-se caminhando em uma praia ou estando em um local favorito para passar férias) juntamente com o retreinamento da respiração para interromper a escalada dos ataques de pânico. Essa aplicação é ilustrada na próxima seção deste capítulo, "Retreinamento da Respiração". Além disso, imagens mentais podem ser usadas para intensificar os

métodos de relaxamento progressivo (p. ex., imaginar estar "leve como um pássaro" ou deixar "suas tensões se derreterem e pingarem pelas pontas dos dedos pelo chão como o gelo que derrete lentamente" [Wright et al. 2008]).

Alguns pacientes aderem rapidamente ao uso de imagens mentais, mas outros podem ter dificuldade para usar essa técnica. Assim como em muitas outras intervenções da TCC, pode ser útil começar com uma miniaula para explicar as imagens mentais e dar um ou dois exemplos. Na Tabela 9.3, damos algumas sugestões para o uso eficaz de técnicas de imagens mentais positivas.

Usamos técnicas de imagens mentais positivas em nossas próprias vidas para muitos fins – para ajudar a voltar a dormir depois de acordar no meio da noite, reduzir a tensão muscular quando estamos estressados pelas demandas profissionais ou fazer uma "minipausa" nos dias de pressão, preocupações com a saúde ou com a família ou amigos. Às vezes, contamos aos pacientes sobre nosso próprio uso de imagens mentais para normalizar essa técnica e deixá-los saber que não tem problema tirar alguns momentos para evocar uma imagem calma e agradável – "sonhar acordado" um pouco, o que é um mecanismo de enfrentamento saudável.

Terapia cognitivo-comportamental de alto rendimento para sessões breves **153**

Tabela 9.3 • Dicas para usar métodos de imagens mentais positivas para transtornos de ansiedade

1. **Comece com uma breve explicação de como as imagens mentais podem ser úteis no combate da ansiedade.** Sempre que possível, relacione essa explicação diretamente a um problema que o paciente esteja enfrentando atualmente e esteja sendo alvo desta sessão (p. ex., ataque de pânico, insônia agravada por preocupação excessiva, tensão e ansiedade crônica no transtorno de ansiedade generalizada).
2. **Peça ao paciente para descrever sua experiência anterior (ou falta de experiência) no uso de imagens mentais.** Se o paciente já usar esse método, apoie e reforce seu valor. Ofereça-se para orientar o paciente no uso produtivo de imagens mentais. Se o paciente tiver pouca ou nenhuma experiência com imagens mentais ou relatar ser incapaz de evocar imagens tranquilizadoras, explique que esta é uma habilidade que pode ser desenvolvida.
3. **Evidencie as imagens do próprio paciente que possam ser usadas para reduzir a ansiedade e a tensão.** O terapeuta pode precisar "dar a partida" dando exemplos (vide Tabela 9.4), mas a ênfase deve estar primordialmente em trazer à luz e elaborar imagens da vivência do paciente.
4. **Dê o modelo e/ou experimente o método de imagens mentais positivas em uma sessão.** Os terapeutas podem mostrar ao paciente como uma imagem positiva pode ser usada para interromper um ataque de pânico ou lidar com algum outro problema relacionado à ansiedade (vide seção "Retreinamento da respiração" e Ilustração em Vídeo 8) ou envolva o paciente diretamente no uso de imagens mentais para reduzir os sintomas.
5. **Dê a prática de imagens mentais como tarefa de casa.** A prática repetida dessa técnica tem a probabilidade de ajudar os pacientes a solidificarem sua capacidade de usar imagens mentais como uma ferramenta eficaz de enfrentamento.

Alguns exemplos de imagens que nós ou nossos pacientes achamos úteis estão relacionados na Tabela 9.4. As cenas que podem funcionar melhor são aquelas claramente relaxantes, que não envolvem lembranças de relacionamentos problemáticos ou outras decepções, não desencadeiam elaborações de pensamento que trarão de volta a tensão e que podem entrar e sair com rapidez.

• **Exercício de Aprendizagem 9.2:** Usando imagens mentais positivas

1. Identifique pelo menos duas imagens positivas relaxantes que você possa usar para lidar com o estresse em sua própria vida.

2. Pratique usar essas imagens.

3. Peça a pelo menos um de seus pacientes para trabalhar na identificação e uso de imagens mentais positivas como um mecanismo de enfrentamento para a ansiedade.

RETREINAMENTO DA RESPIRAÇÃO

Esforços para orientar os pacientes na respiração têm demonstrado ser um elemento valioso da TCC para transtorno de pânico (de Beurs et al. 1995; Taylor 2001) porque essa condição está frequentemente associada à hiperventilação. Uma evolução típica de um ataque de pânico pode incluir:

1. um surto de cognições catastróficas (p. ex., "Estou tendo um ataque cardíaco ou um derrame... Vou desmaiar... Estou perdendo o controle") em resposta a uma situação desencadeante;
2. ansiedade e ativação fisiológica intensa, incluindo respiração rápida, irregular ou excessivamente profunda ou curta;
3. torpor induzido por hiperventilação, formigamento ou outras mudanças fisiológicas que levam a uma maior sensação de estar fora de controle; e
4. uma escalada das cognições catastróficas e intensificação da ativação fisiológica.

Tabela 9.4 • Imagens usadas para enfrentar a ansiedade

- Cenas de praia e mar (prestando atenção nos sons das ondas, a sensação da areia e da água nos pés, céu azul, temperatura agradável do ar e da água, etc.).
- Um lugar favorito para passar férias (p. ex., caminhando em uma rua da Disney World, sentado na varanda do chalé da família em uma noite agradável quando os grilos cantam e o ar é doce com os aromas do verão).
- Ouvindo uma música (ouvindo a música suave na imaginação).
- Cenas de montanhas (por ex., andando ao redor de um lago nas montanhas e rodeado por picos majestosos).
- Uma lembrança agradável de uma pessoa ou situação (reviver em imaginação um momento confortável, livre de conflitos que evoque sentimentos calorosos).
- Jogando uma vara de pescar (com um movimento ritmado e gracioso e o toque suave da isca em águas tranquilas).
- Reproduzindo uma imagem relaxante de um filme ou livro (com a escolha de uma imagem interessante, mas não excessivamente estimulante).

O retreinamento da respiração pode interromper essa cascata de cognições e comportamentos desadaptativos ao proporcionar aos pacientes um foco positivo que pode distraí-los das cognições perturbadoras, oferecendo-lhes um método para adquirir controle da situação e cessar os efeitos fisiológicos da hiperventilação. Alguns autores alertaram que o retreinamento da respiração pode prejudicar os elementos de reestruturação cognitiva da TCC para transtorno de pânico se for mal usado como um método para evitar as situações temidas (Schmidt et al. 2000; Taylor 2001). Mas quando é explicada cuidadosamente e integrada com outras partes de uma abordagem abrangente da TCC, descobrimos que essa técnica é normalmente usada como um comportamento adaptativo.

Em nossas consultas com pacientes que já tiveram tratamento anterior, mas que ainda vivenciam ataques de pânico, normalmente perguntamos sobre os métodos de enfrentamento que tentaram (p. ex., "O que você faz quando tem um ataque de pânico? Como você tenta interrompê-lo?"). Um número surpreendentemente grande de pacientes relata que "me disseram para começar a respirar fundo muitas vezes para recuperar o fôlego". Outros descrevem ter

aprendido a "respiração diafragmática". Este último termo foi mistificado de certa forma para nós, médicos, pois toda respiração utiliza o diafragma de alguma forma, a menos que esse músculo esteja paralisado. Infelizmente, os pacientes às vezes entendem mal as instruções de terapeutas bem intencionados ou as informações encontradas em *sites* da internet e concluem que a resposta é respirar muito profundamente de uma maneira bastante exagerada e trabalhosa. Em muitos casos, essa estratégia parece piorar as coisas.

O método de retreinamento da respiração mostrado na Ilustração em Vídeo 8 enfatiza a normalização do padrão de respiração para ajudar os pacientes a romper estados de hiperventilação. Embora muitas estratégias diferentes de retreinamento da respiração tenham sido sugeridas para pacientes com transtorno de pânico, descobrimos que os métodos gerais usados na ilustração em vídeo podem ensinar rapidamente aos pacientes uma técnica útil para controlar os ataques de pânico. Esse tipo de retreinamento da respiração muitas vezes é uma das primeiras iniciativas que escolhemos quando os pacientes têm transtorno de pânico com hiperventilação, pois ele pode ser ensinado em curto espaço de tempo e produzir resultados rápidos e impressionantes.

• **Ilustração em Vídeo 8:** Retreinamento da respiração
Dr. Wright e Gina[*]

Na ilustração em vídeo, o Dr. Wright está trabalhando com Gina, uma paciente com transtorno de pânico. O tratamento de Gina é uma característica central de um de nossos livros anteriores (Wright et al. 2008). Ela tem múltiplos temores, incluindo dar vexame em lugares públicos como um refeitório, dirigir sozinha e pegar elevadores. Vários outros vídeos que acompanham nosso texto anterior demonstram a reestruturação cognitiva, o uso de exposição hierárquica e terapia de exposição *in vivo* com Gina. O vídeo de retreinamento da respiração ilustra um método pragmático e simples para ajudá-la a lidar com seus ataques de pânico. Os principais passos dessa abordagem estão resumidos na Tabela 9.5.

TERAPIA DE EXPOSIÇÃO

Exposição in vivo e imaginária

O método mais comumente usado para a terapia de exposição é a *dessensibilização sistemática* – uma evolução gradual de uma hierarquia de encontros temidos em uma série de sessões. A exposição pode ser feita *in vivo* (ou seja, o paciente usa a exposição autodirecionada ou a exposição guiada pelo terapeuta para participar realmente de uma atividade temida, como dirigir, fazer compras em um shopping center lotado ou participar de eventos sociais) ou pela *exposição imaginária* (ou seja, o paciente imagina estar na situação temida).

Tabela 9.5 • Um método para o retreinamento da respiração

Ensine o paciente sobre a hiperventilação nos ataques de pânico.

Dê o modelo do comportamento de hiperventilação nos ataques de pânico.

Mostre ao paciente como obter controle da respiração quando em um ataque de pânico.

- Sugira respirar fundo algumas poucas vezes para começar a obter controle.
- Em seguida, desacelerar a respiração a uma taxa normal de 15 a 16 inspirações por minuto (um ciclo de inspiração e expiração a cada 4 segundos, aproximadamente).
- Recomende observar o ponteiro dos segundos de um relógio para ajudar a voltar ao padrão normal, além de fornecer uma breve distração das cognições catastróficas.

Desenvolva imagens mentais positivas para reduzir ainda mais a ansiedade e acalmar o padrão de respiração.

Aconselhe a seguinte prática para desenvolver domínio:

1. hiperventile para induzir o início de um ataque de pânico;
2. em seguida, desenvolva os procedimentos acima para interromper o ataque de pânico.

---

[*] Ilustração em Vídeo 8 é usada com permissão de Wright JH, Basco MR, Thase ME: Aprendendo a Terapia Cognitivo-Comportamental: Um Guia Ilustrado. Porto Alegre: Artmed, 2008. Copyright © 2008. Artmed Editora S.A.

Como envolve a imersão total na experiência, a exposição *in vivo* normalmente oferece a melhor oportunidade para o ganho terapêutico. Sempre que possível, procuramos ajudar os pacientes a se envolverem em situações da vida real que sejam desencadeadoras de ansiedade e evitação. No entanto, em muitas situações clínicas, a exposição imaginária oferece vantagens. Por exemplo, uma pessoa que tem medo de andar de avião pode não ser capaz de entrar em um avião ou pegar um voo de qualquer distância até ser usada a exposição imaginária para reduzir os níveis de ansiedade e ganhar um pouco de confiança em sua capacidade de lidar com uma viagem de avião. Da mesma forma, um paciente com TEPT que tem total evitação do local de trabalho após um acidente de trabalho pode se beneficiar com alguns exercícios de exposição imaginária antes de tentar reentrar gradualmente no ambiente de trabalho.

Utilizando hierarquias para a terapia de exposição

Seja a terapia de exposição feita *in vivo* ou na imaginação, normalmente se constrói uma hierarquia para ajudar o paciente a dar passos graduais em direção às metas finais de ser capaz de participar confortavelmente de atividades que tenham estimulado ansiedade excessiva. Oferecemos algumas sugestões para desenvolver hierarquias eficazes na Tabela 9.6.

Rick, o paciente com fobia social, era um bom candidato para assumir a responsabilidade de fazer tarefas de terapia de exposição fora das sessões breves. Ele

---

Tabela 9.6 • Dicas para desenvolver hierarquias de exposição graduada

- **Seja específico.** Ajude o paciente a redigir descrições claras e definitivas dos estímulos para cada passo na hierarquia. Exemplos de passos supergeneralizados ou mal definidos são: "aprender a dirigir novamente", "parar de ter medo de ir a festas" e "sentir-me confortável no meio de multidões". Exemplos de passos específicos e bem delineados são: "dirigir por dois quarteirões até a loja da esquina pelo menos três vezes por semana", "passar 20 minutos na festa do bairro antes de ir embora" ou "ir ao *shopping* por 10 minutos em um domingo de manhã, quando há poucas pessoas".
- **Classifique os passos quanto ao grau de dificuldade ou quantidade de ansiedade esperada.** Use uma escala de 0 a 100 pontos. Essas classificações serão usadas para selecionar os passos para a exposição e medir o progresso. O efeito habitual da progressão por meio de uma hierarquia é ter reduções significativas nas classificações para o grau de dificuldade ou ansiedade à medida que cada passo é dominado.
- **Desenvolver uma hierarquia que tenha vários passos de variados graus de dificuldade.** Oriente o paciente a listar vários passos diferentes (normalmente de 8 a 12) que variem em grau de dificuldade, desde muito baixo (classificações de 5 a 20) até muito alto (classificações de 80 a 100). Tente fazer uma lista de passos que abranjam todo o intervalo da classificação de dificuldade. Se o paciente relacionar apenas passos com uma classificação alta ou não conseguir pensar em nenhum passo intermediário, ajude-o a desenvolver uma lista mais gradual e abrangente.
- **Escolha passos colaborativamente.** Como em outras tarefas da terapia cognitivo-comportamental, trabalhe em conjunto com o paciente para selecionar a ordem dos passos para a terapia de exposição graduada.
- **Elabore hierarquias que possam ser trabalhadas fora das sessões.** Para aproveitar seu tempo de maneira eficaz nas sessões breves, tente desenvolver hierarquias que proporcionem passos razoáveis que o paciente consiga dar entre as sessões de terapia. Quando possível, minimize os passos de exposição que exijam muito trabalho do terapeuta no envolvimento do paciente na exposição imaginária.

Fonte: Adaptado de Wright JH, Basco MR, Thase ME: *Aprendendo a Terapia Cognitivo-Comportamental: Um Guia Ilustrado.* Porto Alegre: Artmed, 2008. Uso com permissão. Copyright © 2008 Artmed Editora S.A.

estava funcionando bem em seu emprego como supervisor de construção, não tinha nenhum problema comórbido significativo de transtornos de Eixo II ou de abuso de substâncias, estava envolvido em um relacionamento saudável com sua noiva e motivado por este relacionamento a mudar seu comportamento de evitação social. Em uma das sessões anteriores com o Dr. Wright, ele rascunhou vários itens para uma hierarquia e depois fez esse exercício como tarefa de casa. A Figura 9.2 mostra a hierarquia usada por Rick para superar sua fobia social.

Rick foi atendido em uma série de dez sessões breves após uma avaliação inicial. Ele preferia o formato de sessão breve porque podia organizar as sessões durante sua hora de almoço e não tinha de sair do trabalho para participar da TCC. Embora tenha sido considerado o tratamento com um inibidor seletivo de recaptação da serotonina (ISRS), Rick preferia não tomar nenhuma medicação, pelo menos em parte, por medo de efeitos colaterais sexuais. O Dr. Wright sugeriu que Rick deixasse aberta a possibilidade de a medicação ser capaz de ajudar e de os efeitos colaterais não ocorrerem. No entanto, Rick fez um bom progresso usando a TCC e concluiu com sucesso o tratamento sem precisar de farmacoterapia. A Ilustração em Vídeo 9 mostra uma sessão anterior com Rick. Ele já havia sido instruído em como desenvolver uma hierarquia e escrito a lista de itens na Figura 9.2 como tarefa de casa. Ele também concordou em começar a fazer os dois primeiros itens da hierarquia.

• Ilustração em Vídeo 9: Terapia de exposição I
Dr. Wright e Rick

No início da ilustração em vídeo, Rick relata sua tarefa de casa – ele conseguira atender vários telefonemas com potencial para conversas socialmente orientadas.

Antes, ele havia acionado o identificador de chamadas e não atendia outros telefonemas além daqueles de amigos próximos, os quais poderiam desafiá-lo a entabular uma conversa de qualquer duração. Como Rick parecia ter entendido a ideia por trás da exposição graduada e estava tendo algum sucesso inicial, o Dr. Wright decidiu forçar o trabalho na hierarquia. Primeiro, eles discutiram as experiências de Rick com um item que foi classificado bem baixo na hierarquia – jantar com os pais de sua noiva. Em seguida, eles começaram a trabalhar em uma tarefa mais desafiadora – participar de um evento de arrecadação de fundos e conversar com pessoas que não conhecia.

Dr. Wright: O que você acha dessa ideia [participar de um jantar beneficente]?
Rick: Acho bem difícil. Eu não me saio muito bem nesse tipo de situação...
Dr. Wright: E pelo que sei você anda evitando essas situações o máximo que pode.
Rick: Tudo que posso aguentar eu tento, mas... Não é fácil... A Cheryl gostaria que eu fosse com ela. Ela tem vontade que eu participe, mas... É muito difícil.
Dr. Wright: Que pontuação você deu para ir a um desses eventos com Cheryl? Como seria se você fosse e ficasse por um tempo?
Rick: É 80... 85.
Dr. Wright: Bem alta.
Rick: É... 85 para começar uma conversa com alguém. É realmente muito alto.

Depois de concentrar-se nesse tipo de evento social como uma meta eventual para a exposição hierárquica, o Dr. Wright sugeriu que Rick poderia precisar trabalhar em sua capacidade de iniciar e manter conversas sociais. Em virtude de seu padrão arraigado de evitação, ele não havia desenvolvido bem habilidades para conversar com pessoas que não conhecia bem ou construir relacionamentos sociais. Foram sugeridos dois métodos para construir essas habilidades:

Situação	Classificação
Aceitar telefonemas de pessoas que não conheço muito bem (p, ex., algum dos amigos de Cheryl ou pessoas da igreja) que eu acho que poderiam querer conversar.	10–15
Sair após o trabalho com alguns dos colegas (não meus amigos próximos) que trabalham comigo.	10–15
Ir à casa dos pais de Cheryl para jantar e ficar por pelo menos uma hora após o jantar.	20
Jantar em um restaurante com Cheryl e conversar com o garçom sobre como um prato é preparado ou reclamar se algo não estiver bem feito.	25
Ir a um restaurante que não aceita reservas – ficar em pé e socializar com outras pessoas que estejam esperando por uma mesa.	30–35
Encontrar com Cheryl e vários de seus colegas de trabalho para almoçar – conversar com essas pessoas.	40
Ir para a igreja mais cedo ou ficar até mais tarde e conversar com outros membros que eu estiver encontrando pela primeira vez.	55
Ir ao cinema com outros dois ou três casais que não conhecemos muito bem – tomar um café ou uma cerveja depois do cinema.	60
Ir a um show de música ou peça de teatro – conversar antes ou no intervalo com pessoas que mal conheço.	70
Ir a um evento de arrecadação de fundos com Cheryl – realmente fazer um esforço para conhecer e conversar com outras pessoas. Ficar por pelo menos 2 horas.	80–85
Convidar dois ou três casais que não conhecemos muito bem para jantar conosco na casa de Cheryl – ser social e aguentar por mais ou menos 3 horas.	90
Ser anfitrião em uma festa na minha casa para pelo menos 20 pessoas, incluindo algumas que não conheço muito bem. Ser um bom anfitrião e sociável.	100+

Figura 9.2 • Hierarquia para a fobia social de Rick.

1. dramatização nas sessões; e
2. ler sobre como ter conversas informais. Rick concordou em adquirir um livro sobre este tópico depois de pesquisar os recursos disponíveis na internet.

Foram planejados exercícios de dramatização para sessões futuras.

A última parte da ilustração em vídeo mostra Rick e Dr. Wright decidindo as tarefas de exposição a serem feitas como tarefa de casa antes da próxima sessão. Rick ainda não estava pronto para realizar a tarefa de participar do evento de arrecadação de fundos, mas era capaz de se comprometer com três atividades classificadas como 40 ou menos (ir a um restaurante que não aceita reservas e conversar com outras pessoas que estejam esperando na fila, ter uma conversa detalhada com um garçom e almoçar com Cheryl e alguns de seus colegas de trabalho que ele não conhece bem).

As sessões seguintes com Rick foram direcionadas para subir na hierarquia e participar de atividades de exposição cada vez mais exigentes. A cada sessão, o Dr. Wright e Rick escolheram colaborativamente alvos para os próximos passos, resolveram qualquer possível problema na realização das tarefas e praticaram habilidades para lidar com situações sociais. À medida que Rick progredia na realização de atividades mais desafiadoras, os itens na extremidade mais baixa da hierarquia tornaram-se muito mais fáceis de realizar. Por volta do meio da terapia, Rick relatou que estava tentando participar de arrecadações de fundos e outras atividades semelhantes com sua noiva, mas tinha dificuldades. O Dr. Wright transformou esse problema em uma oportunidade ao ajudar Rick a entender e lidar com o fenômeno de comportamentos de segurança.

Trabalhando nos comportamentos de segurança

Os comportamentos de segurança podem minar sutilmente as tentativas de terapeutas e pacientes para superar transtornos de ansiedade. Se usarem tais comportamentos, os pacientes podem parecer estar avançando na superação de um problema, mas na realidade ainda estão evitando toda uma vivência da situação temida. Assim, os sintomas de ansiedade podem continuar de uma forma ou de outra. Na Ilustração em Vídeo 10, o Dr. Wright faz perguntas que revelam vários dos comportamentos de segurança de Rick.

Depois de relatar que às vezes ficava "paralisado" em situações sociais, Rick conta ao Dr. Wright algumas maneiras que ele havia encontrado para lidar com o dilema.

• **Ilustração em Vídeo 10:** Terapia de exposição II
Dr. Wright e Rick

Dr. Wright: E sobre essa trava que você sente? Você trava mesmo? Não consegue falar com as pessoas? Elas notam? Como é?

Rick: Não sei se sempre notam... Fico procurando algo para dizer, mas é como se me desse um branco.

Dr. Wright: Você sente um tipo de ansiedade... E o que você faz depois disso?

Rick: Se isso não passa e não consigo dizer nada eu normalmente dou uma desculpa... Vou fazer uma ligação...

Dr. Wright: Entendi. Você dá um jeito de sair dessa situação... Mais alguma coisa que você costume dizer?

Rick: Bem, às vezes no telefone eu digo: "Cheryl está me chamando, preciso ver o que ela quer..."

Dr. Wright: Às vezes eu penso se sair com Cheryl não é mais fácil para você porque ela se encarrega de falar...

Rick: Ah, sim... Ela sempre está disposta a falar.

Dr. Wright: O que eu acho que podemos identificar aqui é o que chamamos de "comportamentos de segurança".

O Dr. Wright começa então a explicar os comportamentos de segurança e seu papel na continuação de um padrão de evitação. Em seguida, ele ajuda Rick a estabelecer metas para manter conversas por períodos mais longos. A Ilustração em Vídeo 10 termina com uma breve discussão de outro tópico importante – começar a planejar atividades que exporiam Rick às situações com classificação mais alta na hierarquia. Parece ser um bom sinal de que Rick está considerando a ideia de recepcionar um jantar ou outro tipo de festa.

Outro exemplo de trabalho com comportamentos de segurança é demonstrado no tratamento de Consuela, a paciente com agorafobia (especialmente medo de dirigir) e TEPT, descrita no Capítulo 2, "Indicações e Formatos para Sessões Breves de TCC". Consuela foi tratada no formato de dupla de terapeutas. Seu outro terapeuta era um conselheiro pastoral não treinado na TCC e estava ajudando Consuela com as questões de luto após a morte de uma amiga próxima em um acidente de carro. Consuela tinha sintomas agorafóbicos antes de ter passado por um acidente de carro que resultou na morte de sua amiga; no entanto, os sintomas tinham aumentado muito após o incidente traumático. Embora Consuela parecesse estar fazendo algum progresso em seu tratamento com a Dra. Sudak, que incluía tratamento com um ISRS, ela normalmente realizava cerca de dois terços das atividades de exposição propostas na sessão anterior e continuava a insistir que um de seus pais a acompanhasse quando fosse dirigir. Ela deveria dirigir distâncias mais longas e enfrentar ruas mais congestionadas, mas era quase sempre com a rede de segurança de ter um dos pais ou um amigo com ela. Para reduzir esses comportamentos de segurança, a Dra. Sudak trabalhou com Consuela para desenvolver diários de exposição. A Figura 9.3 mostra um diário de exposição em um momento posterior na terapia, quando já conseguido algum sucesso na redução do uso de comportamentos de segurança por Consuela.

Os diários de exposição são ferramentas valiosas para ajudar os pacientes a estabelecer alvos para trabalhar por meio das hierarquias e para sintonizar os protocolos de exposição. No caso de Consuela, a Dra. Sudak sugeriu um foco em particular na elaboração e monitoração das tentativas de ter vivências de dirigir sem ter uma pessoa ao lado para apoiá-la. No início desse esforço, elas precisaram voltar aos níveis mais baixos da hierarquia para encontrar atividades de dirigir que ela pudesse tolerar sozinha. Durante o curso de várias sessões, porém, Consuela foi gradualmente capaz de aumentar sua capacidade de dirigir sozinha distâncias significativas.

Sessões breves de terapia de exposição para TEPT

O tratamento de Consuela ilustra um uso possível de sessões breves de TCC e farmacoterapia combinadas para TEPT. No entanto, muitos casos de TEPT podem exigir sessões mais longas se tiverem sido vivenciados traumas graves e há a necessidade de longas discussões para entender e superar a evitação de gatilhos ou lembretes de incidentes traumáticos. Por exemplo, Joanne, uma paciente com TEPT, foi atendida por um de nós em sessões de 50 minutos de TCC mais tratamento com um ISRS. Joanne era uma paciente de 34 anos de idade traumatizada sexualmente em seu primeiro ano de faculdade por um "estupro por um conhecido". Desde então, ela desenvolveu um complicado conjunto de sintomas, incluindo evitação de intimidade, depressão, autoestima muito baixa e obesidade severa (a qual ela abertamente admitia ajudá-la a evitar ser um objeto de atração para os homens).

Outro paciente atendido em sessões de 50 minutos foi Sergio, um funcionário de uma empresa de telefonia de 47 anos de idade que caíra de um poste alto enquanto trabalhava à noite durante uma queda de energia após uma tempestade. Sergio machucou gravemente suas costas, foi hospitalizado por mais de 2 semanas e não pode trabalhar pelos próximos 3 anos. Parte de seu problema era o TEPT. Ele ficava altamente ansioso sempre que pensava em voltar ao trabalho e subir em qualquer coisa ou mesmo ser levantado acima do solo com um elevador hidráulico. Sergio também estava deprimido, tinha algum elemento de dor crônica e estava passando por uma deterioração marcante de seu casamento desde o acidente. Ele foi tratado no formato de dupla de terapeutas formada por um dos autores (que atendeu Sergio em sessões breves para lidar com as medicações, dar apoio e facilitar a TCC e para dar a direção geral do tratamento) e um terapeuta cognitivo-comportamental não médico que fazia parte da equipe de tratamento.

Como os procedimentos da TCC para TEPT muitas vezes exigem esforços prolongados, intensivos e repetidos para permitir que o paciente reviva eventos traumáticos

Metas da exposição: Dirigir sozinha pelo menos cinco vezes por semana.
Dirigir sozinha em áreas congestionadas pelo menos três vezes por semana.

Dia	Atividade de dirigir	Acompanhada	Sozinha	Comentários
Domingo	Ao *shopping* com a amiga Marcy	X		Está ficando mais fácil dirigir até o *shopping*.
	Dirigi cerca de 8 quarteirões para buscar alguns livros para uma vizinha		X	Foi muito difícil dirigir essa curta distância sozinha.
Segunda-feira	À mercearia com minha mãe	X		Pensei em ir sozinha, mas minha mãe quis ir fazer compras comigo.
	Levei roupas à lavanderia a mais ou menos 700 metros de distância depois do horário do rush		X	Foi mais difícil – tive de entrar na avenida com quatro pistas, mas estava muito congestionada naquele momento.
Terça-feira	À livraria com meus pais	X		Foi tudo bem. Havia trânsito no início da noite.
Quarta-feira	Ao *shopping* sozinha		X	Eu estava muito nervosa. Senti-me tensa e transpirando, mas continuei. Dirigi na via expressa até o *shopping*.
Quinta-feira	Ao cinema com amigas	X		Eu fui buscá-las e dirigi até o cinema em outro *shopping* a cerca de três quilômetros de distância – estava tensa e muito atenta aos outros motoristas.
	Rápida viagem até a lanchonete para buscar almoço		X	Esta foi fácil– apenas cerca de dez quarteirões nas ruas do bairro.
Sexta-feira	Não dirigi nesse dia, fiquei em casa e trabalhei no jardim			
Sábado	Dirigi ao centro da cidade para fazer compras		X	Peguei a via expressa, embora pudesse ter pegado apenas as ruas do centro. Não tão tensa.
	Sai para jantar com amigos	X		Fui no sábado porque o tráfego não estava tão ruim. Estou me forçando a ser a motorista. Dirigi na ida e na volta do restaurante, que fica a mais ou menos dois quilômetros de distância.

Figura 9.3 • Um diário de exposição com atenção aos comportamentos de segurança: exemplo de Consuela.

e para modificar formas abertas e sutis de evitação (Ehlers et al. 2005), raramente tentamos tratar essa condição apenas com sessões breves. No entanto, alguns pacientes com sintomas não complicados ou relativamente leves de TEPT podem ser candidatos razoáveis para a sessão breve no formato de um único terapeuta. Um exemplo de nossos consultórios é Terry, um paciente de 40 anos de idade com uma história de síndrome do cólon irritável que buscou tratamento após ter um "acidente" intestinal enquanto assistia um dos jogos de futebol de seu filho. Ele estava longe de qualquer banheiro e "tentava segurar". A perda do controle do intestino havia sido terrivelmente constrangedora para ele e, agora, ele tinha lembranças e imagens intrusivas deste evento e fortes temores de que isso acontecesse novamente. Consequentemente, ele estava evitando qualquer atividade ao ar livre com sua família, tentando esvaziar o intestino pelo menos quatro vezes por dia e passando até uma hora sentado no vaso sanitário antes de sair para trabalhar.

O Dr. Thase, que estava tratando este paciente, chamou a gastroenterologista de Terry para coordenar seus esforços e entender melhor os efeitos da síndrome do cólon irritável no comportamento de Terry. A gastroenterologista observou que estava feliz por Terry ter procurado o Dr. Thase, pois ela havia reconhecido que a ansiedade de Terry estava levando a constantes reações exageradas. Por exemplo, a gastroenterologista acreditava que havia uma razão fisiológica para Terry precisar passar mais do que alguns minutos no vaso sanitário pela manhã ou programar tentativas para fazer funcionar o intestino pelo menos quatro vezes ao dia. Felizmente, Terry parecia não ter outros problemas psiquiátricos ou sociais. Ele tinha uma carreira bem-sucedida como contador e relatava relacionamentos excelentes com a família. Embora houvesse um aspecto obsessivo em alguns de seus comportamentos relacionados ao intestino, ele não tinha outros sintomas sugestivos de TOC.

Terry era um contador muito requisitado que tinha um estilo de personalidade bastante autônoma e autocontrolada. Quando o Dr. Thase discutiu várias opções para o tratamento, incluindo o encaminhamento para sessões de 50 minutos com um terapeuta não médico, Terry preferiu começar a tomar um ISRS e fazer sessões breves de terapia com exercícios de exposição como tarefa de casa. Durante o curso de aproximadamente três meses, o Dr. Thase e Terry trabalharam juntos para desenvolver um plano racional para estar perto o suficiente de banheiros caso Terry tivesse uma necessidade real de evacuar rapidamente, mas também começaram a usar a dessensibilização sistemática para retomar gradualmente as atividades ao ar livre com sua família e tolerar maiores distâncias de banheiros. Eles usaram um diário de exposição, como aqueles detalhados na próxima seção, para reduzir sequencialmente a quantidade de tempo que ele passava no banheiro. Ao final do tratamento, Terry era capaz de assistir a jogos de futebol regularmente, fazer pequenas caminhadas de pelo menos uma hora ou menos com sua família e participar de outras atividades ao ar livre. Seu medo intenso de perder o controle do intestino diminuiu consideravelmente e ele aceitou a explicação normalizante de que um "acidente intestinal" ocasional acontece com muitas pessoas e pode ser tolerado sem vergonha. Ele agora passava menos de 5 minutos sentado no vaso sanitário de manhã antes do trabalho.

Terapia de exposição para transtorno obsessivo-compulsivo

Na terapia de exposição para TOC, o terapeuta normalmente envolve o paciente em um processo de concordar em cessar comportamentos obsessivos específicos ao mesmo tempo em que tolera a ansiedade associada à não conclusão de um ritual até o medo se reduzir significativamente ou passar completamente (Foa et al. 2005). O termo *prevenção de resposta* muitas vezes é usado para descrever a cessação de comportamentos compulsivos. Como no tratamento de outros transtornos de ansiedade, normalmente é empregada uma abordagem hierárquica. Descobrimos que as sessões breves de TCC combinadas com a farmacoterapia podem ter um lugar de destaque no tratamento de pacientes com TOC. Um método frequentemente usado por nós é prescrever um ISRS, elevar a dose a níveis eficazes, monitorar e controlar os possíveis efeitos colaterais, além de envolver o paciente em um protocolo simples e direto de terapia de exposição. Essa terapia normalmente é realizada no modo de um único terapeuta, especialmente se o paciente tiver TOC circunscrito sem qualquer outra comorbidade severa e estiver motivado a usar a TCC. Nossa sensação de segurança no tratamento de tais pacientes em sessões breves é confirmada por estudos que demonstraram bons resultados para tratamentos que utilizam primordialmente exposição autodirigida para TOC e demandam pouco tempo do terapeuta (Markset al. 1988; Mataix-Cols e Marks 2006).

O tratamento de Prakash fornece um bom exemplo desse tipo de trabalho. Prakash procurou o Dr. Turkington para o tratamento de sintomas obsessivo-compulsivos de longa duração caracterizados por contagem ritualística. Prakash trabalhara no Reino Unido por mais de 20 anos como assistente jurídico e relatava satisfação com o emprego e um ambiente familiar de apoio. No entanto, seus dias eram preenchidos por muitos rituais que consumiam muito tempo e esforço. Na primeira sessão, Prakash estimou que passava cerca de 30%

a 35% das horas em que estava acordado fazendo rituais como contar os vidros das janelas em seu escritório, contar livros nas prateleiras das salas em que entrava, contar números que apareciam nas placas dos carros e contar os postes de luz. Sua meta geral para o tratamento era reduzir a contagem para que não tomasse mais do que 5% do seu tempo acordado.

O plano de tratamento do Dr. Turkington incluía um protocolo de terapia de exposição que envolvia Prakash em um plano de 6 meses para gradualmente eliminar seus comportamentos de contagem. Foram marcadas inicialmente sessões breves a intervalos de duas semanas, mas nos últimos dois meses os intervalos foram aumentados para cada quatro semanas na parte do tratamento relacionado à TCC. Após 6 meses de terapia, Prakash havia alcançado sua meta e declarou que a contagem estava tão mínima que não tinha uma consequência relevante em sua vida. Ele continuou o tratamento com um ISRS e sessões de acompanhamento com o Dr. Turkington a cada três meses. A Figura 9.4 traz exemplos dos diários de exposição do segundo e do quinto mês de seu tratamento para ilustrar os tipos de atividades que fizeram parte do sucesso do componente comportamental do tratamento.

• **Exercício de Aprendizagem 9.3:** Usando a terapia de exposição hierárquica

1. Tente identificar uma fobia simples ou medo que você possa ter. A maioria das pessoas tem um padrão de medo excessivo e evitação em resposta a pelo menos um estímulo (p. ex., picadas de insetos, alturas, falar em público ou outras situações, ansiedade social). Embora possa não estar causando qualquer angústia real, essa evitação ainda oferece uma oportunidade de ensinar a aplicar os princípios da terapia de exposição.

UM DIÁRIO DO 2° MÊS

Alvo comportamental	Meta	Resultados	Comentário
Contar os vidros das janelas	Ao entrar em uma sala, permitir-se contar os vidros de somente uma janela e fazer isso apenas uma vez. Não passar mais de dois minutos fazendo isso.	Mais ou menos 75% de sucesso nessa tarefa. Às vezes, me peguei voltando para contar novamente os vidros em uma janela.	Contar é tão automático que tive de fazer um verdadeiro esforço para resistir.
Contar os números das placas dos carros	Tentar não fazer isso.	Contei provavelmente os números de placas em aproximadamente 15% do tempo.	Achei que seria mais fácil, mas sempre escorregava para a velha rotina.
Contar os livros em todos os escritórios que visito	Contar livros em não mais do que três dos escritórios em que eu entrar por dia. Contar livros apenas na primeira prateleira e depois parar.	O plano de contar a primeira prateleira funcionou bem – consegui parar mais de 90% do tempo. Mas quando entrei e sai de muitos escritórios em um dia, normalmente contei livros em mais de três escritórios.	Só preciso continuar tentando.

Figura 9.4 • Diários de exposição para o tratamento de transtorno obsessivo-compulsivo: exemplo de Prakash.

Terapia cognitivo-comportamental de alto rendimento para sessões breves **165**

UM DIÁRIO DO 5º MÊS

Alvo comportamental	Meta	Resultados	Comentário
Contar os vidros das janelas	Permitir-me olhar para janelas com vários vidros, mas não contá-los. Apenas dar uma olhada para a janela por 10 segundos ou menos.	Mais ou menos 95% de sucesso nessa meta. Apenas muito raramente começo a contar e normalmente consigo parar em alguns segundos.	Muito alívio. Consigo dar atenção total ao trabalho ou outras tarefas.
Contar postes de luz e números de placas de carro	Não contar os postes. Contagem dos números nas placas dos carros: menos de 10% das placas.	Atingi todas as metas aqui. Contagem muito mínima de placas de carros – apenas dou uma olhada para mais ou menos uma em cada 100 placas.	Este não é mais um problema.
Contar os livros em todos os escritórios que visito	Olhar para a prateleira, apreciar a coleção de livros. Talvez dar uma olhada em alguns títulos se estiver suficientemente perto para ler. Tentar evitar qualquer contagem, mas se a contagem começar, interrompê-la dentro de 15 segundos.	Estou me concentrando mais nos livros que possam estar nas prateleiras em vez de ficar contando sem nenhum sentido. Sempre consigo parar dentro de 15 segundos. Começo a contar somente cerca de 10% do tempo.	Estou perto de conseguir colocar isso realmente sob bom controle.

Figura 9.4 • Diários de exposição para o tratamento de transtorno obsessivo-compulsivo: exemplo de Prakash (*continuação*).

166   Wright, Sudak, Turkington & Thase

2. Construa uma hierarquia para aumentar sua capacidade de enfrentar esse estímulo causador de ansiedade. Em seguida, coloque a hierarquia em prática.

3. Selecione pelo menos um paciente de seu consultório que possa se beneficiar com a terapia de exposição em sessões breves. Desenvolva e utilize uma hierarquia na abordagem de tratamento baseada na exposição.

RESUMO

Pontos-chave para terapeutas

- Os métodos comportamentais para transtornos de ansiedade podem ser bastante úteis em sessões breves porque muitas vezes podem ser ensinados de maneira sucinta e realizados como tarefas de casa entre as sessões com o terapeuta.

- A patologia cognitiva nos transtornos de ansiedade (p. ex., temores excessivos, estimativa diminuída da capacidade de lidar com situações provocadoras de ansiedade, atenção e vigilância elevadas quanto a ameaças em potencial) estimula os padrões de evitação que, por sua vez, confirmam e ampliam as cognições desadaptativas.

- As intervenções comportamentais na TCC podem romper o "ciclo vicioso" entre cognições de medo e evitação.

- A evitação pode se manifestar de várias maneiras:

    1. evitação total ou parcial de um objeto temido ou situação temida;
    2. comportamentos de segurança; e
    3. falta de esforços para aprender maneiras de enfrentar melhor as situações temidas.

- O treinamento de relaxamento, as imagens mentais positivas e o retreinamento da respiração podem ser usados sozinhos em algumas aplicações (p. ex., transtorno de ansiedade generalizada), mas são mais comumente administrados como parte de uma abordagem geral da TCC. Esses métodos podem facilitar a participação na terapia de exposição.

- Estão disponíveis vários auxiliares úteis (p. ex., CDs de áudio, programas computadorizados) para ensinar e desenvolver o relaxamento progressivo. Esses auxiliares podem preservar o tempo nas sessões breves ao ajudar os pacientes a desenvolverem por si mesmos as habilidades de relaxamento.

- Imagens mentais positivas podem ser um método útil para tratar transtornos de ansiedade em sessões breves. Os pacientes podem ser instruídos a usar imagens mentais relaxantes e incentivados a praticar esses métodos entre as sessões.

- O retreinamento da respiração é uma das estratégias comportamentais principais para o transtorno de pânico. O desenvolvimento desse método em sessões breves normalmente acarreta uma miniaula, seguida de um exemplo de um estilo de respiração no pânico e da respiração normal. Os pacientes são ensinados a desacelerar a respiração a uma taxa normal e usar imagens mentais positivas adjuvantes para tranquilizar ainda mais as emoções ansiosas e a tensão física.

- Os métodos de terapia de exposição normalmente envolvem a construção de uma hierarquia graduada que é usada para a dessensibilização sistemática dos gatilhos da ansiedade. A exposição hierárquica eficaz pode ser promovida selecionando passos específicos e mensuráveis e elaborando uma hierarquia com atividades que tenham uma ampla variedade de graus de dificuldade (ou seja, graus de dificuldade baixo, médio e alto).

- O trabalho terapêutico com comportamentos de segurança normalmente proporciona um benefício adicional a pacientes em programas de terapia de exposição. Quando são identificadas as atividades de segurança, esses comportamentos podem se tornar alvos de outras intervenções de exposição.

- Os diários de exposição podem ser maneiras muito úteis de monitorar e apoiar a mudança. Prescrever esses diários como tarefa de casa pode ajudar os terapeutas a maximizar o tempo disponível para as sessões breves, ao mesmo tempo aumentando o envolvimento do paciente no componente de autoajuda da TCC.

Conceitos e habilidades para os pacientes aprenderem

- Pessoas com transtornos de ansiedade muitas vezes evitam objetos temidos ou situações temidas. A cada vez que a situação é evitada, a quantidade de medo aumenta e aprofunda a crença da pessoa de que ela não consegue enfrentar a situação.
- Uma chave para superar os transtornos de ansiedade é desenvolver um plano gradual para romper os padrões de evitação.
- A TCC para transtornos de ansiedade normalmente envolve o desenvolvimento de uma hierarquia – uma lista de passos para se expor às situações temidas. Ao começar por atividades que provocam baixos níveis de ansiedade ou angústia, é possível ganhar confiança e habilidades para lidar com os gatilhos para seu medo.
- Os terapeutas o orientam e apoiam à medida que você trabalha por meio da hierarquia, mas muito do trabalho tem de ser feito fora das sessões, colocando as aulas em prática na vida cotidiana.
- Vários métodos comportamentais podem reduzir a ansiedade e a tensão e ajudar as pessoas a superarem seus

temores. Algumas das técnicas que o terapeuta talvez lhe ensine são exercícios de relaxamento (maneiras de reduzir a tensão muscular e o estresse), imagens mentais positivas (trazer imagens tranquilizadoras à mente) e retreinamento da respiração (aprender a se concentrar em um estilo relaxado de respiração para interromper os ataques de pânico e outros motivos de ansiedade).

- Estabelecer alvos para a mudança é um processo colaborativo na TCC. Você e seu terapeuta farão um trabalho em equipe para elaborar hierarquias e planejar a maneira de alcançar suas metas.
- Registrar seus esforços para mudar é uma parte muito importante da TCC para a ansiedade. Tente monitorar e anotar suas vivências como tarefa de casa e leve esses relatos escritos para suas sessões.

REFERÊNCIAS

Arntz A: Cognitive therapy *versus* applied relaxation as a treatment of generalized anxiety disorder. Behav Res Ther 41:633–646, 2003

Bernstein DA, Borkovec TD: Progressive Relaxation Training: A Manual for the Helping Professions. Champaign, IL, Research Press, 1973

Clark DM, Ehlers A, Hackman A, et al: Cognitive therapy *versus* exposure and applied relaxation in social phobia: a randomized controlled trial. J Consult ClinPsychol 74:568–578, 2006

de Beurs E, Lange A, van Dyck R, et al: Respiratory training prior to exposure in vivo in the treatment of panic disorder with agoraphobia: efficacy and predictors of outcome. Aust N Z J Psychiatry 29:104–113, 1995

Ehlers A, Clark DM, Hackmann A, et al: Cognitive therapy for post-traumatic stress disorder: development and evaluation. Behav Res Ther 43:413–431, 2005

Foa EB, Liebowitz MR, Kozac MJ, et al: Randomized, placebo-controlled trial of exposure and ritual prevention, clomipramine, and their combination in the treatment of obsessive-compulsive disorder. Am J Psychiatry 162:151–161, 2005

Jacobsen E: Progressive Relaxation. Chicago, IL, University of Chicago Press, 1938

Klosko JS, Barlow DH: Cognitive-behavioral treatment of panic attacks, in Handbook of the Treatment of the Anxiety Disorders, 2nd Edition. Edited by Lindemann CG. Lanham, MD, Jason Aronson, 1996, pp 221–231

Manzoni GM, Pagnini F, Castelnuovo G, et al: Relaxation training for anxiety: a ten-years systematic review with meta-analysis. BMC Psychiatry 8:41, 2008 (online publication). Available at: http://www.biomedcentral.com/1471-244X/8/41. Accessed February 25, 2010.

Marks IM, Lelliott P, Basoglu M, et al: Clomipramine, self-exposure and therapist-aided exposure for obsessive-compulsive rituals. Br J Psychiatry 152:522–534, 1988

Mataix-Cols D, Marks IM: Self-help with minimal therapist contact for obsessive-compulsive disorder: a review. Eur Psychiatry 21:75–80, 2006

Ost LG, Breitholtz E: Applied relaxation vs. cognitive therapy in the treatment of generalized anxiety disorder. Behav Res Ther 38:777–790, 2000

Payne RA: Relaxation Techniques: A Practical Handbook for the Health Care Professional, 3rd Edition. London: Churchill Livingstone, 2005

Sanderson WC, Wetzler S: Cognitive behavioral treatment of panic disorder, in Panic Disorder: Clinical, Biological, and Treatment Aspects. Edited by Asnis GM, van Praag HM. Oxford, UK, Wiley, 1995, pp 314–335

Schmidt NB, Woolaway-Bickel K, Trakowski J, et al: Dismantling cognitive-behavioral treatment for panic disorder: questioning the utility of breathing retraining. J Consult ClinPsychol 68:417–424, 2000

Simpson, HB, Foa EB, Liebowitz MR, et al: A randomized, controlled trial of cognitive-behavioral therapy for augmenting pharmacotherapy in obsessive-compulsive disorder. Am J Psychiatry 165:621–630, 2008

Singer JL, DiFillippo JM, Overholser JC: Cognitive-behavioral treatment of panic disorder: confronting situational precipitants. Journal of Contemporary Psychotherapy 29:99–113, 1999

Taylor S: Breathing retraining in the treatment of panic disorder: efficacy, caveats and indications. Scandinavian Journal of Behaviour Therapy 30:49–56, 2001

Wolpe J: The Practice of Behavior Therapy. New York, Pergamon Press, 1969

Wolpe J: The current status of systematic desensitization. Am J Psychiatry 130:961–965, 1973

Wright JH, Basco MR, Thase ME: Aprendendo a Terapia Cognitivo-Comportamental: Um Guia Ilustrado. Porto Alegre: Artmed, 2008

10
Métodos da TCC para insônia

Mapa de aprendizagem

Conceituação da insônia na TCC

Evidências a favor da eficácia da TCC para insônia

Passos para lidar com a insônia com TCC

A insônia é uma condição comum e dispendiosa que ocorre como um problema crônico e persistente em 10% a 15% da população (Morin 2004). Quarenta e quatro por cento dos adultos relatam problema de sono todas as noites ou quase todas as noites (Fundação Nacional do Sono 2008). Em pacientes com doenças médicas e psiquiátricas, é mais provável que a insônia seja persistente e tenha impactos negativos na qualidade de vida e no desempenho profissional (Ford e Kamerow 1989; Simon e Von Korff 1997). A perturbação do sono é um fator de risco independente para recorrência da depressão em adultos mais velhos (Cho et al. 2008) e pode ser um preditor de recaída em indivíduos com dependência de álcool(Currie et al. 2004). Em pessoas idosas, os problemas de sono podem prejudicar a saúde e aumentar a mortalidade (Newman et al. 1997; Pollak et al. 1990).

Estudos de terapia cognitivo-comportamental (TCC) para insônia demonstraram aumentos duradouros no tempo de sono e menor latência do sono (Morin 2004), mesmo em pacientes com comorbidade médica ou psiquiátrica (Smith et al. 2005). Neste capítulo, daremos uma visão geral da conceituação da TCC para insônia, discutiremos algumas das evidências a favor da efetividade dessa abordagem e, em seguida, detalharemos os métodos práticos que são bem adequados para uso em sessões breves.

CONCEITUAÇÃO DA INSÔNIA NA TCC

Morin e Espie (2004) descreveram um ciclo vicioso que ocorre na insônia e forneceram uma estrutura conceitual para orientar o tratamento cognitivo-comportamental (Figura 10.1). A essência dessa visão da insônia é como se segue:

1. Uma vez estabelecida a insônia, independentemente da causa, as cognições em relação à perturbação do sono

Figura 10.1 • Conceituação da insônia na terapia cognitivo-comportamental.
Fonte: Adaptado com permissão de Morin CM: *Insomnia: Psychological Assessment and Management*. New York, Guilford, 1993. Copyright © 1993 The Guilford Press. Uso com permissão of The Guilford Press.

podem ter um papel na piora e/ou perpetuação do problema. Exemplos de cognições disfuncionais incluem preocupação com conseguir dormir, hipervigilância em relação ao sono e incapacidade de se desligar das preocupações do dia que invadem o sono.

2. Cognições desadaptativas sobre o sono podem aumentar a excitabilidade e, assim, interferir nos padrões de sono.
3. Perturbações comportamentais do sono, como higiene precária do sono, sono irregular e horários em que desperta, além de cochilos durante o dia, muitas vezes têm um papel na insônia. Esses problemas comportamentais podem ser influenciados por cognições disfuncionais.
4. Insônia não é apenas um problema à noite. Pacientes com interrupção do sono também têm sintomas relacionados à insônia durante o dia. Estes incluem sintomas emocionais (irritabilidade, instabilidade e ansiedade), sintomas cognitivos (dificuldades de memória e concentração, preocupação e ruminação), sintomas comportamentais (cochilos, absenteísmo) e sintomas interpessoais (afastamento dos relacionamentos).

EVIDÊNCIAS A FAVOR DA EFICÁCIA DA TCC PARA INSÔNIA

Em duas meta-análises, as intervenções comportamentais para insônia demonstraram ser duradouras e produzir mudança significativa em 70% a 80% dos pacientes que as utilizam (Morinet al. 1994; Murtagh e Greenwood 1995). As evidências para as intervenções da TCC indicam claramente que os componentes de TCC para insônia, especialmente controle de estímulos e restrição do·sono, têm um alto grau de sucesso nas várias populações com perturbações do sono (Edinger e Mears 2005). Além disso, estudos demonstraram que as intervenções de TCC podem ser aprendidas quando ensinadas em sessões breves por telefone (Bastienet al. 2004) e em grupos (Espie et al. 2001).

A combinação de medicações para dormir com TCC para insônia é menos claramente benéfica para os pacientes. Apenas alguns estudos avaliaram o tratamento combinado. No curto prazo, o tratamento combinado tem uma pequena vantagem sobre o tratamento sozinho, mas no acompanhamento de longo prazo, a TCC sozinha é muito mais durável (Morin et al. 1999). Tomar medicação para o sono pode produzir pensamentos disfuncionais sobre as intervenções da TCC (por ex., "Só consigo fazer isso porque estou tomando medicação") que tornam a mudança menos provável. Os resultados de vários estudos (Morin et al. 2004; Zavesicka et al. 2008) apontam para a possibilidade de a TCC poder facilitar a diminuição gradual e retirada dos hipnóticos e melhorar a qualidade do sono dos pacientes que tomam benzodiazepinas e drogas similares. Enfatizamos que estamos nos referindo aqui a pacientes cuja condição primária provavelmente se deteriorará com um breve período de significativafalta de sono. Pacientes com transtorno bipolar, por exemplo, podem exigir o uso de medicação hipnótica no curto prazo para ajudar a reduzir as chances de uma piora de seus sintomas de humor.

PASSOS PARA LIDAR COM A INSÔNIA COM TCC

As intervenções primárias usadas na TCC para insônia estão relacionadas na Tabela 10.1. Cada uma delas foi validada como uma ferramenta útil para a perturbação do sono. Os terapeutas devem determinar a sequência e o uso de cada intervenção com base na conceituação de caso. Muitos psiquiatras e outros terapeutas prescritores que utilizam a TCC em sessões mais breves utilizam essas técnicas com pacientes que não têm insônia como a principal queixa, mas que desenvolvem insônia secundária a outro transtorno psiquiátrico. Nesses casos, higiene do sono, manejo do estilo de vida e

---

Tabela 10.1 • Passos para lidar com a insônia

- Avaliação dos hábitos de sono
- Psicoeducação
- Higiene do sono e modificação do estilo de vida
- Controle de estímulos
- Restrição do sono
- Treinamento de relaxamento
- Imagens Mentais Positivas
- Reestruturação cognitiva

Avaliação dos hábitos de sono

Um bom primeiro passo para ajudar os pacientes a dormirem melhor é pedir-lhes para manter um diário ou registro de seus hábitos de sono. Um exemplo típico de diário de sono é mostrado na Figura 10.2. Essa ferramenta pode ajudar os pacientes de várias maneiras: fornece dados detalhados dos padrões de sono para uso no planejamento do tratamento, produz evidências sobre os efeitos de certos comportamentos no sono (por ex., ir para a cozinha para fazer um lanche ou para outro quarto depois de ter despertado), ajuda a medir o sucesso das intervenções de TCC para o sono, ajuda os pacientes a serem detetives melhores quanto aos fatores que interferem no descanso adequado, e ajuda na mudança das cognições sobre o sono – os pacientes frequentemente superestimam o tempo que levam para adormecer, subestimam o tempo que passam dormindo e catastrofizam quanto aos resultados do sono precário. Os registros de sono podem ser excelentes tarefas de casa entre as sessões e são um exemplo principal dos métodos eficientes da TCC que podem melhorar a qualidade das sessões breves.

A Dra. Sudak pediu a Grace, apresentada no Capítulo 3, "Aumentando o Impacto das Sessões Breves", para preencher um diário de sono como uma de suas tarefas de casa. Grace preencheu o diário para duas noites da semana (segunda e terça-feira) e para o final de semana (Figura 10.3). Isso lhes permitiu revisar os hábitos de sono típicos que ela tinha e modificar aqueles que interferiam com um bom sono. Como se pode ver, Grace tinha o padrão comum de alterar seu sono durante os finais de semana, levantando e indo dormir mais tarde do que o habitual e tirando cochilos durante o dia. Esse comportamento, além de sua ansiedade quanto a começar a semana de trabalho, preparou o terreno para problemas com o sono. Depois de manter esse registro e constatar ela mesmaas evidências, Grace fez um esforço para abandonar seus cochilos e deixar de dormir tarde nos finais de semana.

Recomendamos que você faça o próximo exercício de aprendizagem para aprender mais sobre como os diários de sono podem ser úteis para lidar com a insônia. Se você próprio tiver problemas com o sono, você pode preencher o registro para três 3 noites de suas próprias vivências de sono. Se tiver sorte suficiente para ter um ótimo padrão de sono, você pode pedir para um ou mais de seus pacientes para preencher um diário de sono.

• **Exercício de Aprendizagem 10.1:** Usando um diário de sono

1. Preencha um diário de sono para três noites de seu próprio sono e/ou peça a um de seus pacientes para usar o diário de sono.

2. Revise os resultados do registros dos padrões de sono. Considere esses resultados ao planejar intervenções com base nos métodos descritos neste capítulo.

Psicoeducação

Educar os pacientes sobre o sono normal e os hábitos desadaptativos que subvertem o sono é um elemento-chave da TCC para a insônia. A psicoeducação pode ser realizada de maneira eficiente por meio de leituras, apostilas e recursos *online* (vide sugestões na Tabela 10.2). Quando os pacientes acham difícil aceitar partes do tratamento (p. ex., restrição do sono), os recursos educacionais

Terapia cognitivo-comportamental de alto rendimento para sessões breves **173**

	Segunda-feira	Terça-feira	Quarta-feira	Quinta-feira	Sexta-feira	Sábado	Domingo
Hora em que foi para a cama							
Hora em que adormeceu							
Horas dormidas							
Interrupções do sono							
Hora em que despertou							
Cochilos?							
Qualidade do sono							
Álcool/ medicações?							

Figura 10.2 • Diário de sono.
Nota: Este diário de sono também é fornecido no Apêndice 1, "Planilhas e Listas de Verificação".

	Segunda-feira	Terça-feira	Quarta-feira	Quinta-feira	Sexta-feira	Sábado	Domingo
Hora em que foi para a cama	22:30 h	22:49 h				00:30 h	23:30 h
Hora em que adormeceu	23:00 h	23:00 h				01:00 h	01:00 h
Horas dormidas	6	5,5				6,5	5
Interrupções do sono	3	4				2	4
Hora em que despertou	6:30 h	6:00 h				9:00 h	7:00 h
Cochilos?	Não	Não				Sim	Sim
Qualidade do sono	Regular	Ruim				Regular	Ruim
Álcool/ medicações?	Não	Não				Não	Não

Figura 10.3 • Diário de sono de Grace.

Terapia cognitivo-comportamental de alto rendimento para sessões breves **175**

Tabela 10.2 • Recursos psicoeducacionais para melhorar o sono

Livros

Edinger J, Carney C: Overcoming Insomnia: A Cognitive Behavioral Approach—Therapist Guide. New York, Oxford University Press, 2008

Hauri P, Linde S: No More Sleepless Nights. Hoboken, NJ, Wiley, 1996

Jacobs G, Benson H: Say Good Night to Insomnia: The Six-Week, Drug-Free Program Developed at Harvard Medical School. New York, Owl Books, 1999

Morin CM: Relief From Insomnia: Getting the Sleep of Your Dreams. New York, Doubleday, 1996

***Sites* da internet**

www.cbtforinsomnia.com (programa de TCC interativa pela internet)

www.helpguide.org/life/insomnia_treatment.htm (psicoeducação sobre insônia, terapia cognitivo-comportamental e dicas de relaxamento, diário de sono e *links* para outros *sites*)

www.sleepfoundation.org (*podcasts*, vídeos, materiais impressos sobre diferentes tipos de distúrbios do sono e loja *online*)

Nota: Estes recursos também estão relacionados no Apêndice 2, "Recursos da TCC para Pacientes e Familiares".

podem ajudar a validar as evidências para esses procedimentos.

Higiene do sono e modificação do estilo de vida

As recomendações de higiene do sono e manejo do estilo de vida são usadas para mudar hábitos que sabotam o bom sono. Os hábitos ruins de sono incluem dormir com a televisão ligada a noite toda ou manter o trabalho dentro do quarto. A avaliação da insônia deve incluir uma análise comportamental cuidadosa dos hábitos do paciente que podem influenciar o sono. Quanta cafeína o paciente ingere por dia? Quando a cafeína é consumida? Como é o ambiente do quarto? O paciente tem uma rotina de desligar-se ao final do dia? O que o paciente faz se acordar durante a noite? Depois de obter essas informações, terapeuta e paciente podem resolver os obstáculos às mudanças nos hábitos que promoveriam um sono melhor. Muitas vezes, os pacientes não têm consciência dos passos básicos que podem dar para melhorar a qualidade de seu sono. A Tabela 10.3 traz uma lista de

Tabela 10.3 • Boas práticas de sono

- Ter horários regulares para ir para a cama e acordar.
- Ter uma rotina ao acordar que aumente a exposição à luz do dia o mais rápido possível.
- Usar cafeína ocasionalmente – ou não usar – e sempre antes do meio-dia.
- Minimizar o uso de álcool, pois isso frequentemente causa insônia de rebote.
- Evitar a nicotina.
- Evitar comer muito perto da hora de ir para a cama. Um lanche leve por ser bom para algumas pessoas.
- Certificar-se de que seu quarto está escuro e silencioso e a temperatura está agradável.
- Eliminar o barulho com tampões de ouvido ou utilizar música.
- Tentar estabelecer uma hora ritual para ir para a cama e "desligar-se" à medida que essa hora se aproxima – um banho, um chá de ervas, rezar ou meditar pode ser muito útil para acalmá-lo depois da estimulação do dia. Deixar as preocupações fora da cama.
- Desenvolver um rotina de exercícios e terminá-la antes das 17h.

alguns dos elementos comuns da higiene saudável do sono.

Controle de estímulos

Os métodos de controle de estímulos são uma extensão das recomendações de higiene do sono descritas na subseção anterior. Um plano um pouco mais detalhado é elaborado para ajudar os pacientes:

1. reduzir a exposição a estímulos que possam interromper o sono; e
2. iniciar uma rotina saudável para promover um bom sono.

Pode ser necessária a reestruturação cognitiva para convencer os pacientes a desenvolverem o controle de estímulos, pois eles podem ter crenças sobre o sono que perpetuam os hábitos que pioram a insônia (ou seja, "Preciso da TV ligada para pegar no sono", "Se eu não dormir o suficiente à noite, tenho de tirar um cochilo à tarde"). A Tabela 10.4 traz uma lista de alguns métodos úteis de controle de estímulos para melhorar o sono.

Restrição do sono

A restrição do sono é uma técnica poderosa que pode ajudar os pacientes com insônia crônica. Esse método normalmente não é utilizado para a interrupção do sono associada a episódios agudos de depressão, mania ou psicose. O propósito da restrição do sono é consolidar e aumentar a eficiência do sono. Essa técnica pode restaurar o ritmo homeostático normal dos ciclos de sono dos pacientes. Para empregar a restrição do sono, o terapeuta pede ao paciente para diminuir um pouco a quantidade de tempo gasto na cama (p. ex., a 85% de seu tempo total médio do sono) e não tirar cochilos durante o dia. Se o paciente passa normalmente sete horas por noite na cama, o terapeuta pode sugerir que coloque o despertador para levantar depois de seis horas.

Quando é empregada a restrição do sono, a condução natural ao sono normalmente aumentará. O paciente, então, é solicitado a aumentar gradualmente o sono em pequenos incrementos (15 minutos) por noite, desde que durma sem interrupções. Muitas vezes, os pacientes precisam de quantidades significativas de educação para motivá-los a engajar-se nessa estratégia e alguns revelam espontaneamente crenças que eles têm sobre o sono que compõem sua insônia (ou seja, "não consigo funcionar com menos de 8 horas de sono"). Os terapeutas precisam ter consciência das condições preexistentes (p. ex., transtorno bipolar, convulsões) que possam piorar pela diminuição deliberada do tempo de sono; a restrição do sono deve ser evitada nessas situações.

Tabela 10.4 • Métodos de controle de estímulos para melhorar o sono

- Usar sua cama apenas para dormir ou para a atividade sexual. Dormir é um hábito e quanto mais você associar a cama a dormir, melhor. Não pague contas, coma, trabalhe em seu computador, assista TV, discuta ou converse no telefone quando estiver na cama.
- Remover distrações como equipamentos de exercícios, passatempos e material para artesanato ou correspondências não abertas no quarto.
- Melhorar o conforto de sua cama. Considere novos travesseiros e lençóis mais confortáveis; rearranje a mobília do quarto; ou compre um novo colchão se necessário.
- Se não conseguir dormir em 15 minutos, não fique na cama; em vez disso, sente-se e faça uma atividade monótona e/ou tranquilizadora com uma luz fraca no quarto. Quando se sentir sonolento novamente, volte para a cama. Não fique prestando atenção ao relógio para controlar os 15 minutos. Repita muitas vezes, se necessário.

Treinamento de relaxamento

O treinamento de relaxamento é outro componente da TCC para a insônia. Essa técnica está descrita em detalhes no Capítulo 9, "Métodos Comportamentais para Ansiedade". O treinamento de relaxamento pode ser ensinado pelo terapeuta em uma sessão com prática ao vivo, podendo ser feita uma gravação das instruções durante a terapia. Além disso, estão disponíveis no mercado vários CDs excelentes de treinamento de relaxamento (vide "Recursos para o Treinamento e Prática de Relaxamento" no Apêndice 2, "Recursos da TCC para Pacientes e Familiares"). Normalmente, sugerimos que os pacientes desenvolvam suas habilidades no treinamento de relaxamento praticando essa técnica durante o dia, quando eles não estão especialmente ansiosos nem tentando pegar no sono. Essa prática pode ajudar o paciente a desenvolver o método com menos esforço no momento de ir para a cama ou durante período de vigília.

Imagens mentais positivas

Pode ser usado um método adicional da TCC para a ansiedade descrito no Capítulo 9, "Métodos Comportamentais para Ansiedade", para reduzir ou espantar os pensamentos preocupantes, a tensão ou outros problemas que estejam interferindo no sono. Imagens mentais positivas e métodos relacionados, como a consciência plena, podem ajudar as pessoas a concentrar sua atenção em imagens mentais tranquilizadoras que podem ajudar a induzir ao sono. Exemplos de imagens mentais positivas incluem concentrar-se em lembranças agradáveis de caminhar em uma praia ou sentar-se ao lado de um riacho nas montanhas em um dia bonito no começo do verão ou imaginar a isca da vara de pescar de um pescador sendo jogada na água com perfeição. Imagens mentais positivas é a técnica favorita para uso pessoal por um dos autores, que costuma despertar no meio da noite.

Reestruturação cognitiva

A reestruturação cognitiva pode ser empregada para diminuir os pensamentos automáticos e as crenças que estão servindo de poderosos fatores de manutenção da insônia. Harvey (2005) descreveu uma série de crenças relacionadas ao sono que ocorrem tanto à noite como durante o dia e podem perpetuar a insônia. Estas podem incluir crenças sobre os efeitos diurnos do sono precário e atribuições errôneas sobre os efeitos deletérios do sono precário (p. ex., "Não tive bom desempenho no trabalho hoje porque dormi mal"), crenças disfuncionais e irrealistas sobre o próprio sono (p. ex., "Se eu não tiver oito 8 horas de sono, vou ficar um trapo") e crenças sobre o que se deve fazer para garantir que o sono ocorra de uma determinada maneira (p. ex., "Se eu não dormir durante oito 8 horas, devo ficar na cama o tempo que preciso para compensar"). Indivíduos com insônia são mais propensos a se preocuparem e terem ansiedade antecipatória sobre ser capaz de dormir. Eles também investigam automaticamente qualquer ameaça relacionada ao sono (p. ex., "Se o quarto estiver muito frio, nunca vou pegar no sono"). A atenção seletiva a essas ameaças podem agravar padrões de sono disfuncionais. A Tabela 10.5 traz alguns pensamentos automáticos comuns sobre o sono que podem ser alvos de intervenções da TCC.

Todos os métodos descritos no Capítulo 7, "Enfocando o Pensamento Desadaptativo" (vide Tabela 7.9), podem ser usados para modificar cognições disfuncionais sobre o sono. Por exemplo, o questionamento socrático pode ajudar a determinar os pensamentos do paciente sobre o sono. Registros de pensamentos, diários de sono/vigília e experimentos comportamentais

Tabela 10.5 • Pensamentos automáticos típicos que interferem no sono

- Terei um dia terrível se não dormir bem.
- As pessoas têm de dormir oito horas por noite para funcionar.
- Se eu dormir mal, tenho de tirar um cochilo para compensar.
- Não consigo funcionar sem uma boa noite de sono.
- Nunca vou conseguir voltar a dormir.
- Não consigo voltar a dormir se algum barulho me acordar.
- Se eu acordar e não me sentir descansado, sei que vou ter um péssimo dia.
- Preocupar-me na cama à noite me ajuda a encontrar soluções.

para restringir o sono podem ser empregados para ajudar um paciente a desenvolver perspectivas novas e mais precisas sobre o sono. A meta dessas intervenções também é diminuir a ativação cognitiva muitas vezes associada ao sono precário. A Figura 10.4 mostra uma sequência de reestruturação cognitiva que levou um paciente a uma crença menos rígida e mais adaptativa sobre a necessidade de sono.

A Ilustração em Vídeo 11 ressalta os métodos práticos da TCC para tratar problemas de sono descritos neste capítulo. Este segmento mostra a Dra. Sudak trabalhando com Grace depois que ela começou em seu novo emprego.

A Dra. Sudak avalia rapidamente os hábitos de sono de Grace e descobre que ela está levando muitas preocupações e pressões do dia para o momento em que está tentando pegar no sono. Além disso, o ambiente em seu quarto é menos do que ideal. Ela guarda sobras de seu trabalho e várias tarefas das aulas de seus filhos ao lado de sua cama para que consiga lidar com eles quando tiver tempo disponível.

Outro dos problemas de Grace é pegar no sono com a TV ligada e depois acordar para desligá-la. Ela explica que depois da morte de seu marido, ela começou a deixar a TV ligada por ser "uma companhia" e porque ela "gosta do barulho". Ainda outro problema é seu sono e horários em que desperta irregulares. Nos finais de semana, ela fica acordada até tarde, cai no sono e tira cochilos.

• Ilustração em Vídeo 11: TCC para insônia: *Dra. Sudak e Grace*

Neste vídeo, a Dra. Sudak usa vários dos métodos da TCC da Tabela 10.1 para ajudar Grace a melhorar seu sono. A principal iniciativa nesta sessão breve é usar os procedimentos de controle de estímulos para melhorar o ambiente de sono de Grace. Elas trabalham colaborativamente para elaborar um plano para:

1. deixar a TV desligada;
2. tirar todos os materiais de trabalho do quarto; e
3. substituir a TV por uma música suave.

A Dra. Sudak e Grace também decidem que Grace separará um horário e local (não o quarto) para concluir suas tarefas e dar atenção às preocupações antes de anoitecer, além de trabalhar em uma rotina de horários para dormir e acordar todos os dias da semana. Todas essas mudanças fazem parte de experimentos comportamentais nos quais Grace é solicitada a modificar sua rotina e depois observar os efeitos em seu sono. Esse tipo de experimentos comportamentais demonstra um princípio fundamental da TCC – a parceria com o paciente para tentar novos comportamentos, coletar dados sobre o projeto e avaliar o resultado em um estilo empírico.

SITUAÇÃO: NOITE ANTES DE UMA REUNIÃO IMPORTANTE NO TRABALHO

Reestruturação cognitiva

Crença:
"É essencial ter oito horas de sono para funcionar."

Explicação alternativa:
"Não existe um padrão ouro para o sono"

Pensamento automático:
"Eu tenho de dormir oito horas para ser eficaz em minha reunião."

Reunindo evidências:
- "Sei de muitas pessoas que dormem menos de oito horas e não têm problemas."
- "Já cometi erros depois de nove horas de sono."
- "Já funcionei bem com apenas poucas horas de sono."

Erros cognitivos:
Pensamento do tipo tudo ou nada, Magnificação

Explicação alternativa:
"Mesmo se eu não dormir as 8 horas completas, vou ficar bem."

Resultado:
Menor ansiedade, maior capacidade de dormir

Figura 10.4 • A sequência de reestruturação cognitiva que leva a uma crença mais adaptativa sobre o sono.

RESUMO

Pontos-chave para terapeutas

- Cognições disfuncionais sobre o sono, ativação emocional e fisiológica, comportamentos desadaptativos de sono e as consequências diurnas do sono precário podem se tornar parte de um ciclo vicioso que mantém e/ou aprofunda os problemas de insônia.
- Os métodos da TCC para insônia normalmente são direcionados para:

1. modificar ou desenvolver habilidades de enfrentamento de preocupações ou outras cognições que interferem no sono; e
2. promover comportamentos de sono saudáveis.

- As intervenções de TCC são altamente eficazes para a insônia.
- A miniformulação dos pensamentos, emoções e comportamentos relacionados ao sono do paciente ajudará a fornecer um tratamento focalizado.

- Diários de sono podem ser ferramentas muito úteis para avaliar problemas de sono e planejar as intervenções.
- Higiene do sono e modificação do estilo de vida são componentes altamente importantes da abordagem da TCC à insônia.
- Muitas ferramentas educacionais úteis podem ajudar os pacientes a desenvolverem melhores hábitos de sono. Livros e programas de internet podem ajudar os terapeutas a fornecer uma psicoeducação eficiente em sessões breves.
- Alguns dos métodos específicos usados para promover um bom sono são controle de estímulos, treinamento de relaxamento, imagens mentais positivas, restrição do sono e reestruturação cognitiva.

Conceitos e habilidades para os pacientes aprenderem

- Se você tiver insônia, seus hábitos de sono ou padrões de estilo de vida podem ser grande parte do problema. Alguns dos hábitos que podem interferir em uma boa noite de sono são tomar bebidas com cafeína, ter horários irregulares para dormir e acordar, falta de exercício, uso de álcool ou drogas e ter um ambiente no quarto que o distrai do sono.
- Mudar de hábitos e estilo de vida pode ser o ingrediente-chave em um plano eficaz para melhorar o sono.
- As pessoas também podem ter problemas para se desligar das preocupações no momento de ir para a cama ou podem ter crenças sobre o sono que sabotem a capacidade de dormir bem. A TCC pode ajudá-lo a aprender a reduzir ou enfrentar melhor as preocupações e desenvolver crenças para facilitar o sono.
- Várias técnicas diferentes da TCC podem ajudar as pessoas a ter um sono

restaurador. Alguns desses métodos incluem:

1. ensiná-lo a relaxar sua mente, músculos e emoções;
2. desenvolver habilidades no uso de imagens positivas para se tranquilizar; e
3. experimentar restringir seu tempo na cama para ajudá-lo a dormir melhor.

REFERÊNCIAS

Bastien CH, Morin CM, Ouellet MC, et al: Cognitive-behavioral therapy for insomnia: comparison of individual therapy, group therapy, and telephone consultations. J Consult ClinPsychol 72:653–659, 2004

Cho HJ, Lavretsky H, Olmstead R, et al: Sleep disturbance and depression recurrence in community-dwelling older adults: prospective study. Am J Psychiatry 165:1543–1550, 2008

Currie SR, Clark S, Hodgins DC, et al: Randomized controlled trial of brief cognitive-behavioural interventions for insomnia in recovering alcoholics. Addiction 99:1121–1132, 2004

Edinger JD, Mears MK: Cognitive-behavioral therapy for primary insomnia. ClinPsychol Rev 25:539–558, 2005

Espie CA, Inglis SJ, Tessier S, et al: The clinical effectiveness of cognitive behavior therapy for chronic insomnia: implementation and evaluation of a sleep clinic in general medical practice. Behav Res Ther 39:45–60, 2001

Ford DE, Kamerow DB: Epidemiologic study of sleep disturbances and psychiatric disorders: an opportunity for prevention? JAMA 262:1479–1484, 1989

Harvey AG: A cognitive theory and therapy for chronic insomnia. J CognPsychother 19:41–59, 2005

Morin CM: Cognitive-behavioral approaches to the treatment of insomnia. J Clin Psychiatry 65 (suppl 16):33–40, 2004

Morin CM, Espie CA: Insomnia: A Clinical Guide to Assessment and Treatment. New York, Springer, 2004

Morin CM, Culbert JP, Schwartz SM: Nonpharmacological interventions for insomnia: a meta-

-analysis of treatment efficacy. Am J Psychiatry 151:1172–1180, 1994

Morin CM, Colecchi CA, Stone J, et al: Behavioral and pharmacological therapies for late-life insomnia: a randomized clinical trial. JAMA 281:991–999, 1999

Morin CM, Bastien C, Guay B, et al: Randomized clinical trial of supervised tapering and cognitive behavior therapy to facilitate benzodiazepine discontinuation in older adults with chronic insomnia. Am J Psychiatry 161:332–342, 2004

Murtagh DRR, Greenwood KM: Identifying effective psychological treatments for insomnia: a meta--analysis. J Consult ClinPsychol 63:79–89, 1995

National Sleep Foundation: 2008 Sleep in America poll. Available at:

www.sleepfoundation.org. Accessed December 25, 2009.

Newman AB, Enright PL, Manolio TA, et al: Sleep disturbance, psychosocial correlates, and cardiovascular disease in 5201 older adults: the Cardiovascular Health Study. J Am GeriatrSoc 45:1–7, 1997

Pollak CP, Perlick D, Linsner JP, et al: Sleep problems in the community elderly as predictors of death and nursing home placement. J Community Health 15:123–135, 1990

Simon GE, Von Korff M: Prevalence, burden and treatment of insomnia in primary care. Am J Psychiatry 154:1417–1423, 1997

Smith MT, Huang MI, Manber R: Cognitive behavior therapy for chronic insomnia occurring within the context of medical and psychiatric disorders. ClinPsychol Rev 25:559–592, 2005

Zavesicka L, Brunovsky M, Matousek M, et al: Discontinuation of hypnotics during cognitive behavioral therapy for insomnia. BMC Psychiatry 8:80, 2008

11
Modificando delírios

> **Mapa de aprendizagem**
>
> Visão geral da TCC para delírios
>
> Quinze métodos breves da TCC para delírios
>
> Exemplo de caso da TCC para delírios: Helen
>
> Caso prático: planejando uma intervenção da TCC para delírios

O tratamento psiquiátrico de pacientes com sintomas psicóticos é comumente conduzido em sessões que são mais breves do que a hora de 50 minutos (Kingdon e Turkington 1991; Tarrier et al. 1993; Turkington e Kingdon 2000). São usadas sessões breves porque esses pacientes têm:

1. problemas de concentração e atenção que são agravados por delírios e/ou alucinações ativos;
2. distúrbio do pensamento;
3. sintomas negativos como apatia ou afastamento social; e
4. baixa motivação para sessões de tratamento longas e cognitivamente exigentes.

Apesar desses impedimentos em potencial ao processo psicoterapêutico, um extenso esforço de pesquisa confirma o valor de usar métodos da terapia cognitivo-comportamental (TCC) para aumentar a farmacoterapia para pacientes com esquizofrenia e outras psicoses (NationalInstitute for ClinicalExcellence 2009).

Leitores interessados podem encontrar descrições abrangentes de métodos da TCC para psicose em vários textos (Kingdon e Turkington 2005; Morrison et al. 2004; Wright et al. 2010). Neste capítulo, descreveremos brevemente as estratégias centrais da TCC para trabalhar com delírios e, em seguida, ofereceremos sugestões de 15 intervenções valiosas que podem ser usadas em sessões breves. São incluídos exemplos de caso para ilustrar o uso dos métodos da TCC para psicoses e dar oportunidades para construir habilidades nessa abordagem.

VISÃO GERAL DA TCC PARA DELÍRIOS

Os procedimentos gerais para usar a TCC para delírios estão relacionados na Tabela 11.1. Esses métodos fundamentais são

Tabela 11.1 • Características gerais da terapia cognitivo-comportamental (TCC) para delírios

- Os delírios são vistos como percepções errôneas que podem ser modificadas com métodos da TCC.
- Um modelo cognitivo-comportamental-biológico-sociocultural abrangente orienta o tratamento.
- É necessário um relacionamento terapêutico colaborativo para o uso eficaz da TCC para delírios.
- Normalização e educação são métodos fundamentais na abordagem da TCC a sintomas psicóticos.

usados para trabalhar com delírios em uma série de transtornos psiquiátricos, incluindo esquizofrenia, transtorno esquizoafetivo e depressão maior com características psicóticas.

Os delírios são vistos como percepções errôneas que podem ser modificadas com métodos da TCC

Como os delírios são tradicionalmente vistos como fenômenos do tipo tudo ou nada que são inacessíveis à razão (Jaspers 1913), os terapeutas normalmente não aprenderam a questionar diretamente ou tentar modificar os delírios ou outros sintomas psicóticos com métodos psicoterapêuticos. De fato, trabalhar com conteúdo delirante tem sido ativamente desencorajado (Fish 1962). O raciocínio para essa abordagem de "lavar as mãos" tem sido uma preocupação de que os delírios possam ser exacerbados devido ao mecanismo de reforço – quanto mais se discute sobre os delírios, pior eles ficam.

A ideia de que intervenções terapêuticas diretas para tratar delírios possam ser possíveis foi explorada pela primeira vez em um estudo de caso por Aaron Beck (1952). O trabalho de Strauss (1969) também influenciou no desenvolvimento da abordagem da TCC à psicose por demonstrar que os delírios e as alucinações podiam ser vistos como pontos em um continuum. Depois disso, vários estudos de caso (p. ex., Hole et al. 1979; Kingdon e Turkington 1991) e estudos controlados e randomizados (p. ex., Sensky et al. 2000; Tarrier et al.

1993; Turkington et al. 2002) demonstraram que os pacientes não se tornavam mais delirantes ou mais perturbados em termos comportamentais quando os psiquiatras se concentravam em seus delírios; de fato, muitas vezes eles melhoravam.

Um modelo cognitivo-comportamental-biológico-sociocultural abrangente orienta o tratamento

O modelo abrangente e integrado descrito no Capítulo 1, "Introdução", pode ser usado para formular e planejar as intervenções da TCC para sintomas psicóticos (Wright et al. 2010). Psicoses são consideradas doenças com raízes genéticas e biológicas muito fortes. Como em muitos outros transtornos complexos, porém, acredita-se que fatores ambientais desempenhem um papel altamente significativo na expressão da doença e na melhora ou manutenção dos sintomas. Assim, ao planejar intervenções de tratamento, os terapeutas podem considerar influências durante seu desenvolvimento como traumas precoces, *bullying* ou outros eventos estressantes que possam ter tido um papel no desencadeamento dos sintomas do paciente; problemas comórbidos como uso ou abuso de substâncias ou transtornos de ansiedade; e os pontos fortes e apoios do paciente. As ilustrações de caso detalhadas mais adiante neste capítulo mostram o uso de uma formulação abrangente e integrada no planejamento das intervenções de TCC para sintomas psicóticos.

É necessário um relacionamento terapêutico colaborativo para o uso eficaz da TCC para delírios

O desenvolvimento de um relacionamento terapêutico empírico colaborativo, conforme descrito no Capítulo 3, "Aumentando o Impacto das Sessões Breves", é um passo crucial no desenvolvimento de métodos da TCC para sintomas psicóticos. Os terapeutas podem precisar adaptar seu estilo clínico para começar a trabalhar dessa maneira. Por exemplo, podem ser necessários esforços especiais no início do tratamento para tranquilizar os pacientes. Dependendo da severidade e da fase da doença (p. ex., grau de hipervigilância e paranoia), os terapeutas podem precisar começar o engajamento com discussões sobre tópicos não ameaçadores ou neutros, como as últimas notícias ou o clima. Em seguida, depois de estar evidente um maior grau de conforto no relacionamento, os terapeutas podem começar a direcionar seu questionamento para o conteúdo delirante ou outros sintomas psicóticos.

Como demonstrado nas ilustrações em vídeo que discutiremos mais adiante neste capítulo, os terapeutas que estejam usando a TCC devem demonstrar uma atitude de respeito com relação às percepções delirantes dos pacientes. Em vez de descartar a possível validade da cognição, os terapeutas devem usar uma abordagem empírica e expressar interesse genuíno em entender a crença delirante. Em vez de ser conspiratório ou jocoso, o terapeuta deve assumir uma postura de que a crença é uma hipótese que pode ser verificada e testada por meio de questionamento e experimentos comportamentais. Parte desse processo envolve o *exame de evidências* – uma técnica padrão da TCC que permite ao paciente e ao terapeuta determinarem a validade, se houver, de partes da crença delirante.

Estar aberto para confirmar pelo menos alguns componentes da crença delirante muitas vezes pode ajudar o terapeuta a engajar os pacientes no trabalho produtivo da TCC. Por exemplo, no Capítulo 5, "Promovendo a Adesão", descrevemos Glenn, um paciente com esquizofrenia que recusava o tratamento com clozapina por acreditar que esta era uma droga experimental. Quando Glenn participou de uma exploração colaborativa dessa crença com o Dr. Wright, uma das evidências que foi revelada era que estava sendo conduzido um estudo investigativo na unidade. Ao validar este achado e, em seguida, explicar que o estudo de pesquisa nada tinha a ver com clozapina, que já havia sido aprovada pelo FDA, o Dr. Wright ajudou o paciente a mudar sua crença delirante e depois aceitar o tratamento com essa medicação.

Normalização e educação são métodos fundamentais na abordagem da TCC a sintomas psicóticos

O termo *normalização* neste contexto refere-se ao processo de eliminar o estigma da psicose ajudando os pacientes a verem que sintomas como delírios e alucinações são muito comuns e podem ser estimulados por estresse, luto, privação do sono e outros eventos da vida que muitas pessoas vivenciam. Uma observação importante que pode ser compartilhada com os pacientes é que pessoas normais da comunidade frequentemente relatam paranoia e delírios (Johns e van Os 2001). A prevalência dos delírios mostrou ser entre 6% e 9% (Freeman 2006).

Normalização e educação andam juntas. Depois de fazer alguns comentários de normalização, os terapeutas podem educar os pacientes usando a descoberta guiada e miniaulas (conforme descrito no Capítulo

Terapia cognitivo-comportamental de alto rendimento para sessões breves **185**

3, "Aumentando o Impacto das Sessões Breves"). Apostilas, leituras ou *sites* da internet também podem ser usados para ajudar o paciente a aprender sobre psicose e seu tratamento. O *site www.paranoidthoughts.com* e um livro de autoajuda de Freeman et al. (2006) trazem informações excelentes que normalizam os delírios e ajudam as pessoas a aprenderem a enfrentar melhor essas vivências. A Tabela 11.2 traz uma lista de livros, apostilas e *sites* da internet valiosos que podem ser recomendados a pacientes com sintomas psicóticos.

QUINZE MÉTODOS BREVES DA TCC PARA DELÍRIOS

Descobrimos que um grande número de métodos da TCC são úteis para tratar pacientes com delírios em sessões breves. A seleção de métodos baseia-se na formulação

Tabela 11.2 • Recursos para pacientes com psicose

Livros

Freeman D, Freeman J, Garety P: Overcoming Paranoid and Suspicious Thoughts. London, Robinson, 2006

Mueser KT, Gingerich S: The Complete Family Guide to Schizophrenia. New York, Guilford, 2006

Romme M, Escher S: Understanding Voices: Coping with Auditory Hallucinations and Confusing Realities. London, Handsell, 1996

Turkington D, Kingdon D, Rathod S, et al: Back to Life, Back to Normality: Cognitive Therapy, Recovery and Psychosis. Cambridge, UK, Cambridge University Press, 2009

Apostilas

Kingdon DG, Turkington D: Understanding what others think, in Cognitive Therapy of Schizophrenia. New York, Guilford, 2005

Kingdon D, Turkington D: What's happening to me? A voice hearing pamphlet, in Cognitive Therapy of Schizophrenia. New York, Guilford, 2005

***Sites* com informações educativas**

Hearing Voices Network
www.hearing-vozes.org
Traz conselhos práticos para entender o fato de ouvir vozes.

National Alliance on Mental Illness
www.nami.org
Traz educação sobre transtornos mentais graves, apoio a pacientes e familiares, consultoria jurídica.

National Institute of Mental Health
www.nimh.nih.gov
Traz informações gerais sobre a pesquisa e o tratamento de transtornos mentais graves.

Gloucestershire Hearing Voices & Recovery Groups
www.hearingvoices.org.uk/info_resources11.htm
Traz exemplos de habilidades de enfrentamento para o ouvir vozes.

Paranoid Thoughts
www.paranoidthoughts.com
Dá conselhos úteis sobre como enfrentar a paranoia.

de caso. Dois ou mais desses métodos são muitas vezes combinados em uma sessão. Por exemplo, o questionamento socrático e o exame de evidências podem preparar o terreno para o desenvolvimento de um cartão de enfrentamento ou um experimento comportamental pode ser usado para ajudar a gerar explicações alternativas e desenvolver habilidades de enfrentamento para lidar com delírios. Oferecemos o menu de escolhas a seguir a terapeutas que queiram intensificar a farmacoterapia para psicose adicionando determinados métodos da TCC em sessões breves.

1. **Explorar o delírio usando o questionamento socrático.** Pacientes com delírios normalmente tiram conclusões precipitadas e formam fortes crenças sem considerar suficientemente as evidências. As conclusões ilógicas podem ser exploradas de maneira sensata com uma série de perguntas que encorajam os pacientes a olhar para uma gama maior de evidências e obter uma nova perspectiva sobre a situação.

Paciente: Eu acredito que às vezes tenho de gritar e berrar em público.

Terapeuta: (duvida que o paciente esteja realmente exibindo esse comportamento, pois a história e o relato da família não sugerem evidências de gritar e berrar em público) Essa é uma ideia assustadora. Alguém lhe falou que você estava gritando e berrando? Como você saberia se isso estava realmente acontecendo?

Paciente: Sei lá. Só parece que as pessoas estão olhando para mim como se eu tivesse feito algo de errado.

Terapeuta: Talvez pudéssemos pensar juntos sobre seus temores. Como as pessoas reagiriam normalmente se alguém de repente começasse a gritar em público?

CRENÇA: OS PROGRAMAS DE TV ESTÃO ME ENVIANDO MENSAGENS. ELES SABEM TUDO SOBRE MIM.

Evidências a favor	Evidências contra
O conteúdo do programa com frequência tem os mesmos temas dos problemas em minha vida.	Filmado em outras cidades, muitas vezes semanas ou meses antes de entrar no ar.
Os personagens podem ficar com raiva ou parecem me provocar.	Por que os roteiristas dos programas teriam qualquer interesse na minha vida aqui em Kentucky?
Eles estão sempre falando sobre sexo e eu não faço nenhum.	Minha irmã e minha mãe me dizem que não há a menor chance de a TV estar me mandando mensagens especiais.
	Minha doença me faz ficar excessivamente sensível às coisas.
	Estou dando atenção demais à TV em vez de outras coisas em minha vida.

Figura 11.1 • Exame de evidências para um delírio: exemplo de Rhonda.

Fonte: De Wright JH, Turkington D, Kingdon DG, et al: *Terapia Cognitivo-Comportamental para Doenças Mentais Graves*. Porto Alegre: Artmed, 2010, p. 101. Uso com permissão. Copyright© 2010 Artmed Editora S.A.

Terapia cognitivo-comportamental de alto rendimento para sessões breves **187**

Paciente: Acho que elas ficariam realmente aborrecidas. Elas poderiam fugir ou chamar a polícia.

Terapeuta: Tudo bem. Vamos ver o que acontece quando você está em público. Alguém já fugiu ou chamou a polícia por sua causa ou reagiu de alguma outra maneira enérgica?

Paciente: Não, nada assim.

Eles continuam a discutir os sinais sutis que o paciente acha que podem significar que ele cometeu alguma grande gafe social (como gritar em público) e concluir com a explicação de que sua doença o torna muito sensível às atitudes e sinais sociais, mas que não se comportou inadequadamente.

2. **Anotar as evidências a favor e contra uma crença.** Uma planilha com duas colunas pode ser usada para anotar as evidências a favor e contra uma crença e trabalhar para gerar crenças alternativas. Escrever as evidências pode encorajar os pacientes a dar atenção aos achados e lembrar o trabalho feito na sessão. Esse método também pode ser usado como tarefa de casa se o paciente puder se beneficiar com ela. A Figura 11.1 mostra um exemplo de um exercício escrito de exame de evidências.

3. **Explorar os antecedentes de um delírio.** Pergunte ao paciente quando essa crença apareceu pela primeira vez e o que estava acontecendo em sua vida naquele momento. O objetivo é mostrar ao paciente que talvez ele tenha tirado uma conclusão precipitada quando estava sob estresse e que são possíveis outras explicações.

Terapeuta: Como essa crença sobre a Máfia começou?

Paciente: Foi em um restaurante italiano e o garçom me olhou como se me conhecesse.

Terapeuta: O que você estava fazendo antes da refeição?

Paciente: Eu tinha ido ao centro de empregos, mas eles não tinham nenhum trabalho naquele dia.

Terapeuta: Como você perdeu seu último emprego?

Paciente: Eu tinha um pequeno negócio de faxina domiciliar, mas perdi alguns clientes e tive um saque no banco a descoberto. Depois, tudo desmoronou. (chorando e com raiva)

Terapeuta: Sinto muito mesmo por todos os seus problemas. Parece que você estava sob grande pressão naquele momento. Às vezes, quando estamos realmente estressados, o modo como vemos as coisas pode ser influenciado pelo estresse. Será que todo esse estresse não acabou fazendo com que você começasse a se preocupar que a Máfia estava atrás de você?

4. **Identificar os detalhes mínimos da crença delirante.** Não é suficiente saber que uma pessoa acredita que a polícia a está vigiando. Os terapeutas que estejam trabalhando com TCC precisam usar os detalhes dos mecanismos que o paciente acredita estar sendo empregados. Essa informação pode, então, ser usada para ajudar a revisar o pensamento do paciente. Alguns mecanismos que podem ser relatados incluem computadores, satélites, linhas telefônicas ou câmeras minúsculas. A psicoeducação e o teste da realidade podem ser então direcionados para os motivos específicos pelo qual parece possível acreditar no delírio.

5. **Desenvolver estratégias de enfrentamento ou respostas racionais para as emoções (p. ex., vergonha, ansiedade, tristeza ou raiva) ligadas aos delírios.** Estados de humor intensos que estejam reforçando as crenças delirantes podem ser reconhecidos por meio de questionamento direto, exercícios de imagens mentais para recriar situações estressantes, revisão de registros de pensamentos ou uma série de outros métodos padrão da TCC.

Terapeuta: Quando você fica remoendo sua crença que é João Batista e que sua missão é livrar o mundo da pornografia, como você costuma se sentir?

Paciente: Frustrado e com raiva das pessoas que lidam com essa sujeira.

Essa expressão de emoção dá ao terapeuta um caminho possível para trabalhar no delírio. Talvez a raiva possa ser reduzida ao considerar as evidências de que se o jornaleiro não vendesse aquelas revistas, ele iria à falência. A raiva também poderia ser reduzida ao levar o paciente a considerar que não é ilegal vender pornografia. Adicionalmente, poderiam ser considerados métodos comportamentais como exercício ou treinamento de relaxamento para diminuir o nível de raiva e tensão.

6. **Fazer perguntas periféricas.** Perguntas periféricas são indagações práticas sobre os mecanismos pelos quais uma crença psicótica pode funcionar no mundo real. Elas são menos aprofundadas do que o questionamento socrático. Como costumam não ser ameaçadoras, as perguntas periféricas podem ser especialmente úteis para pacientes que mantêm crenças delirantes rígidas. Por exemplo, se um paciente relata que "um satélite está sugando meus pensamentos e movendo meus genitais", o terapeuta pode fazer perguntas como: "Quanto custa colocar um satélite lá em cima? Quem poderia ter pagado tal quantia? De onde o satélite poderia estar sendo operado? Qual é o tempo de vida útil de um satélite antes de ele cair?" Esses tipos de perguntas podem estimular a curiosidade do paciente sobre a validade da crença delirante. Elas também podem acabar levando a alguma tarefa de casa educacional útil para verificar a capacidade dos satélites de realizar funções como "sugar pensamentos" ou "mover genitais".

7. **Trabalhar para ajudar o paciente a abrir mão dos comportamentos de segurança.** Os pacientes muitas vezes empregam comportamentos de segurança, que são estratégias desadaptativas de enfrentamento que afetam e reforçam os delírios. Os exemplos incluem colocar fitas adesivas nos dutos de aquecimento (para combater a crença de que os vizinhos estejam espionando por meio dos dutos), imaginar um crucifixo (para evitar a sensação de que um espírito demoníaco pode atormentá-lo) ou colocar folhas de alumínio nas janelas (para bloquear sinais de uma arma de laser que a pessoa acredita estar sendo usada contra ela). Em geral, não abordamos os comportamentos de segurança até que tenha sido feito progresso no exame do delírio com outros métodos da TCC. Se a colaboração for forte e estiver sendo feito algum progresso na modificação do delírio, os pacientes podem ser solicitados a reduzir gradualmente seu envolvimento nos comportamentos de segurança e os efeitos desse plano podem ser monitorados. O trabalho nos comportamentos de segurança para delírios segue os mesmos princípios básicos da redução de comportamentos de segurança para transtornos de ansiedade explicado no Capítulo 9, "Métodos Comportamentais para Ansiedade".

8. **Desenvolver e praticar estratégias de enfrentamento.** Pacientes com delírios normalmente não possuem estratégias de enfrentamento bem desenvolvidas que lhes deem maneiras racionais de lidar com a angústia associada a esses sintomas. No Capítulo 12, "Enfrentando as Alucinações", explicamos como os pacientes podem usar a distração, o

foco e técnicas metapsicológicas para lidar com as alucinações. Esses métodos também podem ser usados de maneira eficaz para os delírios. As técnicas de distração podem incluir ouvir música, praticar um passatempo, cozinhar ou uma série de outros comportamentos saudáveis. O foco nas técnicas envolve uma mudança no estilo cognitivo da preocupação dolorosa com um delírio ou alucinação para métodos ativos de contestar ou combater o sintoma (p. ex., responder racionalmente com a declaração de que "ninguém jamais me feriu" no caso de um paciente que acredita estar sendo vítima de uma conspiração persecutória ou o uso de imagens mentais positivas para se concentrar em um conjunto mais afirmativo ou relaxante de cognições do que as cognições aborrecedoras associadas ao pensamento delirante). As técnicas metacognitivas como praticar a consciência plena ou trabalhar na aceitação da presença dos delírios como parte da vida cotidiana (e não reagir a eles) também podem ajudar os pacientes a enfrentarem os pensamentos paranoicos.

9. **Elaborar um experimento comportamental para testar a realidade do delírio.** Experimentos comportamentais normalmente envolvem uma tarefa de casa para verificar uma crença delirante ou tentar agir de maneira diferente. Os experimentos precisam ser graduados para que níveis apenas moderados de ansiedade sejam gerados e, assim, o paciente tenha uma probabilidade razoável de conseguir completar a tarefa. Os experimentos podem ser *exploratórios* (encontrar novas informações sobre o delírio), *confirmatórios* (realmente vivenciar o delírio) ou *retrospectivos* (revisar as informações de um experimento parcialmente concluído). A

seguir, apresentamos um exemplo de um experimento comportamental:

- Da próxima vez que você estiver indo para o metrô e tiver a sensação de que está sendo seguido, tente identificar a pessoa ou as pessoas que parecem estar envolvidas.
- Faça o mesmo caminho pelo menos cinco vezes. Verifique se você vê a mesma pessoa ou pessoas repetidamente.
- Tente encontrar uma explicação razoável do que significaria se você não vir as mesmas pessoas mais de uma vez. Se vir a mesma pessoa ou pessoas mais de uma vez, poderia ser por qualquer outra razão além de a pessoa estar seguindo-o?
- Traga essas ideias para a próxima sessão para podermos discuti-las juntos.

10. **Descobrir se existe uma ponta da verdade dentro do delírio.** Muitos delírios contêm uma ponta de verdade histórica ou atual. Se terapeuta e paciente conseguirem entrar em acordo sobre os pontos válidos da crença delirante, pode ser estabelecida uma plataforma colaborativa para testar e modificar os delírios.

Paciente: Alguns terroristas mantêm minha casa sob vigilância o tempo todo.

Terapeuta: Com certeza, é verdade que desde o 11 de setembro existe um medo generalizado na comunidade em relação a terroristas, mas fico imaginando o quanto eles estão ativos no centro de San Antonio. Podemos dar uma examinada para verificar isso?

11. **Manter uma mente aberta.** É importante que o trabalho colaborativo seja ancorado no respeito mútuo e mente aberta. A confiança se desenvolve mais rapidamente quando o paciente vê o terapeuta como estando aberto a novas

ideias – por exemplo, o terapeuta considerar totalmente a validade possível ou validade parcial das crenças delirantes. Uma atitude aberta pode encorajar os pacientes a revelar aspectos da experiência delirante nunca compartilhadas com ninguém.

12. **Gerar hipóteses alternativas.** Quando a confiança já tiver sido desenvolvida e o questionamento eficaz tiver estimulado um grau de dúvida, é hora de gerar algumas explicações alternativas. A seguir, veja algumas perguntas comumente feitas: "Você consegue pensar em alguma outra maneira de ver essa situação além de (descrever o delírio)? Se você perguntasse a alguém em quem você realmente confia seu ponto de vista da situação, o que a pessoa provavelmente diria? Se você fosse um cientista que está tentando descobrir a verdade sobre essa situação, que perguntas você provavelmente faria?" Os pacientes muitas vezes têm grande dificuldade para gerar explicações alternativas. Quando parecer que o paciente está parado em um obstáculo para encontrar alternativas, o terapeuta pode sugerir algumas possibilidades. Mesmo se as alternativas sugeridas forem rejeitadas, pode-se dar para cada explicação alternativa uma porcentagem de quanto acredita e o paciente pode ser encorajado a continuar a desenvolver maneiras diferentes de ver a situação.

13. **Construir um gráfico em formato de pizza.** Usando um bloco de folhas de papel grandes em um cavalete, um quadro branco ou um pedaço de papel, terapeuta e paciente podem desenvolver um gráfico em formato de pizza dando porcentagens de quanto acredita para várias explicações alternativas. É importante não começar pela classificação do delírio em si, pois isso pode cobrir todo o gráfico. Normalmente, explicações mais racionais recebem baixos níveis de quanto acredita quando esse método é introduzido. No entanto, o método do gráfico em formato de pizza pode estimular uma sensação de indagação e o terapeuta consegue trabalhar com o paciente para gradualmente dar mais crédito às explicações racionais.

14. **Elaborar uma busca na internet para o delírio.** Podem ser examinadas informações interessantes sobre o delírio se houver acesso à internet (p. ex., usando o Google). Esse método pode proporcionar assuntos úteis para discutir durante a sessão breve. Por exemplo, um paciente aterrorizado por monstros que invadiriam a cidade acalmou-se quando as informações na internet revelaram que esses monstros são criaturas fictícias cuja vida é curta, segundo os relatos.

15. **Terapeuta faz tarefa de casa sobre delírio.** Um paciente com uma convicção muito forte em um delírio pode não ser responsivo ao questionamento socrático, exame de evidências ou tarefa de casa. Em tais casos, pode ser útil para o terapeuta oferecer a possibilidade de aprender mais sobre a crença delirante. O paciente pode sugerir onde podem ser encontradas informações e o terapeuta, então, traz os achados à próxima sessão para discussão.

EXEMPLO DE CASO DA TCC PARA DELÍRIOS: HELEN

Helen é uma paciente de 30 anos com esquizofrenia que foi apresentada no Capítulo 5, "Promovendo a Adesão" e é a personagem da Ilustração em Vídeo 4, "TCC para Adesão II".

Os principais sintomas de Helen incluem delírios de ser possuída por sombras que podem agir por meio de outras pessoas (p. ex., namorado, família, amigos) para machucá-la ou obrigá-la a fazer coisas que nunca desejaria fazer. Além de ter delírios, Helen ouve vozes muito más e aviltantes. As vozes provocam grande angústia. As respostas comportamentais incluem isolamento, trancar-se em casa no escuro e até mesmo evitar assistir TV ou ouvir música. Ela parou de fazer atividades como desenhar ou pintar, mas tem um histórico de ser criativa.

Helen vivenciou traumas e tensões enquanto crescia. Seu pai trabalhava como caixeiro viajante e ficava fora por longos períodos. Sua mãe também trabalhava e se preocupava com seus pais doentes. Helen caiu de um carro em movimento quando tinha por volta de 10 anos de idade. A leve concussão não teve efeitos duradouros, mas o evento a abalou psicologicamente e somou-se a sua sensação de vulnerabilidade e falta de proteção de sua família. Ela sofreu abuso de um tio mas ainda não era capaz de falar muito sobre isso nas sessões.

Embora tenha sido uma boa aluna, ela teve muitos problemas em seu primeiro ano de faculdade. Parecia que a vulnerabilidade à psicose (uma tia e uma avó foram hospitalizadas por psicose e Helen tinha um trauma precoce), somada à liberdade de estar estudando fora (p. ex., mais experiências sexuais, falta de estrutura, interrupção do sono e, especialmente, o abuso de maconha) levou-a a um episódio agudo de alucinações e delírios. Ela recebeu tratamento medicamentoso e teve uma melhora substancial (sem retorno total ao nível basal), mas teve de abandonar a faculdade. Após um período de recuperação em casa, ela começou a trabalhar em um escritório como assistente. Tudo correu bem por cerca de um ano, mas então ela começou a entrar novamente na paranoia. Havia muita suspeita a respeito de seus colegas de trabalho e ela teve de pedir demissão. Depois disso, ela não

trabalhou mais e se tornou dependente de seu namorado, John.

O relacionamento de Helen com John tem alguns pontos positivos: ela realmente se importa com ele e ele tem razoavelmente lhe dado apoio e tem um bom emprego na área de construção. No entanto, ela está estressada por suas longas ausências de casa (ele precisa viajar para outras cidades por semanas para trabalhos na construção) e ela muitas vezes acha que as sombras podem controlá-lo e mudar seus olhos. Além disso, eles moram em um apartamento no subsolo que é escuro e isolado. Os relacionamentos atuais de Helen com sua família de origem são distantes. Seus pais e um irmão e uma irmã moram bastante longe. Assim, ela tem pouco ou nenhum apoio deles. Ela realmente teve alguns amigos no passado – Joanna foi uma amiga especial. No entanto, Helen vê poucos deles agora.

Helen foi hospitalizada uma vez quando tinha aproximadamente 19 anos de idade. Depois disso, ela fez tratamentos medicamentosos intermitentes. Contudo, nunca foi muito aderente aos antipsicóticos e muitas vezes interrompeu as medicações devido ao ganho de peso ou outros efeitos colaterais. Ela recentemente começou um tratamento com o Dr. Turkington. No ponto da Ilustração em Vídeo 12, ela já havia tido cinco sessões, que se concentraram na avaliação, envolvimento inicial, normalização, educação e adesão.

• **Ilustração em Vídeo 12:** Trabalhando com delírios I
Dr. Turkington e Helen

A Ilustração em Vídeo 12 mostra como vários métodos para delírios podem ser entrelaçados em uma sessão breve de TCC bem-sucedida. O segmento começa com uma discussão sobre a tarefa de casa de registrar alguns exemplos de incidentes relacionados aos delírios de ser controlada pelos olhos de outras pessoas. Helen descreve um exemplo em particular de perceber que os olhos de seu namorado John e outras pessoas poderem "ficar parados" e "aguçados". Ela então não consegue olhar em seus olhos porque as "sombras" saberiam como ela está se sentindo por dentro e poderiam controlá-la. Ela também descreve comportamentos de segurança, incluindo fingir que está olhando para outras pessoas, mas evitando o contato visual, beliscar-se "até realmente doer" e usar faixas apertadas nos pulsos para evitar que tirem a energia dela. O Dr. Turkington começa então a fazer o questionamento socrático e buscar explicações alternativas.

Dr. Turkington: Me parece que você acredita com muita convicção nessas sombras que saem dos olhos das pessoas, e na possessão, etc... Você acredita nisso em que porcentagem?

Helen: Bem, 100 por cento.

Dr. Turkington: Mas você acha que possa haver outra possível explicação para essa experiência?

Helen: O que você quer dizer? Uma explicação para os olhos das pessoas ficarem daquela maneira?

Dr. Turkington: Sim. (Como Helen não consegue gerar sozinha um ponto de vista alternativo, o Dr. Turkington extrai da tarefa de casa de Helen para ajudá-la a ver que pode haver outras explicações)

Dr. Turkington: Mas e quanto aos seus registros da semana passada? No primeiro exemplo você me disse que John disse que ia embora e você se sentiu muito angustiada com isso.

Helen: Sim.

O Dr. Turkington então continua explicando que Helen estava nervosa e seu namorado provavelmente estava preocupado com ela e pode ter olhado para ela de maneira preocupada. Eles trabalham em uma explicação alternativa de que ela está lendo coisas demais no jeito nos olhos dos outros devido às suas suspeitas. Depois de Dr. Turkington perguntar novamente sobre explicações alternativas, Helen diz que John pode ter ficado incomodado e olhado de soslaio para ela. Outra ideia é que pessoas com um agente irritante em um dos olhos, como uma lente de contato que esteja incomodando, poderia ser uma explicação.

O próximo passo na intervenção foi fazer um gráfico em formato de pizza. Estes elementos foram identificados e classificados quanto ao grau de crença:

- John está preocupado e há estresse em nosso relacionamento (15%).
- Estou paranoica – tomando as coisas como se fossem muito pessoais (10%).
- John está incomodado comigo (20%).
- A pessoa pode ter alguma coisa nos olhos (15%).
- Sombras (50%).

Como se pode ver, a porcentagem total foi de 110%. Embora o vídeo não mostre o Dr. Turkington pedindo a Helen para reclassificar os itens para produzir um total de 100%, essa estratégia poderia ter sido usada nesta sessão ou em uma sessão posterior. Entretanto, o método do gráfico em formato de pizza pareceu ajudar Helen a considerar as explicações alternativas.

Como Helen ainda estava dando à explicação delirante um valor maior, o Dr. Turkington segue com uma intervenção adicional elaborada para reduzir os comportamentos de segurança. Ele sugere como tarefa de casa assistir a um filme (Helen escolhe *Bonequinha de Luxo*) e observar os olhos das pessoas. Helen relata saber que os olhos das pessoas nos filmes não são capazes de possuí-la realmente, mas ela ainda desvia os olhos e se belisca. A vinheta termina com ela concordando com a tarefa de observar os olhos dos atores sem se beliscar.

• Ilustração em Vídeo 13: Trabalhando com delírios II
Dr. Turkington e Helen

A Ilustração em Vídeo 13 começa com a revisão de uma tarefa de casa na qual Helen deveria observar os olhos dos atores em um filme. Para aumentar a chance de sucesso nessa tarefa Dr. Turkington pede a Helen, que convide seu namorado para participar de uma sessão e observar seus olhos durante a sessão. Esta sugestão causa-lhe ansiedade demais (Helen classifica a ansiedade em 95%), então eles decidem colaborativamente iniciarem um experimento comportamental de observar os olhos das pessoas na equipe da clínica ambulatorial.

Para ajudar a preparar Helen para o experimento, o Dr. Turkington delineia alguns objetivos específicos, como observar os olhos de uma pessoa por pelo menos 10 segundos sem usar comportamentos de segurança. Eles também trabalham em uma estratégia de enfrentamento de usar imagens mentais positivas e relaxantes para reduzir a ansiedade. A última parte da vinheta mostra o Dr. Turkington fazendo uma série de perguntas para ajudar Helen a verificar seu pensamento se começasse a perceber alguma variação nos olhos dos membros da equipe.

Essas duas ilustrações em vídeo do Dr. Turkington e Helen demonstram vários métodos da TCC para delírios, incluindo procedimentos básicos como desenvolver um relacionamento colaborativo com bom funcionamento, normalizar os sintomas e fornecer psicoeducação. Adicionalmente, o Dr. Turkington utiliza questionamento socrático, exame de evidências, experimento comportamental, desenvolvimento de estratégia de enfrentamento, gráfico em formato de pizza e outras técnicas dos quinze métodos breves da TCC para delírios relacionados anteriormente no capítulo.

CASO PRÁTICO: PLANEJANDO UMA INTERVENÇÃO DA TCC PARA DELÍRIOS

No exercício a seguir, você deverá elaborar uma estratégia da TCC para uma pessoa com delírios. O exercício envolve planejar intervenções de tratamento para Anna Maria, uma paciente de 46 anos de idade com uma longa história de esquizofrenia.

• Exercício de Aprendizagem 11.1: Planejando uma intervenção da TCC para delírios

1. Durante uma sessão anterior, você tenta perguntar a Anna Maria sobre seus delírios de que outras pessoas podem ler seus pensamentos, mas ela não é muito responsiva. Ela parece estar com a guarda levantada e hesitante quanto a falar sobre essas preocupações. Você decide que fazer algumas perguntas periféricas pode tranquilizá-la. Anna Maria já havia lhe dito que tem gostado de ler, está ansiosa para visitar uma sobrinha e um sobrinho e participa de um programa-dia onde toma café da manhã e almoça. Escreva algumas perguntas periféricas que você pensa em usar.

2. Em uma sessão posterior, você pergunta a Anna Maria sobre sua ansiedade e seus comportamentos de segurança ligados a seu delírio de telepatia. Ela responde com um exemplo. Quando tenta ir a lugares públicos, como shopping centers ou supermercados, ela tem a sensação de que as pessoas estão olhando para ela – as pessoas conseguem ver através dela e sabem exatamente o que ela está pensando. Ela então começa a ficar extremamente ansiosa, fica com as mãos suadas e seu estômago fica revirado. Normalmente, ela tenta interromper todos os seus pensamentos (ficar "em branco") e levanta o colarinho e os ombros para tentar se proteger. Mas isso não ajuda muito, então ela corre para casa o mais rapidamente possível. Desenvolva uma miniformulação. Tente identificar alguns pontos na miniformulação nos quais você pode usar métodos da TCC para ajudar Anna Maria com seus delírios.

3. Você está começando a fazer algum progresso com Anna Maria. Ela agora está interessada em aprender mais sobre telepatia. O que é? Já foi testada cientificamente? Quantas pessoas podem ter experiências como as dela? Faça uma lista de algumas tarefas de casa que possam ajudar a educá-la quanto à telepatia e experiências relacionadas.

4. Na próxima vez que você atende Anna Maria, ela terá lido uma apostila sobre delírios ("Understanding What Others Think" [Kingdon e Turkington 2005]) e trazido um diário de evidências a favor de sua telepatia. Você examina o diário e usa questionamento socrático para gerar outras explicações possíveis do motivo pelo qual as pessoas podem lhe dar "olhares esquisitos". Tente imaginar seu trabalho com Anna Maria se desenrolando e anote algumas das explicações alternativas possíveis que você consegue identificar.

5. Na próxima sessão breve com Anna Maria, você coloca as explicações alternativas em um gráfico em formato de pizza para lhe dar uma ilustração visual das alternativas possíveis. Desenhe um gráfico em formato de pizza com as ideias que você identificou no passo 4 deste exercício.

6. Anna Maria agora relata estar menos convencida de que as pessoas podem ler seus pensamentos. Elabore um experimento comportamental para testar isso na clínica ambulatorial.

RESUMO

Pontos-chave para terapeutas

- Para pacientes com sintomas psicóticos, a TCC muitas vezes é conduzida em sessões breves. Sessões longas e intensas podem ser muito pesadas para alguns pacientes com quadros psicóticos.
- Os delírios são vistos como percepções errôneas ou distorções cognitivas que podem ser modificados com métodos da TCC.
- Um relacionamento terapêutico empírico colaborativo é um requisito básico para a TCC eficaz com pacientes que têm delírios.
- É utilizado um modelo cognitivo-comportamental-biológico-sociocultural abrangente para direcionar o tratamento.
- A TCC para delírios conta fortemente com os processos de normalização e educação.
- Os métodos padrão da TCC – como questionamento socrático, exame de evidências, desenvolvimento de explicações alternativas, experimentos comportamentais e desenvolvimento de estratégias de enfrentamento – podem ser modificados para o tratamento de delírios.

Conceitos e habilidades para os pacientes aprenderem

- Pensamentos paranoides e delírios são vivências muito comuns. Muitas pessoas relatam ter esses tipos de pensamentos.
- O pensamento delirante pode ser desencadeado por uma série de estresses, incluindo privação do sono, luto, trauma e uso de drogas ilícitas.
- A maioria das pessoas que têm pensamento delirante possui uma vulnerabilidade biológica subjacente (ou seja, um "desequilíbrio químico" no cérebro). As medicações são uma parte muito importante da terapia porque elas tratam essa vulnerabilidade.
- Pessoas com pensamento delirante também podem se beneficiar das consultas a um médico e/ou terapeuta, os quais podem sugerir maneiras de enfrentar os delírios e a ansiedade.
- Ao trabalhar em parceria com um médico e/ou terapeuta, você pode aprender maneiras específicas de lidar com os temores de maneira mais eficaz.
- Se estiver em psicoterapia ou aconselhamento para delírios, tente contar a

seu médico e/ou terapeuta os detalhes de seus temores e seja aberto para outras maneiras possíveis de explicar as situações.

REFERÊNCIAS

Beck AT: Successful outpatient psychotherapy of a chronic schizophrenic with adelusion based on borrowed guilt. Psychiatry 15:305–312, 1952

Fish FJ: Schizophrenia. Bristol, UK, Wright, 1962

Freeman D: Delusions in the nonclinical population. Curr Psychiatry Rep 8:191–204, 2006

Freeman D, Freeman J, Garety P: Overcoming Paranoid and Suspicious Thoughts.London, Robinson, 2006

Hole RW, Rush AJ, Beck AT: A cognitive investigation of schizophrenic delusions.Psychiatry 42:312–319, 1979

Jaspers K: General Psychopathology (1913). Translated by Hoenig J, HamiltonMW. Manchester, UK, Manchester University Press, 1963

Johns LC, van Os J: The continuity of psychotic experiences in the general population.ClinPsychol Rev 21:1125–1141, 2001

Kingdon DG, Turkington D: Preliminary report: the use of cognitive behaviortherapy with a normalizing rationale in schizophrenia. J NervMent Dis179:207–211, 1991

Kingdon DG, Turkington D: Cognitive Therapy of Schizophrenia. New York,Guilford, 2005

Morrison AP, Renton JC, Dunn H, et al: Cognitive Therapy for Psychosis: A Formulation-Based Approach. New York, Brunner-Routledge, 2004

National Institute for Clinical Excellence: Guideline Update 1: Schizophrenia.London, National Institute for Clinical Excellence, 2009

Sensky T, Turkington D, Kingdon D, et al: A randomized controlled trial of cognitive-behavioral therapy for persistent symptoms in schizophrenia resistantto medication. Arch Gen Psychiatry 57:165–172, 2000

Strauss JS: Hallucinations and delusions as points on continua function: ratingscale evidence. Arch Gen Psychiatry 21:581–586, 1969

Tarrier N, Beckett R, Harwoods S, et al: A trial of two cognitive-behavioral methodsof treating drug-resistant residual psychotic symptoms in schizophrenicpatients, I: outcome. Br J Psychiatry 162:524–532, 1993

Turkington D, Kingdon D: Cognitive-behavioral techniques for general psychiatristsin the management of patients with psychosis. Br J Psychiatry 177:101–106, 2000

Turkington D, Kingdon DG, Turner T: Effectiveness of a brief cognitive-behavioraltherapy intervention in the treatment of schizophrenia. Br J Psychiatry180:523–527, 2002

Wright JH, Turkington D, Kingdon DG, et al: Terapia Cognitivo-Comportamental para Doenças Mentais Graves. Porto Alegre: Artmed, 2010

12

Enfrentando as alucinações

> **Mapa de aprendizagem**
>
> Visão geral da TCC para alucinações
>
>
>
> Vinte métodos breves da TCC para alucinações
>
>
>
> Exemplo de caso de melhora das habilidades de enfrentamento para alucinações: Helen
>
>
>
> Caso prático: planejando uma intervenção da TCC para alucinações

VISÃO GERAL DA TCC PARA ALUCINAÇÕES

Os métodos gerais da terapia cognitivo-comportamental (TCC) descritos no Capítulo 11, "Modificando Delírios", também são aplicáveis ao ensinar os pacientes como enfrentar melhor as alucinações: é utilizado um abrangente modelo cognitivo-comportamental-biológico-sociocultural para entender as alucinações; é preciso desenvolver um relacionamento terapêutico altamente colaborativo para permitir um trabalho produtivo na TCC e a normalização e educação são procedimentos básicos essenciais. Para diretrizes sobre a realização de conceituações integrativas de caso, consulte o Capítulo 4, "Formulação de Caso e Planejamento do Tratamento", e para detalhes sobre o desenvolvimento de relacionamentos terapêuticos eficazes e realização de atividades de normalização e educação com pacientes com sintomas psicóticos, consulte o Capítulo 11.

No tratamento de alucinações, assim como no tratamento de delírios, a TCC é vista como terapia adjuvante à medicação antipsicótica. As metas da adição da TCC à farmacoterapia são:

1. ajudar as pessoas a desenvolverem crenças adaptativas ou significados sobre a experiência de ouvir vozes ou outras alucinações;
2. desenvolver habilidades para enfrentar as alucinações;
3. reduzir a angústia associada às alucinações;
4. se possível, reduzir a intensidade dos sintomas; e
5. melhorar a adesão à farmacoterapia.

Terapia cognitivo-comportamental de alto rendimento para sessões breves **197**

A lista de 20 métodos da TCC fornecida na próxima seção foi tirada de nosso trabalho clínico no tratamento de alucinações em sessões breves de TCC em combinação com a farmacoterapia e é consistente com as estratégias usadas na pesquisa experimental sobre a TCC para esquizofrenia (Sensky et al. 2000; Turkington et al. 2006; Wright et al. 2010).

VINTE MÉTODOS BREVES DA TCC PARA ALUCINAÇÕES

1. **Indagar sobre as explicações dos pacientes para suas alucinações.** Os pacientes muitas vezes escondem suas explicações das vozes, ainda que essas explicações possam ter um efeito profundo em seu comportamento. Por exemplo, um paciente que acredita que a polícia secreta está falando com ele e que ele tem de dar todos os passos possíveis para evitar que eles o encontrem provavelmente seria muito evasivo e ficaria na defensiva. Em contraste, um paciente que ouve uma voz dizendo: "Você é burro... Você merece morrer", mas acredita que "eu tenho uma doença – um desequilíbrio químico – e não preciso dar atenção às vozes" pode ficar calmo e funcionar razoavelmente bem mesmo em face de alucinações persistentes.

Sugerimos que os terapeutas perguntem diretamente aos pacientes qual é sua opinião sobre a causa das vozes. Depois de esclarecidas essas ideias, podem ser usados métodos educacionais e de reestruturação cognitiva para desenvolver explicações mais adaptativas. A Tabela 12.1 mostra algumas mudanças nas explicações que foram feitas em alguns de nossos pacientes que têm alucinações.

2. **Use um diário de vozes.** Pessoas que ouvem vozes muitas vezes se beneficiam ao considerar como a severidade das vozes flutua em diferentes circunstâncias (Turkington et al. 2009). Pode ser elaborado um diário de vozes simples em um pequeno caderno que o paciente possa carregar para registrar as experiências. Estes dados podem, então, ser revisados em sessões posteriores de tratamento. A Figura 12.1

Tabela 12.1 • Explicações modificadas para as alucinações

EXPLICAÇÕES DISFUNCIONAIS	EXPLICAÇÕES FUNCIONAIS
"É um aparelho de escuta em meu ouvido/cérebro implantado pela CIA/polícia.	"É minha esquizofrenia que está 'aprontando'."
"São ondas de rádio vindas de terroristas".	"É por causa do estresse".
"É um espírito do mal falando comigo".	"Talvez minhas medicações precisem ser ajustadas".
"Alienígenas estão se comunicando comigo".	"Talvez o problema seja que eu não estou dormindo o suficiente".
"Tudo isso é causado por bruxaria".	"Essas vozes são um dom especial".

Fonte: De Wright JH, Turkington D, Kingdon DG, et al: *Terapia Cognitivo-Comportamental para Doenças Mentais Graves*. Porto Alegre: Artmed, 2010, p. 117. Uso com permissão. © 2010 Artmed Editora S.A.

mostra algumas inserções de um diário de vozes que demonstram variações ao longo de um período de dois dias. Os diários de vozes podem ser usados para planejar as atividades que podem ser associadas a uma intensidade reduzida das alucinações ou para identificar atividades para as quais talvez sejam necessárias melhores estratégias de enfrentamento. Por exemplo, o paciente que escreveu o diário mostrado na Figura 12.1 poderia:

– planejar passar mais tempo em silêncio, lendo e ouvindo música;
– trabalhar em maneiras para reduzir a exposição a discussões com os pais; ou
– experimentar usar estratégias para distrair ou focar (descritas mais adiante no capítulo) para lidar com a experiência de pegar um ônibus para ir ao programa do centro de atenção diária.

3. **Anote o conteúdo das vozes no papel ou em um quadro branco.** Anotar o conteúdo das vozes pode proporcionar uma excelente oportunidade para os pacientes examinarem suas alucinações "de cabeça fria" na presença de um terapeuta. O grau de crença do paciente (expresso em porcentagem), o poder percebido das vozes e possíveis distorções no pensamento (erros cognitivos) podem ser discutidos. Alguns de nós temos um quadro branco em nossos consultórios para que o texto possa ser mostrado em letras grandes e facilmente visíveis. Se não houver um quadro branco, uma folha de papel e algumas canetas são suficientes.

4. **Explorar a ligação entre hábitos de sono e vozes.** Discutir a influência do sono nas alucinações oferece uma oportunidade para normalizar a experiência de ouvir vozes. Os terapeutas podem: 1) ressaltar que o sono precário

muitas vezes piora as vozes e 2) explicar como a privação do sono pode causar esse problema em muitas pessoas. Além disso, podem ser feitos esforços para usar as intervenções de tratamento para problemas de sono descritos no Capítulo 10, "Métodos da TCC para Insônia", para melhorar os hábitos de sono. Quando necessário, pode-se prescrever farmacoterapia adequada para os problemas do sono.

5. **Descobrir de onde vêm as vozes (localização geográfica).** O terapeuta pode perguntar ao paciente; "as vozes ficam mais altas em algum lugar em particular quando você anda pelo consultório?" Em caso negativo, o terapeuta pode envolver o paciente em tentativas para explicar esse fenômeno. Por exemplo, Janelle acreditava que suas vozes vinham de tomadas elétricas e mais ninguém podia ouvi-las. Tendo concordado que a voz de seu psiquiatra ficava mais alta à medida que caminhava em direção a ele, ela fez um experimento começando em um canto distante da sala e foi caminhando até uma tomada elétrica. As vozes não ficaram mais altas. Esse exercício foi um passo importante para trazer-lhe a percepção de que as vozes vinham de seu próprio cérebro.

6. **Gravar as vozes (teste de realidade).** Quando os pacientes dizem que estão ouvindo vozes, o terapeuta pode ligar um gravador ou um dispositivo digital de gravação no consultório para tentar registrar as vozes. Os pacientes devem escrever o que suas vozes estavam dizendo no momento da gravação e depois ouvi-la. Muitas vezes, eles ficam gratos por não ouvir evidências das alucinações e podem, posteriormente, entrar em situações sociais com mais confiança de que os outros não conseguem ouvir essas vozes.

7. **Perguntar as reações emocionais típicas ao fato de ouvir vozes.** As reações

Dia e hora	Atividade	Intensidade da voz (Escala: 0–10)
Segunda-feira 9:00 h	Na cozinha com pais – Eles estão brigando e me criticando	9
Segunda-feira Meio-dia	Almoço no centro de atenção diária	2
Segunda-feira 13:00 h	Arteterapia	3
Segunda-feira 16:00 h	Em casa, lendo em silêncio e ouvindo música	1
Terça-feira 10:00 h	Pegando o ônibus para o centro de atenção diária– parece que as pessoas estão me encarando	8
Terça-feira 15:00 h	Jogando sinuca com amigos no Centro	3

Figura 12.1 • Exemplo de um diário de vozes.

habituais podem incluir vergonha, raiva, ansiedade e tristeza. Como essas emoções podem piorar a intensidade das alucinações, um bom alvo para as intervenções terapêuticas pode ser a redução dos sentimentos que circundam a experiência de ouvir vozes. Alguns dos métodos que podem ser usados para este fim são desenvolver respostas racionais para os pensamentos automáticos, imagens mentais positivas e treinamento de relaxamento.

8. **Perguntar as reações comportamentais típicas ao fato de ouvir vozes.** Alguns dos comportamentos mais comuns são esconder-se, afastar-se e socializar-se menos. Esses comportamentos de segurança podem levar à exacerbação e manutenção das alucinações. O terapeuta pode sugerir que o paciente tente algumas outras atividades para ver como as vozes podem mudar. Pode ser útil um plano de exposição graduada.

Theo, um paciente de 38 anos de idade com esquizofrenia, era um pianista realizado antes de ficar doente. Ele chegou a realizar recitais universitários. No entanto, ele andava ouvindo vozes que lhe diziam: "Você não é bom... Quem você pensa que engana?... você vai fazer papel de bobo se deixar alguém ouvi-lo tocar". Como era de se esperar, ele parou totalmente de tocar piano e passava a maior parte do tempo sozinho. Parte da estratégia da TCC para Theo foi tentar gradualmente um experimento comportamental de começar a praticar piano sozinho e depois tocar para alguns velhos amigos. Ele acabou conseguindo se apresentar com um pequeno grupo na igreja. À medida que progredia nessa prescrição de tarefa gradual, sua sensação de domínio sobre as alucinações aumentava.

9. **Perguntar a outras pessoas se elas conseguem ouvir a voz (teste de realidade).** Os pacientes normalmente acreditam em algum grau que os

outros provavelmente conseguem ouvir as vozes, especialmente quando as alucinações são percebidas como altas, claras e no mundo real. Quando eles não perguntam a um dos pais, um amigo próximo ou um profissional de saúde mental se eles também conseguem ouvir as vozes, este exercício de teste da realidade pode ser uma boa tarefa de casa. Os terapeutas podem ajudar os pacientes a selecionar uma pessoa apropriada que consiga ganhar sua confiança dessa maneira.

10. **Praticar uma técnica de distração (p. ex., ouvir música, exercício, tentar ler uma revista).** O terapeuta deve primeiro perguntar se o paciente tentou alguma coisa antes que pareceu ajudar. Após escrever uma breve lista de estratégias de distração para o enfrentamento, o paciente pode escolher uma ou mais ideias para desenvolver como tarefa de casa e usar um diário de vozes para registrar qualquer benefício. Se um paciente não conseguir identificar qualquer possibilidade de atividades de distração, o terapeuta pode perguntar sobre passatempos, interesses ou habilidades anteriores que poderiam ser tentados. Alternativamente, a "Lista de 60 Estratégias de Enfrentamento para Alucinações" (fornecida no Apêndice 1, "Planilhas e Listas de Verificação", e

disponível para *download* no *site www. grupoa.com.br*) pode ser revisada em uma sessão breve. Recomendamos que os terapeutas copiem e coloquem esta lista de 60 estratégias de enfrentamento em um arquivo para que possa ser facilmente acessada quando necessário em sessões de tratamento. A Tabela 12.2 inclui uma lista abreviada de técnicas de distração para alucinações.

11. **Praticar uma técnica de foco (p. ex., usar respostas racionais).** Esse método envolve pedir aos pacientes para concentrarem sua atenção na experiência de ouvir vozes e tentarem reduzir a angústia agindo diretamente. Se as vozes forem autocondenatórias, o paciente pode então tentar responder racionalmente – talvez conversando em um telefone celular com pensamentos que combatam as mensagens excessivamente críticas das alucinações. Por exemplo, Theo, o paciente com esquizofrenia que havia parado de tocar piano, respondeu a suas vozes com esses pensamentos: "Sou realmente uma boa pessoa... nunca machuquei ninguém... estudei piano por muito tempo e ainda consigo tocar bastante bem. As pessoas na igreja dizem que gostariam de me ouvir tocar novamente".

Outra técnica de foco é a subvocalização. Pede-se ao paciente para tentar

Tabela 12.1 • Breve lista de técnicas de distração para alucinações

- Cantarolar
- Ouvir música
- Rezar
- Pintar
- Caminhar ao ar livre
- Telefonar para um amigo
- Exercitar-se
- Praticar Ioga
- Tomar um banho quente
- Assistir TV
- Fazer palavras cruzadas ou um quebra-cabeça
- Jogar um jogo no computador

uma atividade concomitante, como ler em voz alta, quando as vozes estiverem ativas. As palavras são sussurradas em voz baixa, em vez de faladas em voz alta. Essa técnica precisa ser modelada e praticada na sessão para ajudar os pacientes a aprenderem a subvocalizar de uma maneira socialmente aceitável e evitarem verbalizar cada vez mais alto. O terapeuta pode explicar que as áreas da fala no cérebro estão ativas durante a experiência de ouvir vozes e que se envolver em outra atividade que utilize essa parte do cérebro pode reduzir a intensidade das alucinações.

Imagens mentais positivas também pode ser uma técnica de foco útil. As imagens mentais podem ser simples distrações (p. ex., imaginar-se em uma praia) ou métodos ativos de foco e refutação das alucinações (p. ex., "imagino a voz sendo trancada em um armário e depois um cobertor sendo colocado sobre ela... a voz fica cada vez mais suave quando essas coisas são feitas"). Os pacientes devem ser advertidos de que as técnicas de foco às vezes podem deixar as vozes mais altas antes de começarem a melhorar. No entanto, aprender métodos de foco pode ter muitos benefícios positivos.

12. **Praticar a técnica metacognitiva.** Alguns dos métodos mais úteis de enfrentamento exigem ter uma atitude completamente diferente em relação à experiência de ouvir vozes. Em vez de ficar preocupado com as vozes ou lutando para mandá-las embora, o paciente aceita que as vozes ocorrerão, mas lhes dá pouco ou nenhum poder. As vozes podem, então, acabar se tornando um barulho de fundo de consequência insignificante. A consciência plena é um bom exemplo de técnica metacognitiva (Bach e Hayes 2002). As vozes são percebidas com uma atitude mental neutra; o paciente simplesmente observa a atividade da voz sem tentar forçá-la a ir embora ou ficar angustiado demais com ela. Alguns de nossos pacientes que mais bem se ajustaram às alucinações persistentes tornaram-se conscientes de suas vozes, mas seguem sua vida apesar delas.

13. **Ligar as vozes (para reduzir a onipotência das vozes).** Os pacientes muitas vezes se sentem ainda mais no comando se conseguirem ligar e desligar as vozes. A seguir, alguns exemplos de estratégias de controle: 1) ouvir música rap (piora as vozes) e, em seguida, mudar para um jazz melódico (acalma as vozes); 2) ficar acordado até tarde até o ponto de leve privação do sono (deixa as vozes mais frequentes e mais altas) *versus* evitar cafeína, desacelerar e dormir por volta das 11 horas da noite (minimiza as vozes); e 3) ficar na cozinha quando os pais estiverem brigando (deixa as vozes muito intensas) em comparação com sair do ambiente e ir para um lugar tranquilo para ler algo leve (abranda as vozes).

14. **Trabalhar nos esquemas (para aumentar a autoestima).** Um motivo pelo qual os pacientes podem acreditar que as mensagens enviadas por vozes muito negativas é que as alucinações estão ressoando com um esquema desadaptativo subjacente (p. ex., "Sou um perdedor", "Sou burro", "Não sou digno de amor"). Se o terapeuta suspeitar que o paciente tenha uma crença nuclear negativa, pode ser usado o questionamento socrático para trazer à luz o esquema e testá-lo quanto à sua precisão. O terapeuta pode perguntar: "você realmente acredita que é tão perdedor quanto dizem as vozes?" outros passos poderiam incluir o exame de evidências a favor da crença, tentando desenvolver uma crença mais razoável e autoafirmativa e desenvolvendo uma tarefa de casa para praticar se comportar

de uma maneira consistente com a crença revisada.

15. **Submeter as vozes "a um julgamento".** Para usar esse método, pede-se aos pacientes para agirem como um advogado em um tribunal. Eles podem examinar as vozes de forma cruzada usando a técnica da cadeira vazia, questionando como as vozes chegaram a determinada conclusão e quais são as evidências que confirmam tal conclusão. O terapeuta pode ajudar o paciente a perceber que talvez as vozes não tenham todas as respostas.

16. **Construir confiança usando a auto-exposição.** Se o terapeuta tiver tido uma alucinação hipnagógica ou outra experiência alucinatória, esta pode ser revelada ao paciente. Alucinações são um componente normal do processo de luto e muitas pessoas já vivenciaram esse fenômeno.

17. **Conversar sobre uma pessoa famosa que ouve vozes.** O ator Anthony Hopkins, Brian Wilson do conjunto musical Beach Boys e John Frusciante do Red Hot Chili Peppers são pessoas que ouvem vozes. Eles são indivíduos altamente competentes e criativos, apesar de suas vozes. Contar aos pacientes sobre essas figuras públicas pode ajudá-los a aceitar seus próprios sintomas e trabalhar para desenvolver habilidades de enfrentamento eficazes para lidar com as alucinações.

18. **Discutir a ligação entre substâncias ilegais e alucinações.** Os pacientes muitas vezes sabem que certas drogas deixam-nos paranoides; no entanto, eles podem ter menos consciência da associação entre drogas e alucinações. Uma miniaula em uma sessão breve ou uma apostila descrevendo a ligação entre certas substâncias e diversos estados mentais pode ajudar os pacientes a começarem a dar passos para mudar o comportamento de uso de drogas. Os métodos descritos no Capítulo 13, "TCC para Mau Uso e Abuso de Substâncias", podem então ser usados para abordar os problemas de abuso ou mau uso de substâncias.

19. **Visitar o *site* Gloucestershire Hearing Voices & Recovery Groups (*www.hearingvoices.org/uk*).** Este *site* da internet pode fornecer muitas dicas úteis. Muitas vezes, os pacientes acreditam que ninguém mais entende seus sintomas. Pode ser um grande alívio descobrir que pessoas ao redor do mundo que ouvem vozes estão se reunindo regularmente e apoiando umas às outras.

20. **Redigir um cartão de enfrentamento.** A técnica do cartão de enfrentamento, usada em muitas outras aplicações em sessões breves de TCC, também é um método central para trabalhar com as alucinações. Os pontos-chave das estratégias desenvolvidas nas sessões de tratamento podem ser resumidos em um cartão, que o paciente usa como um lembrete para colocar essas ideias em prática na vida cotidiana. A Figura 12.2 traz um cartão de enfrentamento redigido com Theo, o paciente com esquizofrenia descrito anteriormente neste capítulo.

EXEMPLO DE CASO DE MELHORA DAS HABILIDADES DE ENFRENTAMENTO PARA ALUCINAÇÕES: HELEN

A história de Helen foi descrita em mais detalhes no Capítulo 11, "Modificando Delírios". Além de seus problemas com delírios, ela estava ouvindo vozes muito más e depreciativas (p. ex., "Você é uma droga... a culpa é sua... você não faz nada... você é

Terapia cognitivo-comportamental de alto rendimento para sessões breves **203**

Problema

- As vozes me criticam. Elas me dizem que não sou bom e que eu não deveria tocar piano.

Estratégias de Enfrentamento

- Revisar minha lista de pontos fortes:
  - Eu nunca magoo as pessoas, sou gentil e ajudo os outros sempre que posso.
  - Eu ia bem na escola até ficar doente.
  - Treinei muito piano e ainda consigo tocar bastante bem.
  - As pessoas parecem gostar de me ouvir tocando.
- Ouvir gravações de músicas de concerto.
- Manter-me ocupado, trabalhando no jardim, indo ao cinema ou fazendo outras coisas que me façam parar de prestar atenção nas vozes.
- Seguir meu plano do passo a passo para reconquistar minha confiança e habilidade de tocar piano.
- Usar uma caixinha de comprimidos para lembrar-me de tomar as medicações. Elas realmente ajudam quando as tomo.

Figura 12.2 • Cartão de enfrentamento de Theo.

inútil"). As vozes causavam-lhe grande angústia e às vezes eram associadas a desespero e desesperança. As respostas comportamentais de Helen às vozes que não a ajudavam incluíam isolamento, fechar-se em casa no escuro e até mesmo deixar de assistir TV ou ouvir música. Ela havia parado de fazer atividades anteriormente agradáveis, tais como desenhar ou pintar, embora tivesse um histórico de criatividade.

• Ilustração em Vídeo 14: Enfrentando as alucinações
Dr. Turkington e Helen

No início da sessão breve mostrada na Ilustração em Vídeo 14, Dr. Turkington revisa o diário de vozes de Helen e descobre que suas vozes aviltantes são claramente mais problemáticas à noite. As vozes estão a aborrecendo terrivelmente e estimulando uma boa dose de tristeza. Depois de fazer alguns comentários empáticos, Dr. Turkington pergunta se essas mensagens são semelhantes a alguns de seus próprios pensamentos de autocrítica. Helen confirma que isso é verdade. Eles então testam se as vozes estão fazendo um relato verdadeiro de sua autovalia.

A parte seguinte da intervenção é orientada para a construção da autoimagem de Helen ajudando-a a combater as vozes com declarações precisas sobre si mesma (p. ex., "Estou tentando... estou fazendo o melhor que posso... tenho estado doente... No passado, eu era criativa e trabalhava muito... tenho amigos... Apesar de nossos problemas, John ainda gosta de mim"). Essas características positivas devem ser registradas em um telefone celular para Helen ouvir frequentemente quando as vozes a estiverem atormentando. O Dr. Turkington e Helen também trabalham em uma atividade que a distraia, de desenhar no parque. Helen costumava se interessar por arte e parece motivada a tentar essa atividade. Uma meta específica é estabelecida de desenhar no parque duas vezes durante a semana seguinte por 30 minutos em cada ocasião.

CASO PRÁTICO: PLANEJANDO UMA INTERVENÇÃO DA TCC PARA ALUCINAÇÕES

O caso prático a seguir proporciona a oportunidade de você considerar quais das 20 técnicas breves da TCC apresentadas anteriormente neste capítulo você utilizaria para tratar Nanda, um paciente de 26 anos de idade com uma história de esquizofrenia crônica, abuso de maconha e trauma na infância.

• Exercício de Aprendizagem 12.1: Planejando uma intervenção da TCC para alucinações

1. Nanda não tinha história familiar de doença mental importante e teve uma infância razoavelmente normal, a não ser pelo fato de seu pai ser caminhoneiro e ficava longe de casa frequentemente. Infelizmente, Nanda foi espancado por uma babá aos 7 anos de idade e depois sofreu bullying de um empregador quando tinha 16 anos. Foi mais ou menos nessa época que ele começou a fumar maconha e tornou-se cada vez mais isolado e absorto em si mesmo. Nanda mais tarde desenvolveu delírios paranoides de que viaturas de polícia estavam seguindo-o e que ele podia sentir satélites queimando sua pele e área genital com lasers. Ele também tinha alucinações auditivas severas persistentes de vozes críticas dizendo-lhe que ele "merecia se ferrar", era um "perdedor" e outras mensagens muito negativas. Nanda acreditava que as vozes vinham dos satélites e podiam ser ouvidas por seus vizinhos. Você consegue pensar em pelo menos duas maneiras de trabalhar com as alucinações de Nanda em sessões breves? Você consegue ajudá-lo a desenvolver qualquer outra explicação para as alucinações? Redija um breve plano para ajudar Nanda a começar a desenvolver algum grau de dúvida em relação à convicção de que as vozes vêm dos satélites. Se você tiver um colega que possa fazer o papel de Nanda, experimente esses métodos em uma sessão breve simulada.

2. À medida que trabalha com Nanda, você descobre que ele tem muita vergonha por ter uma doença psiquiátrica e sente-se afastado dos outros. Ele tem um estilo de vida muito isolado e solitário. Você chega à conclusão de que o estigma da doença mental está muito pesado para Nanda e que os esforços para normalizar suas vivências podem ajudá-lo a se envolver mais na terapia e ter mais sucesso no enfrentamento das alucinações. Redija um breve plano para usar pelo menos duas estratégias para ajudar a reduzir o estigma que Nanda está sentindo. Se possível, dramatize usando esses métodos com um colega.

3. Nanda já confia mais em você e a natureza colaborativa da relação terapêutica está melhorando. Ele está mais aberto em relação a seu uso de maconha e admite que está fumando muito. Embora inicialmente lhe dê uma sensação de relaxamento e menos ansiedade, a maconha parece piorar suas alucinações. Redija uma discussão que você poderia ter com Nanda sobre a ligação entre uso de maconha e o fato de ele ouvir vozes. Tente praticar essa discussão em uma dramatização com um colega. Você aprenderá os métodos da TCC para abuso de substâncias no próximo capítulo.

4. À medida que prossegue a terapia em sessões breves, você consegue ter discussões mais longas com Nanda sobre sua explicação para as alucinações. Ele o surpreende ao dizer que achava que as alucinações podiam ter algo a ver com o fato de ter sofrido abuso físico quando criança e ter sofrido bullying quando adolescente. Você lhe pergunta como esses incidentes poderiam ter influenciado suas crenças de ser perseguido pela polícia e as vozes estarem sendo projetadas de satélites. Ele lhe diz que é tudo uma punição. Em seguida, você escreve essa explicação para as alucinações em um papel ou um quadro branco e começa a trabalhar com Nanda no desenvolvimento de uma explicação mais funcional e menos autocondenatória. Pense em algum questionamento socrático ou outros métodos de reestruturação cognitiva que possam ser usados para ajudá-lo a revisar essa crença desadaptativa. Depois, tente praticar usando essas técnicas em um exercício de dramatização.

RESUMO

Pontos-chave para terapeutas

- No tratamento de alucinações, a TCC muitas vezes é conduzida em sessões breves. Sessões longas e intensas podem ser muito exaustivas para muitos pacientes com alucinações intrusivas aflitivas.
- Para planejar intervenções de TCC eficazes, os terapeutas precisam desenvolver uma formulação de caso que avalie a relevância de situações estressantes no passado e no presente, influências exacerbantes, pensamentos automáticos e crenças nucleares, respostas comportamentais típicas às alucinações, fatores biológicos e médicos contribuintes e pontos fortes do paciente.
- Técnicas padrão de reestruturação cognitiva, como questionamento socrático, exame de evidências e desenvolvimento de explicações racionais podem ser modificadas para o tratamento de alucinações.
- A TCC para alucinações baseia-se muito no processo de geração de estratégias de enfrentamento novas e mais eficazes.

Conceitos e habilidades para os pacientes aprenderem

- Alucinações são comumente vivenciadas por diferentes pessoas.
- Alucinações podem ser desencadeadas por uma série de estressores, incluindo a falta de sono, privação sensorial, luto intenso, drogas ilegais e traumas de vários tipos.
- Tente não se sentir envergonhado pelo que suas vozes estão dizendo. As vozes muitas vezes dizem coisas desagradáveis. Seu médico ou terapeuta será capaz de ajudá-lo a se sentir mais confortável com relação às alucinações se você for capaz de lhe contar sobre elas.
- Medicações antipsicóticas podem reduzir ou eliminar as alucinações.
- A TCC pode ser muito útil para aprender a enfrentar as alucinações. As metas desse tratamento são auxiliá-lo a entender as alucinações e encontrar maneiras específicas de controlá-las.

REFERÊNCIAS

Bach P, Hayes SC: The use of acceptance and commitment therapy to prevent the rehospitalization of psychotic patients: a randomized controlled trial. J Consult ClinPsychol 70:1129–1139, 2002

Sensky T, Turkington D, Kingdon D, et al: A randomized controlled trial of cognitive-behavioral therapy for persistent symptoms in schizophrenia resistant to medication. Arch Gen Psychiatry 57:165–172, 2000

Turkington D, Kingdon D, Weiden PJ: Cognitive behavior therapy for schizophrenia. Am J Psychiatry 163:365–373, 2006

Turkington D, Kingdon D, Rathod S, et al: Back to Life, Back to Normality: Cognitive Therapy, Recovery and Psychosis. Cambridge, UK, Cambridge University Press, 2009

Wright JH, Turkington D, Kingdon DG, et al: Terapia Cognitivo-Comportamental para Doenças Mentais Graves. Porto Alegre: Artmed, 2010

13

TCC para mau uso e abuso de substâncias

Mapa de aprendizagem

Entendendo os processos cognitivos no abuso de substâncias

Prontidão para a mudança: promovendo a motivação

Adquirindo controle dos estímulos: identificando pessoas, lugares e coisas

Desenvolvendo um plano de sobriedade

Automonitoração e como lidar com as cognições negativas

Prevenção da recaída

O mau uso e o abuso de álcool e drogas psicoativas costumam complicar a vida de pessoas com transtornos psiquiátricos. O alto índice de ocorrência concomitante decorre, em parte, da onipresença do abuso de substâncias e da adição. Excetuando a dependência de nicotina, a maioria das pesquisas sistemáticas (p. ex., Kessler et al. 2005) indica que os índices de abuso e dependência de substâncias são de 15% a 20% da população adulta dos Estados Unidos, sendo que os homens apresentam índices mais altos da maioria dos transtornos relacionados a substâncias do que as mulheres. Problemas de abuso e dependência de substâncias ainda são mais frequentes entre pessoas com transtornos psiquiátricos como esquizofrenia e os transtornos do humor e ansiedade. Relatam-se índices de toda a vida para abuso de álcool e substâncias para pessoas com essas condições de até três vezes mais altos do que para aqueles do público geral (Daley e Thase 2000).

Índices tão altos de coocorrência refletem tanto a importância dos fatores causais compartilhados e a probabilidade de pelo menos alguns indivíduos vulneráveis gravitarem em direção ao uso problemático de álcool e outras substâncias como um meio de automedicação (Khantzian 1985).

Mesmo quando o uso problemático de substâncias começa como automedicação, o tratamento do transtorno psiquiátrico primário muitas vezes não é suficiente, justificando-se o tratamento específico para o mau uso ou abuso de substâncias. Assim como não é correto ignorar o transtorno que não seja por abuso de substâncias em um plano de tratamento para um indivíduo com alcoolismo ou outro transtorno por abuso de substâncias, também é um erro tentar tratar um transtorno do humor, ansiedade ou psicótico em um indivíduo com uso problemático de substâncias sem desenvolver um plano de sobriedade (Daley e Thase 2000). Neste capítulo, nos concentraremos no uso de estratégias da terapia cognitivo-comportamental (TCC) dentro de sessões breves para abordar o uso problemático de álcool, maconha, sedativos hipnóticos e outras substâncias de abuso. Esses métodos breves não se destinam ao uso com indivíduos com adições graves e aqueles que tem indicação clínica de internação ou desintoxicação ambulatorial.

ENTENDENDO OS PROCESSOS COGNITIVOS NO ABUSO DE SUBSTÂNCIAS

O uso problemático e a adição ao álcool e outras substâncias são resultados de processos biopsicossociais complexos e interdependentes que envolvem vulnerabilidades genéticas, fatores vivenciais e contextuais e condicionamento dos circuitos neurais que mediam os comportamentos relacionados ao desejo e ao prazer (Baler e Volkow 2006). O que normalmente começa como uma série de atos puramente voluntários ou volitivos pode, lenta (no caso de álcool ou maconha) ou rapidamente (com crack) entrar em um processo cíclico autoperpetuador no qual os estímulos condicionados (ou seja, pessoas, lugares, coisas ou

pensamentos e sentimentos) desencadeiam premência e fissuras que, por sua vez, motivam os comportamentos instrumentais que resultam em uso de álcool ou drogas (Thase 1997; Figura 13.1). Por motivos heurísticos, uma *premência* é descrita como a inclinação comportamental ou predisposição ao uso de drogas ou álcool em certos contextos e o termo *fissura* é usado para descrever o estado caracterizado por uma mistura de cognições disfóricas, afetos e ativação fisiológica provocados por gatilhos condicionados.

Para além dos pensamentos que podem servir de estímulo para evidenciar premências e fissuras, outras cognições, inclusive os pensamentos automáticos negativos e as crenças sobre o abuso de substâncias, podem aumentar a probabilidade de a premência ou fissura resultar em abuso de substâncias (Thase 1997). Um pensamento automático como, por exemplo, "minha vida já está uma bagunça – posso muito bem seguir em frente e ficar alto" ou uma crença como "fissuras são irresistíveis" pode facilitar os comportamentos disfuncionais associados ao uso de drogas ou álcool ao minar as tentativas do indivíduo de exercer controle volitivo para enfrentar a fissura ou a premência. Outras cognições podem promover o uso de drogas ou álcool ao possibilitar ao indivíduo envolver-se em autoenganação ou minimizar as consequências percebidas de ficar alto. "Vou me embebedar pela última vez e começar um plano de sobriedade amanhã" é um exemplo desse tipo de cognição permissiva.

As abordagens cognitivo-comportamentais estão entre as intervenções psicossociais mais bem estudadas para transtornos de abuso e dependência de álcool e outras substâncias, tendo demonstrado aumentar a probabilidade de abstinência e reduzir o subsequente risco de recaída (Dutra et al. 2008; Kadden 2003). Praticamente todos os componentes dessa classe relativamente ampla de intervenções começam

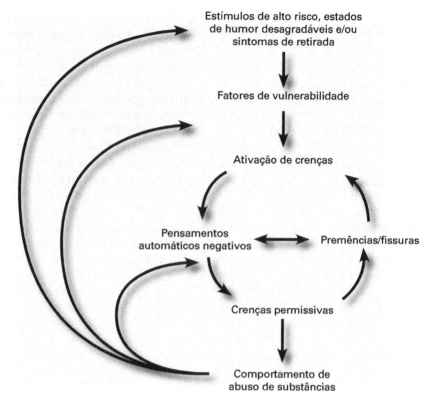

Figura 13.1 • Modelo cognitivo-comportamental de abuso de substâncias.
Fonte: Reproduzido de Thase ME: Cognitive behavior therapy for substance abuse disorders, in *American Psychiatric Press Review of Psychiatry*, Vol. 16. Editado por Dickstein LJ, Riba MB, Oldham JM. Washington, DC, American Psychiatric Press, 1997, p. 50. Uso com permissão. Copyright © 1997 American Psychiatric Press.

com o reconhecimento dos estímulos que estimulam as premências e as fissuras e os padrões de cognição que acompanham tais estados. São então usadas técnicas de reestruturação cognitiva e estratégias de ensaio comportamental para praticar alternativas mais saudáveis para tolerar, não beber ou usar drogas. Podem ser usadas técnicas de imagens mentais para evidenciar premências ou fissuras de modo a facilitar a prática *in vivo* de comportamentos de enfrentamento recém-aprendidos.

Abordagens tradicionais dos doze passos para tratamento do uso problemático de álcool e drogas também enfatiza o reconhecimento das pessoas, lugares e coisas que servem de estímulos que provocam premências e fissuras, bem como a importância das cognições negativas (p. ex., o adágio dos Alcoólicos Anônimos [AA] que diz que "o pensamento do bêbado leva a mais bebida"). Diferentemente da TCC, o método dos doze passos sugere lidar com cognições autoenganadoras ou permissivas por meio do princípio de que o indivíduo adito é impotente diante da adição e o controle tem de ser concedido a um poder maior. Embora tais crenças em particular não sejam consistentes com as raízes colaborativas e construtivistas da TCC, existem poucas outras incompatibilidades inerentes entre os modelos de tratamento. Assim, a maioria dos terapeutas cognitivo-comportamentais incentiva seus pacientes a frequentar também programas de autoajuda como o AA ou Narcóticos Anônimos (Thase 1997). A abordagem da TCC, afinal de contas, tem suas raízes no empirismo, e os terapeutas são encorajados a aproveitar e incorporar todas as estratégias que funcionem. De fato, em um estudo clínico financiado pelo Instituto Nacional de Abuso de Drogas que comparou os tratamentos para dependência de cocaína, os participantes aleatoriamente alocados para receber a combinação de sessões de aconselhamento sobre drogas individuais e em grupo após o método tradicional de doze passos tiveram probabilidade significativamente maior de tornarem-se abstêmios do que aqueles aleatoriamente alocados para receber TCC individual sem os grupos dos doze passos (Crits-Christophet al. 1999). Para indivíduos com adições mais graves, uma maneira mais eficiente de facilitar a abstinência poderia ser uma ênfase desde o início nos métodos relativamente simples que ressaltam a evitação total as pessoas, os lugares e as coisas associados ao uso de álcool ou drogas e "abrir mão" da ilusão de autocontrole no enfrentamento de premências ou fissuras.

PRONTIDÃO PARA A MUDANÇA: PROMOVENDO A MOTIVAÇÃO

Não raro, as pessoas que buscam tratamento para um transtorno psiquiátrico inicialmente minimizam ou negam o uso problemático de álcool ou drogas. Se o uso de substâncias for realmente clinicamente problemático, provavelmente haverá outras oportunidades de fazer o diagnóstico. Por exemplo, a magnitude e a extensão do uso de álcool ou drogas sempre devem ser reavaliadas quando o tratamento do problema apresentado não estiver alcançando o efeito desejado. Em outras ocasiões, as pessoas significativas podem expressar suas preocupações ao profissional de saúde mental ou

algum evento central da vida pode impelir o abuso problemático de substâncias para o focoterapêutico. Antes de engajar-se em uma série de intervenções, porém, o terapeuta precisa entender até que ponto o indivíduo está pronto para reconhecer ou lidar com um problema de abuso de substâncias. Para tal finalidade, são apropriados os métodos tirados da abordagem da entrevista motivacional, os quais são relativamente fáceis de aprender e especialmente adequados para uso em sessões breves (Hettema et al. 2005; Madson et al. 2009; Sobel e Sobel 2003).

Com Darrell, cujo tratamento para depressão foi descrito anteriormente no Capítulo 6, "Métodos Comportamentais para Depressão", e Capítulo 8, "Tratando a Desesperança e a Suicidalidade", o evento da vida que o forçou a lidar com um problema com bebida foi uma detenção por dirigir embriagado. Na entrevista inicial, Darrell negou os problemas de abuso de álcool ou substâncias e relatou beber algumas poucas cervejas com seus amigos "várias vezes ao mês". No entanto, mais adiante no tratamento, Darrell foi parado quando voltava de um bar para casa e indiciado por dirigir embriagado.

• **Ilustração em Vídeo 15:** TCC para abuso de substâncias I
Dr. Thase e Darrell

A sessão mostrada na Ilustração em Vídeo 15 começa com o Dr. Thase sugerindo que eles fossem direto para o item da agenda relativo ao indiciamento por dirigir embriagado. Darrell inicialmente minimiza o evento e diz que não se orgulha disso. Ele explica que "tomou algumas" quando estava com os amigos e por acaso foi parado na hora errada, como se o incidente fosse simplesmente uma questão de má sorte.

O Dr. Thase observa que a mãe de Darrell telefonou para expressar sua preocupação por seu filho ter um problema com bebida. Dr. Thase, então, confronta Darrell delicadamente observando que dois dos critérios para um diagnóstico de abuso de álcool são dirigir embriagado e a preocupação de um familiar. Em seguida, ele pergunta a Darrell quanto ele havia bebido naquela noite. Darrell diz que havia tomado apenas algumas cervejas. Contudo, ele não conseguia se lembrar do número exato, além de ter tomado as cervejas relativamente rápido. O nível de álcool em seu sangue era de 0,09. Conforme a sessão prossegue, o Dr. Thase conta a Darrell que sua mãe havia lhe dado informações adicionais sobre Darrell estar bebendo sozinho em casa à noite. Darrell admite que toma três cervejas cinco noites por semana e que, quando sai com os amigos, ele pode chegar a oito cervejas durante o curso de 3 a 4 horas. Mesmo assim, ele novamente subestima a relevância de seu comportamento relacionado à bebida quando diz: "Eu nunca quis pensar que este fosse um grande problema... que fosse grande coisa".

Como Darrell tem claramente um problema com álcool, mas ainda não parece estar firmemente comprometido em confrontar a questão, o Dr. Thase faz uma série de perguntas destinadas a intensificar a motivação. Primeiramente, ele pergunta a Darrell sobre o impacto que a detenção por dirigir embriagado pode ter em sua vida. Depois de dizer que é "bem grande" e que está preocupado com isso, Darrell concorda em trabalhar com o Dr. Thase para encontrar outras motivaçõespara a mudança.

Dr. Thase: Você consegue pensar em outras motivações para mudar os hábitos de consumo alcoólico?

Darrell: Bem, eu... Realmente não quero... Não quero mais deixar minha mãe preocupada. Com ela doente e tudo mais... Ela já tem muito com o que se preocupar. Não quero que ela passe por isso.

Dr. Thase: Essa é uma boa motivação! Também me parece que em algumas dessas noites você chega a um nível de intoxicação que deixa você sem condições de poder ajudá-la como gostaria, caso haja uma emergência.

Darrell: É, realmente. Eu não tinha pensado por esse lado, mas eu preciso esta sempre pronto para ajudá-la. Especialmente quando as coisas ficarem mesmo difíceis.

Dr. Thase: Então temos o problema legal, temos o fato de você precisar ficar mais disponível e deixar sua mãe menos preocupada... Você consegue pensar em outras motivações?

Darrell: Bem... Eu acho que... O trabalho também se tornou uma questão agora. Às vezes é difícil levantar de manhã porque bebi demais na noite anterior. Tenho muita ressaca. E aí chego atrasado no trabalho. Perdi algumas reuniões...

Dr. Thase: Ok... Temos três boas razões. Você consegue pensar em outras?

Darrell: Acho que uma grande motivação é tentar não ser como meu pai. Ele era realmente um alcoolista. Eu não quero acabar um perdedor como meu pai. Ele perdeu tudo. Não quero acabar como ele indo por esse caminho.

Essa motivaçãotem um impacto muito emocional para Darrell; assim, o Dr. Thase salienta a importância desse fator antes de continuar a desenvolver a lista de fatores motivacionais. Embora Darrell não consiga pensar em mais nenhum outro item, o Dr. Thase utiliza a prerrogativa do terapeuta para discutir dois outros itens: sua saúde geral melhoraria (sua pressão sanguínea tem estado alta e o abuso de álcool poderia ser um fator) e o álcool pode interferir na efetividade da TCC e na medicação antidepressiva e neutralizar seus esforços para se recuperar da depressão.

Em seguida, o Dr. Thase volta-se para os possíveis desmotivadores. Darrell observa que gosta de tomar cerveja, pois tem um bom sabor e também o faz sentir-se bem. Além disso, Darrell faz a relação entre os momentos em que muita coisa está acontecendo em sua vida e o sentimento de alívio quando bebe. Embora a mãe de Darrell não aprove seu hábito de beber, muitos dos outros familiares são grandes bebedores "sociais"; beber parece ser uma parte normal de suas vidas. O Dr. Thase sugere ou "pergunta-se" se Darrell admitisse ter um problema com bebida, ele é como seu pai e juntou-se ao "clube".

Em resumo, Darrell afirma que quer mudar: "Não preciso de mais uma coisa para tornar minha vida pior nesse momento". Os principais itens identificados por meio de métodos de promover a motivação com Darrell estão resumidos na Figura 13.2.

ADQUIRINDO CONTROLE DOS ESTÍMULOS: IDENTIFICANDO PESSOAS, LUGARES E COISAS

Reconhecer que as premências e as fissuras para usar álcool ou drogas são, em parte, condicionados a ocorrer em certos ambientes ou na companhia de determinadas pessoas é um passo importante em direção à abstinência. Começar a fazer mudanças de estilo de vida para minimizar o contato com as pessoas, os lugares e as coisas associados a beber ou ao uso de drogas é uma vantagem importante na manutenção da sobriedade, especialmente nas primeiras semanas ou meses de abstinência. As possíveis mudanças de estilo de vida podem incluir evitar o contato com pessoas que não respeitem o plano de não beber ou usar drogas, aumentar o tempo com pessoas sóbrias e desenvolver atividades de lazer mais saudáveis, inclusive exercitar-se. Quando a rede social de um paciente é repleta de amigos e conhecidos que bebem muito ou usam drogas, fazer as mudanças necessárias nos contatos interpessoais pode ser uma tarefa desanimadora e o paciente pode precisar recorrer a companheiros das reuniões do AA ou Narcóticos Anônimos ou tentar se reconectar com familiares ou amigos deixados no passado.

A programação de atividades e de eventos prazerosos (consulte o Capítulo 6, "Métodos Comportamentais para Depressão"), um método de TCC adequado para sessões breves, pode ser uma técnica útil para ajudar os pacientes a organizarem seus esforços para mudar. Além disso, os métodos de reestruturação cognitiva descritos no

Motivadores para mudar	Desmotivadores
• Detido por dirigir embriagado – problemas legais, risco de ficar preso. • Não quero preocupar ou estressar minha mãe. • Tenho de estar bem para ajudar minha mãe. • Impacto negativo do álcool no desempenho profissional. • Não quero ser um perdedor como meu pai. • Minha saúde física melhoraria. • O uso de álcool pode interferir na recuperação da depressão.	• Gosto de tomar cerveja. • Obtenho alívio do estresse quando tomo cerveja. • Muitos familiarese amigos são "bebedores sociais". • Se eu admitir ter um problema com a bebida, terei de me "juntar ao clube" de meu pai.

Figura 13.2 • Promovendo a motivação: exemplo de Darrell.

Capítulo 7, "Enfocando o Pensamento Desadaptativo", podem ser usados para modificar pensamentos disfuncionais, tais como: "Ninguém vai querer ficar perto de mim se eu não estiver bebendo – eu seria um tédio" ou "Álcool e drogas têm sido meus grandes amigos – já me esqueci como fazer um amigo de verdade". Em alguns casos, o abuso pode estar associado à deterioração ou perda de habilidades sociais, sendo necessários esforços para reconstruir tais habilidades.

Um exemplo interessante de problemas para mudar contatos com pessoas, lugares e coisas é um paciente de 45 anos de idade com abuso de álcool e cocaína e depressão maior tratado em sessões breves pela Dra. Sudak. Paul fora anteriormente gerente de um restaurante e realmente adorava "ir para a balada" com a equipe após o fechamento do restaurante a cada noite. Ele tinha muitos contatos na área de restaurantes, muitos dos quais também tinham problemas de abuso de substâncias. Ele estava sempre perto de álcool no trabalho e tinha uma grande coleção de vinhos em casa. A cocaína estava prontamente disponível entre seus colegas no restaurante.

Quando Paul começou o tratamento, ele havia perdido o emprego como gerente do restaurante, mas ainda passava muito tempo com seus velhos "amigos" de trabalho. Parte do tratamento de Paul envolvia romper esses contatos, pelo menos pelos primeiros seis meses de terapia; procurar um emprego que não envolvesse servir bebidas alcoólicas ou fazê-lo ter contato rotineiro com pessoas que usem cocaína; livrar-se de sua coleção de vinhos e outras bebidas alcoólicas; e desenvolver uma programação de atividades mais saudável. A Figura 13.3 traz uma lista de algumas das atividades específicas que Paul incorporou a sua programação semanal.

Outro exemplo de como adquirir controle dos estímulos vem do tratamento de Miranda, uma paciente de 35 anos de idade que inicialmente procurou a terapia para um transtorno de ansiedade, mas logo revelou um significativo problema de dependência de álcool. Ela trabalhava como assistente jurídica em um escritório de advocacia com uma forte tradição de reunir a "equipe" em um bar após o trabalho duas vezes por semana para um *happy hour*. Eles também comemoravam os sucessos jurídicos com longos jantares "regados a álcool". Em sua terapia com o Dr. Wright, Miranda decidiu dizer a seu chefe e colegas de trabalho que ela tinha um problema com o álcool e não participaria dos eventos sociais após o trabalho. Ela também se comprometeu em parar de fazer cruzeiros, uma de suas

---

- Levar o filho de cinco anos de idade para a escola e buscá-lo todos os dias. Passar pelo menos quatro horas por dia cuidando e/ou brincando com ele para que minha esposa possa concentrar-se em seu trabalho.
- Malhar na academia quatro ou cinco vezes por semana por uma hora.
- Ir ao Alcoólicos Anônimos cinco vezes por semana.
- Passar pelo menos duas horas a cada dia da semana procurando emprego.
- Ir à igreja todos os domingos e mais uma vez durante a semana.
- Encontrar com três amigos de escola que fazem um sarau de blues duas vezes por semana. Explicar-lhes que tenho um problema com álcool e drogas e preciso de ajuda para não consumir substâncias ao tocar música.
- Ir ao café com irmão (que não bebe) duas ou três vezes por semanas para sentar e conversar.
- Ir ao mercado de verduras toda terça-feira à tarde e sábado de manhã com a família.

Figura 13.3 • Atividades planejadas para promover sobriedade: exemplo de Paul.

atividades favoritas de férias, pois o acesso livre e fácil a álcool nos navios poderia desencadear uma recaída.

Aproximadamente três meses depois de iniciar seu tratamento, Miranda conseguiu retomar os eventos após o trabalho com seus colegas e consumir bebidas não alcoólicas enquanto os outros consumiam álcool. Uma parte especialmente desafiadora do enfrentamento dos estímulos nessas ocasiões era a crítica e a fragilização de um dos membros da equipe. Essa mulher repetidamente dizia coisas como "odeio que você tenha de abrir mão de algo que você gosta tanto... você realmente não precisa fazer isso". Felizmente, Miranda conseguiu identificar que sua colega de trabalho também tinha um problema de abuso de substâncias. Quando visitou a página do *Facebook* dessa pessoa, Miranda descobriu que muitos de seus comentários faziam referências ao uso de álcool.

Mais adiante no tratamento, após 2 anos de sobriedade e muitas sessões breves de TCC, Miranda estava pronta para fazer com seu marido um cruzeiro. Ela relatou: "adoro fazer cruzeiros e tenho convivido o bastante com o álcool para conseguir resistir aos impulsos... sou 'alérgica' a álcool... não posso chegar perto, assim sei que ficarei bem". Este caso demonstra a reintrodução gradual à exposição a pessoas, lugares e coisas associadas ao mau uso e abuso de substâncias.

De forma semelhante à exposição graduada a estímulos de ansiedade descritos no Capítulo 9, "Métodos Comportamentais para Ansiedade", a abordagem da TCC para abuso de substâncias ajuda as pessoas a ganharem de maneira eficaz confiança e habilidades para lidar com os estímulos que anteriormente levaram ao comportamento disfuncional. Embora alguns estímulos sejam mais bem evitados em longo prazo (p. ex., "boca de crack", outros lugares onde drogas ilegais são adquiridas facilmente e lojas de bebidas), a maioria das pessoas com histórias de abuso de substâncias acaba aprendendo maneiras de manter a sobriedade quando confrontada com estímulos comuns, como ocasiões sociais nas quais é servido álcool.

DESENVOLVENDO UM PLANO DE SOBRIEDADE

Quando o paciente concorda com o terapeuta que o uso de álcool ou drogas é problemático, mas é possível se abster, o próximo passo é desenvolver um plano de sobriedade. No caso de Darrell, o plano de sobriedade incluía revisar com frequência sua lista de motivações para a sobriedade, confidenciando a seu amigo mais solidário que precisou parar de beber por ter sido pego dirigindo embriagado e pedindo-lhe ajuda para tirar de seu apartamento toda cerveja e bebida alcoólica (Figura 13.4). Além de recrutar o apoio da rede social de Darrell, o Dr. Thase incentivou Darrell a frequentar o AA, ressaltando que as reuniões são realizadas no prédio de seu escritório nas segundas, quintas e sábados. Dr. Thase, então, deu uma breve explicação do motivo pelo qual o AA poderia ajudar e Darrell disse que estava disposto a tentar comparecer às reuniões.

Como já havia sido feito um trabalho com TCC na programação de atividades, rapidamente Darrell conseguiu tirar proveito desse método para reduzir o contato com estímulos que poderiam aumentar seu risco de beber e desenvolver o número de atividades positivas que poderia ajudá-lo a se abster do álcool. Também era uma parte importante do plano de sobriedade sessões adicionais de TCC. Darrell e Dr. Thase combinaram que teriam uma sessão breve por semana, todas as sextas de manhã, antes de Darrell começar a trabalhar. A sexta-feira era um dia de maior vulnerabilidade ao uso de álcool, pois Darrell costumava ir a bares após o trabalho para comemorar o final da semana de trabalho.

- Ler diariamente a lista de motivações.
- Conversar com meu melhor amigo sobre meu problema com o álcool e pedir-lhe ajuda.
- Tirar do apartamento todas as cervejas e bebidas alcoólicas.
- Frequentar o centro dos Alcoólicos Anônimos, como combinado com o Dr. Thase.
- Usar uma programação de atividades para planejar maneiras de reduzir o risco de beber.
- Ter sessões semanais com o Dr. Thase.

Figura 13.4 • Um plano de sobriedade: exemplo de Darrell.

AUTOMONITORAÇÃO E COMO LIDAR COM AS COGNIÇÕES NEGATIVAS

Outra parte da TCC para abuso de substâncias envolve lidar com os pensamentos automáticos negativos e crenças sobre beber ou usar drogas que inevitavelmente emergem durante os primeiros dias e semanas da abstinência. A sessão breve mostrada na Ilustração em Vídeo 16 começa com o Dr. Thase revisando o escore de depressão autoclassificado de Darrell. O Dr. Thase, então, pergunta a Darrell como vai indo o plano de sobriedade. Darrell relata que o plano está indo bem e que ele não havia consumido nenhuma gota de álcool nas duas últimas semanas. Ele está indo a uma reunião do AA toda semana e revisando sua lista de motivações para a mudança pelo menos uma vez por dia. Pensar em estar disponível para ajudar sua mãe, as consequências prováveis de ser pego dirigindo embriagado uma segunda vez e não querer ser como seu pai tem ajudado Darrell a manter sua motivação para não beber.

• **Ilustração em Vídeo 16:** TCC para abuso de substâncias II
Dr. Thase e Darrell

Depois de reforçar os bons resultados e dar crédito a Darrell por essas mudanças, o Dr. Thase pergunta se Darrell teve algum problema para seguir o plano. Darrell diz que tem ficado estressado quando sai com amigos ou com mulheres.

Darrell: É estranho não beber. Preciso admitir isso. Você sai com pessoas... Amigos, mulheres... Qualquer um.. Todos esperam que você beba.

Dr. Thase: Alguém perguntou algo a respeito?

Darrell: Não... Ninguém comentou nada comigo. Mas eu fico pensando no que eles estão pensando sobre isso...

Dr. Thase: Você se preocupa que eles pensem o que exatamente?

Darrell: Ah... Qualquer um deles pode pensar "nossa, ele é um cdf" ou "um esquisitão"... "Se ele não bebe, ele não combina com a gente"... E as mulheres... Bem, elas preferem um cara que saiba se controlar. E pega um pouco mal se você não bebe.

Quando o Dr. Thase indica que Darrell pode estar tendo pensamentos automáticos sobre as reações das mulheres ao fato de ele não beber, a primeira reação de Darrell é que o pensamento é uma declaração verdadeira. Portanto, o Dr. Thase decide usar a técnica da flecha descendente para elucidar o significado do pensamento.

Dr. Thase: E se isso for verdade, se uma mulher pensar que você é um cara que não sabe se controlar... O que isso significa?

Darrell: Significa que você é um tipo de perdedor ou caretão... O tipo de cara que elas não querem por perto.

Dr. Thase: E se elas não querem você por perto, o que vai acontecer na sua vida a seguir?

Darrell: Você acaba sozinho, não consegue casar... Não consegue ter ninguém. É isso.

O Dr. Thase, então, mostra a Darrell como uma preocupação pode entrar em uma espiral descendente ao ponto de concluir que ele acabará "sozinho, isolado, renegado e nunca se casar... basicamente, fracassar".

Em seguida, eles começam a testar a exatidão dos pensamentos automáticos e crenças. O Dr. Thase pergunta: "Até que ponto você tem certeza que as mulheres querem um cara que consiga controlar seu consumo de álcool?" Darrell responde: "Bastante certeza". Então, o Dr. Thase pergunta se isso se aplica a todas as mulheres. Darrell observa que pode se aplicar a 50% das mulheres. Eles discutem sobre algumas mulheres que talvez não se aborreçam – aquelas que frequentam o AA e aquelas com histórias familiares de abuso de álcool. Em seguida, o Dr. Thase faz a pergunta central:

Dr. Thase: E você precisa beber para lidar consigo mesmo?

Darrell: Bem, eu acho que... Você não TEM que beber para lidar consigo mesmo. Mas acho que pode lidar consigo mesmo de outras formas...

Dr. Thase: Talvez não beber seja parte de lidar consigo mesmo... Saber quando é melhor não beber.

Darrell: É... Talvez isso seja como... É como se eu pensasse que as mulheres gostam mais de mim quando bebo.

Após fazer algum progresso na modificação de pensamentos automáticos na sessão breve, o Dr. Thase sugere uma tarefa de casa na qual Darrell deve manter um registro de seus pensamentos automáticos sobre o que as pessoas podem estar pensando sobre ele, testar a exatidão dos pensamentos e ver se isso o faz sentir mais confortável quanto a não beber.

PREVENÇÃO DA RECAÍDA

As abordagens cognitivo-comportamentais ao abuso de substâncias começam com o reconhecimento de que a maioria dos indivíduos que já abusou de drogas ou álcool irá, em algum momento, sofrer um lapso ou recaída (Marlatt e Gordon 1985; Thase 1997). A prevenção da recaída, assim, é vista como um possível esforço para a vida toda. Para a maioria dos pacientes, o plano de prevenção da recaída inclui a contínua conscientização e manejo de situações de alto risco, a prática de enfrentamento de pensamentos e sentimentos associados ao uso de substâncias, fazer uso eficaz de apoios como a família, amigos e/ou AA, fazer escolhas saudáveis em termos de estilo de vida e sessões regulares com o terapeuta. Uma característica da TCC é que as habilidades aprendidas nas sessões breves e praticadas por meio das tarefas de casa podem ser usadas durante toda a vida.

• Exercício de Aprendizagem 13.1: Usando a TCC para mau uso ou abuso de substâncias

1. Da próxima vez que você tiver uma sessão breve com um paciente que relate uso problemático de álcool ou outra droga, explore o grau de prontidão para a mudança do paciente perguntando-lhe sobre fatores que possam desmotivar e motivar a continuação do uso da substância.

2. Se o fato de beber ou usar uma substância parecer estar interferindo na resposta ao tratamento, tente desenvolver um plano de sobriedade de modo colaborativo.

3. Use uma programação de atividades ou outro método comportamental para trabalhar na redução do contato com possíveis gatilhos para o abuso e intensificar o envolvimento em atividades que possam promover a abstinência.

4. Use um registro de modificação de pensamentos para evidenciar e modificar os pensamentos automáticos e crenças negativas do paciente que estejam associados à premência ou fissura para beber ou usar drogas.

5. Utilize imagens mentais guiadas para evidenciar uma premência ou fissura e um exercício de ensaio comportamental para praticar o enfrentamento com sucesso.

RESUMO

Pontos-chave para terapeutas

- O uso problemático de álcool e outras substâncias frequentemente complica outros transtornos psiquiátricos e, se não tratado especificamente, pode minar os esforços do tratamento. Quando está presente, o abuso de substâncias torna-se um alvo primário para as intervenções da TCC.
- Vários métodos da TCC podem ser usados em sessões breves para abordar o uso problemático de substâncias. Esses métodos incluem:

  - fornecer psicoeducação sobre o impacto do abuso de substâncias nos resultados e na saúde geral;
  - usar técnicas de entrevista motivacional para melhorar a prontidão para a mudança;
  - identificar as pessoas, os lugares e as coisas associadas ao uso de substâncias e usar a programação de atividades ou outros métodos comportamentais para lidar com essas influências;
  - reconhecer e modificar as cognições permissivas;
  - desenvolver de modo colaborativo um plano de sobriedade; e
  - incentivar a participação em programas de autoajuda, como o AA.

- Transtornos mais severos de uso de substâncias, incluindo aqueles que satisfazem os critérios para dependência, podem justificar intervenções mais intensivas, incluindo a desintoxicação ambulatorial ou internação. Os terapeutas que trabalham com esses pacientes também podem usar métodos da TCC em combinação com outras estratégias de tratamento, incluindo farmacoterapia.

- Após serem alcançadas as metas iniciais do tratamento, estratégias cognitivo-comportamentais contínuas de prevenção da recaída constituem uma abordagem útil para ajudar o paciente a manter a sobriedade e reduzir o potencial para um novo problema de uso de substâncias.

Conceitos e habilidades para os pacientes aprenderem

- Pessoas com doenças psiquiátricas correm alto risco de uso problemático de álcool e outras substâncias. O mau uso, abuso e dependência de substâncias muitas vezes têm um efeito negativo nos resultados de tratamento.
- O uso problemático de álcool e drogas é tratável. Quando as pessoas conseguem se abster do uso de álcool e drogas, os sintomas de seus outros problemas psiquiátricos têm maior probabilidade de melhorar.
- Uma maneira de aumentar a probabilidade de abster-se do uso de álcool ou drogas é refletir tanto sobre as vantagens da sobriedade (ou seja, motivadores) como sobre as prováveis desvantagens de abster-se (desmotivadores). As pessoas com prontidão para a mudança (ou seja, aquelas que têm uma noção clara de que as vantagens superam as desvantagens) têm maiores chances de atingir a sobriedade. Faça uma lista das razões para parar de usar álcool ou drogas e também dos problemas e desvantagens prováveis de serem encontrados se você tentar desenvolver um plano de sobriedade. Revise esta lista frequentemente.
- A TCC ensina as pessoas a identificar e reverter os pensamentos negativos e premências que promovem o uso de álcool ou drogas. Aprender e praticar

esses métodos pode ajudá-lo a atingir e manter a sobriedade.

- Se estiver tendo sintomas significativos de abstinência ou não for capaz de se abster do uso da substância, não deixe de contar a seu terapeuta. Além disso, peça ajuda à sua família, seus amigos ou qualquer um que possa lhe dar apoio. Às vezes, inicialmente são necessárias abordagens mais intensivas de tratamento para ajudar as pessoas a pararem de beber ou usar drogas.
- As pessoas que participam de programas de autoajuda como o Alcoólicos Anônimos têm melhores chances de atingir e manter a sobriedade.

REFERÊNCIAS

Baler RD, Volkow ND: Drug addiction: the neurobiology of disrupted self-control. Trends Mol Med 12:559–566, 2006

Crits-Christoph P, Siqueland L, Blaine J, et al: Psychosocial treatments for cocaine dependence: National Institute on Drug Abuse Collaborative Cocaine Treatment Study. Arch Gen Psychiatry 56: 493–502, 1999

Daley DC, Thase ME: Dual Disorders Recovery Counseling: Integrated Treatment for Substance Use and Mental Health Disorders, 2nd Edition. Independence, MO, Herald House/Independence Press, 2000

Dutra L, Stathopoulou G, Basden SL, et al: A meta--analytic review of psychosocial interventions for substance use disorders. Am J Psychiatry 165: 179–187, 2008

Hettema J, Steele J, Miller WR: Motivational interviewing. Annu Rev ClinPsychol 1:91–111, 2005

Kadden RM: Behavioral and cognitive-behavioral treatments for alcoholism: research opportunities. Recent Dev Alcohol 16:165–182, 2003

Kessler C, Berglund P, Demler O, et al: Lifetime prevalence and age-of-onset distributions of DSM--IV disorders in the national comorbidity survey replication. Arch Gen Psychiatry 62:593–602, 2005

Khantzian EJ: The self-medication hypothesis of addictive disorders: focus on heroin and cocaine dependence. Am J Psychiatry 142:1259–1264, 1985

Madson MB, Loignon AC, Lane C: Training in motivational interviewing: a systematic review. J Subst Abuse Treat 36:101–109, 2009

Marlatt GA, Gordon JR: Relapse Prevention: Maintenance Strategies in the Treatment of Addictive Behaviors. New York, Guilford, 1985

Sobel LC, Sobel MB: Using motivational interviewing techniques to talk with clients about their alcohol use. CognBehavPract 10:214–221, 2003

Thase ME: Cognitive-behavioral therapy for substance abuse, in American Psychiatric Press Review of Psychiatry, Vol. 16. Edited by Dickstein LJ, Riba MB, Oldham JM. Washington, DC, American Psychiatric Press, 1997, pp 45–71

14
Mudança de estilo de vida: construindo hábitos saudáveis

> **Mapa de aprendizagem**
>
> Técnicas da TCC que podem facilitar a mudança de hábitos
>
>
>
> Exemplo de caso: Grace
>
>
>
> Caso prático: desenvolvendo um plano para a mudança de hábitos

Muitos pacientes que recebem psicofármacos obtêm bom alívio ou remissão dos sintomas, mas têm dificuldade de atingir algumas de suas metas de vida. Outros têm hábitos que podem afetar o curso de sua doença psiquiátrica ou clínicas e não forem tratados de modo diferente. Este capítulo detalha estratégias que podem ser usadas em sessões breves para ajudar os pacientes a mudar hábitos desadaptativos e alcançar metas. A terapia cognitivo-comportamental (TCC) pode ser um método prático e eficaz para ajudar os pacientes a alcançar um marco importante que leve a uma vida mais saudável, equilibrada e gratificante.

Fazer mudanças na vida pode ser um desafio para qualquer um. Pacientes que desejam criar novos hábitos frequentemente carecem de uma abordagem sistemática que funcione. Quando não conseguem realizar as mudanças desejadas, os pacientes muitas vezes culpam-se em vez de reconhecer os obstáculos significativos que normalmente se apresentam na aquisição de novos comportamentos. A autocondenação pode reforçar crenças desadaptativas sobre a possibilidade de mudança e minar os esforços para alcançar as metas. A questão das autorrecriminações é composta por uma avalanche de mensagens de revistas populares, *sites* da internet e propagandas sobre "soluções rápidas e fáceis" para problemas complexos da vida. A abordagem da TCC à mudança do estilo de vida reconhece e normaliza a dificuldade em construir hábitos mais saudáveis e procura ajudar as pessoas a concentrarem-se na resolução dos problemas, em vez de criticar-se.

TÉCNICAS DA TCC QUE PODEM FACILITAR A MUDANÇA DE HÁBITOS

As pesquisas têm apoiado o uso de intervenções breves para dar início e manter a mudança de hábitos. Por exemplo, Grilo

Terapia cognitivo-comportamental de alto rendimento para sessões breves **219**

e Masheb (2005) e Carels e seus colegas (2008) demonstraram que as técnicas da TCC administradas com autoajuda guiada ou em tratamento breve em grupo tinham sucesso com pacientes com transtorno de compulsão alimentar ao ajuda-los a manter a perda de peso. A Tabela 14.1 traz uma lista de alguns dos métodos da TCC comumente usados para auxiliar as pessoas na mudança de hábitos. Como os procedimentos básicos para usar essas técnicas já foram descritos anteriormente neste livro, a ênfase deste capítulo é sua aplicação prática para problemas de procrastinação ou para alcançar metas.

Estabelecimento de metas

Uma maneira de obter uma mudança significativa é ajudar os pacientes a estabelecerem metas claras, específicas e manejáveis. No Capítulo 9, "Métodos Comportamentais para Ansiedade", demonstramos como metas úteis podem ser desenvolvidas em sessões breves para tratar problemas como agorafobia e transtorno obsessivo-compulsivo (p. ex., ser capaz de ir a *shopping centers*, mercearias e outros lugares públicos e ficar sentindo ansiedade mínima [uma classificação de 10 ou menos em uma escala de 100 pontos]; reduzir o tempo gasto na checagem e contagem a menos de 5% das horas de vigília). Utilizando o mesmo processo colaborativo, podem ser estabelecidas metas para alterar os padrões de

procrastinação ou desenvolver novos hábitos. A seguir, alguns exemplos de pacientes que tratamos:

- Todd – um paciente desempregado que está postergando uma atitude para encontrar um novo emprego:
    1. Atualizar o currículo dentro de duas semanas.
    2. Passar pelo menos duas horas por dia "empenhando-se" em encontrar um emprego.
    3. Estar trabalhando novamente dentro de quatro meses – mesmo que não seja em um emprego ideal.

- Judy – uma paciente com obesidade mórbida:
    1. Fazer um registro de ingestão e limitar as calorias a 1.600 por dia ou menos.
    2. Fazer esteira pelo menos quatro vezes por semana por pelo menos 30 minutos. Registrar o exercício.
    3. Seguir uma dieta e um plano de exercícios supervisionados por um médico por 6 meses para se preparar para a cirurgia bariátrica.
    4. Perder pelo menos 20 quilos antes da cirurgia.

- Raphael – um paciente com dor crônica cujo médico lhe disse para exercitar-se, mas que ainda não conseguiu manter um programa de exercícios:
    1. Procurar um *personal trainer* que tenha experiência com o trabalho

---

Tabela 14.1 • Técnicas da terapia cognitivo-comportamental que podem facilitar a mudança

- Estabelecimento de metas
- Promover a motivação
- Gerenciamento do tempo
- Automonitoração
- Prescrição de tarefas graduais
- Solução de problemas
- Reestruturação cognitiva
- Desenvolver habilidades de enfrentamento das emoções aflitivas

com dor crônica – comprometer-se em insistir no programa por pelo menos 6 semanas de experimento.

2. Seguir o programa de 6 semanas mesmo se a dor aumentar temporariamente.

3. Após o programa de 6 semanas, trabalhar com o *personal trainer* para desenvolver um programa de longo prazo. Encontrar um programa de exercícios que me ajude a controlar minha dor.

O processo de estabelecimento de metas com esses três pacientes seguiu os princípios apresentados na Tabela 14.2.

Após terem sido estabelecidas metas razoáveis, os terapeutas precisam ajudar os pacientes a encontrarem soluções ao se depararem com dificuldades para se manterem no rumo. Por exemplo, pode surgir um problema quando o estabelecimento de metas desencadeia pensamentos automáticos ou crenças sobre as expectativas de outras pessoas. Às vezes, esses pensamentos podem sabotar as tentativas de fazer as coisas de modo diferente. Para ilustrar, a Dra. Sudak descobriu que Grace tinha a crença de que deveria passar todo o seu tempo livre com seus filhos. Como essa crença estava interferindo em seu envolvimento com um plano de exercícios, a Dra. Sudak a incentivou a perguntar a seus filhos como eles se sentiriam se ela passasse duas horas todo sábado de manhã jogando tênis com uma amiga. Grace ficou surpresa ao descobrir que seus filhos ficaram animados com seu plano e, na realidade, tinham algumas sugestões de como eles poderiam ajudá-la – preparando o café da manhã aos sábados, lavando a roupa e assistindo um programa na TV de que gostem.

Promovendo a motivação

Uma vez definidas as metas, a promoção da motivação pode ser uma parte vital de uma intervenção breve. A partir das técnicas de entrevista motivacional (consulte o Capítulo 5, "Promovendo a Adesão", e Capítulo 13, "TCC para Mau Uso e Abuso de Substâncias"; Miller e Rollnick 2002; Sobel e Sobel 2003), os pacientes podem ser incentivados a identificar e anotar as principais influências motivadoras e desmotivadoras.

Tabela 14.2 • Dicas para o estabelecimento de metas em sessões breves

- Use miniaulas ou outros métodos psicoeducacionais eficientes para ensinar os pacientes como estabelecer metas eficazes.
- Escolha metas realistas que tenham uma chance razoável de serem alcançadas por meio de tratamento com um formato de sessão breve. Evite metas muito amplas e supergeneralizadas que possam fazer com que os pacientes se sintam assoberbados ou sem esperanças de progresso.
- Seja específico.
- Escolha metas que se prestem a soluções práticas orientadas pela TCC.
- Oriente os pacientes na seleção de metas que sejam significativas e abordem preocupações e problemas significativos.
- Considere o estabelecimento tanto de metas de curto prazo que possam ser alcançadas em um futuro próximo como uma ou mais metas de prazo mais longo que possam exigir trabalho contínuo na TCC.
- Procure usar termos que tornem as metas mensuráveis e ajudem a medir o progresso.
- Se os pacientes tiverem dificuldade para trabalhar em direção às metas, reagrupe-as e determine as barreiras para alcançá-las. Desenvolva planos para ultrapassar os obstáculos e/ ou revisar as metas.

Nota: TCC=terapia cognitivo-comportamental.
Fonte: Adaptado de Wright JH, Basco MR, Thase ME: *Aprendendo a Terapia Cognitivo-Comportamental: Um Guia Ilustrado.* Porto Alegre, 2008. Uso com permissão. Copyright © 2008 Artmed Editora S.A.

Os motivadores podem ser então enfatizados, reforçados e refinados para ajudar os pacientes a se manterem nos trilhos. Os fatores interferentes ou desmotivadores podem ser entendidos e, se possível, combatidos com planos comportamentais. Judy, a paciente com obesidade mórbida, tinha uma história de muitas dietas fracassadas e programas de exercícios que duravam pouco. Agora, um motivador importante era seu desejo de submeter-se à cirurgia bariátrica. O Dr. Wright usou métodos motivacionais para intensificar a força dessa influência e também conseguiu ajudar Judy a definir e intensificar a força de outros motivadores.

Dr. Wright: Sei que você precisa manter-se em uma dieta supervisionada por um médico por 6 meses para qualificar-se para a cirurgia bariátrica, mas fico imaginando o que a está motivando a fazer tudo isso.

Judy: Bem, fui a uma aula com o cirurgião bariátrico e ele explicou que pessoas com sobrepeso severo por muito tempo têm poucas chances de perder muito peso e manter-se assim sem cirurgia.

Dr. Wright: Tudo bem, eu entendo isso, mas o que a está fazendo passar por essa cirurgia e pelas mudanças de estilo de vida que precisam acompanhá-la? Quais coisas estão fazendo com que você queira seguir esse caminho?

Judy: Ser obesa está me matando aos poucos. Minhas articulações estão se desgastando, mal consigo andar um quarteirão sem ficar cansada, tenho diabetes e tive de parar de cuidar do jardim e da casa. (Eles fazem uma lista de alguns dos outros aspectos negativos da obesidade de Judy [vide Figura 14.1]. Em seguida, o Dr. Wright pede a Judy para identificar as possíveis vantagens da cirurgia bariátrica e de mudar o estilo de vida)

Dr. Wright: Vamos ver o outro lado da moeda. Se a cirurgia fosse bem-sucedida e você conseguisse mudar seu estilo de vida, com hábitos alimentares e de exercícios mais saudáveis, quais seriam os benefícios? De que forma sua vida seria diferente? Tente ser realista com relação às suas expectativas.

Judy: Eu poderia me movimentar muito melhor sem todo esse peso. Eu poderia voltar a trabalhar no jardim e ajudar minha mãe – ela está ficando velha. Eu viveria muito mais tempo e poderia ver meus netos crescerem.

Dr. Wright: Isso parece bom. Mais alguma coisa?

Judy: Claro. Eu me sentiria muito melhor comigo mesma. Além disso, acho que não ficaria tão deprimida.

(Após detalhar outros itens na lista da Figura 14.1, o Dr. Wright pergunta a Judy sobre os desmotivadores e depois começa a trabalhar em um plano para enfrentá-los)

Dr. Wright: Você está fazendo um bom trabalho para manter-se em seu plano. Tem alguma coisa que poderia atrapalhar o sucesso do plano? Alguma coisa que poderia prejudicar sua motivação e fazê-la voltar aos velhos tempos? Mesmo com a cirurgia com banda gástrica, as pessoas ainda podem ganhar muito peso se não mudarem seu estilo de vida.

Judy: É, eu sei. Você está querendo que eu seja honesta quanto ao que me faria querer sabotar o plano ou desistir?

Dr. Wright: Você consegue pensar em alguma coisa que poderia minar sua motivação?

Judy: Sim. Quando fico nervosa, quero comer. Sempre que me sinto triste ou só, parece que preciso comer algo.

Dr. Wright: Uma ideia para ajudá-la com o plano poderia ser trabalhar em algumas estratégias alternativas de enfrentamento para substituir o uso de comida. Tudo bem para você?

Judy: Sim, eu sei que preciso fazer isso.

Eles então continuaram a identificar outras possíveis influências interferentes ou desmotivadoras e, ao longo de várias sessões, trabalharam em um plano abrangente para alcançar suas metas. A lista de motivadores e desmotivadores de Judy é mostrada na Figura 14.1. O peso de Judy era de 168 quilos quando foi iniciado o plano de intervenção. No momento em que este livro era escrito, fazia cinco meses que ela seguia seu plano e faltava um mês para a cirurgia

Motivadores

- Conseguir fazer a cirurgia bariátrica e ser bem-sucedida.
- Minha saúde – para não morrer cedo, livrar-me do diabetes se possível e não desgastar minhas articulações.
- Conseguir viver uma vida plena: cuidar do jardim, cuidar de minha mãe, sair com amigos e caminhar sem perder o fôlego.
- Perder bastante peso e ficar em forma seria um grande impulso para minha autoestima.
- Talvez voltar a namorar, encontrar um relacionamento que me satisfaça.
- Usar roupas que caiam bem e fiquem bem em mim.
- Conseguir comer sem me sentir culpada.

Desmotivadores

- Eu sempre precisava comer quando ficava nervosa ou me sentia triste e sozinha. Eu não podia continuar desse jeito.
- Toda a minha família adora comer. Eles poderiam ficar aborrecidos se eu mudasse, mas não ficaram. Eles poderiam me pressionar para comer o que eles preparavam ou traziam da rua.
- Sou gorda há tanto tempo que não sei como eu reagiria se emagrecesse muito e as pessoas olhassem para mim de um jeito diferente.

Figura 14.1 • Lista de motivadores e desmotivadores de Judy para um programa de dieta e exercícios.

bariátrica. O Dr. Wright a atendeu a cada duas semanas para uma sessão breve na qual ela revisava seus diários de dieta e exercícios, discutia o progresso e os obstáculos e trabalhava para melhorar a regularidade de suas refeições e a qualidade de sua dieta. Ao final de cinco meses, seu peso era de 132 quilos, uma perda de 36 quilos. Judy estava se exercitando cinco vezes por semana por pelo menos 45 minutos e aguardava ansiosa por sua cirurgia.

Embora o tratamento de Judy parecesse estar seguindo em direção a um bom resultado, seu sucesso estava longe de estar garantido. Seria fácil para ela desviar-se do curso do desenvolvimento de um estilo de vida mais saudável ou ela poderia acabar anulando os efeitos da cirurgia bariátrica ao consumir grandes quantidades de alimentos facilmente digeríveis. Portanto, o plano era continuar o tratamento. Certamente, muitos outros pacientes com problemas semelhantes falharam em suas tentativas de mudar hábitos não saudáveis, mesmo quando faziam TCC. Nossos consultórios estão cheios de pessoas que gostariam de mudar seus hábitos, mas ainda não o fizeram. Mudar é difícil e, muitas vezes, exige muitas tentativas até que se consiga um sucesso ainda que parcial. Mas experiências como ver o trabalho árduo de Judy em seu plano nos inspirou para continuar tentando satisfazer as duras tarefas da mudança de hábitos e utilizar alguns dos métodos adicionais que descreveremos nas subseções a seguir.

Gerenciamento do tempo

Um plano eficaz para desenvolver e manter a mudança geralmente leva tempo e exige esforço sustentado. Assim, o gerenciamento do tempo é muitas vezes um componente-chave nas tentativas de romper a procrastinação ou modificar hábitos arraigados. É preciso fazer duas perguntas fundamentais sobre o tempo: "Quanto?" e "Quando?"

Pode ser que os pacientes não tenham tempo suficiente para desenvolver um plano para a mudança ou caiam na armadilha de inicialmente comprometer-se com uma mudança comportamental, mas depois postergar ou descobrir que estão "muito ocupados" ou "sem tempo".

Em geral, a especificidade e a regularidade são variáveis altamente importantes na sustentação de um plano de mudança comportamental. Compare esses dois planos:

1. Começarei um programa de exercícios em algum momento deste mês.

   Armadilhas:

   – a quantidade de tempo não foi especificada ou planejada;
   – não foi elaborado um cronograma de quando se exercitar;
   – o plano não indica como o exercício se encaixará no restante do cronograma do paciente.

2. Vou à ACM, que fica a apenas dois quarteirões de meu escritório, nas terças e quintas por uma hora após o trabalho. Vou levar cerca de quinze minutos para chegar lá e vestir a roupa de ginástica. Vou me exercitar por uma hora. Quando tiver tomado banho e estiver indo para casa, já serão por volta de 19 horas. Minha esposa apoia esse plano e não se importa se eu chegar mais tarde nessas noites. Também vou caminhar pelo bairro por pelo menos 45 minutos aos sábados ou domingos à tarde antes do jantar. Minha esposa quer caminhar comigo.

   Pontos fortes:

   – o plano é altamente específico;
   – foi separado um horário regular durante a semana para se exercitar;
   – o paciente coordenou seu horário entre os compromissos profissionais e domésticos;

– a família dá apoio às mudanças; o plano parece ser prático e alcançável.

A programação de atividades, uma técnica descrita no Capítulo 6, "Métodos Comportamentais para Depressão", pode ajudar os pacientes a determinarem se conseguem reservar tempo suficiente para garantir a realização de um projeto. Esta ferramenta pode ajudar os pacientes a assumir o controle de seu tempo à medida que identificam quais atividades eles podem precisar para substituir ou modificar de modo a atingir uma meta. A programação de atividades também pode ser de grande ajuda no acompanhamento e responsabilidade pelo progresso em direção à conquista de uma meta por registrar o tempo despendido trabalhando em cada tarefa.

Automonitoração

Um dos métodos mais poderosos que os terapeutas podem usar para ajudar os pacientes a mudarem é ensiná-los a monitorar seu próprio comportamento. Já demos um exemplo de automonitoração neste capítulo – os diários de dieta e exercícios mantidos por Judy, a paciente em preparação para uma cirurgia bariátrica. Existem muitas outras técnicas de automonitoração que podem ser aplicadas, como os diários de sono; registros de exercícios por computador que calculam e rastreiam as repetições, as distâncias e as calorias gastas; planos de trabalho para concluir projetos; e programações de atividades. De fato, utilizamos a automonitoração para evitar a procrastinação e manter um curso estável em direção à conclusão deste livro. Desenvolvemos um plano de trabalho, monitoramos nossos esforços para atender às metas sequenciais na linha do tempo e demos feedback uns aos outros quanto ao progresso que estávamos fazendo.

A Tabela 14.3 traz uma lista das vantagens da automonitoração. A automonitoração pode, por si mesma, produzir mudança. Ela pode concentrar e intensificar a atenção do paciente na área problemática e ajudar a identificar gatilhos específicos para o comportamento problemático ou as consequências de tal comportamento. Os pacientes podem manter um diário dos comportamentos desejados para aumentar a responsabilidade e diminuir a memória seletiva para o sucesso ou o fracasso. A automonitoração também pode ajudar a identificar obstáculos que poderiam atrapalhar os esforços para mudar.

A automonitoração pode dar informações ao paciente sobre situações nas quais o controle dos estímulos pode ser uma ferramenta relevante para facilitar novos hábitos. Por exemplo, alguém que queira se exercitar mais regularmente pode obter mais sucesso se tiver uma mochila de ginástica preparada dentro do carro em vez de ter de ir para casa trocar de roupa após o trabalho, pois ir para casa apresenta um maior potencial para o paciente se desviar ou se distrair. Alguns pacientes podem identificar uma necessidade de remover as "distrações eletrônicas" (p. ex., computador, MSN, videogames, telefone, TV, Facebook) para conseguir trabalhar de maneira eficaz em um projeto. Pode ser útil dar uma deixa para o começo de um período de trabalho ao interromper essas atividades e estabelecer limites de tempo durante os quais as atividades serão colocadas de lado.

Outra função importante da automonitoração é ajudar os pacientes a avaliarem os sucessos de maneira realista e recompensá-los adequadamente. Uma das recompensas positivas ou reforçadores positivos para seguir em direção à mudança é a simples gratificação de ver progresso. A automonitoração por meio de registros, diários ou sistemas de medição por computador pode solidificar e ampliar essa forma de reforço positivo. Além disso, pode ser usado um sistema de automonitoração para desenvolver autorreforçadores. Pequenos agrados (p. ex., comprar um livro, baixar uma música, fazer uma refeição especial em um restaurante, comprar uma roupa nova) podem servir de recompensas por alcançar uma meta modesta em curto prazo. Recompensas maiores (p. ex., fazer uma viagem, comprar uma bicicleta, adquirir algum equipamento eletrônico novo) podem ser planejadas ao fazer mudanças mais abrangentes.

• Exercício de Aprendizagem 14.1: Usando a automonitoração como uma ferramenta para a mudança comportamental

1. Identifique um comportamento que você deseje mudar ou modificar.

2. Elabore um plano para monitorar a ocorrência do comportamento com um registro, um diário ou outro sistema na semana seguinte.

3. Desenvolva o plano de automonitoração e veja o que você aprende sobre o comportamento.

Tabela 14.3 • Vantagens da automonitoração

- Chama a atenção para o plano de mudança. Pode incentivar o esforço para se manter no plano.
- Proporciona reforço positivo para a mudança.
- Aumenta a responsabilidade.
- Pode ajudar a identificar problemas em seguir o plano.
- Pode promover o uso de métodos de controle dos estímulos para moldar o comportamento desejado ou indesejado.
- Pode ajudar a identificar cognições facilitadoras ou sabotadoras.
- Proporciona uma avaliação realista do progresso.

Prescrição de tarefas graduais

Uma maneira tradicional de abordar metas desafiadoras e mudar hábitos é usar o sistema de prescrição de tarefas graduais descrito no Capítulo 6, "Métodos Comportamentais para Depressão". A maioria das pessoas conhece bem a ideia de que dividir uma tarefa grande ou intimidadora em pequenas partes e depois dar um passo de cada vez pode produzir resultados, ainda que muitos tenham dificuldades para executar esse tipo de procedimento passo a passo. Assim, os terapeutas podem precisar orientar os pacientes em como usar essa técnica e ajudá-los a ultrapassar as barreiras que surgem no caminho.

No exemplo a seguir, o Dr. Thase está trabalhando com Todd, um paciente que perdeu o emprego e está lutando para aproveitar qualquer quantidade de tempo significativo e produtivo para procurar um novo emprego. A maioria das vezes em que tenta sentar para ler os classificados de seu jornal ou para entrar na internet em busca de possibilidades, Todd se sente oprimido e "procura outra coisa para fazer". Depois, sente-se culpado e derrotado por não ter feito nada para voltar a trabalhar. Como já vimos na seção "Estabelecimento de Metas" deste capítulo, Todd havia estabelecido metas (atualizar o currículo dentro de duas semanas; passar pelo menos duas horas por dia "empenhando-se" em encontrar um emprego; estar trabalhando novamente dentro de quatro meses – mesmo que não seja em um emprego ideal), mas ele diz ao Dr. Thase que não tem conseguido fazer nenhum progresso significativo para atingir esses objetivos.

Dr. Thase: Acho que você estabeleceu algumas metas realistas, mas parece haver algo no caminho atrapalhando seu progresso. O que acontece quando você tenta trabalhar em seu currículo ou tenta passar duas horas procurando emprego?

Todd: É que parece uma tarefa muito grande. O mercado de trabalho está tão ruim agora e minha confiança está tão baixa... Acho que tenho dificuldade para enfrentar todas as barreiras que terei de ultrapassar para conseguir um emprego.

Dr. Thase: Sei que perder o emprego foi muito duro para você e que você precisa reconquistar sua autoconfiança. Acho que tenho uma ideia para um sistema que pode ajudá-lo a começar a fazer algum progresso. Às vezes, quando as tarefas parecem muito pesadas e as pessoas estão postergando, é possível obter um avanço ao organizar um plano passo a passo.

(Dr. Thase explica o método de prescrição de tarefas graduais e envolve Todd no processo de elaborar um plano. Eles decidem dividir duas de suas metas – atualizar seu currículo e passar duas horas por dia "empenhando-se" em encontrar um emprego – em partes menores.)

Todd: Bem, a prioridade é atualizar o currículo. Não posso fazer praticamente nada antes de colocar o currículo em ordem.

Dr. Thase: Então, seguindo essa ideia de desenvolver um plano passo a passo para realizar as tarefas, qual seria a primeira coisa a pensar em fazer?

Todd: Ligar meu computador e realmente olhar o currículo – tenho evitado fazer isso.

Dr. Thase: Tudo bem, e presumindo que você olhe o currículo, o que vem em seguida?

Todd: Aceitar o conselho de meu amigo, Phil, e pegar um livro que dê instruções sobre como elaborar um currículo eficaz.

Durante os minutos seguintes desta sessão breve, o Dr. Thase ajudou Todd a desenvolver o plano de prescrição de tarefas graduais apresentado na Figura 14.2. As duas primeiras partes do plano foram estabelecidas como tarefa de casa. Na sessão seguinte, eles revisaram a tarefa de casa, resolveram os problemas para seguir o resto do plano e desenvolveram uma prescrição de tarefa gradual para a meta de passar pelo

Meta	Atualizar e melhorar meu currículo.
Passos	1. Ligar o computador. Revisar e imprimir o currículo atual.
	2. Ir à livraria e comprar o livro recomendado sobre a elaboração de currículos eficazes.
	3. Passar uma hora por dia de meu horário "de trabalho" lendo esse livro.
	4. Conforme for lendo o livro, fazer anotações de ideias para melhorar meu currículo atual.
	5. Abordar áreas problemáticas do currículo (tempo entre os empregos) e buscar no livro uma solução para lidar com isso.
	6. Redigir uma primeira versão do currículo revisado.
	7. Pedir a Paul para examiná-lo e fazer seus comentários.
	8. Finalizar as mudanças no currículo e deixá-lo pronto para enviar a possíveis empregadores.

Figura 14.2 • Um plano passo a passo: exemplo de Todd.

menos duas horas por dia "empenhando-se" em encontrar um emprego.

Solução de problemas

Após terapeuta e paciente terem estabelecido metas e terem uma clara descrição da tarefa em mãos, problemas podem atrapalhar os esforços para mudar. Em sessões breves, psiquiatras e pacientes podem desenvolver miniformulações para identificar duas categorias de problemas que frequentemente minam as tentativas de mudar hábitos: problemas práticos e problemas psicológicos. Uma vez especificado o tipo de dificuldade, podem ser usadas intervenções cognitivo-comportamentais breves para superar os obstáculos que interferem nas tentativas de atingir as metas. As técnicas de solução de problemas muitas vezes são úteis quando questões práticas estiverem atrapalhando o progresso. Problemas psicológicos são discutidos na próxima seção deste capítulo, "Reestruturação Cognitiva".

Os passos básicos para a solução de problemas são delineados na Tabela 14.4. Primeiramente, o problema precisa ser claramente definido e expressado. Em segundo lugar, paciente e terapeuta fazem um *brainstorm* de uma série de estratégias que tenham a possibilidade de atacar o problema. Após avaliar os prós e contras de cada ideia, eles podem escolher e comprometer-se com uma estratégia que tenha maior probabilidade de funcionar. O último passo do procedimento de solução de problemas é avaliar a efetividade da solução e retrabalhar o plano, se necessário.

Antes de se comprometer com um plano, os pacientes podem precisar fazer alguma pesquisa sobre possíveis estratégias, como perguntar a amigos como eles lidaram com situações semelhantes. O questionamento socrático pode ser útil para elaborar um plano, podendo dar condições aos pacientes para considerar soluções que tenham uma boa probabilidade de sucesso. Uma vez que os pacientes tenham executado um plano produtivo, é muito importante manter um registro escrito do que aconteceu. O registro escrito pode tornar-se uma poderosa ferramenta se ocorrerem reveses no futuro.

Se os pacientes tiverem déficits de habilidades que interfiram no processo de mudança (p. ex., falta de assertividade, pouca capacidade organizacional, conhecimento

Tabela 14.4 • Passos para a solução de problemas

- Formule o problema de maneira clara e específica.
- Faça um *brainstorm*. Faça uma lista com o maior número possível de soluções sem selecioná-las.
- Avalie os prós e contras de cada solução.
- Escolha uma estratégia e formule um plano.
- Desenvolva o plano.
- Avalie a efetividade e revise o plano se necessário.

insuficiente ou pouca experiência), o terapeuta pode precisar acrescentar exercícios de treinamento de habilidades ao plano de solução de problemas. Judy, a paciente com obesidade descrita anteriormente neste capítulo, tinha muito pouca capacidade de manter uma dieta saudável e equilibrada. Quando ela trouxe seu primeiro diário de dieta às sessões breves com o Dr. Wright, estava imediatamente claro que seus hábitos alimentares precisavam ser modificados se ela quisesse atingir suas metas.

Todos os membros da família de Judy eram obesos e perpetuavam uma cultura familiar de estar sempre "beliscando" alimentos com alto grau calórico ou *junkfoods*. Seus registros anteriores mostravam que ela muitas vezes consumia mais de 4.000 calorias por dia em "*fastfood*", consumido praticamente a qualquer hora do dia. Ela também fazia lanches frequentes, ingerindo alimentos como rolinhos de pizza, sorvete e batatas fritas. Judy nunca havia preparado uma refeição balanceada e tinha pouco conhecimento de como fazer isso. Além disso, não tinha nenhuma vivência significativa em sentar para fazer uma refeição regularmente programada e comer consciente do que está sendo ingerido.

Durante os cinco meses em que Judy esteve em tratamento com o Dr. Wright no momento em que este livro estava sendo escrito, eles trabalharam no desenvolvimento de habilidades para:

1. planejar refeições;
2. melhorar o equilíbrio e a variedade das refeições;
3. preparar alimentos;
4. comer em um horário regular e evitar os "beliscos" frequentes; e
5. desenvolver uma atitude consciente ao fazer as refeições.

Reestruturação cognitiva

O desconforto envolvido no rompimento de velhos hábitos pode estimular vários pensamentos e crenças que "causam um curto circuito" no processo de mudança. Pensamentos como "isso não é justo", "é muito difícil", "estou muito aborrecida" e "não estou a fim" podem levar os pacientes a permitir-se interromper seus esforços para mudar. Os terapeutas podem ajudar a identificar esses tipos de pensamentos em sessões breves ao perguntar aos pacientes o que lhes passava pela cabeça quando não se envolveram na estratégia planejada. Depois, podem ser usadas as técnicas cognitivo-comportamentais anteriormente detalhadas neste livro, como registros de mudança de pensamentos e exame de evidências (consulte o Capítulo 7, "Enfocando o Pensamento Desadaptativo"), para lidar com as cognições disfuncionais.

Muitas vezes, os pensamentos que desorganizam os esforços para mudar têm temas em comum, como fracasso, perfeição ou a necessidade de adiar uma tarefa devido a outras preocupações (Leahy 2001). Uma vez que os terapeutas tenham descoberto esses temas, podem ser desenvolvidas miniformulações (consulte o Capítulo 4, "Formulação de Caso e Planejamento do

Tratamento") nas sessões breves para ajudar os pacientes a ver como seu processo de pensamento está afetando o progresso. A Figura 14.3 traz a ilustração de uma miniformulação elaborada pelo Dr. Thase e Todd, o paciente que estava trabalhando para encontrar um novo emprego.

Alguns pensamentos sobre a mudança (p. ex., "é difícil fazer isso... exige muito esforço") podem ser exatos, mas não muito úteis para apoiar os esforços para atingir as metas. A seguir, algumas boas perguntas a fazer em tais circunstâncias: "Qual é a utilidade desse pensamento para você?" "O que acontecerá se você continuar tendo esse pensamento?" Uma intervenção frequentemente negligenciada para ajudar os pacientes a atingirem os resultados desejados é ajudá-los a definir e aceitar quais serão as consequências reais de certas mudanças de comportamento. Essa linha de questionamento pode muitas vezes evidenciar uma série de pensamentos sobre o que é "justo". Embora possa não ser "justo" que eu não possa tomar sorvete todas as noites, esse fato não me ajudará a entrar em minhas roupas todos os dias. É frequente descobrirmos que os pacientes podem obter benefícios ao coletar dados de vivências anteriores quando conseguem concluir tarefas que não queriam fazer ou suportar algo desagradável (por ex., arrumar a bagunça, ir para o trabalho mesmo muito cansado, cuidar de filhos doentes no meio da noite).

Uma armadilha comum capaz de subverter uma mudança é a necessidade de fazer algo de modo perfeito para que "valha". Os terapeutas podem ajudar os pacientes a entender que, se eles esperarem por perfeição, pouco poderá ser realizado. Eles podem utilizar métodos de reestruturação cognitiva, como explorar as vantagens e

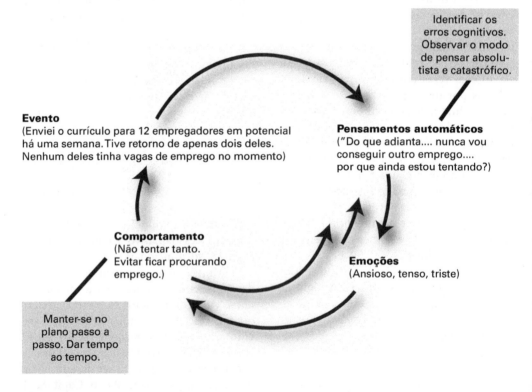

Figura 14.3 • Uma miniformulação paraprocrastinação: exemplo de Todd.

Terapia cognitivo-comportamental de alto rendimento para sessões breves **229**

desvantagens, modificar crenças perfeccionistas. Experimentos comportamentais nos quais os pacientes concordam em realizar intencionalmente tarefas com menos de 100% de esforço ou habilidade podem ajudá-los a relaxar os padrões rígidos e tentar fazer as mudanças necessárias.

Desenvolvendo habilidades de enfrentamento para emoções aflitivas

Muitos pacientes também evitam tarefas em resposta a emoções aflitivas. Eles podem ter aprendido que a procrastinação pode, pelo menos temporariamente, diminuir uma emoção desagradável como ansiedade. Quando emoções intensas estão desempenhando um papel na evitação, os terapeutas podem usar as técnicas descritas no Capítulo 9, "Métodos Comportamentais para Ansiedade", como treinamento de relaxamento e imagens mentais positivas, para auxiliar os pacientes a sentirem-se mais confortáveis com a alteração de seu comportamento de procrastinação.

A terapia de exposição é outra técnica que pode ser útil em alguns casos. Pode-se pedir ao paciente para tentar se envolver na tarefa temida por períodos progressivamente mais longos até que a ansiedade diminua. Um bônus resultante do uso de métodos de exposição é que eles podem ajudar os pacientes a reconhecerem cognições desadaptativas que estejam perpetuando o problema. E a terapia de exposição pode promover o teste das predições sobre se as emoções angustiantes são ou não toleráveis.

Outra maneira pela qual as emoções dolorosas podem interferir no alcance das metas é quando os pacientes permitem-se ter certos comportamentos devido a seu estado emocional (p. ex., "eu mereço um sorvete porque meu chefe gritou comigo e estou chateada"). Nesses tipos de situações, os terapeutas podem ajudar os pacientes a ter em mente as consequências de se envolver em um comportamento indesejado ("engordar não fará com que meu chefe seja mais agradável comigo") e a empregar táticas mais saudáveis para enfrentar as emoções perturbadoras.

EXEMPLO DE CASO: GRACE

Uma série de princípios-chave da TCC está em ação na Ilustração em Vídeo 17. A Dra. Sudak rapidamente avalia as experiências anteriores de Grace com exercícios à medida que começam a conceituar o problema. Ela pede a Grace que considere seus motivadores do passado e do presente para exercitar-se e identifica os obstáculos práticos que poderiam interferir em sua capacidade de tornar-se fisicamente mais ativa. Grace identifica um possível plano e elas trabalham juntas para colocá-lo em prática.

• Ilustração em Vídeo 17: Rompendo a procrastinação
Dra. Sudak e Grace

Este vídeo também traz uma demonstração de como os pensamentos automáticos podem contribuir para a procrastinação. Uma pergunta importante feita pela Dra. Sudak é se os pensamentos sobre exercitar-se influenciam o grau de motivação de Grace. Grace diz: "Se eu não me exercitar todos os dias, não vale nada". Observe como a Dra. Sudak examina esse pensamento com Grace ao fazer perguntas como: "Você está com a ideia de que se você não se exercitar todos os dias, não vale nada... você sabe se isso é verdade?" "O que você sabe sobre os benefícios que se exercitar traz para a saúde?" "Qual seria outra maneira de pensar sobre exercícios?" Esse questionamento socrático ajuda a direcionar Grace para uma conclusão diferente: "Um pouco de exercício é melhor do que nenhum exercício". Essa visão alternativa pode tornar mais provável que ela se envolva em atividade física.

Outro método mostrado nessa ilustração em vídeo é a automonitoração. A Dra. Sudak recomenda a Grace utilizar uma programação de atividades para registrar o número de vezes que ela se exercita na semana. A Dra. Sudak, então, normaliza a necessidade de automonitoração dizendo a Grace: "Manter um registro é uma ajuda para todos nós". A Dra. Sudak tem a esperança de que a estratégia normalizadora possa aumentar a autoestima de Grace e torne mais provável que ela utilize a automonitoração no futuro quando se deparar com dificuldades semelhantes.

CASO PRÁTICO: DESENVOLVENDO UM PLANO PARA A MUDANÇA DE HÁBITOS

Almir é um paciente de 28 anos de idade que está tentando finalizar sua dissertação de mestrado em biologia. Ele tem depressão, mas no momento apresenta apenas sintomas suaves desse transtorno. Almir vem sendo tratado com sucesso por você com antidepressivos e TCC para a depressão. Sua autoclassificação dos sintomas depressivos em uma escala de 0 a 10 (onde 0 = sem depressão e 10 = a depressão mais severa que qualquer um poderia ter) ficou em um intervalo entre 1 e 2. Contudo, um problema que permanece é sua procrastinação quanto a terminar o trabalho necessário para obter seu mestrado. Ele cumpriu com todos os outros requisitos, exceto pela dissertação descrevendo sua pesquisa. Embora Almir tenha conseguido um emprego em um laboratório comercial, ele gostaria de obter seu mestrado e, talvez, continuar a se graduar.

Almir praticamente parou de trabalhar em sua dissertação. Ele se descreve como alguém que tem um "bloqueio de

escritor". Alguns dos problemas que você identifica são:

1. Almir nunca teve um horário disciplinado para concluir seu manuscrito;
2. seus papéis relativos à dissertação estão espalhados de maneira desorganizada por todo o apartamento – a maioria "escondida de modo que não o faça lembrar-se do problema", mas outros estão espalhados em lugares como a bancada da cozinha ou, ainda, no porta-malas do carro;
3. quando tenta trabalhar em sua dissertação, Almir distrai-se facilmente com *e-mails*, mensagens no Twitter e uma série de outras tarefas que "parecem ser importantes no momento"; e
4. ele tem uma enxurrada de pensamentos automáticos (por ex., "*Já deixei passar muito tempo... nunca vou conseguir terminar... desperdiço todo o meu tempo e nunca consigo realizar nada... é demais para mim*") que estão sugando sua energia e contribuindo para um ciclo vicioso de evitação, pensamentos desadaptativos e emoções aflitivas.

• Exercício de Aprendizagem 14.2: Usando a TCC para combater a procrastinação

1. Seu trabalho é ajudar Almir a combater seu problema com a procrastinação. O primeiro passo é desenvolver uma miniformulação preenchendo os espaços em branco no exemplo abaixo de Almir.

2. Em uma sessão breve posterior, você fica satisfeito em saber que Almir tem se beneficiado com o uso de um registro de mudança de pensamentos para desenvolver cognições mais funcionais sobre a conclusão do requisito para seu mestrado. Parece que agora ele está preparado para trabalhar em um detalhado plano passo a passo. Redija uma prescrição de tarefa gradual para concluir a dissertação.

3. Sua avaliação revelou que Almir tem uma série de problemas de gerenciamento de tempo

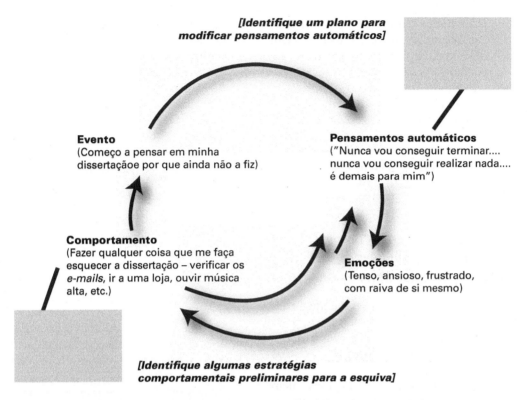

Uma miniformulação para procrastinação: exemplo de Almir.

e influências que o distraem. Acrescente ao plano algumas ideias para combater essas questões.

4. Para concluir o plano, anote suas sugestões para usar a automonitoração e o autorreforço para auxiliar Almir no alcance de sua meta.

RESUMO

Pontos-chave para terapeutas

- O uso hábil do estabelecimento de metas pode facilitar a mudança. Os alvos devem ser específicos e atingíveis.
- Métodos de entrevista motivacional podem ser usados para ajudar as pessoas a se comprometerem e trabalharem em direção à mudança.
- O gerenciamento eficaz do tempo pode ser crucial para o sucesso dos planos para modificar hábitos.
- As ferramentas de automonitoração podem ser usadas para acompanhar e reforçar o progresso. Registros escritos ou diários muitas vezes são elementos-chave de planos eficazes de mudança.
- As prescrições de tarefas graduais ajudam as pessoas a usar uma abordagem passo a passo para a mudança, em vez de desistirem ao se depararem com projetos desafiadores.
- Podem ser necessários métodos de solução de problemas para auxiliar as pessoas na superação de obstáculos à mudança. Os reveses podem proporcionar uma oportunidade importante para aumentar as habilidades de solução de problemas.

- Os métodos centrais da TCC para mudar cognições desadaptativas podem desempenhar um papel importante no auxílio às pessoas para modificar pensamentos autodestrutivos e gerar atitudes saudáveis em relação à mudança.
- Se as emoções aflitivas estiverem levando à evitação, podem ser necessários métodos comportamentais como treinamento de relaxamento, imagens mentais positivas e terapia de exposição para reduzir a intensidade da emoção e promover os esforços para mudar hábitos.

Conceitos e habilidades para os pacientes aprenderem

- Mudar hábitos é uma tarefa difícil para todo mundo. Mas as ferramentas da TCC podem ajudar as pessoas a mudarem seu estilo de vida e atingirem suas metas.
- Metas específicas e manejáveis, além de um plano claro, podem ajudar a aumentar as chances de sucesso.
- Tente elaborar um plano para a mudança. Faça uma lista dos principais motivadores ou vantagens de fazer as coisas de modo diferente. Ter em mente como prioridade os motivadores pode ajudar muito quando as coisas ficarem difíceis.
- Um dos métodos mais úteis para mudar hábitos é anotar seus esforços para mudar em um diário e revisá-lo com seu médico ou terapeuta.
- Todo mundo precisa de recompensas por seus esforços. Tente incluir algumas recompensas realistas em seu plano para a mudança.
- Separe tempo suficiente para trabalhar na mudança e programe horários rotineiros para engajar-se em seus hábitos novos ou revisados.
- Quando um desafio parecer grande ou uma tarefa parecer esmagadora, divida-a em pequenas partes que possam ser alcançadas passo a passo. A cada passo conquistado, você pode desenvolver sua confiança e habilidades.
- A maioria das pessoas depara-se com problemas para realizar planos para a mudança. Se isso acontecer com você, seu médico ou terapeuta pode ajudá-lo a encontrar soluções para os obstáculos. Não desista se surgirem problemas – use-os como oportunidades para aprender.
- As pessoas podem ter uma série de pensamentos autodestrutivos e autocríticos quando tentam mudar seus hábitos. Se reconhecer esses pensamentos, você e seu médico ou terapeuta podem usar ferramentas da TCC para ajudá-lo a desenvolver uma atitude mais positiva.
- Se emoções perturbadoras como ansiedade ou raiva estiverem atrapalhando a construção de novos hábitos, você pode aprender métodos da TCC para enfrentar tais sentimentos e manter-se firme em seu plano para a mudança.

REFERÊNCIAS

Carels RA, Konrad K, Young KM, et al: Taking control of your personal eating and exercise environment: a weight maintenance program. Eat Behav 9:228–237, 2008

Grilo CM, Masheb RM: A randomized controlled comparison of guided self-help cognitive behavioral therapy and behavioral weight loss for binge eating disorder. Behav Res Ther 43:1509–1525, 2005

Leahy R: Overcoming Resistance in Cognitive Therapy. New York, Guilford, 2001

Miller WR, Rollnick S: Motivational Interviewing: Preparing People for Change, 2nd Edition. New York, Guilford, 2002

Sobel LC, Sobel MB: Using motivational interviewing techniques to talk with clients about their alcohol use. CognBehavPract 10:214–221, 2003

15
TCC para pacientes com doenças orgânicas

> **Mapa de aprendizagem**
>
> Justificativa para usar a TCC em doenças orgânicas
>
>
>
> Evidências empíricas para a eficácia da TCC em doenças orgânicas
>
>
>
> Intervenções de alto rendimento da TCC para pacientes com problemas orgânicos

Muitas das pesquisas e muito do trabalho clínico têm se concentrado no desenvolvimento de métodos da terapia cognitivo-comportamental (TCC) que possam ajudar pacientes com doenças orgânicas (Safran et al. 2008; Sensky 2004; Wright et al. 2008). Nossa meta neste capítulo é explicar como alguns dos métodos mais práticos e eficientes da TCC para pacientes com problemas-físicos podem ser desenvolvidos em sessões breves. Como os leitores podem não estar familiarizados com as aplicações da TCC nas doenças orgânicas, descrevemos algumas das razões importantes para fazer esse tipo de trabalho e fazemos uma pequena incursão em parte do suporte empírico desta abordagem.

JUSTIFICATIVA PARA USAR A TCC EM DOENÇAS ORGÂNICAS

Certamente, não se utiliza a TCC para o tratamento das patologias primárias de pacientes com problemas médicos, mas ela é uma terapia adjuvante voltada para a redução da carga dos sintomas e para ajudar as pessoas a aceitarem e lidarem melhor com suas doenças físicas. Embora estejam disponíveis muitos tratamentos eficazes para problemas médicos, um grande número de pacientes tem doenças crônicas com problemas residuais como dor, menor mobilidade, fraqueza ou funcionamento diário comprometido. Outros estão vivenciando o início de uma doença severa e lutam para aceitar o diagnóstico e se envolver em um plano de tratamento eficaz. Outros ainda estão passando pelo luto de ter perdido alguma função ou têm problemas para aderir aos tratamentos necessários. A TCC pode ser usada para auxiliar os pacientes no enfrentamento de todas essas situações.

Outra razão para usar a TCC é que pacientes com problemas físicos muitas vezes apresentam ansiedade ou depressão, o que é suficiente para justificar o encaminhamento para um especialista em saúde mental para tratamento. Vários estudos encontraram altos índices de depressão e ansiedade em problemas médicos como doença cardíaca (Januzziet al. 2000; Lichtman et al. 2008), diabetes (Anderson et al. 2001), câncer (Spiegal e Giese-Davis 2003) e AVC (Morris et al. 1993). A depressão é três vezes mais comum em pacientes que sofreram infarto do miocárdio do que na população normal (Lichtman et al. 2008), sendo frequentemente observada em pacientes com o vírus da imunodeficiência humana (HIV) (Dew et al. 1997).

Muitos pacientes que têm doenças mentais como transtorno bipolar ou esquizofrenia e estão sendo acompanhados com tratamento breve com medicação desenvolvem doenças físicas em algum momento de suas vidas. Ter um transtorno psiquiátrico severo aumenta substancialmente a morbidade e a mortalidade por problemas médicos. A depressão eleva o risco de morte em pacientes com doença cardiovascular (Focht et al. 2004; Lichtman et al. 2008; van Melle et al. 2004) e diabetes (Katon e Ciechanowski 2002) e diminui a função imunológica em pacientes com HIV positivo (Antoni et al. 2005). Outro achado atemorizante é que os pacientes com transtorno bipolar e esquizofrenia têm seu tempo de vida diminuído devido aos maiores índices de problemas médicos, especialmente doença cardiovascular (Newcomer e Hennekins 2007). Assim, os terapeutas que estejam oferecendo uma combinação de TCC

e farmacoterapia para pacientes com condições psiquiátricas também precisam estar atentos aos problemas médicos nesses pacientes, defender o recebimento de cuidado médico de alto nível, ajudá-los a aprenderem como levar uma vida mais saudável e ensiná-los habilidades de enfrentamento para os sintomas físicos.

EVIDÊNCIAS EMPÍRICAS PARA A EFICÁCIA DA TCC EM DOENÇAS ORGÂNICAS

Um grande número de meta-análises e revisões descobriu que a TCC traz benefícios para pacientes com doenças físicas (Safran et al. 2008; Sensky 2004; Wright et al. 2008). Os resultados positivos da TCC adjuvante incluem menos angústia e dor em pacientes com câncer de mama (Tatrow e Montgomery 2006), melhor controle glicêmico em pacientes com diabetes (Lustman et al. 1998; Snoek et al. 2008) e diminuição dos sintomas em uma variedade de pacientes com dor crônica (Linton e Nordin 2006; Linton e Ryberg 2001; Moore et al. 2000; Morley et al. 1999; Turner e Jensen 1993). Outros estudos demonstraram que o tratamento com TCC pode ajudar pacientes com esclerose múltipla a ter um melhor funcionamento psicológico e físico (Rodgers et al. 1996), possibilita que pessoas com hipertensão precisem de menos medicação (Shapiro et al. 1997) e beneficia pacientes com fibromialgia e síndromes de fadiga crônica (Bennett e Nelson 2006; Deale et al. 2001; Stulemeijer et al. 2005).

A lista de outras aplicações da TCC em problemas médicos é bastante extensa e inclui condições como asma (Maes e Schlosser 1988), síndromes inflamatória e do cólon irritável (Kennedy et al. 2006; Payne e Blanchard 1995), e síndrome da articulação têmporo-mandibular (Mishra et al. 2000; Turner et al. 2006). Juntos, esses

Terapia cognitivo-comportamental de alto rendimento para sessões breves **235**

estudos sugerem que a TCC pode ser combinada com os tratamentos físicos indicados para melhorar a qualidade de vida e o funcionamento diário de muitos pacientes com doenças orgânicas.

INTERVENÇÕES DE ALTO RENDIMENTO DA TCC PARA PACIENTES COM PROBLEMAS ORGÂNICOS

A abordagem da TCC ao tratamento de pessoas com problemas médicos em sessões breves utiliza todos os procedimentos gerais descritos no Capítulo 1, "Introdução"; Capítulo 2, "Indicações e Formatos para Sessões Breves de TCC"; Capítulo 3, "Aumentando o Impacto das Sessões Breves"; e Capítulo 4, "Formulação de Caso e Planejamento do Tratamento". Deve-se dar atenção especial ao entendimento dos significados que os pacientes atribuem a um diagnóstico médico e ao tratamento necessário, verificando a presença de depressão e ansiedade, as quais podem ser desencadeadas pela doença orgânica, e desenvolvendo estratégias eficazes de enfrentamento para os sintomas físicos. Além disso, os terapeutas precisam coordenar seu trabalho com os planos de outros médicos que estejam tratando os pacientes. A Tabela 15.1 traz uma lista de alguns dos métodos de alto rendimento da TCC que

recomendamos para auxiliar pessoas que tenham problemas médicos. Esses métodos são discutidos nas subseções a seguir.

Identificar o modelo explicativo do paciente para a doença

Problemas psicológicos produzidos por doenças orgânicas são altamente influenciados pelo significado pessoal atribuído por um paciente à doença (Sensky 2004). As categorias de pensamento disfuncional sobre a doença incluem pensamentos e crenças desadaptativos sobre a experiência de estar doente, as consequências de uma determinada doença, o tipo de doença em si; ou sobre médicos, medicações e hospitais. Algumas dessas ideias podem estar amplamente incutidas na cultura ou subcultura de um paciente e podem precisar de uma exploração cuidadosa para efetuar a mudança. A Tabela 15.2 traz alguns exemplos de significados possíveis de serem atribuídos a uma doença. Os métodos da TCC podem ser direcionados para a modificação de significados potencialmente prejudiciais e o desenvolvimento e fortalecimento de significados positivos.

Uma ilustração da maneira pela qual o significado pessoal pode ser abordado de maneira eficaz em uma sessão breve encontra-se no tratamento de Allan conduzido

---

Tabela 15.1 • Dez intervenções de alto rendimento da terapia cognitivo-comportamental para pacientes com problemas médicos

1. Identificar o modelo explicativo do paciente para a doença.
2. Fornecer psicoeducação.
3. Empregar a entrevista motivacional.
4. Usar ferramentas da terapia cognitivo-comportamental para promover a adesão.
5. Ensinar aos pacientes habilidades para facilitar a comunicação com os profissionais da saúde.
6. Desenvolver a programação de atividades para aumentar o controle pessoal.
7. Resolução de problemas, quando necessário.
8. Tomar medidas para reduzir a ativação fisiológica.
9. Corrigir as concepções errôneas e distorções.
10. Facilitar o processo de luto e aceitação das perdas.

Tabela 15.2 • Significados pessoais que podem ser atribuídos ao fato de ter uma doença orgânica

Significados que poderiam ter um impacto negativo

Ter essa condição significa que sou fraco.
Isso só prova que a vida é fútil. Por que tentar tanto?
É vergonhoso ter esse problema.
Remédios naturais são sempre melhores do que os sintéticos que os médicos empurram.
Saio-me melhor sozinho.
Tudo o que fiz para viver uma vida saudável foi em vão.
É preciso ter cuidado ao confiar em médicos. Eles estão nas mãos da indústria farmacêutica.
Se eu não puder fazer tudo o que eu fazia, então não vale a pena tentar.
Eu merecia ter essa doença.

Significados que poderiam ter um impacto positivo

Não é legal, mas qualquer um pode ter esse tipo de doença.
Essa doença vai me testar, mas posso encarar como qualquer outro problema.
Obter o máximo possível de informações – depois, encontrar a melhor solução.
Já enfrentei muitos outros problemas; eu consigo enfrentar essa doença.
Já vi outras pessoas lutarem contra essa doença; eu também consigo.
É um aviso para viver uma vida mais saudável.
Preciso viver minha vida de uma maneira significativa com essa doença.
Não sou minha doença; ainda sou eu mesmo.
Meu médico, minha família e eu podemos ser uma equipe eficaz para combater esse problema.
Preciso garantir que estejamos em sintonia com nossos planos.

---

pela Dra. Sudak, um paciente de 53 anos de idade que vem lutando desde que teve um ataque cardíaco seis meses atrás. Ele é um professor de ensino médio que costumava se exercitar diligentemente. Ele acreditava que seu vigoroso programa de exercícios, o qual incluía maratonas, o "imunizaria" contra um ataque cardíaco precoce. Ele teve um tio que morreu repentinamente de um ataque cardíaco aos 54 anos de idade, mas seu pai, que era um homem muito ativo, viveu até os oitenta e poucos anos de idade e morrera dois anos antes.

Agora, Allan parece estar à deriva. Ele sente-se muito vulnerável à morte súbita e está evitando qualquer tipo de exercício, apesar de seu médico dizer que seu coração está muito melhor e o exercício moderado ser altamente recomendado. Allan também está evitando manter relações sexuais com a esposa devido ao grande medo de que o esforço envolvido seja demais para seu coração. Antes do ataque cardíaco, eles tinham uma "ótima" vida sexual.

Os significados atribuídos por Allan ao fato de ter um ataque cardíaco inesperado parecem incluir uma virada de 180 graus: de sentir-se totalmente protegido pelos exercícios para uma visão de estar totalmente vulnerável. Ter entendido essa virada ajudou a Dra. Sudak a formular um plano para ajudar Allan a desenvolver uma visão mais realista de sua saúde pessoal, incluindo os riscos envolvidos no exercício e no sexo.

• Ilustração em Vídeo 18: Ajudando um paciente com um problema médico I
Dra. Sudak e Allan

Na Ilustração em Vídeo 18, a Dra. Sudak usa o questionamento socrático para ajudar Allan a avaliar suas predições sobre atividade física e trazer à luz seu modelo explicativo para seu estado físico atual – um sentimento de exaustão intensa. Allan relata acreditar que a doença cardíaca é a causa de seu forte cansaço ("Não me recuperei totalmente do ataque cardíaco").

Como a Dra. Sudak tem conhecimento do relato e das recomendações do cardiologista de que ele está tendo uma recuperação excelente do ataque cardíaco e que é necessário seguir um programa moderado de exercícios, ela trabalha com Allan para desenvolver explicações alternativas para sua fadiga (p. ex., estresse, depressão, descondicionamento). Essa linha de questionamento leva a uma conversa sobre sua falta de confiança quanto a sua saúde física e seus temores de que sua condição cardíaca seja semelhante àquela de seu tio que morreu jovem. A Dra. Sudak usa o seguinte questionamento socrático ao pedir a Allan para descobrir informações sobre si mesmo e seu coração:

- "Qual é a diferença entre você e seu tio?"
- "O que os médicos disseram sobre seu coração após o ataque cardíaco?"
- "Por que eles querem que você se exercite?"
"O que precisaria para você ganhar confiança em si mesmo?"

A Dra. Sudak também utiliza resumos abreviados para sintetizar rapidamente os dados em mãos e enfatizar os pontos-chave para Allan (por ex., "no fundo, você sabe que se exercitar pode ser bom, pelo menos de maneira moderada, mas você não está se sentindo confiante para isso"). Eles finalizam seu trabalho nesta sessão breve confeccionando um cartão de enfrentamento com fatos sobre o estado atual do coração de Allan (p. ex., "Meu cardiologista diz que estou me recuperando bem") e as recomendações de seu médico de exercício físico. Allan concorda em usar o cartão como um lembrete e um reforço para a confiança enquanto aumenta a caminhada para cinco vezes por semana e mede sua fadiga em uma escala de 0 a 100 antes e depois de caminhar.

• Exercício de Aprendizagem 15.1: Entendendo os significados das enfermidades médicas

1. Pense em um paciente de seu consultório que tenha um problema físico crônico. Quais significados e crenças sobre o problema poderiam interferir no modo de o paciente lidar com a doença?

2. Redija uma miniformulação mostrando como determinadas crenças desadaptativas estão influenciando as emoções e o comportamento do paciente.

3. Acrescente à miniformulação um plano para trabalhar com essas crenças.

Fornecer psicoeducação

Os pacientes têm acesso a uma grande variedade de recursos para ajudá-los a aprender sobre doenças orgânicas e tornarem-se parceiros de seus médicos no controle eficaz de sua doença. Essa explosão de informações médicas tem repercussões tanto positivas como negativas. Muitos pacientes conseguem boas informações sobre suas doenças em *sites* da internet e publicações impressas. O uso hábil desses recursos em sessões mais breves pode ser uma ferramenta poderosa para promover a participação dos pacientes em seu próprio cuidado. Contudo, as informações baseadas na internet podem ser um problema, pois a qualidade das informações disponíveis aos pacientes é muito variável e a enorme quantidade de material pode ser massacrante. Assim, os terapeutas precisam se familiarizar com bons recursos e determinar a quantidade ideal de exposição para promover uma aprendizagem eficaz. Em sessões breves, os terapeutas podem indicar as informações evidentes das quais os pacientes precisam para lidar com suas condições e ajudá-los a encontrar e entender os materiais educativos mais úteis. Às vezes, nos conectamos à internet nas sessões breves para dar aos pacientes um reforço na localização de informações valiosas.

• Exercício de Aprendizagem 15.2: Encontrando recursos educacionais para problemas médicos

1. Escolha dois ou três dos problemas médicos mais comuns vivenciados pelos pacientes em seu consultório.

2. Fique cerca de dez a quinze minutos na internet buscando recursos que poderiam ajudar os pacientes que estão procurando informações sobre essas doenças.

Aplicar entrevista motivacional

As técnicas de entrevista motivacional discutidas no Capítulo 14, "Mudança de Estilo de Vida: Construindo Hábitos Saudáveis", também podem ser usadas para beneficiar pacientes com problemas médicos que foram aconselhados a parar de fumar, reduzir ou suspender o uso de álcool, perder peso, exercitar-se regularmente ou mudar outros hábitos. Também podem ser usados muitos dos outros métodos detalhados no Capítulo 14 para mudança do estilo de vida.

Um paciente mencionado no Capítulo 14 é Raphael, um paciente com dor crônica cujo médico lhe disse que deveria iniciar um programa de exercícios. Embora tenha estabelecido metas razoáveis para o programa, Raphael não conseguia dar a partida. Portanto, o Dr. Turkington usou a entrevista motivacional como parte do plano de tratamento para ajudar Raphael a engajar-se no programa de exercícios. A Figura 15.1 mostra os motivadores e desmotivadores identificados por eles. Ressaltar os motivadores ajudou Raphael a dar início ao programa de exercícios e o Dr. Turkington e Raphael conseguiram trabalhar em planos para enfrentar os desmotivadores. Os desmotivadores mais potentes eram as expectativas de que a dor piorasse ou que ele se tornasse menos funcional por um tempo se suas costas doessem demais para conseguir dirigir ou sentar-se em frente a sua mesa. A estratégia que determinaram foi que Raphael deveria começar uma rotina muito gradual de exercícios supervisionada por um profissional e usar um cartão

---

Motivadores

- Manter-me em um programa razoável de exercícios desenvolverá a força em meus músculos, aumentará a flexibilidade e acabará me ajudando a enfrentar a dor.
- Os exercícios me ajudarão a ser mais funcional em casa.
- Minha esposa e filhos realmente querem que eu volte aos trilhos.
- Espero que os exercícios me ajudem a fazer sexo de forma mais confortável.
- Um motivador de longo prazo é me colocar em forma ao ponto de conseguir trabalhar novamente.
- Os exercícios podem reduzir a depressão.

Desmotivadores

- A dor poderia piorar, pelo menos por um tempo. Os exercícios aumentaram minha dor no passado.
- Eu poderia ficar ainda menos funcional se eu começar a ter espasmos e não conseguir nem sentar em uma cadeira.
- Estou tão fora de forma que ficaria envergonhado de ir à academia.
- Os equipamentos e as instalações custam dinheiro.

Figura 15.1 • Lista de motivadores e desmotivadores de Raphael para um programa de exercícios.

de enfrentamento contendo alguns de seus motivadores positivos para a utilidade dos exercícios em longo prazo. Quando comparou os custos de trabalhar com um *personal trainer* com os custos de continuar a ter dor e incapacidade, ele concluiu que o investimento no plano de exercícios valia a pena.

Usar ferramentas da TCC para facilitar adesão

A dezena de métodos da TCC descritos no Capítulo 5, "Promovendo a Adesão", pode ser bastante útil para ajudar os pacientes a seguirem esquemas medicamentosos para doenças físicas. Alguns dos mais úteis desses procedimentos são modificar os pensamentos automáticos sobre o fato de ter uma doença ou tomar medicação, combinar a ingestão da medicação com outra atividade realizada rotineiramente, usar sistemas de lembrete, identificar as barreiras à observância e desenvolver um plano de adesão por escrito.

Ensinar aos pacientes habilidades para facilitar comunicação com profissionais da saúde

Comunicar-se com os médicos e navegar pela complexidade do ambiente de cuidado médico já é uma tarefa intimidadora quando uma pessoa é saudável e bem informada. Os próprios terapeutas podem ter tido essa vivência com uma doença. Imagine então como seria essa vivência para uma pessoa com menos recursos e menos informação. Psiquiatras podem ser um grande apoio ao ajudar os pacientes a entenderem as doenças, comunicarem-se melhor com seus profissionais da saúde e lidarem com os desafios da rede de saúde. A Tabela 15.3 traz

---

Tabela 15.3 • Habilidades para facilitar a comunicação com profissionais da saúde

---

Antes da consulta médica, passe algum tempo organizando suas perguntas.

Escreva suas perguntas com antecedência. Isso o ajudará a lembrar-se de abordar todos os tópicos importantes.

Mantenha uma lista de todos os seus diagnósticos, medicações e médicos que prescreveram as medicações. Atualize a lista sempre que for feita uma alteração.

Esta lista pode ser especialmente útil quando estiver se consultando com diversos médicos de diferentes áreas. Não presuma que todos os seus médicos saibam de todos os medicamentos que você esteja tomando.

Mantenha uma lista dos nomes, telefones e endereços de todos os seus médicos. Leve esta lista com você em todas as consultas médicas.

Não se intimide de fazer anotações durante sua consulta com seus médicos. É muito fácil esquecer informações-chave. Anotações escritas o ajudam a lembrar fatos importantes.

Pergunte a seu médico sobre as políticas e os procedimentos para comunicações por telefone, *e-mail* e por escrito. É bom saber com antecedência como seu médico lida com telefonemas ou outras comunicações.

Seja assertivo e persistente, se necessário. Como a maioria dos médicos é muito ocupada, pode ser que eles nem sempre sejam sensíveis à sua necessidade de informação. Mas normalmente eles respondem se você fizer perguntas de maneira simples e direta.

Não tem problema fazer perguntas aos médicos sobre tópicos sensíveis. É muito melhor discutir abertamente sobre esses tópicos do que sair de uma consulta deixando perguntas importantes sem resposta.

---

uma lista de alguns dos métodos que nossos pacientes acharam úteis.

Se os problemas de comunicação com os médicos não forem resolvidos ao seguir as diretrizes gerais relacionadas na Tabela 15.3, o terapeuta pode usar parte da sessão breve para ajudar o paciente a examinar os pensamentos automáticos sobre seus médicos (alguns dos quais podem ser verdadeiros), fazer uma dramatização de comportamento mais assertivo, empregar experimentos comportamentais ou usar outros métodos da TCC para tentar resolver o problema.

Na Ilustração em Vídeo 19, a Dra. Sudak demonstra esse tipo de trabalho em uma sessão breve ao ajudar Allan a desenvolver sua confiança para discutir um tópico sensível (ou seja, sua preocupação sobre prejudicar seu coração se fizer sexo).

A Dra. Sudak identifica e faz uma lista das preocupações de Allan, explora seus pensamentos automáticos sobre seu cardiologista e sugere que escreva suas perguntas a seu médico antes da próxima consulta. Allan admite que "dá um branco" em sua mente quando vê seu cardiologista e ele lembra pouco do que foi dito. Portanto, ele planeja levar um bloco de notas para poder fazer anotações e revisá-las depois da consulta.

• **Ilustração em Vídeo 19:** Ajudando um paciente com um problema médico II
Dra. Sudak e Allan

Desenvolver a programação de atividades para aumentar o controle pessoal

As habilidades comportamentais aprendidas na TCC (consulte o Capítulo 6, "Métodos Comportamentais para Depressão", e Capítulo 9, "Métodos Comportamentais para Ansiedade") podem ajudar pacientes com problemas práticos originados pela doença física. Um dos métodos mais comumente usados – a programação de atividades – é apresentado na Ilustração em Vídeo 18. A Dra. Sudak usa uma programação de atividades neste vídeo para ajudar Allan a planejar a atividade física e coletar dados classificando seu grau de fadiga antes e depois de caminhar. A programação de atividades ajuda a organizar as informações reunidas durante o experimento comportamental e proporciona uma ferramenta para Allan lembrar-se da tarefa de casa. A Tabela 15.4 traz uma lista de alguns usos criativos das programações de atividades para pacientes com doenças orgânicas.

As programações de atividades podem ajudar os pacientes a ter uma melhor sensação de controle pessoal ao utilizarem as programações para organizar melhor seu tempo e assumir o controle de seus dias. Eles também podem utilizar as programações de atividades para determinar se as crenças sobre os sintomas são realmente verdadeiras. Por exemplo, pacientes com dor crônica, quando perguntados, podem

---

Tabela 15.4 • Programação de atividades para pacientes com problemas médicos

- Colete dados sobre dor, efeitos colaterais da medicação, energia e outras variáveis ao longo do dia.
- Programe atividades que sejam importantes (eventos prazerosos, tarefas necessárias para lidar com os sintomas ou efeitos colaterais) durante os melhores horários do dia para o paciente.
- Use a programação como lembrete comportamental para tomar as medicações.
- Planeje experimentos comportamentais para testar as predições sobre a doença.
- Programe relaxamento ou horário para se preocupar.

dizer que sua dor é constantemente severa e nunca some. Tais pacientes podem usar a observação de hora em hora com classificações dos sintomas para ver se a dor varia dependendo da atividade (p. ex., tarefas distrativas ou agradáveis contra momentos de tédio, solidão ou tensão). Outra boa aplicação para as programações de atividades é planejar o tempo necessário para o controle eficaz da doença, como exercícios, medicação ou repouso. Além disso, as técnicas de programação de atividades podem ajudar ao pacientes a dispensar tempo para desenvolver recompensas como reforço dos novos hábitos a serem adquiridos por controlar seus sintomas com sucesso.

Solução de problemas, quando necessário

Quando pacientes com problemas médicos são confrontados com problemas práticos, como preocupações financeiras, questões de transporte, habitação e enfrentamento das demandas para controlar suas doenças físicas, os terapeutas podem recomendar os métodos de solução de problemas descritos no Capítulo 14, "Mudança de Estilo de Vida: Construindo Hábitos Saudáveis". As ideias geradas com as técnicas de solução de problemas podem ser resumidas em um cartão de enfrentamento, conforme mostrado na Figura 15.2. O Dr. Turkington juntamente com Raphael, o paciente que enfrentava a dor crônica, desenvolveram esse cartão para ajudá-lo a lidar com um problema com o funcionamento no ambiente doméstico.

Tomar medidas para reduzir a ativação fisiológica

O plano de solução de problemas de Raphael incluía o uso de relaxamento progressivo e imagens mentais positivas para enfrentar a dor. Essas técnicas (detalhadas no Capítulo 9, "Métodos Comportamentais para

---

Problema

- A dor interfere em minhas tarefas (cozinhar, limpar, pintar, cuidar do jardim).
- Minha esposa trabalha o dia todo e fica irritada quando eu não ajudo.
- Acabo me sentindo preguiçoso – que não contribuo em nada com minha família.

Plano

1. Ter uma conversa séria com minha esposa sobre minha dor e minhas limitações. Negociar um plano passo a passo para eu aumentar gradualmente minha responsabilidade com as tarefas domésticas.
2. Pedir a minha esposa para evitar as críticas por enquanto e me apoiar para tentar assumir algumas responsabilidades. Se isso não funcionar, pedir que ela me acompanhe em algumas de minhas consultas com o Dr. Turkington.
3. Usar relaxamento e imagens mentais positivas para tentar reduzir a dor enquanto estiver trabalhando nas tarefas.
4. Continuar com o programa de exercícios para aumentar minha força e me "endurecer" para trabalhar mesmo com dor.
5. Reconhecer os pensamentos autocríticos. Anotá-los em um registro de modificação de pensamentos e usar esse sistema para me dar crédito pela tentativa.

Figura 15.2 • Cartão de enfrentamento de Raphael.

Ansiedade") também podem ser aplicadas em muitas outras situações nas quais pacientes com problemas médicos estão passando por ativação fisiológica excessiva ou tensão física. Outros métodos que podem ser considerados para tal finalidade são o retreinamento da respiração e *mindfulness*. A ativação do sistema nervoso autônomo e/ou a tensão da musculatura esquelética podem tornar mais difícil tolerar os sintomas de um problema médico (por ex., na fibromialgia, cefaleia ou síndrome da articulação têmporo-mandibular). Assim, os esforços para usar a TCC para reduzir a ativação fisiológica excessiva podem trazer benefícios significativos.

Corrigir as concepções errôneas e distorções

Na Ilustração em Vídeo 18, a Dra. Sudak usa o questionamento socrático para ajudar Allan a modificar alguns de seus pensamentos disfuncionais após um ataque cardíaco. Antes deste, Allan tinha uma visão positivamente distorcida do valor dos exercícios (ou seja, que os exercícios proporcionam uma "imunização" contra a doença cardíaca). Depois de ter tido o ataque cardíaco, ele passou a ter um medo excessivo de se exercitar e exagera sua vulnerabilidade aos maus resultados que pudessem estar relacionados à atividade física. Estão envolvidos vários erros de pensamento, inclusive maximização, ignorar as evidências e pensamento absolutista. Ao final dessa sessão, Allan parece ter uma visão menos distorcida dos exercícios e consegue se comprometer com um plano de maior atividade física.

Também é usada reestruturação cognitiva na Ilustração em Vídeo 19 quando a Dr. Sudak ajuda Allan a examinar as evidências dos riscos de morte súbita ao fazer sexo com sua esposa. Allan lembra-se de um artigo de jornal que leu uma vez sobre um homem que morreu depois de fazer sexo.

Isso demonstra que Allan tem erros de pensamento que estão difundindo uma crença disfuncional. Este incidente único é supergeneralizado e maximizado ao ponto de ele concluir que terá maior probabilidade de ter um ataque cardíaco se sua frequência cardíaca subir durante a relação sexual. Quando a Dra. Sudak ressalta que provavelmente há muitas pessoas que fizeram sexo com seus parceiros sem qualquer dano ao coração e não foram citadas no jornal, Allan dá uma risadinha e admite que seu pensamento estava distorcido.

Ao trabalhar com pacientes com problemas médicos, os terapeutas podem ter muitas oportunidades de usar os métodos padrão de reestruturação cognitiva descritos no Capítulo 7, "Enfocando o Pensamento Desadaptativo". A seguir, alguns exemplos de concepções errôneas e distorções sobre doenças físicas que nossos pacientes relataram.

- "Estou descendo ladeira abaixo" – Uma paciente com doença pulmonar obstrutiva crônica via-se descendo uma ladeira cheia de neve em um trenó sem controle, ainda que as evidências mostrassem que seus sintomas podiam ser controlados de maneira eficaz.
- "A dor tirou de mim tudo o que sempre quis" – Uma paciente com dor crônica que realmente havia perdido muito de seu funcionamento e ficou incapaz de trabalhar, mas ainda tinha relacionamentos carinhosos com os familiares, interesses que poderiam ser usados como oportunidades de crescimento e a capacidade de aprender novas habilidades.
- "Perderei o controle e ficarei totalmente constrangido... preciso ficar sozinho e evitar todas as atividades sociais" – Um paciente com síndrome do cólon irritável que uma vez teve um "acidente em público" maximizava o risco de ter problemas intestinais em público, minimizava sua capacidade de enfrentar

Terapia cognitivo-comportamental de alto rendimento para sessões breves **243**

esse problema se ocorresse e exagerava as reações dos outros.

Facilitar o processo de luto e aceitação das perdas

Outra maneira de os profissionais ajudarem pacientes com problemas médicos em sessões breves é oferecer-lhes oportunidades de expressar, de maneira apropriada, o luto, a ansiedade e a raiva em relação à doença e às questões enfrentadas em decorrência dos problemas físicos. O terapeuta muitas vezes representa um dos únicos "portos seguros" para tal trabalho; família e amigos podem querer tranquilizar o paciente ou expressar que o paciente deve ser grato por seu tratamento atual. Às vezes, os entes queridos podem sentir-se oprimidos demais pela própria ansiedade e perda para conseguirem ajudar os pacientes ao discutir as reações à doença e a chegar a um novo grau de aceitação.

Nossas discussões com pacientes médicos sobre luto e perda muitas vezes transformam-se em temas existenciais. Utilizamos os métodos descritos por Frankl (1992) para ajudar as pessoas a encontrarem significado e propósito em face de uma doença séria (ou morte iminente se a doença for terminal ou provavelmente terminal). Também podemos discutir as crenças espirituais dos pacientes e ajudá-los a se envolver com conselheiros espirituais e a usar recursos espirituais para lidar com a perda e seguir em direção à aceitação. Além disso, métodos clássicos da TCC como reestruturação cognitiva e ativação comportamental podem ser úteis com muitos pacientes em luto por perdas associadas a ter uma doença orgânica. Os terapeutas podem ajudar os pacientes a reconhecerem e mudarem as distorções cognitivas (p. ex., "Nenhuma mulher iria querer namorar um homem que teve câncer de próstata"; "Vou ter de abrir mão de todas as coisas que realmente gosto"; "Vou ser simplesmente um fardo para minha família") que podem estar agravando ou acelerando uma sensação de perda. Além disso, a programação de atividades e as prescrições de tarefas graduais podem ajudar a reativar os pacientes como parte do trabalho durante o luto. Tornar-se novamente ativo, pelo menos de maneira parcial, pode dar esperança aos pacientes com problemas médicos de que eles podem começar a enfrentar seu luto e ter uma vida com significado.

RESUMO

Pontos-chave para terapeutas

- A TCC é usada de modo adjuvante no tratamento de problemas médicos para reduzir a cargados sintomas e para ajudar a desenvolver habilidades de enfrentamento.
- Os métodos da TCC provaram ser úteis para uma ampla gama de problemas médicos.
- Os significados que os pacientes atribuem ao fato de terem doenças orgânicas podem ter grande influência em seus estilos de enfrentamento.
- Como em outras aplicações da TCC em sessões breves, a psicoeducação é um componente central do tratamento. Métodos educacionais eficientes, incluindo miniaulas, apostilas, buscas na internet, podem ser adaptados ao formato de sessão breve.
- Uma série de métodos de alto rendimento da TCC pode ser usada para ajudar pacientes com problemas médicos. Estes incluem entrevista motivacional, intervenções relativas à adesão, aprimoramento da comunicação com profissionais da saúde, programação de atividades, solução de problemas, treinamento de relaxamento, imagens mentais positivas, reestruturação

cognitiva e esforços para facilitar o processo de luto.

Conceitos e habilidades para os pacientes aprenderem

- Se você estiver tendo problemas para enfrentar uma doença orgânica, discutir essas dificuldades com um terapeuta treinado na TCC pode ajudar.
- As pessoas podem ter crenças e atitudes sobre as doenças orgânicas que minam suas tentativas de lidar com seus problemas de maneira eficaz.
- Muitas informações sobre doenças orgânicas estão disponíveis em livros e na internet. Embora normalmente seja bom adquirir conhecimento sobre suas doenças físicas, as discussões com seu médico ou terapeuta são uma parte importante do processo de aprendizagem. Seu médico ou terapeuta pode ajudá-lo a selecionar as informações mais importantes e precisas sobre as doenças orgânicas.
- A TCC pode fornecer muitas ferramentas úteis para enfrentar as doenças físicas. Esses métodos podem ajudar as pessoas a reduzirem a tensão e a ansiedade, fazerem mudanças em seu estilo de vida quando necessário, desenvolver habilidades de solução de problemas e comunicar-se de maneira mais eficaz com seus médicos ou terapeutas.

REFERÊNCIAS

Anderson RJ, Freedland KE, Crouse RE, et al: The prevalence of comorbid depression in adults with diabetes: a meta-analysis. Diabetes Care 24:1069–1078, 2001

Antoni MH, Cruess DG, Klimas N, et al: Increases in a marker of immune system reconstitution are predated by decreases in 24-h urinary cortisol output and depressed mood during a 10-week stress management intervention in symptomatic HIV-infected men. J Psychosom Res 58:3–13, 2005

Bennett R, Nelson D: Cognitive behavioral therapy for fibromyalgia. Nat ClinPractRheumatol 2:416–424, 2006

Deale A, Husain K, Chalder T, et al: Long-term outcome of cognitive behavior therapy *versus* relaxation therapy for chronic fatigue syndrome: a 5-year follow-up study. Am J Psychiatry 158:2038–2042, 2001

Dew MA, Becker JT, Sanchez J, et al: Prevalence and predictors of depressive, anxiety and substance use disorders in HIV-infected and uninfected men: a longitudinal evaluation. Psychol Med 27:395–409, 1997

Focht BC, Brawley LR, Rejeski WJ, et al: Group-mediated activity counseling and traditional exercise programs: effects on health-related quality of life among older adults in cardiac rehabilitation. Ann Behav Med 28:52–61, 2004

Frankl VE: Man's Search for Meaning: An Introduction to Logotherapy, 4th Edition. Boston, MA, Beacon Press, 1992

Januzzi JL, Stein TA, Pasternak RC, et al: The influence of anxiety and depression on outcomes of patients with coronary artery disease. Arch Intern Med 160:1913–1921, 2000

Katon WJ, Ciechanowski P: Impact of major depression on chronic medical illness. J Psychosom Res 53:859–863, 2002

Kennedy TM, Chalder T, McCrone P, et al: Cognitive behavioural therapy in addition to antispasmodic therapy for irritable bowel syndrome in primary care: randomized controlled trial. Health Technol Assess 10(19):1–84, 2006

Lichtman JH, Bigger JT, Blumenthal JA, et al: Depression and coronary heart disease. Circulation 118:1–8, 2008

Linton SJ, Nordin E: A 5-year follow-up evaluation of the health and economic consequences of an early cognitive behavioral intervention for back pain: a randomized, controlled trial. Spine 31:853–858, 2006

Linton SJ, Ryberg M: A cognitive-behavioral group intervention as prevention for persistent neck and back pain in a non-patient population: a randomized controlled trial. Pain 90:83–90, 2001

Lustman PJ, Griffith LS, Freedland KE, et al: Cognitive behavior therapy for depression in type 2 diabetes mellitus: a randomized, controlled trial. Ann Intern Med 129:613–621, 1998

Maes S, Schlosser M: Changing health behavior outcomes in asthmatic patients: a pilot study. SocSci Med 26:359–364, 1988

Mishra KD, Gatchel RJ, Gardea MA: The relative efficacy of three cognitive-behavioral treatment approaches to temporomandibular disorders. J Behav Med 23:293–309, 2000

Moore JE, Von Korff M, Cherkin D, et al: A randomized trial of a cognitive-behavioral program for enhancing back pain self care in a primary care setting. Pain 88:145–153, 2000

Morley S, Eccleston C, Williams A: Systematic review and meta-analysis of randomized controlled trials of cognitive behavior therapy and behavior therapy for chronic pain in adults, excluding headache. Pain 80:1–13, 1999

Morris PL, Robinson RG, Andrzejewski P, et al: Association of depression in 10-year poststroke mortality. Am J Psychiatry 150:124–129, 1993

Newcomer JW, Hennekins CH: Severe mental illness and cardiovascular disease. JAMA 298:1794–1796, 2007

Payne A, Blanchard EB: A controlled comparison of cognitive therapy and selfhelp support groups in the treatment of irritable bowel syndrome. J Consult ClinPsychol 63:779–786, 1995

Rodgers D, Khoo K, MacEachen M, et al: Cognitive therapy for multiple sclerosis: a preliminary study. AlternTher Health Med 2:70–74, 1996

Safran SA, Gonzalez JS, Soroudi N: Coping with Chronic Illness. New York, Oxford University Press, 2008

Sensky T: Cognitive behavioral therapy for patients with physical illness, in Cognitive-Behavior Therapy. Edited by Wright JH (Review of Psychiatry Series, Vol 23; Oldman JM and Riba MB, series eds). Washington, DC, American Psychiatric Publishing, 2004, pp 83–121

Shapiro D, Hui KK, Oakley ME, et al: Reduction in drug requirements for hypertension by means of a cognitive-behavioral intervention. Am J Hypertens 10:9–17, 1997

Snoek FJ, van der Ven NC, Twisk JW, et al: Cognitive behavioural therapy (CBT) compared with blood glucose awareness training (BGAT) in poorly controlled Type 1 diabetic patients: long-term effects on HbA moderated by depression: a randomized controlled trial. Diabet Med 25:1337–1342, 2008

Spiegal D, Giese-Davis J: Depression and cancer: mechanisms and disease progression. Biol Psychiatry 54:269- 282, 2003

Stulemeijer M, de Jong LW, Fiselier TJ, et al: Cognitive behaviour therapy for adolescents with chronic fatigue syndrome: randomised controlled trial. BMJ 330:14, 2005

Tatrow K, Montgomery GH: Cognitive behavioral therapy techniques for distress and pain in breast cancer patients: a meta-analysis. J Behav Med 29:17–27, 2006

Turner JA, Jensen MP: Efficacy of cognitive therapy for chronic low back pain. Pain 52:169–177, 1993

Turner JA, Manci L, Aaron LA: Short- and long-term efficacy of brief cognitive-behavioral therapy for patients with chronic temporomandibular disorder pain: a randomized, controlled trial. Pain 121:181–194, 2006

van Melle JP, de Jonge P, Spijkerman TA, et al: Prognostic association of depression following myocardial infarction and cardiovascular events: a meta-analysis. Psychosom Med 66:814–822, 2004

Wright JH, Beck AT, Thase ME: Cognitive therapy, in The American Psychiatric Publishing Textbook of Psychiatry, 5th Edition. Edited by Hales RE, Yudofsky SC, Gabbard GO. Washington, DC, American Psychiatric Publishing, 2008, pp 1211–1256

16
Prevenção da recaída

Mapa de aprendizagem

Modelo de prevenção da recaída da TCC

Educando sobre o risco de recaída

Reconhecendo e tratando os sintomas residuais

Identificando os gatilhos ou sinais precoces de advertência de recaída

Desenvolvendo planos de prevenção da recaída

Envolvendo pessoas significativas nos planos de prevenção da recaída

Embora a meta de curto prazo da terapia cognitivo-comportamental (TCC) seja o alívio dos sintomas, a medida final do sucesso do tratamento é manter e maximizar aqueles ganhos no longo prazo, incluindo a prevenção da recaída ou a recorrência de episódios importantes da doença. Os objetivos da terapia bem-sucedida vão além daqueles da terapia na fase aguda e incluem o uso contínuo de intervenções autodirecionadas voltadas para a redução da vulnerabilidade e promoção das mudanças no estilo de vida.

Outro princípio fundamental da TCC é que as estratégias recomendadas para prevenção da recaída devem ser testadas cientificamente. A esse respeito, estudos da TCC para transtorno depressivo maior (Blackburn e Moore 1997; Bockting et al. 2005; Hollon et al. 1992, 2005; Kovacs et al. 1981; Paykel et al. 1999), transtorno afetivo bipolar (Ball et al. 2006; Fava et al. 2001; Lam et al. 2001, 2003; Scott et al. 2001), transtorno de pânico (Barlow et al. 2000), insônia (Morin et al. 2009) e esquizofrenia (Grawe et al. 2006; Gumley et al. 2003; Turkington et al. 2006, 2008) demonstraram que a TCC pode ter benefícios duradouros. Embora nem todos os estudos estejam em concordância (por ex., consulte Scott et al. 2006) e os efeitos possam diminuir ao longo dos anos (Paykel et al. 2005), o conjunto geral das evidências confirma a visão de que a TCC melhora significativamente os resultados em prazo mais longo e reduz o risco de recaída em vários transtornos.

Muitos terapeutas prescritores atendem pacientes em sessões breves por longos períodos depois de um episódio agudo da doença ter se resolvido ou atenuado, especialmente quando o paciente tem uma história de recorrências de um transtorno de Eixo I. Assim, esses terapeutas estão em posição de monitorar os sinais de uma possível recaída e continuar a trabalhar com os pacientes para colocar em prática estratégias de prevenção de recaída da TCC. Neste capítulo, discutimos métodos usados para promover o uso de estratégias de autoajuda que podem ajudar os pacientes a se tornarem "terapeutas de si mesmos" à medida que as sessões são espaçadas ou possivelmente descontinuadas. Vemos esses métodos de autoajuda como um meio de alcançar mudanças cognitivas e comportamentais duradouras e prevenção da recaída. Também fornecemos ilustrações práticas de como incorporar essas estratégias dentro de planos de tratamento de mais longo prazo que enfatizem a farmacoterapia de manutenção.

MODELO DE PREVENÇÃO DA RECAÍDA DA TCC

O componente de prevenção da recaída é construído dentro da TCC desde o início da terapia, pois esse tratamento enfatiza o desenvolvimento de habilidades para lidar com os sintomas. Durante o curso do tratamento, os pacientes são incentivados a usar tarefas de casa para praticar essas habilidades todos os dias. À medida que adquirem maior confiança no uso dos métodos da TCC que mais os ajudam a lidar com os sintomas, os pacientes são incentivados

a aplicar esses princípios a uma gama mais ampla de dificuldades para além das tarefas de casa específicas. No nível das crenças nucleares, tal confiança reflete uma sensação cada vez maior de autoeficácia, com atitudes e crenças mais funcionais em relação a enfrentar a adversidade (ou seja, "Eu sou capaz de lidar com os problemas da vida e, quando necessário, consigo adaptar e improvisar novas soluções"). Essa nova abordagem à solução de problemas não apenas promove uma maior autonomia, mas também ajuda os pacientes a reconhecerem melhor quando pedir ajuda aos outros. O terapeuta eficaz molda e reforça tais atitudes, crenças e comportamentos e é capaz de transmitir ao paciente a noção de que, em última análise, o paciente, e não a pessoa que está fornecendo a terapia, é o agente primário da mudança.

EDUCANDO SOBRE O RISCO DE RECAÍDA

O antigo ditado que diz que "um homem prevenido vale por dois" é especialmente pertinente ao tratamento de indivíduos com transtornos psiquiátricos, já que relativamente poucos terão apenas um único episódio da doença durante suas vidas. Embora seja provável que certa visão de um mundo cor-de-rosa em relação ao bem-estar retorne à medida que o paciente se recupera de um episódio da doença psiquiátrica, ele deve estar ciente de que pode haver outros problemas no futuro. A abordagem terapêutica à prevenção da recaída, portanto, começa com o fornecimento de informações precisas sobre a história natural do transtorno sendo tratado e sobre o que pode ser feito para maximizar as chances de benefício sustentado.

As pessoas que recebem tais informações muitas vezes têm uma resposta emocional negativa, com tristeza ou apreensão acompanhada de uma onda de pensamentos automáticos negativos pessimistas. O terapeuta hábil fornece psicoeducação com um "olho aberto" à observação das mudanças nos sentimentos ou no comportamento que podem revelar tais pensamentos negativos e aproveita a oportunidade para ajudar o paciente a verbalizar as cognições e abordá-las nas sessões. Mesmo quando um paciente não dá deixas visíveis de uma resposta emocional, o terapeuta deve encerrar a psicoeducação perguntando se o paciente tem alguma dúvida ou qualquer preocupação, pensamento ou sentimento não exposto sobre as implicações do que foi discutido. Outra prática benéfica é sugerir uma tarefa de casa para monitorar os pensamentos e sentimentos do paciente sobre a consulta, caso a resposta emocional demore.

RECONHECENDO E TRATANDO OS SINTOMAS RESIDUAIS

A remissão total dos sintomas é a meta desejada para a fase aguda do tratamento de todos os transtornos mentais por muitos motivos, incluindo o fato de os estudos longitudinais tanto do transtorno depressivo maior como do transtorno bipolar documentaram que pacientes em remissão total apresentam um risco mais baixo de recaída (Jarrett et al. 2001; Perlis et al. 2006; Thase et al. 1992). Contudo, a remissão total nem sempre é possível. Uma minoria significativa de pessoas que respondem a doze a dezesseis sessões de TCC para depressão continua a manifestar um ou mais sintomas persistentes. Como tal, um componente importante de um plano de prevenção da recaída é identificar esses sintomas, revisar as estratégias relevantes da TCC que podem ajudar a reduzir esses sintomas e implementar um plano para abordá-los de maneira contínua.

O processo de confeccionar um plano de mais longo prazo muitas vezes começa com uma pergunta aberta como: "Como estamos chegando ao final de nossas sessões regulares, fico imaginando se você identificou sintomas ou problemas em particular que ainda são uma fonte de preocupação" ou "De que maneira você ainda não está se sentindo ou funcionando no seu melhor nível?" Escalas de avaliação autorrelatadas, como o PatientHealth Questionnaire–9 (Kroenkeet al. 2001), o Quick Inventory of Depressive Symptomatology Self-Report Version-16 (Rush et al. 2003), ou outros instrumentos relacionados na Tabela 3.2 do Capítulo 3, "Aumentando o Impacto das Sessões Breves", também podem ser usadas para identificar sintomas residuais. Se uma dessas escalas de classificação tiver sido administrada periodicamente durante a fase aguda do tratamento como um meio de registrar o progresso, deve ser prontamente reconhecido o padrão em particular de mudança e persistência dos sintomas. Em outras ocasiões, durante o curso do tratamento, surgem novos sintomas ou outros problemas não identificados anteriormente como especialmente problemáticos (p. ex., ansiedade social) e que se tornam mais proeminentes à medida que outros sintomas melhoram. Em tais casos, terapeuta e paciente podem dedicar partes de uma ou duas sessões para mapear de modo colaborativo a melhor abordagem para lidar com esses problemas.

IDENTIFICANDO OS GATILHOS OU SINAIS PRECOCES DE ADVERTÊNCIA DE RECAÍDA

Como a maioria dos transtornos psiquiátricos apresenta um curso episódico, apenas uma minoria afortunada de indivíduos que buscam tratamento terá apenas um único episódio da doença e permanecerá bem depois disso. Com muita frequência, o indivíduo terá alguma vivência com recaída e recorrência e poderá fornecer alguns detalhes pessoalmente relevantes sobre os tipos de estresses ou situações prováveis de provocar uma recaída ou exacerbação sintomática. Alguns pacientes apresentam vulnerabilidade em relação a estressores em domínios importantes, como reveses nos relacionamentos interpessoais ou na carreira, o que pode ser inferido de sua história pregressa e suas crenças nucleares. Para outros pacientes, especialmente aqueles que já tiveram uma série de recaídas e recorrências, pode parecer que os episódios ocorrem "do nada", sem provocação. Entretanto, ainda nesses casos, normalmente os pacientes conseguem identificar os sintomas prodrômicos que servem de sinais precoces de advertência de surtos iminentes da doença. Por exemplo, muitas pessoas com transtorno de humor recorrente relatam que as mudanças em seu ciclo de sono e vigília, seja insônia ou maior necessidade de sono, podem prenunciar o início de um episódio depressivo. Da mesma forma, a menor necessidade de sono ou libido mais intensa pode preceder o início de um episódio de hipomania ou mania.

Um método específico para usar a planilha de resumo de sintomas de modo a identificar sinais precoces de oscilações de humor no transtorno bipolar e elaborar estratégias para interromper o desenvolvimento para mania ou depressão foi descrito no Capítulo 2, "Indicações e Formatos para Sessões Breves de TCC". Esse tipo de exercício escrito pode ser usado para qualquer paciente que tenha uma condição com risco significativo de recaída. A planilha de resumo de sintomas de Barbara do Capítulo 2 é repetida na Figura 16.1. Registros individualizados como este podem servir de incentivos aos pacientes para monitorarem os sinais precoces de advertência de recaída e prepararem-se com antecedência para usar as estratégias da TCC de modo a ficarem bem.

• Exercício de Aprendizagem 16.1: Identificando gatilhos ou os primeiros sinais de alerta para recaída

1. Selecione dois ou mais pacientes de seu consultório que você acredita correr um risco significativo de recaída.

2. Faça perguntas aos pacientes para tentar identificar possíveis gatilhos para a recaída. Exemplos: "Existe alguma coisa que você imagine que poderia causar um revés? Que tipos de estresses poderiam aumentar as chances de os sintomas voltarem?"

3. Use com esses pacientes uma planilha de resumo de sintomas ou um exercício escrito semelhante para desenvolver listas personalizadas de sinais precoces de alerta para recaída.

DESENVOLVENDO PLANOS DE PREVENÇÃO DA RECAÍDA

No formato de sessão breve, os planos de prevenção da recaída são normalmente elaborados ao longo de uma série de sessões e fortalecidos gradualmente à medida que o paciente passa do tratamento da fase aguda para a terapia de manutenção. Os planos podem incorporar vários métodos cognitivo-comportamentais e psicofarmacológicos que são personalizados para se adequar aos diagnósticos, vulnerabilidades e pontos fortes de cada paciente (Tabela 16.1).

Revisando e ensaiando habilidades básicas da TCC

Os métodos que serão definitivamente úteis para sustentar a recuperação e prevenir a recaída consistem basicamente nas mesmas estratégias e técnicas que se mostraram eficazes no tratamento dos sintomas durante a fase aguda da terapia (p. ex., reconhecimento e mudança de pensamentos automáticos,

Sintoma	Leve	Moderado	Severo
Irritabilidade	Irritável, rápida em criticar os outros, a voz pode ter um tom sarcástico.	Posso atirar pratos ou outros objetos, gritar com filhos, demonstrar pouca preocupação com os problemas dos outros.	Grito, berro e me enfureço. Tenho dificuldade de ficar parada – é melhor para os outros saírem do meu caminho. Sempre à beira de um ataque de nervos – no trabalho, em casa, em qualquer lugar.
Penso que posso fazer mais do que é realista – não prestando atenção às preocupações reais.	Minimizo problemas reais em minha vida – presto menos atenção a preocupações genuínas como contas e responsabilidades profissionais.	Começo a ficar ligada em projetos especiais – assumindo mais do que posso realmente. Eu mesma me coloco em posições que me deixam sobrecarregada.	A grandiosidade está fora de controle. Acho que sou a melhor em tudo que faço. Afasto os outros, não escuto ninguém – faço do meu jeito.
Dormindo muito pouco	Fico acordada cerca de uma hora a mais na maioria das noites porque estou realmente me divertindo ou estou envolvida em um projeto especial.	Fico acordada duas horas ou mais na maioria das noites. Estou em intensa atividade. Tenho problemas demais em minha cabeça para conseguir dormir. Não quero dormir realmente.	Vou de zero a 100 em um minuto – não quero dormir de jeito nenhum. Eu poderia ficar acordada durante 3 ou 4 noites antes de desabar.
Mente acelerada	Os pensamentos começam a ganhar velocidade. É sutil, mas começo a me sentir mais criativa e cheia de vida.	Os pensamentos estão definitivamente em alta velocidade. Não presto muita atenção ao que os outros estão dizendo.	Os pensamentos estão saltando tão rápido que às vezes não faz muito sentido o que digo.
Tendo problemas.	Assumindo um pouco mais de risco. Talvez esteja dirigindo 10 ou 20 quilômetros mais rápido, e flertando mais com homens.	Digo coisas que não deveria – piadas de mau gosto. Estou usando roupas mais provocativas. Estou gastando mais do que deveria.	Estou realmente encrencada agora – gastando mais dinheiro do que tenho, acumulando dívidas no cartão de crédito, me envolvendo com o tipo errado de homem.

Figura 16.1 • Planilha de resumo de sintomas hipomaníacos e maníacos: exemplo de Barbara.

Terapia cognitivo-comportamental de alto rendimento para sessões breves   **251**

Tabela 16.1 • Estruturando planos de prevenção da recaída

- Revisar e ensaiar habilidades básicas daterapia cognitivo-comportamental.
- Fazer mudanças no estilo de vida.
- Desenvolver estratégias de enfrentamento para prevenir a escalada dos sintomas.
- Usar ensaio cognitivo-comportamental.
- Aperfeiçoar o esquema farmacológico.
- Promover a adesão.

exame de evidências, ativação comportamental e programação de atividades, exposição, uso de cartões de enfrentamento). Ajudar os pacientes a praticar e aperfeiçoar essas habilidades, e encorajá-los a usar esses métodos, pode aumentar significantemente as capacidades deles em lidar de forma efetiva com futuros estressores. Apesar de as pesquisas ainda não terem confirmado que o uso contínuo das estratégias de TCC após a conclusão da terapia é um elemento-chave de profilaxia bem-sucedida – um estudo definitivo desta hipótese está em andamento na Universidade da Pensilvânia e no Southwestern Medical Center da Universidade do Texas – há boas razões para se acreditar nas bases clínicas que mostram que pacientes que adotam o modelo TCC e continuam a praticar estratégias de enfrentamento têm maiores chances de atingir um benefício duradouro.

Materiais escritos que resumem os procedimentos para as intervenções cognitivas e comportamentais podem ser particularmente úteis para auxiliar os pacientes a manterem suas habilidades na TCC (ver Capítulo 3, "Aumentando o Impacto das Sessões Breves"). Nestes materiais podem estar inclusos um caderno de terapia, uma pasta com apostilas usadas durante as sessões de TCC, ou fichas de resumo dos pontos principais. Os pacientes podem recorrer a essas informações quando as sessões forem interrompidas ou reduzidas em sua frequência. Para um paciente com dificuldades em ler ou escrever, o terapeuta deve perguntar sobre as estratégias que o paciente usou no passado, a fim de recuperar

outras informações importantes e assim desenvolver materiais adequados. Por exemplo, uma gravação de áudio feita pelo terapeuta e o paciente pode ajudar na fixação dos métodos e conceitos-chave.

Os pacientes devem ser encorajados a guardar os materiais que receberam durante a fase aguda da terapia em uma espécie de biblioteca ou como *kit* de ferramentas para um subsequente trabalho autoconduzido. Uma opção que pode ser explorada para a catalogação e a recuperação efetivas desses recursos seria o armazenamento eletrônico em um computador. Algumas de nossas recentes experiências de tratamento de maior sucesso envolveram indivíduos que usaram versões computadorizadas de suas tarefas de casa, como diários de exposição ou registros de modificação de pensamentos, os quais eles revisam para mapear progressos e reforçar o aprendizado.

Sejam os métodos utilizados para armazenamento computadorizados ou de papel e caneta, os terapeutas devem de qualquer forma criar a expectativa de que a terapia irá funcionar melhor e gerar benefícios mais duradouros se as ferramentas da TCC forem guardadas e puderem ser retomadas quando necessário. Por exemplo, um terapeuta pode sugerir algo como: "Nós chegamos à conclusão que pessoas que fazem a tarefa de casa têm chances muito maiores de se beneficiarem da terapia. Se você guardar um registro do nosso trabalho na terapia, você poderá usar esse conhecimento mais tarde na sua vida, o que irá ajudá-lo a lidar com novos problemas – ele é como uma árvore que não cessa de dar bons frutos.

252 Wright, Sudak, Turkington & Thase

Podemos usar um tempinho para elaborar um plano que garanta que você terá um registro do nosso trabalho juntos, a fim de que você possa encontrar essas ferramentas com facilidade se precisar utilizá-las no futuro?"

Realizando mudanças no estilo de vida

Para pacientes com transtornos de humor recorrentes e esquizofrenia, certas mudanças no estilo de vida podem cumprir um papel importante na redução do risco de recaída. Por exemplo, um indivíduo com transtorno bipolar pode decidir aderir a um sono regular e a um cronograma de atividades, minimizar a ingestão de cafeína, evitar atividades "estimulantes" à noite, e trabalhar para o melhoramento das habilidades em lidar com o estresse. Um paciente com histórico de depressão recorrente pode optar por reservar um horário fixo para os exercícios aeróbicos todo dia pela manhã. Métodos descritos neste livro para evitar a insônia (Capítulo 10, "Métodos da TCC para Insônia") e construir hábitos saudáveis (Capítulo 14, "Mudança de Estilo de Vida: Construindo Hábitos Saudáveis") podem ser usados em sessões breves para ajudar os pacientes a realizar mudanças positivas de estilo de vida, que podem ser parte importante dos planos de prevenção da recaída.

Desenvolvendo estratégias de enfrentamento para prevenir a escalada dos sintomas

A planilha de resumo de sintomas de Barbara (Figura 16.1) contém muitos alertas precoces que poderiam ser alvos valiosos para um plano de prevenção de recaída. Na Ilustração em Vídeo 1, apresentamos uma demonstração de TCC dirigida à irritabilidade, o primeiro item da lista dela. Barbara havia notado durante sua hospitalização que um dos sinais importantes de uma mudança iminente para a mania era a irritabilidade. Dr. Wright trabalhou com ela para tornar claro os pensamentos automáticos e erros cognitivos que estavam disparando sua fúria contra o filho.

Os dois também desenvolveram uma estratégia comportamental para acalmar as emoções dela e ajudá-la a lidar com a situação de forma mais racional.

O cartão de enfrentamento de Barbara (já mostrado no Capítulo 2, "Indicações e Formatos para Sessões Breves de TCC") é repetido aqui (Figura 16.2) como um exemplo de método daTCC que pode ser empregado em uma sessão breve para treinar os

---

Problema: raiva e irritabilidade com o filho

1. Quando começar a ficar com raiva ou irritada, parar para identificar meus pensamentos automáticos e analisá-los para ver se eles correspondem à verdade.
2. Tentar ter uma visão equilibrada sobre a situação.
3. Fazer alguma coisa para sair da situação... como, por exemplo, fazer uma caminhada ou uma pausa.
4. Tentar conversar com meu filho e pensar em uma solução para o problema.

Figura 16.2 • Cartão de enfrentamento de Barbara.

Terapia cognitivo-comportamental de alto rendimento para sessões breves **253**

pacientes em suas habilidades de prevenção de recaída. A intervenção começou com Barbara aprendendo a lidar melhor com a raiva e a irritabilidade que dirigia ao seu filho, mas ao longo da terapia Dr. Wright e Barbara trabalharam em generalizar esses mesmos métodos, aplicando-os em outras situações que poderiam desencadear reações semelhantes. Eles também desenvolveram métodos de enfrentamento para outros sinais de alerta em sua planilha de resumo de sintomas.

O próximo exercício de aprendizagem pede que você planeje algumas intervenções para atenuar sintomas que podem levar Barbara a uma completa recaída. Você pode recorrer aos métodos tradicionais da TCC, ou juntar ideias e tentar novas abordagens que julgue terem probabilidade de funcionar. Por exemplo, um plano para ajudar Barbara a reduzir seu comportamento de "correr riscos" poderia incluir métodos diretos, como o reconhecimento de erros cognitivos (p. ex., minimizar ou ignorar a evidência do lado negativo de correr riscos), mas também poderia envolver uma análise de vantagens e desvantagens. Esta última técnica pode revelar alguns dos aspectos "positivos" em se sentir atraente para os homens, atrair os outros à primeira vista, sentir um prazer temporário com emoções agradáveis, e assim por diante. Levando isso em conta, ela precisaria considerar a construção de um plano executável.

• Exercício de Aprendizagem 16.2: Desenvolvendo estratégias de enfrentamento para prevenir a escalada dos sintomas

1. Revise a planilha de resumo de sintomas de Barbara. Escolha dois ou mais itens (mas não "irritabilidade").

2. Escreva um plano de tratamento para métodos de TCC que você poderia usar para cada um desses itens em sessões breves. O seu objetivo é ajudar Barbara a aprender maneiras de interromper a fase de euforia ascendente em direção à mania.

Outro exemplo de desenvolvimento das estratégias de enfrentamento que pode fazer parte da prevenção de recaída vem do tratamento de Brenda, uma paciente do Dr. Turkington com diagnóstico de esquizofrenia. Apesar de Brenda ter aprendido a amenizar o impacto das alucinações auditivas na terapia da fase aguda, ela continuou a ouvir vozes de tempos em tempos, e parecia que a situação poderia piorar no futuro. Preparando-se para esse futuro, Brenda e o Dr. Turkington desenvolveram colaborativamente uma lista detalhada, agrupando os sintomas ou problemas em uma coluna e os planos para enfrentar cada um desses possíveis problemas na outra coluna (veja a Figura 16.3).

Usando ensaio cognitivo-comportamental

Elementos de um plano da prevenção de recaída, que podem envolver uma reação a um evento bastante desafiador da vida diária ou a aplicação de uma habilidade da TCC que não foi totalmente aprimorada, podem ser reforçados pelo uso de exercícios de dramatização. Esses exercícios podem incluir um cenário "e se..." ou "no pior caso...". Por exemplo, se a ansiedade de um paciente aumenta com frequência em um contexto de discórdia conjugal, o paciente pode se beneficiar de estratégias de dramatização para lidar com as críticas do cônjuge. Se um paciente têm medo de algum evento altamente estressante (p. ex., perder o emprego, terminar um casamento, receber um diagnóstico médico assustador, etc), o terapeuta pode ajudá-lo a pensar em como ele poderia usar seus recursos pessoais para encarar essas situações.

Quando desenvolvida de forma habilidosa, a técnica do cenário "no pior caso..." envolve grande sensibilidade e empatia. Os terapeutas acessam a capacidade dos pacientes para usar esse método de modo

Sintoma ou problema	Plano de enfrentamento
• Se eu dormir muito mal por 4 ou 5 noites as vozes ficam muito piores.	• Ficar longe da cafeína. Entrar em contato com o médico para pedir medicação para dormirse esse problema continuar por mais de duas noites.
• Posso me envolver em preocupações o tempo todo e parar de ver os amigos.	• Permitir-me não mais do que uma hora de preocupação por dia (normalmente das 16h às 17h). Fazer pelo menos duas coisas agradáveis por dia para livrar minha mente das preocupações.
• Posso começar a pensar que o diabo está tentando me dizer algo.	• Lembrar o que meu pastor disse sobre o diabo. Lembrar a mim mesma que o diabo, na Bíblia, não fala como a voz que eu ouço às vezes.
• Posso começar a mergulhar no passado e ficar pensando em todos os problemas que tive por ser uma mãe jovem.	• Ler o cartão de enfrentamento que escrevi com meu médico. Dizer a mim mesma que "fiz o melhor que pude. Sou uma boa pessoa e uma boa mãe."

Figura 16.3 • Plano de enfrentamento de Brenda.
Fonte: Adaptado de Wright, J.H.; Turkington, D.; Kingdon, D.G. ET al: *Terapia Cognitivo-Comportamental para Doenças Mentais Graves.* Porto Alegre: Artmed, 2010, p. 237. Usado com a permissão de Copyright © 2010 Artmed Editora S.A.

produtivo, os preparam para a ativação-emocional que pode ser desencadeada, e proporcionam a eles um bom treinamento de TCC em métodos de enfrentamento. Uma ilustração desse tipo de trabalho é encontrada no tratamento de Darrell conduzido pelo Dr. Thase. Como foi introduzido no Capítulo 6, "Métodos Comportamentais para Depressão", Darrell estava sofrendo devido à doença terminal de sua mãe. Em uma sessão posterior, não demonstrada nas ilustrações em video, Dr. Thase gentilmente tocou no assunto sobre como seria a reação de Darrell se a mãe dele morresse. Na sua formulação dos problemas de Darrell, Dr. Thase tinha uma preocupação de que ele se tornasse mais deprimido e retomasse o abuso de álcool quando a doença da mãe chegasse a óbito.

Dr. Thase: Temos feito um bom progresso em manter a depressão sob controle e parar de beber, mas um assunto no qual não tocamos muito é o que diz respeito a como as coisas serão quando sua mãe morrer. Andei pensando que isso poderia ajudá-lo a ter uma ideia de como talvez reaja e também pensei em trabalharmos agora para que você se prepare. O que você acha da ideia?

Darrell: Eu evito pensar nisso o máximo que posso, mas ela provavelmente tem apenas mais 3 ou 6 meses de vida. Vai ser muito duro para mim.

Dr. Thase: Eu sei que será uma dor enorme, e um luto muito sofrido.

Darrell: Sim, eu realmente vou sentir falta dela.

Dr. Thase: Você acha que podemos pensar um pouco para frente, para ver se há algumas estratégias de enfrentamento que podem funcionar melhor do que outras quando você precisar encarar esse problema?

Darrell: Esta é provavelmente uma boa ideia... Mas acho que posso regredir e perder um pouco da base que venho adquirindo nos últimos meses.

Dr. Thase: Então, para começar, podemos fazer uma breve lista de alguns métodos de enfrentamento positivos e negativos?

Darrell: Claro. Acho que a pior coisa que poderia acontecer é eu voltar a beber.

Eles então elaboraram a lista na Figura 16.4, e em sessões futuras voltaram a esse tópico muitas vezes para dar consistência aos detalhes dos métodos de enfrentamento efetivos e do luto saudável.

Aperfeiçoando o esquema farmacológico

Para a maioria dos nossos pacientes com psicoses e transtornos de humor recorrentes, uma farmacoterapia a longo prazo é ponto importantíssimo do plano de prevenção da recaída. Tendo em vista que o foco deste livro é em métodos de TCC, e não em psicofarmacologia, não iremos detalhar aqui os métodos correntes de farmacoterapia. Contudo, gostaríamos de enfatizar a importância de uma farmacoterapia apropriada e contínua. As várias diretrizes práticas publicadas pela Associação Psiquiatrica Americana oferecem uma boa visão geral dos métodos de tratamento de manutenção com medicações (p. ex., veja *American Psychiatric Association 2000*, 2002; Lehman et al. 2004).

Promovendo a adesão

Outro elemento importante dos planos de prevenção da recaída para pessoas em tratamento medicamentoso de longa duração é o uso dos métodos daTCC descritos no Capítulo 5, "Promovendo a Adesão". É comum que os terapeutas presumam que os pacientes estão tomando a medicação do modo como foi prescrita, quando na realidade eles não estão. Se o terapeuta esquece de perguntar ao paciente sobre a adesão a medicação, ele pode inadvertidamente reforçar a crença do paciente de que tomar a medicação não é mais muito necessário.

O próximo exemplo é ilustrativo. Stan tinha um diagnóstico bem-estabelecido de transtorno bipolar e estava se dando bem com o lítio há mais de 4 anos, o que configurava-se como um tratamento bem-sucedido de um episódio relativamente severo de mania. Durante esse período, ele teve a habilidade de aderir com sucesso e depois descontinuar duas terapias adjuntas (olanzapina e clonazepam), usadas durante o pico do episódio maníaco. Além disso, nos últimos dois anos a frequência das consultas com o psiquiatra foi reduzida a uma sessão breve a cada 3 meses.

O psiquiatra de Stan não perguntou a ele sobre a adesão a medicação no ano anterior. Como Stan estava sempre de acordo e otimista com o tratamento, o psiquiatra não se deu conta de que Stan vinha pensando há vários anos: "Estou farto de tomar remédios o tempo todo. Aposto que não preciso mais dessa medicação." Como o médico poderia ter previsto, caso soubesse no que Stan estava pensando, Stan havia interrompido a ingesta de medicações mais ou menos 2 meses antes de sua mais recente sessão. A esposa de Stan contatou o psiquiatra requisitando uma consulta urgente para o marido, pois ele parecia muito mais irritável e estava dormindo no máximo 4 horas por noite. Infelizmente, Stan teve uma recaída completa de mania antes de se estabilizar novamente com o uso de lítio e de outras medicações.

Para ajudar os pacientes a se manterem em esquemas farmacológicos de longa duração, recomendamos que sejam seguidos os princípios em destaque no Capítulo

COMO TALVEZ EU REAJA QUANDO MINHA MÃE MORRER

Comportamentos nocivos	Comportamentos saudáveis
• Voltar a beber cerveja ou outras bebidas alcoólicas • Isolar-me; afundar-me na minha dor emocional • Sair apenas para trabalhar, voltar para casa e assistir televisão • Me culpar por não ter feito mais pela minha mãe nos últimos anos dela • Tentar reprimir todos os meus sentimentos; agir como se não estivesse muito triste pelo falecimento dela • Ficar mais covarde em relação à vida e desistir dos meus interesses	• Frequentar reuniões do AA; conseguir suporte nesse grupo • Manter a agenda cheia de atividades com amigos e família • Exercitar-me regularmente; ter ao menos uma coisa positiva para desejar fazer todo dia • Evitar me culpar muito pelo passado; dar algum crédito a mim mesmo por ser um bom filho • Falar sobre meus sentimentos quando for seguro – com minha família, com o Dr. Thase • Depois que a dor aguda passar, tentar encontrar um novo *hobby*, trabalho, ou outro interesse no qual eu possa investir minhas energias.

Figura 16.4 • Ensaio de TCC para prevenção da recaída: lista de Darrel de métodos de enfrentamento nocivos e saudáveis.

5, "Promovendo a Adesão", mesmo quando os sintomas pareçam estar sob controle por longos períodos de tempo. Alguns dos métodos-chave usados na TCC para adesão incluem:

1. incentivar uma relação terapêutica altamente colaborativa, com diálogo aberto sobre prós e contras das medicações;
2. simplificar o esquema medicamentoso o máximo possível;
3. minimizar os efeitos colaterais;
4. normalizar problemas com a observância ao tratamento;
5. analisar padrões comportamentais associados à ingesta das medicações- e treinar os pacientes em modos de incorporar amedicação na sua rotina; e
6. incitar e modificar crenças e pensamentos automáticos disfuncionais sobre farmacoterapia.

ENVOLVENDO PESSOAS SIGNIFICATIVAS NOS PLANOS DE PREVENÇÃO DA RECAÍDA

Pesquisas sobre esquizofrenia, transtorno bipolar e depressão mostraram que pessoas que se beneficiam de uma família envolvida e apoiadora(isto é, não crítica) têm menos risco de recaída ou recorrência (veja, p. ex., Butzlaf e Hooley, 1998). Portanto, pode ser de grande auxílio envolver os familiares ou outras pessoas significativas no processo de desenvolvimento e implantação de um plano de prevenção da recaída. Em uma perspectiva inversa, levando em conta que a automonitoração ou o uso contínuo de estratégias de enfrentamento específicas podem necessariamente interferir na rotina da família, é importante assegurar que pessoas importantes na vida do paciente não sabotem inadvertidamente o plano de enfrentamento (dizendo, p. ex., "Eu apenas não entendo por que você ainda tem que fazer esses exercícios idiotas. Você não concluiu a terapia meses atrás?"). Com frequência nós recomendamos que nossos pacientes convidem familiares ou outras pessoas significativaspara participar de ao menos uma das sessões de tratamento da fase aguda. Além de incentivar uma aliança de apoio com as pessoas que o paciente ama, essa sessão também é útil para obter informações adicionais sobre como o paciente funciona e, às vezes, pode revelar que alguma outra pessoa significativa na vida do paciente também pode estar precisando de tratamento. Uma sessão de sucesso com a família ou outras pessoas significativas pode terminar com um convite aberto para comparecimento em outras sessões adicionais, caso seja necessário.

• Exercício de Aprendizagem 16.3: Desenvolvendo um plano de prevenção de recaída

1. Selecione um ou mais pacientes do seu consultório para quem você gostaria de desenvolver um plano de prevenção da recaída orientado pela TCC.

2. Construa, em colaboração com cada paciente, um plano de prevenção da recaída que contenha ao menos três dos seguintes elementos:

   • Uma lista dos sinais precoces de advertência da recaída.
   • Mudanças no estilo de vida que poderiam possivelmente reduzir o risco da recaída
   • Métodos daTCC para interromper a escalada dos sintomas
   • Ensaio de TCC
   • Métodos para aprimorar a adesão
   • Envolvimento de outras pessoas significativas

RESUMO

Pontos-chave para terapeutas

- Evidências empíricas extensas indicam que a TCC tem um efeito em longo prazo na redução do risco da recaída.
- Educar os pacientes sobre o risco da recaídaé uma prática inteligente.
- Se sintomas residuais significativos permanecem após o tratamento agudo para transtorno de humor, o resultado a longo prazo pode ser comprometido. Dessa forma, o terapeuta e o paciente devem fazer um esforço para reconhecer e reduzir os sintomas residuais.
- O modelo TCC para prevenção da recaída capacita os pacientes ensinando-os as habilidades para se tornarem seus "próprios terapeutas."
- O desenvolvimento de um sistema de sinais precoces de advertência da recaída é um elemento central da abordagem da TCC.
- Planos de prevenção da recaída podem ser desenvolvidos em sessões breves, de variadas formas. Estes são alguns dos métodos mais usados:

  1. Revisar e ensaiar as habilidades básicas da TCC
  2. Realizar mudanças no estilo de vida
  3. Desenvolver estratégias de enfrentamento para prevenir a escalada dos sintomas
  4. Usar o ensaio cognitivo-comportamental

- Os componentes psicofarmacológicos do plano de prevenção da recaída são em geral essenciais para um bom resultado em longo prazo. Os métodos da TCC para adesão podem ser usados para ajudar os pacientes a utilizarem as medicações para se sentirem e permanecerem bem.

Conceitos e habilidades para os pacientes aprenderem

- Infelizmente, muitas doenças psiquiátricas podem ser recorrentes; contudo, pode se fazer muito com a TCC e com a medicação para que se reduza o risco da recaída.
- Uma das características vantajosas da TCC é que ela ensina habilidades práticas que podem ser usadas de duas formas principais: 1) para reduzir ou eliminar sintomas e 2) para ficar bem uma vez que a doença apareça.
- Um tratamento bem-sucedido de TCC prepara você para usar ferramentas de autoajuda a fim de promover o bem-estar ao longo de toda a sua vida.
- Um elemento particularmente útil da TCC para prevenir a recaída é o desenvolvimento de uma lista personalizada dos sinais precoces de advertência de que os sintomas podem estar voltando. Se você consegue reconhecer esses sinais, é possível tentar eliminá-los em sua origem antes que se tornem problemas maiores.
- O seu médico ou terapeuta pode sugerir que você considere mudanças nos hábitos do estilo de vida, como fazer exercícios e regularizar o sono, o que pode ajudar a dar continuidade aos seus progressos.
- Às vezes pode ser útil prestar atenção no que pode vir a acontecer, a fim de identificar possíveis estresses que alertam para a recorrência dos sintomas. Ainda que você possa enfrentar difíceis desafios, poderá desenvolver previamente um plano de enfrentamento e manter-se saudável.

REFERÊNCIAS

American Psychiatric Association. Practice guideline for the treatment of patients with major depressive disorder (revisão). Am J Psychiatry 157(suppl):1–45, 2000

American Psychiatric Association. Practice guideline for the treatment of patients with bipolar disorder (revisão). Am J Psychiatry 159(suppl):1–50, 2002

Ball JR, Mitchell PB, Corry JC, et al: A randomized controlled trial of cognitive therapy for bipolar disorder: focus on long-term change. J Clin Psychiatry 67:277–286, 2006

Barlow DH, Gorman JM, Shear MK, et al. Cognitive-behavioral therapy, imipramine, or their combination for panic disorder: a randomized controlled trial. JAMA 283:2529–2536, 2000

Blackburn, IM, Moore RG. Controlled acute and follow-up trial of cognitive therapy and pharmacotherapy in outpatients with recurrent depression. Br J Psychiatry 171:328–334, 1997

Bockting CL, Schene AH, Spinhoven P, et al. Preventing relapse/recurrence in recurrent depression with cognitive therapy: a randomized controlled trial. J Consult ClinPsychol 73:647–657, 2005

Butzlaf RL, Hooley JM. Expressed emotion and psychiatric relapse: a meta-analysis. Arch Gen Psychiatry 55:547–552, 1998

Fava GA, Bartolucci G, Rafanelli C, et al. Cognitive-behavioral management of patients with bipolar disorder who relapsed while on lithium prophylaxis. J Clin Psychiatry 62:556–559, 2001

Grawe RW, Falloon IR, Widen JH, et al. Two years of continued early treatment for recent-onset schizophrenia: a randomised controlled study. ActaPsychiatrScand 114:328–336, 2006

Gumley A, O'Grady M, McNay L, et al. Early intervention for relapse in schizophrenia: results of a 12-month randomized controlled trial of cognitive behavioural therapy. Psychol Med 33:419–431, 2003

Hollon SD, DeRubeis RJ, Seligman ME. Cognitive therapy and the prevention of depression. ApplPrevPsychol1:89–95, 1992

Hollon SD, DeRubeis RJ, Shelton RC, et al. Prevention of relapse following cognitive therapy vs. medications in moderate to severe depression. Arch Gen Psychiatry 62:417–422, 2005

Jarrett RB, Kraft D, Doyle J, et al. Preventing recurrent depression using cognitive therapy with and without a continuation phase: a randomized clinical trial. Arch Gen Psychiatry 58:381–388, 2001

Kovacs M, Rush AJ, Beck AT, et al. Depressed outpatients treated with cognitive therapy or pharmacotherapy. Arch Gen Psychiatry 38:33–39, 1981

Kroenke K, Spitzer RL, Williams JB. The PHQ-9: validity of a brief depression severity measure. J Gen Intern Med 16:606–613, 2001

Lam DH, Bright J, Jones S, et al. Cognitive therapy for bipolar illness: a pilot study of relapse prevention. CognitTher Res 24:503–520, 2001

Lam DH, Watkins ER, Hayward P, et al. A randomized controlled study of cognitive therapy for relapse prevention for bipolar affective disorder: outcome of the first year. Arch Gen Psychiatry 60:145–152, 2003

Lehman AF, Lieberman JA, Dixon LB, et al. American Psychiatric Association; Steering Committee on Practice Guidelines: Practice guideline for the treatment of patients with schizophrenia, 2nd edition. Am J Psychiatry 161 (suppl):1–56, 2004

Morin CM, Vallières A, Guay B, et al. Cognitive behavioral therapy, singly and combined with medication, for persistent insomnia: a randomized controlled trial. JAMA 301:2005–2015, 2009

Paykel ES, Scott J, Teasdale JD, et al. Prevention of relapse in residual depression by cognitive therapy: a controlled trial. Arch Gen Psychiatry 56:829–835, 1999

Paykel ES, Scott J, Cornwall PL, et al. Duration of relapse prevention after cognitive therapy in residual depression: follow-up of controlled trial. Psychol Med 35:59–68, 2005

Perlis RH, Ostacher MJ, Patel JK, et al. Predictors of recurrence in bipolar disorder: primary outcomes from the Systematic Treatment Enhancement Program for Bipolar Disorder (STEP-BD). Am J Psychiatry 163: 217–224, 2006

Rush AJ, Trivedi MH, Ibrahim HM, et al. The 16-item Quick Inventory of Depressive Symptomatology (QIDS) Clinician Rating (QIDS-C) and Self- Report (QIDS-SR): a psychometric evaluation in patients with chronic major depression.Biol Psychiatry 54:573–583, 2003

Scott J, Garland A, Moorhead S. A pilot study of cognitive therapy in bipolar disorders. Psychol Med 31:459–467, 2001

Scott J, Paykel E, Morriss R, et al. Cognitive-behavioural therapy for severe and recurrent bipolar disorders: randomized controlled trial. Br J Psychiatry 188:313–320, 2006

Thase ME, Simons AD, McGeary J, et al. Relapse after cognitive behavior therapy of depression: potential implications for longer courses of treatment. Am J Psychiatry 149:1046–1052, 1992

Turkington D, Kingdon D, Rathod S, et al. Outcomes of an effectiveness trial of cognitive-behavioural intervention by mental health nurses in schizophrenia. Br J Psychiatry 189:36–40, 2006

Turkington D, Scott JL, Sensky T, et al. A randomized controlled trial of cognitive-behavior therapy for persistent symptoms in schizophrenia: a five-year follow-up. Schizophr Res 98:1–7, 2008

Apêndice 1

Planilhas e listas de verificação

CONTEÚDO

Planilha de Formulação de Caso na
Terapia Cognitivo-comportamental[a] 261
Programação Semanal de atividades[a] 262
Registro de Modificação de Pensamento[b] 263
Definições de Erros Cognitivos[c] 264
Lista de Verificação de Pensamentos Automáticos[c] 266
Breve Lista de Verificação de Crenças Nucleares Adaptativas[c] 267
Diário de Sono 268
Lista de 60 Estratégias de Enfrentamento para Alucinações[d] 269
Lista de Escalas de Classificação de Sintomas de Autorrelato 271

Nota: Esses itens estão disponíveis para *download* gratuito em sua totalidade e em formato maior no *site* do livro em *www.grupoa.com.br*. É concedida permissão aos leitores para usarem essas planilhas e inventários na prática clínica. Por favor, consulte a permissão do detentor dos direitos individuais abaixo para qualquer outro uso.

[a] De Wright JH, Basco MR, Thase ME: *Aprendendo a Terapia Cognitivo-Comportamental: Um Guia Ilustrado.* Porto Alegre: Artmed, 2008. Uso com permissão. Copyright © 2008 Artmed Editora S.A.

[b] Reimpresso de Beck AT, Rush AJ, Shaw BF, et al: *Cognitive Therapy of Depression.* New York, Guilford, 1979, p. 403. Copyright © 1979 The Guilford Press. Reprintedcom permission of The Guilford Press.

[c] Adaptado de Wright JH, Wright AS, Beck AT: Good Days Ahead: *The Multimedia Program for Cognitive Therapy,* Professional Edition, Version 3.0. Louisville,KY, Mindstreet, 2010. Uso com permissão. Copyright © 2010 Mindstreet.

[d] Adaptado de Wright JH, Turkington D, Kingdon DG, et al: *Terapia Cognitivo-Comportamental para Doenças Mentais Graves.* Porto Alegre: Artmed, 2010.Uso com permissão. Copyright © 2010 Artmed Editora S.A.

PLANILHA DE FORMULAÇÃO DE CASO NA TERAPIA COGNITIVO-COMPORTAMENTAL

Nome do Paciente:		Data:
Diagnósticos/Sintomas:		
Influências do desenvolvimento:		
Questões Situacionais:		
Fatores Biológicos, Genéticos e Médicos:		
Pontos Fortes/Qualidades:		
Metas do Tratamento:		
Evento 1	Evento 2	Evento 3
Pensamentos automáticos	Pensamentos automáticos	Pensamentos automáticos
Emoções	Emoções	Emoções
Comportamentos	Comportamentos	Comportamentos
Esquemas:		
Hipótese de Trabalho:		
Plano de Tratamento:		

Nota: Disponível em: *www.grupoa.com.br*.

PROGRAMAÇÃO SEMANAL DE ATIVIDADES

Instruções: Anote suas atividades para cada hora e depois as classifique em um escala de 0 a 10 para domínio (**d**) ou grau de realização e para prazer (**p**) ou quantidade de satisfação vivenciada. Uma classificação de 0 significaria que você não teve sensação de domínio ou prazer. Uma classificação de 10 significaria que você vivenciou máximo domínio ou prazer.

	Segunda-feira	Terça-feira	Quarta-feira	Quinta-feira	Sexta-feira	Sábado	Domingo
8:00 h							
9:00 h							
10:00 h							
11:00 h							
12:00 h							
13:00 h							
14:00 h							
15:00 h							
16:00 h							
17:00 h							
18:00 h							
19:00 h							
20:00 h							
21:00 h							

Nota: Disponível em: *www.grupoa.com.br*.

REGISTRO DE MODIFICAÇÃO DE PENSAMENTOS

Situação	Pensamentos automáticos	Emoções	Resposta racional	Desfecho
Descreva a) Evento real que levou a uma emoção desagradável *ou* b) Fluxo de pensamentos que levou a uma emoção desagradável *ou* c) Sensações fisiológicas desagradáveis.	a) *Anote* os pensamentos automáticos que precederam a emoção. b) *Classifique* a crença nos pensamentos automáticos, de 0% a 100%.	a) Especifique triste, ansioso, raivoso, etc. b) Classifique o grau de emoção, de 1% a 100%.	a) *Identifique* os erros cognitivos. b) *Anote* a resposta racional aos pensamentos automáticos. c) *Classifique* a crença na resposta racional, de 0% a 100%.	a) *Especifique e classifique* as emoções subsequentes, de 0% a 100%. b) *Descreva* as mudanças no comportamento.

Nota: Disponível em: *www.grupoa.com.br.*

264 Apêndice 1

DEFINIÇÕES DE ERROS COGNITIVOS

- **Ignorar as evidências**
  Quando você ignora as evidências, você faz um julgamento (normalmente sobre suas falhas ou sobre algo que você não se considera capaz de fazer) sem verificar todas as informações. Este erro cognitivo também é chamado de *filtro mental* porque você filtra – ou seleciona – as informações valiosas de tópicos como:

  1. vivências positivas no passado;
  2. seus pontos fortes; e
  3. apoio que os outros podem dar.

- **Tirar conclusões precipitadas**
  Se estiver deprimido ou ansioso, você pode acabar tirando conclusões precipitadas. Você pode pensar imediatamente nas piores interpretações possíveis das situações. Uma vez que essas imagens negativas entram em sua mente, você pode passar a ter certeza de que coisas ruins vão acontecer.

- **Supergeneralização**
  Às vezes, pode ser que você deixe um único problema significar tanto para você que ele dá o tom de tudo em sua vida. Você pode dar a uma pequena dificuldade ou falha um peso tão grande que ela parece definir todo o cenário. Esse tipo de erro cognitivo é chamado de supergeneralização.

- **Maximização ou minimização**
  Um dos erros cognitivos mais comuns é a maximização ou minimização da relevância das coisas em sua vida. Quando você está deprimido ou ansioso, pode ser que maximize seus erros e minimize seus pontos fortes. Você também pode maximizar os riscos de dificuldades em situações e minimizar as opções ou recursos que tem para lidar com o problema.

Uma forma extrema de maximização é às vezes chamada de *catastrofização*. Quando você catastrofiza, automaticamente pensa que acontecerá o pior possível. Se você estiver tendo um ataque de pânico, sua mentese enche de pensamentos como: "Vou ter um ataque cardíaco ou um derrame" ou "Vou perder totalmente o controle". Pessoas deprimidas podem achar que estão fadadas a fracassar ou estão prestes a perder tudo.

- **Personalização**
  A personalização é uma característica clássica da ansiedade e da depressão, na qual você passa a assumir culpa pessoal por tudo o que parece estar errado. Quando você personaliza, aceita total responsabilidade por uma situação problemática ou um problema, mesmo quando não há boas evidências para confirmar sua conclusão. Esse tipo de erro cognitivo mina sua autoestima e o deixa mais deprimido.

  Certamente, você precisa aceitar a responsabilidade quando comete erros. Confessar francamente os problemas pode ajudá-lo a começar a mudar as coisas. No entanto, se você conseguir reconhecer os momentos em que está personalizando, pode evitar colocar-se para baixo desnecessariamente e pode começar a desenvolver um estilo de pensamento mais saudável.

- **Pensamento do tipo tudo ou nada**
  Um dos erros cognitivos mais danosos – pensamento do tipo tudo ou nada – é demonstrado pelos seguintes tipos de pensamentos: "Nada acontece do jeito que eu quero". "Não conseguiria lidar com isso de jeito nenhum". "Eu sempre estrago tudo". "Ela fica com tudo". "Está tudo dando errado". Quando você

Nota: Disponível em: *www.grupoa.com.br*.

deixa o pensamento do tipo tudo ou nada passar sem verifica-los, passa a ver o mundo em termos absolutos. É tudo muito bom ou tudo muito ruim. Você acredita que os outros estão indo extremamente bem e você está indo completamente mal.

O pensamento do tipo tudo ou nada também pode interferir em seu trabalho nas tarefas. Imagine o que aconteceria se você achasse que tinha de atingir 100% de sucesso ou nem deveria tentar. Normalmente, é melhor estabelecer metas razoáveis e perceber que as pessoas raramente são um completo sucesso ou um total fracasso. A maioria das coisas na vida recai entre um e outro.

LISTA DE VERIFICAÇÃO DE PENSAMENTOS AUTOMÁTICOS

Instruções: Marque um x ao lado de cada pensamento automático negativo que você teve nas últimas 2 semanas.

_____ Eu deveria estar vivendo melhor.
_____ Ele/ela não me entende.
_____ Eu o/a decepcionei.
_____ Simplesmente não consigo mais me divertir.
_____ Por que sou tão fraco(a)?
_____ Estou sempre estragando as coisas.
_____ Minha vida está sem rumo.
_____ Não consigo lidar com isso.
_____ Estou fracassando.
_____ É muita coisa para mim.
_____ Não tenho muito futuro.
_____ As coisas estão fora de controle.
_____ Estou com vontade de desistir.
_____ Com certeza vai acontecer alguma coisa ruim.
_____ Deve ter algo de errado comigo.

Nota: Disponível em: _www.grupoa.com.br._

Apêndice 1 **267**

BREVE LISTA DE VERIFICAÇÃO DE CRENÇAS NUCLEARES ADAPTATIVAS

Instruções: Marque um x ao lado de cada crença nuclear que você tem.

_____ Sou uma pessoa sólida.

_____ Se eu me dedicar de verdade a algo, vou conseguir aprender.

_____ Sou um(a) sobrevivente.

_____ Os outros confiam em mim.

_____ Eu me importo com as pessoas.

_____ As pessoas me respeitam.

_____ Se eu me preparar com antecedência, normalmente me saio melhor.

_____ Eu mereço ser respeitado(a).

_____ Gosto de desafios.

_____ Sou inteligente.

_____ Consigo entender as coisas.

_____ Sou simpático(a).

_____ Consigo lidar com o estresse.

_____ Posso aprender com meus erros e ser uma pessoa melhor.

_____ Sou um(a) bom/boa marido/esposa (e/ou pai/mãe, filho(as), amigo(a), namorado).

_____

Nota: Disponível em: _www.grupoa.com.br._

DIÁRIO DE SONO

	Segunda-feira	Terça-feira	Quarta-feira	Quinta-feira	Sexta-feira	Sábado	Domingo
Hora em que foi para a cama							
Hora em que adormeceu							
Horas dormidas							
Interrupções do sono							
Hora em que despertou							
Cochilos?							
Qualidade do sono							
Álcool/ medicações?							

Nota: Disponível em: *www.grupoa.com.br*.

LISTA DE 60 ESTRATÉGIAS DE ENFRENTAMENTO PARA ALUCINAÇÕES

Distração

1. Cantarolar
2. Falar consigo mesmo
3. Ouvir música moderna
4. Ouvir música clássica
5. Rezar
6. Meditar
7. Usar um mantra
8. Pintar
9. Imagens Mentais
10. Caminhar ao ar livre
11. Telefonar para um amigo
12. Exercício
13. Usar uma fita de áudio de relaxamento
14. Praticar ioga
15. Tomar um banho quente
16. Telefonar para seu profissional de saúde mental
17. Comparecer/passar pelo centro-diade atendimento
18. Assistir TV
19. Fazer palavras cruzadas ou quebra-cabeças
20. Jogar um jogo de computador
21. Tentar um novo passatempo

Foco

1. Corrigir as distorções cognitivas nas vozes
2. Responder racionalmente ao conteúdo das vozes
3. Usar subvocalização
4. Dispensar as vozes
5. Lembrar a si mesmo que mais ninguém consegue ouvir as vozes
6. Telefonar para um amigo que também ouve vozes e contar que sua voz está ativa
7. Lembrar-se de tomar a medicação antipsicótica
8. Demonstrar controle fazendo as vozes aparecerem
9. Dar às vozes um tempo de 10 minutos em um horário específico a cada dia
10. Ouvir um áudio de terapia cognitiva discutindo o controle das vozes
11. Usar uma explicação de normalização
12. Usar respostas racionais para reduzir a raiva
13. Fazer uma lista das evidências a favor do conteúdo das vozes
14. Fazer uma lista das evidências contra o conteúdo das vozes
15. Usar imagens mentais guiadas para praticar o enfrentamento das vozes de maneira diferente
16. Fazer uma dramatização a favor e contra as vozes
17. Lembrar a si mesmo que as vozes não são ações e não precisam ser vistas como tal
18. Lembrar a si mesmo que as vozes parecem não saber de muita coisa
19. Lembrar a si mesmo que você não precisa obedecer às vozes
20. Conversar com alguém que você confie sobre o conteúdo das vozes
21. Usar respostas racionais para reduzir a vergonha
22. Usar respostas racionais para reduzir a ansiedade
23. Usar um diário para lidar com o estresse
24. Usar um diário para lidar com seu tempo
25. Planejar suas atividades diárias na noite anterior
26. Usar um diário de vozes de maneira científica
27. *Mindfulness* (Consciência plena)
28. Tentar usar um tampão de ouvido (primeiro no ouvido direito se for destro)

Nota: Disponível em: *www.grupoa.com.br*.

Métodos metacognitivos

1. Usar técnicas focadas nos esquemas
2. Aceitação
3. Assertividade
4. Usar um modelo biológico
5. Considerar visões xamanistas do ouvir vozes
6. Considerar aspectos culturais do ouvir vozes
7. Manter uma lista de comportamentos diários para provar que você não está tão mal quanto dizem as vozes
8. Usar um continuum relacionando seu próprio valor com o de outras pessoas
9. Fazer uma lista de suas vivências positivas na vida
10. Fazer uma lista de suas conquistas, amizades, etc.
11. Agir contra as vozes (mostrar a elas que você é melhor do que elas dizem)

Nota: Disponível em: *www.grupoa.com.br*.

LISTA DE ESCALAS DE CLASSIFICAÇÃO DE SINTOMAS AUTORRELATADOS

- Inventário de Ansiedade de Beck
  www.pearsonassessments.com/pai
  > Beck AT, Epstein N, Brown G, et al: An inventory for measuring clinical anxiety: psychometric properties. J ConsultClinPsychol 56:893–897, 1988
- Inventário de Depressão de Beck
  www.pearsonassessments.com/pai
  > Beck AT, Ward CH, Mendelson M, et al: An inventory for measuring depression. ArchGenPsychiatry 4:561–571, 1961
- Patient Health Questionnaire–9
  www.mapi-trust.org/test/129-phq
  > Kroenke K, Spitzer RL, Williams JB: The PHQ-9: validity of a brief depression severity measure. J GenInternMed 16:606–613, 2001
- Penn State Worry Questionnaire
  > Meyer TJ, Miller ML, Metzger RL, et al: Development and validation of the Penn State Worry Questionnaire. Behav Res Ther 28:487–495, 1990
- Psychotic Symptom Rating Scales
  > Haddock G, McCarron J, Tarrier N, et al: Scales to measure dimensions of hallucinations and delusions: the Psychotic Symptom Rating Scales (PSYRATS). PsycholMed 29:879–889, 1999
- Quick Inventory of Depressive Symptomatology
  www.ids-qids.org
  > Rush AJ, Trivedi MH, Ibrahim HM, et al: The 16-item Quick Inventory of Depressive Symptomatology (QIDS) Clinician Rating (QIDS-C) and Self-Report (QIDS-SR): a psychometric evaluation in patients with chronic major depression. Biol Psychiatry 54:573–583, 2003

Nota: Disponível em: *www.grupoa.com.br*.

Apêndice 2

Recursos da TCC para pacientes e familiares

LIVROS

Para lidar com transtornos de humor e de ansiedade

Antony MM, Norton PJ: The Antianxiety Workbook: Proven Strategies to Overcome Worry, Phobias, Panic, and Obsessions. New York, Guilford, 2009

Basco MR: Never Good Enough. New York, Free Press, 1999

Basco MR: The Bipolar Workbook. New York, Guilford, 2006

Burns DD: Feeling Good. New York, Morrow, 1999

Craske MG, Barlow DH: Mastery of Your Anxiety and Panic, 3rd Edition. San Antonio, TX, Psychological Corporation, 2000

Foa EB, Wilson R: Stop Obsessing! How to Overcome Your Obsessions and Compulsions. New York, Bantam Books, 1991

Greenberger D, Padesky CA: Mind Over Mood. New York, Guilford, 1995

Jamison KR: Touched With Fire: Manic-Depressive Illness and the Artistic Temperament. New York, Simon & Schuster, 1996

Kabat-Zinn J: Full Catastrophe Living: Using the Wisdom of Your Body to Face Stress, Pain, and Illness. New York, Hyperion, 1990

Last CG: When Someone You Love Is Bipolar: Help and Support for You and Your Partner. New York, Guilford, 2009

Miklowitz DJ: The Bipolar Survival Guide: What You and Your Family Need to Know. New York, Guilford, 2002

Williams M, Teasdale J, Segal Z, et al: The Mindful Way Through Depression. New York, Guilford, 2007

Wright JH, Basco MR: Getting Your Life Back: The Complete Guide to Recovery From Depression. New York, Touchstone, 2002

Relatos pessoais de doenças mentais

Duke P: Brilliant Madness: Living With Manic Depressive Illness. New York, Bantam Books, 1992

Jamison KR: An Unquiet Mind. New York, Knopf, 1995

Nasar SA: A Beautiful Mind: The Life of Mathematical Genius and Nobel Laureate John Nash. New York, Touchstone, 1998

Shields B: Down Came the Rain. New York, Hyperion, 2005

Styron W: Darkness Visible: A Memoir of Madness. New York, Random House, 1990

Para melhorar o sono

Edinger J, Carney C: Overcoming Insomnia: A Cognitive Behavioral Approach –Therapist Guide. New York, Oxford University Press, 2008

Hauri P, Linde S: No More Sleepless Nights. Hoboken, NJ, Wiley, 1996

Jacobs G, Benson H: Say Good Night to Insomnia: The Six-Week, Drug-Free Program Developed at Harvard Medical School. New York, Owl Books, 1999

Nota: O Apêndice 2 está disponível em: *www.grupoa.com.br.*

Morin CM: Relief From Insomnia: Getting the Sleep of Your Dreams. New York, Doubleday, 1996

Para lidar com a psicose

Freeman D, Freeman J, Garety P: Overcoming Paranoid and Suspicious Thoughts. London, Robinson, 2006

Mueser KT, Gingerich S: The Complete Family Guide to Schizophrenia. New York, Guilford, 2006

Romme M, Escher S: Understanding Voices: Coping with Auditory Hallucinations and Confusing Realities. London, Handsell, 1996

Turkington D, Kingdon D, Rathod S, et al: Back to Life, Back to Normality: Cognitive Therapy, Recovery and Psychosis. Cambridge, UK, Cambridge University Press, 2009

SITES DA INTERNET

Informações gerais sobre tratamento psiquiátrico e/ou TCC

- Academy of Cognitive Therapy
  www.academyofct.org
- Depression and Bipolar Support Alliance
  www.dbsalliance.org
- Depression and Related Affective Disorders Association
  www.drada.org
- Massachusetts General Hospital Mood and Anxiety Disorders Institute
  www2.massgeneral.org/madiresource-center/index.asp
- National Alliance on Mental Illness
  www.nami.org
- National Institute of Mental Health
  www.nimh.nih.gov
- University of Louisville Depression Center
  www.louisville.edu/depression
- University of Michigan Depression Center
  www.depressioncenter.org

Psicoeducação para TCC

- Mood GYM Training Program
  www.moodgym.anu.edu.au

Para ajudar pessoas com psicose

- Hearing Voices Network
  www.hearing-voices.org
  Traz conselhos práticos para entender o fato de ouvir vozes.
- Gloucestershire Hearing Voices & Recovery Groups
  www.hearingvoices.org.uk/info_resources11.htm
  Traz exemplos de habilidades de enfrentamento para o ouvir vozes.
- Paranoid Thoughts
  www.paranoidthoughts.com
  Dá conselhos úteis sobre como enfrentar a paranoia.

Para melhorar o sono

- *www.cbtforinsomnia.com*
  Traz um programa de TCC interativa pela Internet.
- *www.helpguide.org/life/insomnia_treatment.htm*
  Traz psicoeducação sobre insônia, terapia cognitivo-comportamental e dicas de relaxamento, diário de sono e *links* para outros *sites*.
- *www.sleepfoundation.org*
  Disponibiliza *podcasts*, vídeos, materiais impressos sobre diferentes tipos de distúrbios do sono e loja *online*.

Grupos de apoio *online*

- Depressionand Bipolar Support Alliance
  www.dbsalliance.org
- Walkers in Darkness (para pessoas com transtornos de humor)
  www.walkers.org

PROGRAMAS DE TCC ASSISTIDA POR COMPUTADOR

- Beatingthe Blues
  www.beatingtheblues.co.uk
- FearFighter: Panic and Phobia Treatment
  www.fearfighter.com
- Good Days Ahead: The Multimedia Program for Cognitive Therapy
  www.mindstreet.com
- Programas de realidade virtual por Rothbaum e associados
  www.virtuallybetter.com

RECURSOS PARA O TREINAMENTO E PRÁTICA DE RELAXAMENTO

- Benson-Henry Institute for Mind Body Medicine (CD de áudio)
  www.massgeneral.org/bhi
- Letting Go of Stress: Four Effective Techniques for Relaxation and
- Stress Reduction (CD de áudio por Emmett Miller e Steven Halpern)
  Disponível em várias lojas de música
- Progressive Muscle Relaxation (CD de áudio por Frank Dattilio, Ph.D.)
  www.dattilio.com
- Time for Healing: Relaxation for Mind and Body (coleção de áudios por Catherine Regan, Ph.D.)
  Bull Publishing Company
  www.bullpub.com/healing.html

Apêndice **3**

Recursos educacionais da TCC para terapeutas

CURSOS E WORKSHOPS

- Annual Meeting of the American Psychiatric Association
  www.psych.org
- Annual Meeting of the Association for Behavioral and Cognitive Therapies
  www.abct.org
- Annual Meeting of the American Psychological Association
  www.apa.org

CERTIFICAÇÃO EM TCC

- Academy of Cognitive Therapy
  www.academyofct.org

FELLOWSHIP EXTRAMURAL

- Beck Institute for Cognitive Therapy and Research
  www.beckinstitute.org

TREINAMENTO EM TCC POR COMPUTADOR

- Praxis
  www.praxiscbtonline.co.uk

LISTA DE LEITURA RECOMENDADA

Barlow DH, Cherney JA: Psychological Treatment of Panic. New York, Guilford, 1988

Basco MR, Rush AJ: Cognitive-Behavioral Therapy for Bipolar Disorder, 2nd Edition. New York, Guilford, 2005

Beck AT, Rush AJ, Shaw BF, et al: Cognitive Therapy of Depression. New York, Guilford, 1979

Beck AT, Emery GD, Greenberg RL: Anxiety Disorders and Phobias: A Cognitive Perspective. New York, Basic Books, 1985

Beck AT, Freeman A, Davis DD, et al: Cognitive Therapy of Personality Disorders, 2nd Edition. New York, Guilford, 2004

Beck J: Cognitive Therapy: Basics and Beyond. New York, Guilford, 1995

Chadwick P: Person Based Cognitive Therapy for Distressing Psychosis. Chichester, UK, Wiley, 2006

Clark DA, Beck AT, Alford BA: Scientific Foundations of Cognitive Theory and Therapy of Depression. New York, Wiley, 1999

Frank E: Treating Bipolar Disorder: A Clinician's Guide to Interpersonal and Social Rhythm Therapy. New York, Guilford, 2005

Frankl VE: Man's Search for Meaning: An Introduction to Logotherapy. Boston, MA, Beacon Press, 1992

Haddock G, Slade PD (eds): Cognitive Behavioral Interventions with Psychotic Disorders. London, Routledge, 1996

Kabat-Zinn J: Full Catastrophe Living: Using the Wisdom of Your Body to Fight Stress, Pain, and Illness. New York, Hyperion, 1990

276 Apêndice 3

Kingdon D, Turkington D: A Case Study Guide to Cognitive Therapy for Psychosis. Chichester, UK, Wiley, 2002

Kingdon DG, Turkington D: Cognitive Therapy of Schizophrenia. New York, Guilford, 2005

Romme M, Escher S: Making Sense of Voices: A Guide for Professionals Who Work With Voice Hearers. London, Mind, 2000

Safran J, Segal Z: Interpersonal Processes in Cognitive Therapy. New York, Basic Books, 1990

Segal Z, Williams JMG, Teasdale JD: Mindfulness-Based Cognitive Therapy for Depression: A New Approach to Preventing Relapse. New York, Guilford, 2002

Sudak D: Cognitive Behavioral Therapy for Clinicians. Philadelphia, PA, Lippincott Williams & Wilkins, 2006

Wright JH, Thase ME, Beck AT, et al (eds): Cognitive Therapy With Inpatients: Developing a Cognitive Milieu. New York, Guilford, 1992

Wright JH, Basco MR, Thase ME: Aprendendo a Terapia Cognitivo-Comportamental: Um Guia Ilustrado. Porto Alegre: Artmed, 2008

Wright JH, Turkington D, Kingdon DG, et al: Terapia Cognitivo-Comportamental para Doenças Mentais Graves. Porto Alegre: Artmed, 2010.

Apêndice 4

Manual do *hotsite*

INSTRUÇÕES

Acesse o *hotsite* apoio.grupoa.com.br/sessoesbreves e faça seu cadastro para assistir às ilustrações em vídeo que acompanham este livro.

ILUSTRAÇÕES EM VÍDEO

Número	Título	Tempo (minutos)
1	Uma Sessão Breve de TCC: Dr. Wright e Barbara	12:05
2	Modificando Pensamentos Automáticos I: Dra. Sudak e Grace	10:40
3	TCC para Adesão I: Dr. Wright e Barbara	10:46
4	TCC para Adesão II: Dr. Turkington e Helen	9:13
5	Métodos Comportamentais para Depressão: Dr. Thase e Darrell	10:48
6	Modificando Pensamentos Automáticos II: Dra. Sudak e Grace	7:28
7	Gerando Esperança: Dr. Thase e Darrell	11:00
8	Retreinamento da Respiração: Dr. Wright e Gina[†]	7:08
9	Terapia de Exposição I: Dr. Wright e Rick	10:52
10	Terapia de Exposição II: Dr. Wright e Rick	7:30
11	TCC para Insônia: Dra. Sudak e Grace	10:07
12	Trabalhando com Delírios I: Dr. Turkington e Helen	12:38
13	Trabalhando com Delírios II: Dr. Turkington e Helen	8:24

ILUSTRAÇÕES EM VÍDEO (Continuação)

Número	Título	Tempo (minutos)
14	Enfrentando as Alucinações: Dr. Turkington e Helen	9:45
15	TCC para Abuso de Substâncias I: Dr. Thase e Darrell	12:10
16	TCC para Abuso de Substâncias II: Dr. Thase e Darrell	9:40
17	Rompendo a Procrastinação: Dra. Sudak e Grace	8:11
18	Ajudando um Paciente com uma Condição Médica I: Dra. Sudak e Allan	12:24
19	Ajudando um Paciente com uma Condição Médica II: Dra. Sudak e Allan	5:16
	Tempo total	186:05

---

† A Ilustração em Vídeo 8 é usada com permissão de Wright JH, Basco MR, Thase ME: *Aprendendo a Terapia Cognitivo-Comportamental: Um Guia Ilustrado.* Porto Alegre: Artmed, 2008. Copyright © 2008 Artmed Editora S.A.

Índice remissivo

A

AA (Alcoólicos Anônimos), 207-209, 212-217
Abordagem de trabalho em equipe, 23-25, 33-37
Abuso de cocaína, 211-212
Abuso de drogas. *Consulte* Uso e abuso de
   substâncias
Academia de Terapia Cognitiva, 27-28, 66-68,
   272-273
Aconselhamento pastoral, 41-43, 68-70, 159-160
Adesão à farmacoterapia, 19-20, 22, 80-93
   armazenamento de medicações e, 83-84, 91-93
   caixinhas de comprimidos ou outros sistemas de
      lembretes para, 84-85, 90-91
   conceitos e habilidades para os pacientes
      aprenderem quanto a, 92-93
   efeitos colaterais e, 82-83, 88-92
   entrevista motivacional e, 87-90, 92-93
   estratégias gerais de tratamento para a melhora
      de, 80-83
   indagar sobre, 81-84, 89-92
   métodos da TCC para a promoção de, 82-89,
      91-93, 255-256
      em paciente com esquizofrenia, 90-91
      em paciente com transtorno bipolar, 88-90
      em pacientes com doenças orgânicas, 238-239
      exercício de aprendizagem para, 90-92
      ilustrações em vídeo de, 89-90
      pontos-chave para terapeutas quanto a, 91-93
   normalização de problemas de, 82-84, 89-93
   observância, 80-81
   para prevenção da recaída, 255-256
   pensamentos automáticos, crenças nucleares e,
      86-88, 92-93
      exame de evidências para, 86-88
   plano escrito ou cartão de enfrentamento para,
      87-90, 92-93
   preocupações práticas que afetam a, 82-83, 91-92
   programações de dosagens e, 81-83, 91-92
   relacionada aos significados atribuídos
      aos sintomas pelo paciente, 85-86
   relacionamento terapêutico e, 80-82, 90-92
   rotinas comportamentais e, 83-85, 89-90-90
   superando as barreiras à, 84-85, 91-92
Agenda escrita, 50-52
Agorafobia
   exemplos de caso de

Consuela, 21-22, 41-43, 159-161
Terrell, 72-75
   miniformulação para pacientes com, 72-75
   tarefa de casa para pacientes com, 58-59
   terapia de exposição para comportamentos de
      segurança em, 159-161
Alcoólicos Anônimos (AA), 207-209, 212-217
Alprazolam, 24-25
Alucinações, 196-205. *Consulte também* Psicose;
      exemplo de caso de esquizofrenia (Nanda),
      202-205
   conceitos e habilidades para os pacientes
      aprenderem quanto a, 205
   escala de classificação de autorrelato para, 49, 271
   farmacoterapia para, 61, 196-197, 205
      aumentando a adesão à, 90-91
   formulação de caso para pacientes com, 205
   métodos da TCC para, 196-205
      anotar o conteúdo das vozes, 197-198
      autorrevelação para ganhar confiança, 201-202
      cartões de enfrentamento, 202-203
      colocar as vozes "em estudo", 201-202
      combinada com farmacoterapia, 196-197
      diário de vozes, 196-199
      discutir sobre a ligação entre substâncias ilegais
         e alucinações, 201-202
      discutir sobre uma pessoa famosa que ouve
         vozes, 201-202
      enfocando as técnicas, 200-201
      estratégias de enfrentamento, 188-189
      exemplo de caso de, 202-204
      exercício de aprendizagem para planejamento
         de, 202-205
      explorando a ligação entre hábitos de sono e
         vozes, 197-199
      ilustração em vídeo de, 202-204
      indagar sobre as explicações do paciente para
         as alucinações, 196-198
      localização geográfica das vozes, 198-199
      modelo cognitivo-comportamental-biológico-
         -biossocial abrangente, 196-197
      normalização e educação, 196-197
      perguntas sobre reações comportamentais
         ao ouvir vozes, 198-199
      perguntas sobre reações emocionais ao ouvir
         vozes, 198-199

280 Índice remissivo

pontos-chave para terapeutas quanto a, 205
relacionamento terapêutico, 196-197
site de Gloucestershire Hearing Voices and
Recovery Groups, 201-202, 273
técnicas de distração, 200
técnicas metacognitivas, 200-201
teste da realidade: gravar as vozes, 198-199
teste da realidade: perguntar a outras pessoas se
elas podem ouvir a voz, 198-200
trabalhar nos esquemas para aumentar
a autoestima, 201-202
trazendo e desligando as vozes, 200-202
risco de suicídio e, 135-136, 138-139
Alvos cognitivos para sessões breves, 105-107
Andamento das intervenções, 26-27, 52-54, 62-63
Anedonia, 94-95, 99-100, 108
Antidepressivos combinados com TCC, 24-25,
61-62, 68-69
Antipsicóticos
atípicos, 37-38, 61-62, 255
para alucinações, 205
Apoio social, risco de suicídio e, 136-139
Apostilas para educação do paciente, 54-55, 83-84
exercícios de aprendizagem para desenvolver uma
biblioteca de, 56-57, 126
na prevenção da recaída, 249, 251
sobre pensamento desadaptativo, 124-126
sobre psicose, 185-186
Aprendendo a Terapia Cognitivo-Comportamental:
Um Guia Ilustrado, 26-27, 49-50, 56-57
Armazenamento de medicações, 83-84, 91-93
Asma, 234-235
Associação para Terapias Comportamentais e
Cognitivas, 27-28, 275
Associação Psicológica Americana, 27-28, 275
Associação Psiquiátrica Americana, 27-28, 255, 275
Ativação comportamental, 19-20, 26-27, 41-42
na depressão, 94-95, 98-101, 103
Ativação fisiológica, reduzindo em pacientes com
doenças orgânicas, 241-242
Atribuições errôneas, 105-107
na depressão, 108
sobre efeitos de sono precário, 177
Autenticidade, 26-27, 45-48, 129-130
Autoajuda, 58-59, 246-247
grupos *online* para, 56-58, 273-274
Automonitoração, 256-257
de humor e atividades, em
depressão, 94-95, 97-98, 103
no tratamento de abuso de substâncias, 214-215
para mudança de hábitos, 223-224, 229-232
autorreforço e, 224, 230-231
exercício de aprendizagem para uso de, 224
vantagens da, 224
Autorreforço, 224, 230-231
AVC, 233-234

B

Barreiras para adesão à medicação, 84-85, 91-92
Beating the Blues, 56-58, 273-274
Beck, Aaron, 108, 182-183
Benzodiazepinas, 24-25, 61
Biblioteca de apostilas educacionais, 124-126
exercício de aprendizagem para começar, 56-57
exercício de aprendizagem para desenvolver, 126
Bulimia nervosa, 24-25

C

Cafeína, 172-175, 251-252
Caixinhas de comprimidos, 84-85, 90-91, 92-93
Caminhar, 99-100
Câncer, 233-235
Cartões de enfrentamento, 22, 40-42
exercício de aprendizagem para
o desenvolvimento de, 119-120
para construir a esperança, 131-133
para lidar com alucinações, 202-203
para melhorar a adesão à medicação, 87-90,
92-93
para modificar pensamentos automáticos,
119-121
para pacientes com doenças orgânicas, 241
para prevenção da recaída, 249, 251-253
Catastrofização, 121
em relação a problemas com o sono, 172
no transtorno de pânico, 153-154
Cefaleia, 241-242
Certificação em TCC, 275
Checagem de sintomas, 47-49, 62
Clozapina, 62
Coaching, 53-55
Comportamentos de evitação em transtornos de
ansiedade, 147-150, 157-159, 163, 166-167
Comportamentos de segurança
delírios e, 188-189, 191-194
ouvir vozes e, 198-199
transtornos de ansiedade e, 148-150
terapia de exposição para, 157-161, 166-167
Comportamentos desadaptativos, 20-21
Comunicação
de formulação de caso ao paciente, 72-73
de pacientes com doenças orgânicas com
profissionais de saúde, 238-240
entre dupla de terapeutas, 36-37
no relacionamento terapêutico, 46-47
sobre a adesão à farmacoterapia, 80-81
via *e-mail,* 57-58
via teleconferência, 57-58
Controle de estímulos
obtidos em transtornos por abuso de substâncias,
210-214
para melhorar o sono, 175-180

Índice remissivo **281**

Coterapia, 34-36. *Consulte também* Formato de dupla de terapeutas
Crack, 206-207
Crenças espirituais, 242-243
Crenças nucleares, 105-107
  adaptativas
    breve lista de verificação de, 124-126, 267
    promovendo em sessões breves, 123-126
  definição de, 106-107
  disfuncional, TCC assistida por computador para, 105-107
  na depressão e transtornos de ansiedade, 107-108
  sobre tomar medicações, 86

D

Delírios, 182-195. *Consulte também* Psicose; Esquizofrenia
  aumentando a adesão à, 90-91
  conceitos e habilidades para os pacientes aprenderem sobre, 194-195
  escala de classificação de autorrelato para, 49, 271
  exemplo de caso de (Anna Maria), 193-194
  farmacoterapia para, 61, 194-195
  métodos da TCC para, 182-184
    ajudando os pacientes a desistirem dos comportamentos de segurança, 188-189, 191-194
    buscas na internet, 190
    descobrir se a semente da verdade existe, 189
    desenvolvendo estratégias de enfrentamento, 187-189
    exame de evidências, 184, 186-187
    exemplo de caso de, 190-194
    exercício de aprendizagem para planejamento, 193-194
    experimentos comportamentais para testar a realidade dos delírios, 189
    explorando os antecedentes dos delírios, 186-188
    fazer perguntas periféricas, 187-189, 193-194
    gerando hipóteses alternativas, 190-194
    identificando detalhes mínimos dos delírios, 187-188
    ilustração em vídeo de, 191-193
    mente aberta, 189-190
    modelo cognitivo-comportamental-biológico--biossocial abrangente, 183-184, 194
    normalização e educação, 184-186, 194
    pontos-chave para terapeutas quanto a, 194
    questionamento socrático, 185-187, 191-192
    relacionamento terapêutico, 183-184, 194
    tarefa de casa do terapeuta, 190
Dependência de nicotina, 206-207
Dependências. *Consulte* mau uso e abuso de substâncias
Depressão, 33-36, 94-104
  abuso de álcool e, 95-96

  anedonia e, 94-95, 99-100, 108
  bipolar, 37-38
  com características psicóticas, 182-195
  comportamentos emocionais em, 94-96
  conceitos e habilidades para os pacientes aprenderem quanto a, 103-104
  desesperança e, 95-96, 108, 128-144
  doença orgânica e, 233-234
  duração das sessões de TCC para, 32-33
  efeitos duradouros de estratégias da TCC para, 246-247
  escalas de classificação autorrelatada para, 48-49, 248-249, 271
  exemplos de caso de
    Almir, 230-231
    Carl, 138-139
    Dan, 134-142
    Darrell, 95-98, 100-101, 129-132, 209-211, 213-215, 253-256
    Grace, 45-47, 49-50, 58-59, 68-76, 111-112, 114-117, 119-126, 172, 174, 178-180, 219-220, 229-230
    Samantha, 62
    Susan, 103-104
    Wayne, 40-42
  exercício e, 98-100, 103-104, 251-252
  farmacoterapia para, 61
    adesão com, 80
    TCC e, 24-25, 33, 68-70
      exemplo de caso, formato de dupla de terapeutas para, 40-42
  formulação de caso para pacientes com, 68-72
    miniformulação, 72-74
  linha do tempo para pacientes com, 75-76
  metas comportamentais para intervenções em, 95-96
  métodos comportamentais para, 26-27, 94-95, 97-104
    ativação comportamental, 94-95, 98-101
    ensaio comportamental, 94-95, 102
    exercício de aprendizagem para planejamento, 103-104
    ilustração em vídeo de, 100-101
    monitoração do humor e de atividades, 94-95, 97-98
    pontos-chave para terapeutas quanto a, 103-104
    tarefas graduais, 94-95, 100-102
  modelo comportamental de, 94-97, 103-104
  mudança de estilos de vida na, 251-252
  patologia cognitiva em, 107-108
  prevenção da recaída para, 139
    envolvendo pessoas significativas nos planos para, 256-257
    primeiros sinais de alerta para recaída, 249
  reconhecer e tratar sintomas residuais de, 248-249
  recursos para pacientes e familiares sobre, 272

282 Índice remissivo

reestruturação cognitiva para, 94-95
tarefa de casa para pacientes com, 58-59, 94-95
TCC assistida por computador para, 56-58
Depression and Bipolar Support Alliance, 56-58, 272-273
Depression and Related Affective Disorders Association, 272-273
Depression Mood GYM Training Program, 56-58, 273
Descoberta guiada, 75
métodos de alto impacto para sessões breves, 109-110
para identificar pensamentos automáticos, 108-110
Desesperança, 95-96, 108, 128-144
conceitos e habilidades para os pacientes aprenderem quanto à, 143-144
efeitos danosos da, 128-129
métodos da TCC para construir a esperança, 128-130, 143
exercício de aprendizagem para, 132-133
ilustração em vídeo de, 130-131
relacionamento terapêutico, 128-130
pontos-chave para terapeutas quanto à, 143-144
risco de suicídio e, 128-129, 132-144
Desmoralização, 129-130. *Consulte também* Desesperança
Dessensibilização sistemática, 154-155, 162, 166-167. *Consulte também* Terapia de Exposição
Diabetes, 233-235
Diário de Sono, 172, 174, 178-180
exercício de aprendizagem sobre o uso de, 172
planilha para, 173, 268
Diário de vozes, 196-199, 202-204
Diários de exposição, 160-167
computadorizados, 251-252
Diários de sintomas, 22
Diazepam, 24-25
Doença cardíaca, 233-237, 239-242
Doença cardiovascular, 233-237, 239-242
Doença orgânica, 32-33, 233-244
evidências empíricas a favor da eficácia da TCC em, 233-235
exercícios de aprendizagem para encontrar recursos educacionais para problemas médicos, 237-238
entendendo os significados da doença orgânica, 237
exemplo de caso de (Allan), 235-237, 239-242
intervenções da TCC para pacientes com, 234-244
cartões de enfrentamento, 241
conceitos e habilidades para os pacientes aprenderem quanto à, 243-244
entrevista motivacional, 237-239
ilustrações em vídeo de, 236-237, 240
para corrigir concepções errôneas e distorções, 241-243

para facilitar a adesão, 238-239
para facilitar a comunicação com profissionais da saúde, 238-240
para facilitar o luto e a aceitação de perdas, 242-244
para identificar o modelo explicativo do paciente para a doença, 234-237
para reduzir a ativação fisiológica, 241-242
pontos-chave para terapeutas quanto à, 243-244
programação de atividades para melhorar o controle pessoal, 240-241
psicoeducação, 237-238
solução de problemas, 241
justificativa para o uso da TCC na, 233-234
Doença por HIV (vírus da imunodeficiência humana), 233-234

E

Educação médica continuada na TCC, 26-29
Efeitos cognitivos das medicações, 61
Efeitos sedativos de medicações, 61
E-mail, 57-58
Empatia, 26-27, 45-47, 129-130, 253-254
Empirismo colaborativo, 19-20, 20-21, 26-28, 41-42, 45-48, 62, 80-81, 129-130, 183-184, 194. *Consulte também* Relacionamento terapêutico
Enfocando técnicas
para lidar com alucinações, 200-201, 269-270
para lidar com delírios, 188-189
"Enfrentando a Depressão", 97
Ensaio cognitivo, 122-123
para prevenção da recaída, 253-255
Ensaio comportamental
em transtornos por abuso de substâncias, 207-209
na depressão, 94-95, 102
para prevenção da recaída, 253-256
Entrevista motivacional, 22
para melhorar a adesão à medicação, 87-90, 92-93
para pacientes com doenças orgânicas, 237-239
Erros cognitivos, 20-21, 105-107
identificação de, 22, 120-121
na depressão e transtornos de ansiedade, 107-108, 146-147, 163, 166
tipos comuns de, 120-122, 264-265
Escala de Desesperança de Beck, 128-129
Escalas de autorrelato para classificação de sintomas, 48-49, 271
Escalas de Classificação de Sintomas Psicóticos, 49, 271
Escalas de classificação por computador, 48-49
Esclerose múltipla, 234-235
Esquemas. *Consulte* crenças nucleares
Esquizofrenia, 26-27. *Consulte também* Psicose
adesão à medicação em, 80
exame de evidências para, 86-88
métodos da TCC para a promoção de, 90-91

Índice remissivo · **283**

não adesão relacionada a pensamentos automáticos, 86-88

agenda da sessão para pacientes com, 51-52

desesperança, risco de suicídio e, 135-139

doença orgânica e, 233-234

duração das sessões de TCC para, 32-33

efeitos duradouros das estratégias da TCC para, 246-247

envolvendo pessoas significativas em planos de prevenção da recaída para, 256-257

exemplos de caso de
Allie, 135-142
Brenda, 253-255
Gail, 62
Glenn, 86-88, 184
Helen, 90-91, 190-193, 202-204
Samuel, 75-77
Theo, 198-201

farmacoterapia para, 24-27, 61, 182-183

miniformulação para pacientes com, 75-77

TCC combinada com
TCC para alucinações em, 196- 205
TCC para delírios em, 182-195

Estabelecimento de agenda, 49-53, 62-63
agenda escrita do paciente, 50-52
exercício de aprendizagem para, 52-53
para pacientes psicóticos, 51-52
técnicas para, 50-51
tempo necessário para, 49-50

Estabelecimento de metas, 48-49, 62
para construir a esperança, 132
para mudança de hábitos, 218-220, 231-232

Estabilizadores de humor, 61

Estilo atencioso de terapia, 45-46

Estimulantes, 61

Estratégias de enfrentamento
para lidar com alucinações, 188-189, 205, 269-270
para lidar com delírios, 187-189, 194
para lidar com emoções aflitivas, 228-230
para prevenir o desenvolvimento dos sintomas, 249, 251-255
exercício de aprendizagem para, 252-254

Estudos e exemplos de caso
abuso de álcool e ansiedade (Miranda), 211-213
abuso de substâncias e depressão (Paul), 211-213
abuso de substâncias, 209-211
agorafobia (Terrell), 72-75
agorafobia e medo de dirigir (Consuela), 21-22, 41-43, 159-161
alucinações (Nanda), 202-205
baixa autoestima crônica (Jerry), 74-75
delírios (Anna Maria), 193-194
depressão (Grace), 45-47, 49-50, 58-59, 68-76, 111-112, 114-117, 119-126, 172, 174, 178-180, 219-220, 229-230
depressão (Samantha), 62

depressão (Susan), 103-104

depressão (Wayne), 40-42

depressão e abuso de álcool (Darrell), 95-98, 100-101, 129-132, 209-211, 213-215, 253-256

depressão e procrastinação (Almir), 230-231

depressão, desesperança e risco de suicídio (Dan), 134-143

diário de sono, 172, 174

ensaio cognitivo, 122-123

esquizofrenia (Brenda), 253-255

esquizofrenia (Gail), 62

esquizofrenia (Glenn), 86-88, 184

esquizofrenia (Helen), 90-91, 190-193, 202-204

esquizofrenia (Samuel), 75-77

esquizofrenia (Theo), 198-201

esquizofrenia e risco de suicídio (Allie), 135-142

estabelecimento de agenda, 51-52

farmacoterapia para intensificar a TCC, 62

fobia social (Rick), 66-68, 146-149, 155-160

focar claramente o esforço da terapia, 49-50

formato de dupla de terapeutas, 40-42

formulação de caso, 68-72

gerando esperança, 129-132

lidando com o risco de suicídio em sessões breves, 134-138

linhas do tempo, 75-76

maximizando o relacionamento terapêutico, 45-47

métodos comportamentais para depressão, 95-97, 100-101, 103-104

métodos da TCC para delírios, 185-186

métodos da TCC para promover a adesão à medicação, 86-92

miniformulações, 72-77, 95-97

modificando pensamentos automáticos em sessões breves, 114-119

mudança de hábitos: começando um programa de exercícios (Raphael), 219-220, 237-239, 241-242

mudança de hábitos: desemprego e procrastinação (Todd), 218-219, 225-229

planos de sobriedade, 206-209, 213-214

questionamento socrático, 115-116

recaída da depressão e risco de suicídio (Carl), 138-139

registro de modificação de pensamentos, 116-117

registros de pensamentos, 111-112

retreinamento da respiração, 154-155

tarefa de casa, 58-59

TCC breve combinada com farmacoterapia, 36-43

TCC com paciente com doença orgânica (Allan), 235-237, 239-242

TCC para alucinações, 198-199, 202-205

TCC para delírios, 190-193

TCC para insônia, 178-180

TCC para mudança de hábitos, 218-231

284 Índice remissivo

terapia de exposição, 155-166
transtorno bipolar (Alonso), 90-92
transtorno bipolar (Barbara), 36-41, 51-52, 88-90, 249-253
transtorno bipolar (Stan), 255
transtorno de estresse pós-traumático (JoAnne), 160
transtorno de estresse pós-traumático (Sergio), 160
transtorno de estresse pós-traumático com síndrome do cólon irritável (Terry), 162-163
transtorno de pânico (Gina), 154-155
transtorno obsessivo-compulsivo (Luke), 117-118
transtorno obsessivo-compulsivo (Prakash), 162-166
transtorno obsessivo-compulsivo (Roberto), 62
Exame de evidências, 22
para lidar com alucinações, 205
para modificar cognições desesperançadas, 132
para modificar delírios, 184, 186-187, 194
para modificar pensamentos automáticos, 116-118
sobre a farmacoterapia, 86-88
para mudança de hábitos, 227-228
para prevenção da recaída, 249, 251
Exercício
depressão e, 98-100, 103-104, 251-252
doença cardiovascular e, 235-237, 241-242
métodos da TCC para facilitação
de exemplo de caso de, 229-230
entrevista motivacional, 237-239
estabelecimento de metas, 219-220
gerenciamento do tempo, 222-224
ilustração em vídeo de, 229-230
Exercícios de aprendizagem, 27-28
construindo a esperança, 132-133
construindo uma formulação de caso abrangente, 70
desenvolvendo cartões de enfrentamento, 119-120
desenvolvendo estratégias de enfrentamento para prevenir o desenvolvimento dos sintomas, 252-253
desenvolvendo um plano antissuicídio, 143
desenvolvendo um plano de prevenção de recaída, 256-257
desenvolvendo uma miniformulação, 75-76
encontrando recursos educacionais para problemas médicos, 237-238
entendendo os significados das enfermidades médicas, 237
escolhendo sessões breves para a combinação de TCC e farmacoterapia, 33-34
estabelecimento de agenda, 52-53
identificando gatilhos ou os primeiros sinais de alerta para recaída, 249

identificando pensamentos automáticos em uma sessão breve, 112
modificando pensamentos automáticos em uma sessão breve, 118-119
montando uma biblioteca de apostilas educacionais, 56-57
montando uma biblioteca de materiais em apostilas, 126
orientando o relaxamento progressivo em sessões breves, 150
planejando uma intervenção comportamental para depressão, 103
planejando uma intervenção da TCC para alucinações, 202-204
planejando uma intervenção da TCC para delírios, 193-194
respondendo a desafios na identificação de pensamentos automáticos, 114
selecionando formatos para a combinação de TCC e farmacoterapia, 42-43
usando a automonitoração como uma ferramenta para a mudança comportamental, 224
usando a TCC para combater a procrastinação, 230
usando a TCC para mau uso ou abuso de substâncias, 215-216
usando a TCC para promover a adesão, 90-91
usando a terapia de exposição hierárquica, 163, 166
usando imagens mentais positivas, 152-153
usando psicofarmacoterapia para intensificar a TCC, 62
usando um diário de sono, 172
Exercícios escritos de exame de evidências, 117-118
Experimentos comportamentais
para testar a realidade das alucinações, 198-199
para testar a realidade dos delírios, 189, 194
Exposição imaginária, 154-156

F

Farmacoterapia
efeitos cognitivos de, 61
efeitos colaterais de, 82-83, 91-92
efeitos sedativos de, 61
monitoração laboratorial durante, 82-83
otimização do regime para prevenção da recaída, 255
para intensificar a TCC, 59-61
exercício de aprendizagem sobre, 62
para perturbações do sono, 61, 171-172
pensamentos automáticos e crenças nucleares sobre a, 86-88
seleção de medicamentos para, 61
sessões breves de TCC e, 19-27, 23-25, 27-28, 31, 33-43
abrangente, modelo de tratamento integrado para, 22-24

Índice remissivo **285**

aumentando o impacto da, 45-64
    aproveitando as interações positivas entre
    farmacoterapia e TCC, 59-64
    conceitos e habilidades para os pacientes
    aprenderem quanto a, 62-64
    conferência de sintomas, 47-49, 62
    estruturação e andamento, 48-54, 62-63
    pontos-chave para terapeutas quanto a, 62-63
    psicoeducação, 53-57, 62-63
    relacionamento terapêutico, 45-48, 62-63
    tarefa de casa e autoajuda, 58-63
    usos de tecnologia, 56-58, 62-63
bulimia nervosa, 24-25
    depressão, 24-25, 40-42
    esquizofrenia, 24-27
    insônia, 171-172
    prevenção da recaída, 246-258
conceitos e habilidades para os pacientes
    aprenderem quanto à, 43
elementos centrais da, 23-25
estratégia flexível para, 24-25
exemplos de, 36-43
exercício de aprendizagem para escolher, 33-34
exercício de aprendizagem para, 33-34
formatos para, 34-37, 43
    dupla de terapeutas, 23-25, 33-37, 40-43
    exercício de aprendizagem para seleção de,
    42-43
    quando o prescritor de medicação é o único
    terapeuta, 34-36
    único terapeuta, 23-25, 33-36, 42-43
indicações para, 24-27, 33-34, 42-43
    transtorno bipolar, 24-27, 36-41
    transtornos de ansiedade, 24-25, 41-43,
    159-160, 162-163
métodos para promover a adesão à medicação,
    19-20, 22, 80-93 (*consulte também* Adesão à
    farmacoterapia)
motivos para não usar, 33-34
pesquisa da prática de, 31-33
pesquisa sobre, 24-27
pontos-chave para terapeutas quanto a, 42-43
premissas para a, 22-24
relacionamento terapêutico para, 45-48
seleção de pacientes para, 33-34
visando os sintomas, 59-62
Fazendo uma lista de vantagens e desvantagens, 22
Fear Fighter: Panic and Phobia Treatment, 58,
    273-274
Feedback, 20-21
Fibromialgia, 234-235, 241-242
Fobia simples, terapia de exposição para, 148-150,
    155-156
Fobia social, 33-34
    comportamentos de evitação na, 147-150,
    157-159

exemplo de caso de (Rick), 66-68, 146-149,
    155-160
formulação de caso para pacientes com, 66-68
miniformulação para pacientes com, 146-148
terapia de exposição para, 148-149, 155-159
treinamento de relaxamento para, 150
Foco da terapia, 49-50, 62-63
Formato de dupla de terapeutas, 23-25, 33-37, 43, 160
    exemplo de caso de, 40-42
    para treinamento de relaxamento, 150
Formato de único terapeuta, 23-25, 33-36, 42-43
Formulação de caso, 26-27, 41-42, 66-79. *Consulte
    também* Miniformulações
    abrangente, 66-69, 77-78
        componente longitudinal de, 66-69, 75
        componente transversal de, 66-69, 72-73
        exercício de aprendizagem para a construção de,
        70
        para pacientes com alucinações, 205
        para pacientes com depressão, 68-72
        para pacientes com fobia social, 66-68
    comunicando ao paciente, 72-73
    conceitos e habilidades para os pacientes
        aprenderem quanto a, 78-79
    · diretrizes para a construção de, 66-68
    · fluxograma para a construção de, 67-68
    linhas do tempo para, 75-78
    métodos eficientes para usar em sessões breves,
        70-76
    obter a história para, 66-68
    planilha para, 70-72, 77-78, 261
    pontos-chave para terapeutas quanto a, 76-78

G

Geração de alternativas racionais
    para pensamento automáticos desadaptativos,
        118-119
Gerando motivos para ter esperança/viver, 128-130, 143
Gerenciamento do tempo, 222-224, 230-231
Gloucestershire Hearing Voices and Recovery
    Groups, 201-202, 273
*Good Days Ahead: The Multimedia Program for
    Cognitive Therapy,* 56-58, 112-113, 273-274
Gravação das vozes, 198-199
Grupos de apoio *online*, 56-58, 273-274
Grupos de autoajuda *online*, 56-58, 273-274
Grupos de autoajuda pela internet, 56-58, 62-63

H

Higiene do sono, 169-172, 172-176, 178-180
Hipertensão, 234-235
Hiperventilação, retreinamento da respiração para,
    153-156
Hipnóticos sedativos, 171-172, 206-207
Humor, 46-48

286 Índice remissivo

I

Ichigo ichie, 45-46
Ignorar as evidências, 121, 264
Ilustrações em vídeo, 19-20, 27-28, 36-37
  ajudando um paciente com um problema médico I, 236-237
  ajudando um paciente com um problema médico II, 240
  enfrentando as alucinações, 202-204
  gerando esperança, 130-131
  métodos comportamentais para depressão, 100-101
  modificando pensamentos automáticos I, 46-47, 114-115
  modificando pensamentos automáticos II, 124-126
  retreinamento da respiração, 154-155
  rompendo a procrastinação, 229-230
  sessão breve de TCC, 38
  TCC para abuso de substâncias I, 209
  TCC para abuso de substâncias II, 214-215
  TCC para adesão I, 89-90
  TCC para adesão II, 90
  TCC para insônia, 178
  terapia de exposição I, 157
  terapia de exposição II, 159-160
  trabalhando com delírios I, 191-192
  trabalhando com delírios II, 192-193
Imagens mentais guiadas, 86, 151-152
Imagens mentais positivas
  para lidar com alucinações, 200-201
  para lidar com delírios, 188-189
  para melhorar o sono, 177-180
  para pacientes com doenças orgânicas, 241-242
  para transtornos de ansiedade, 151-154, 166-167
    exercício de aprendizagem para uso de, 152-153
Infarto do miocárdio, 233-237, 239-242
Inibidores seletivos de recaptação da serotonina (ISRSs), 157
  para agorafobia e medo de dirigir, 159-160
  para depressão, 68-70
  para transtorno de estresse pós-traumático, 162
  para transtorno obsessivo-compulsivo, 62, 162-163, 166
Insônia, 22, 169-180-181. *Consulte também* Perturbações do sono
  cafeína e, 172-175
  como primeiro sinal de alerta para a recaída, 249
  conceitos e habilidades para os pacientes aprenderem quanto à, 178-181
  conceituação da TCC da, 169-171
  efeitos duradouros das estratégias da TCC para, 246-247
  farmacoterapia para, 61, 171-172
  métodos da TCC para, 171-181
    avaliar os hábitos de sono: diário de sono, 172, 174
    combinados com farmacoterapia, 171-172
    controle de estímulos, 175-177
    eficácia dos, 169-172
    higiene do sono e modificação do estilo de vida, 172-176
    ilustração em vídeo dos, 178
    imagens mentais positivas, 177
    pontos-chave para terapeutas quanto aos, 178-180
    psicoeducação, 172-175
    reestruturação cognitiva, 175-180
    restrição do sono, 175-177
    treinamento de relaxamento, 176-177
  pensamentos automáticos e, 177, 178
  perturbações comportamentais do sono e, 169-171
  prevalência da, 169
  secundária a outro transtorno psiquiátrico, 171-172
  sintomas diurnos relacionados à, 169-171
Instituto Beck para a Pesquisa e Terapia Cognitiva, 27-28, 275
Inventário de Ansiedade de Beck, 48-49, 271
Inventário de Depressão de Beck, 48-49, 271
ISRSs. *Consulte* Inibidores seletivos de recaptação da serotonina

L

Linha do tempo para pacientes com depressão, 75-76
Lista de verificação de pensamentos automáticos, 112-113, 266
"Lista de 60 Estratégias de Enfrentamento para Alucinações", 200
Listas de leitura para pacientes e familiares, 54-55, 62-63, 83-84, 272-273
  para melhorar o sono, 172-175, 272-273
  sobre pensamentos automáticos, 110-111
  sobre psicose, 185, 272-273
  sobre transtornos de humor e de ansiedade, 272
Listas de verificação. *Consulte* Planilhas e listas de verificação
Lítio, 37-38
  métodos da TCC para melhorar a adesão com, 88-90
  monitoração laboratorial durante tratamento com, 82-83
  não adesão relacionada a efeitos colaterais de, 82-83, 88-90
Perdas relacionadas à doença orgânica, 242-244

Índice remissivo **287**

prevenção da recaída e adesão à, 255
Luto relacionado à doença orgânica, 242-244

M

Mania, 37-38. *Consulte também* Transtorno bipolar
Manual do *hotsite*, 277-278. *Consulte também*
Ilustrações em vídeo
Massachusetts General Hospital Mood and Anxiety
Disorders Institute, 273
Mau uso e abuso de álcool, 206-207 *Consulte também*
Mau uso e abuso de substâncias
comorbidade psiquiátrica com, 206-207, 215-217
depressão e, 95-96, 209-211
hipótese de automedicação de, 206-207
intervenções de TCC para, 207-209, 215-217
adquirindo controle dos estímulos, 210-214
automonitoração e lidando com cognições
negativas, 214-215
exercício de aprendizagem para, 215-216
ilustrações em vídeo de, 209, 214-215
plano de sobriedade, 206-209, 213-214
pontos-chave para terapeutas quanto a, 215-217
prevenção da recaída, 215-217
programas de 12 passos e, 207-209, 212-217
promovendo a motivação, 209-211
modelo cognitivo-comportamental de, 206-209
Mau uso e abuso de substâncias, 32-36, 206-217
alucinações e, 201-202
conceitos e habilidades para os pacientes
aprenderem quanto a, 216-217
depressão e, 95-96
exemplos de caso de
Darrell, 95-98, 100-101, 129-132, 209-211,
213-215, 253-256
Miranda, 211-213
Paul, 211-213
promovendo a motivação, 209-211, 216-217
pensamentos automáticos e crenças, 207-209
premência e fissura, 207-208
prevalência de, 206-207
tarefa de casa para pacientes com, 58-59
Maximização, 121, 264
Método do gráfico em formato de pizza, 121-122
para explicações alternativas para os delírios, 190,
192-194
Métodos metacognitivos
para lidar com alucinações, 200-201, 269-270
para lidar com delírios, 188-189
Métodos práticos para a TCC, 20-22, 27-28
Mindfulness (Consciência plena), 22
para lidar com alucinações, 200-201
para lidar com delírios, 189
para pacientes com doenças orgânicas, 241-242

Miniaulas, 38, 53, 62-63, 83-84. *Consulte também*
Psicoeducação sobre pensamentos
automáticos, 109-111
sobre a ligação entre substâncias ilegais e estados
mentais, 201-202
sobre crenças delirantes, 184
sobre imagens mentais positivas, 152-153
Miniformulações, 46-47, 72-75, 77-78
exercício de aprendizagem para o
desenvolvimento de, 75-77
modelo ABC para esquematização de, 73-75
para pacientes com agorafobia, 72-75
para pacientes com delírios, 193-194
para pacientes com depressão, 72-74, 95-97
para pacientes com esquizofrenia, 75-77
para pacientes com fobia social, 146-148
para pacientes com insônia, 178-180
para procrastinação, 227-231
Minimização, 121, 264
Mirtazapina, 61
Monitoração de atividades na depressão, 94-95,
97-98, 103-104
Monitoração do humor, 94-95, 97-98, 103
Monitoração laboratorial, 82-83
Mudança de estilos de vida para desenvolver hábitos
saudáveis, 218-232, 251-252 (*consulte também*
Mudança de hábitos)
para melhorar o sono, 171-176, 178-180
para prevenção da recaída, 251-252
Mudança de hábitos, 218-232
conceitos e habilidades para os pacientes
aprenderem quanto a, 231-232
exemplos de caso
de começar um programa de exercícios
(Raphael), 219-220, 237-239, 241-242
desemprego e procrastinação (Todd), 218-219,
225-229
técnicas da TCC para facilitação de, 218-220
automonitoração, 223-224
construção de habilidades de enfrentamento
para emoções aflitivas, 228-230
desenvolvimento de um plano para mudança de
hábitos, 230-231
estabelecimento de metas, 218-220
exemplo de caso de, 229-230
gerenciamento do tempo, 222-224
ilustração em vídeo de, 229-230
pontos-chave para terapeutas quanto a, 231-232
promovendo a motivação, 220-222
reestruturação cognitiva, 226-229
solução de problemas, 225-228
tarefas graduadas, 225-226
Mudanças de humor devido a pensamentos
automáticos, 108-110

288 Índice remissivo

N

Narcóticos Anônimos, 207-209
National Alliance on Mental Illness, 273
National Institute of Mental Health, 273
National Institute on Drug Abuse, 207-209
National Survey of Psychiatric Practice , 132-133
Normalização, 22
    de crenças delirantes, 184-186, 194
    de erros cognitivos, 120-121
    de ouvir vozes, 197-199
    de pensamentos automáticos, 110-111
    para melhorar a adesão à medicação, 82-84, 89-93

O

Obesidade, 219-224, 226-227
    intervenções de TCC para
      automonitoração, 223-224
      promovendo a motivação, 221-223
      solução de problemas, 226-227
Observância, 80-81. *Consulte também* Adesão à
    farmacoterapia
Obter a história para formulação de caso, 66-69
    exemplo de caso de, 68-70
Ouvir vozes. *Consulte* Alucinações

P

Pacientes
    autoestima e autoeficácia dos, 33-34
    com doenças orgânicas, 32-33, 233-244
    comunicação por *e-mail* com, 57-58
    conceitos e habilidades para aprender
      adesão à medicação, 92-93
      alucinações, 205
      aumentando o impacto da TCC breve
        combinada com farmacoterapia, 62-64
      delírios, 194-195
      depressão, 103-104
      desesperança e suicidalidade, 143-144
      formulação de caso, 78-79
      insônia, 178-181
      mau uso e abuso de substâncias, 216-217
      mudança de hábitos, 231-232
      pensamento desadaptativo, 127
      prevenção da recaída, 257-258
      sessões breves de TCC, 27-29
      TCC breve combinada com farmacoterapia, 43
      transtornos de ansiedade, 166-167
    escalas de classificação de sintomas de autorrelato
      para, 48-49, 248-249, 271
    grupos de autoajuda *online* para, 56-58
    listas de leitura para, 54-55, 62-63, 83-84, 272-273
    preparação de agenda para a sessão pelos, 38,
      50-52
    recursos da TCC para, 20-21, 54-57, 62-63,
      272-274

    sites da internet, 54-58, 62-63, 83-84, 185,
      272-274
    tarefa de casa para, 20-22, 27-28, 58-60, 62-63
Pacientes de dor, intervenções de TCC para, 233-235,
    240-243
Penn State Worry Questionnaire, 49, 271
Pensamento absolutista, 40
Pensamento desadaptativo, 105-127
    abuso de substâncias e, 207-209, 211-212
      TCC para, 214-215
    alucinações e, 201-202
    alvos cognitivos para sessões breves, 105-107
    conceitos e habilidades para os pacientes
      aprenderem quanto ao, 127
    de pacientes com doenças orgânicas, 235-236,
      241-243
    desesperança como, 128-129
    exercício de aprendizagem sobre, 126
    métodos para identificar pensamentos
      automáticos, 108-113, 126
      breves explicações/miniaulas, 109-111
      descoberta guiada, 108-110
      identificando pensamentos automáticos que
        ocorrem em uma sessão, 108-110
      leituras e outros recursos educativos, 110-111
      listas de verificação de pensamentos
        automáticos, 112-113
      registros de pensamentos, 111-112
      TCC assistida por computador, 112-113
    modificando pensamentos automáticos
      em sessões breves, 114-123, 126
      cartões de enfrentamento e outras estratégias
        de enfrentamento, 119-121
      ensaio cognitivo, 122-123
      exame de evidências, 116-118
      exemplo de caso de, 114-115
      exercício de aprendizagem para, 118-119
      geração de alternativas racionais, 118-119
      identificação de erros cognitivos, 120-122
      questionamento socrático, 114-116
      reatribuição, 120-123
      registro de modificação de pensamentos, 115-118
    montando uma biblioteca de apostilas sobre,
      124-126
    mudança de hábitos e, 226-228, 231-232
    na depressão e transtornos de ansiedade, 107-108
    pontos-chave para terapeutas quanto ao, 126
    problemas na identificação de pensamentos
      automáticos, 112-114
      exercício de aprendizagem para, 114
    promovendo crenças nucleares adaptativas,
      123-126
    sobre o sono, 169-171, 177-180
    trabalhando com pensamentos mais precisos, 123
Pensamento do tipo tudo ou nada, 121-122,
    264-265

Pensamentos automáticos, 105-107
abuso de substâncias e, 207-209
características de, 110-111
conceitos e habilidades para os pacientes
aprenderem quanto a, 127
definição de, 106-107
erros cognitivos em, 120-121
identificação de, 26-27, 38-40, 108-113, 126
descoberta guiada para, 108-110
exercício de aprendizagem para, 112
leituras/recursos educacionais para, 110-111
listas de verificação de pensamentos
automáticos para, 112-113, 266
na depressão, 94-96
para pensamentos automáticos que ocorrem em
uma sessão, 108-110
problemas com, 112-114
registros de pensamentos para, 111-112
relacionamento terapêutico e, 108-110
respondendo a desafios em, 114
TCC assistida por computador para, 112-113
insônia e, 177-178
modificar em sessões breves, 26-27, 40, 114-123, 126
cartões de enfrentamento e outras estratégias de
enfrentamento para, 119-121
ensaio cognitivo para, 122-123
exame de evidências para, 116-118
exemplo de caso de, 114-115
exercício de aprendizagem para, 118-119
geração de alternativas racionais para, 118-119
identificação de erros cognitivos para, 120-122
ilustrações em vídeo de, 46-47, 114-115,
124-126
questionamento socrático para, 114-116
reatribuição para, 120-123
registro de modificação de pensamentos para,
115-118
mudanças de humor devido a, 108-110
prevenção da recaída e, 249, 251
principais conceitos para terapeutas quanto a, 126
sobre tomar medicações, 86-88, 92-93
exame de evidências para, 86-88
TCC para, 214-215
trabalhando com pensamentos mais precisos, 123
transtornos de ansiedade e, 107-108
fobia social, 66-68
transtorno obsessivo-compulsivo, 117-118
Pensamentos paranoides, 273
Personalização, 121, 264-265
Perturbações do sono, 19-20, 47-48. *Consulte também*
Insônia
alucinações e, 197-199
como primeiro sinal de alerta para a recaída, 249
comportamentais, 169-171
depressão e, 108, 169
farmacoterapia para, 61, 171-172

recursos para pacientes e familiares sobre,
272-273
Pessoas que ouvem vozes. *Consulte* Alucinações
Planejamento do tratamento, 26-27, 43
formulação de caso para, 66-68, 71-72, 78-79
Planilha de resumo dos sintomas, 38-39, 249, 250
Planilhas e listas de verificação, 38, 54-55, 260-270
breve lista de verificação de crenças nucleares
adaptativas, 124-126, 267
definições de erros cognitivos, 121-122, 264-265
diário de sono, 173, 268
lista de 60 estratégias de enfrentamento para
alucinações, 269-270
lista de escalas de classificação de sintomas
de autorrelato, 271
lista de verificação de pensamentos automáticos,
112-113, 266
planilha de formulação de caso na TCC, 70-72,
77-78, 261
planilha de resumo dos sintomas, 38-39, 249, 250
programação semanal de atividades, 262
registro de modificação de pensamento, 263
Plano de adesão por escrito, 87-90, 92-93
Plano de sobriedade, 206-209, 213-214
Planos antissuicídio, 137-139, 140-144
avaliando o compromisso dos pacientes com, 140
exemplos de, 142
exercício de aprendizagem para
o desenvolvimento de, 143
precauções de segurança em, 140-141
principais características de, 141
revisão periódica de, 141-143
Practice of Behavioral Therapy, The, 149-150
Práxis, 27-28, 275
Precauções de segurança, em planos antissuicídio,
140-141
Prevenção da recaída, 22, 246-258
conceitos e habilidades para os pacientes
aprenderem quanto à, 257-258
desenvolvimento de planos para, 249-258
ensaio cognitivo-comportamental, 253-256
estratégias de enfrentamento para prevenir o
desenvolvimento de sintomas, 251-255
exercício de aprendizagem para, 256-257
mudança de estilos de vida, 251-252
otimização do esquema farmacológico, 255
promoção da adesão, 255-256
revisão e ensaio das habilidades básicas na TCC,
249, 251-252
educando sobre o risco de recaída, 247-248
envolvendo pessoas significativas nos planos para,
256-257
identificando gatilhos ou primeiros sinais de
alerta para recaída, 248-249, 257-258
exercício de aprendizagem para, 249
modelo de TCC de, 246-248

para depressão, 139, 249, 256-257
para esquizofrenia, 256-257
para transtornos por abuso de substâncias,
215-217
pontos-chave para terapeutas quanto a, 257-258
reconhecer e tratar os sintomas residuais, 247-249
Prevenção de resposta, 19-22, 26-27, 162-163.
Consulte também Terapia de Exposição
Procrastinação, 218-219
exemplos de caso de
Almir, 230-231
Todd, 218-219, 225-229
métodos da TCC para combater
desenvolvendo um plano, 230
exemplo de caso de, 229-230
exercício de aprendizagem sobre, 230-231
gerenciamento do tempo, 222-223
ilustração em vídeo de, 229-230
miniformulação, 227-231
reestruturação cognitiva, 227-228
tarefas graduadas, 225-226
Programação de atividades, 22, 26-27
em transtornos por abuso de substâncias, 211-214
gerenciamento do tempo e, 223-224
na depressão, 95-96, 99-101
para aumentar a adesão à medicação, 83-84
para pacientes com doenças orgânicas, 240-243
para prevenção da recaída, 259
planilha para, 262
Programação de consultas, 31-33
Programação de eventos prazerosos
na depressão, 95-96, 98-99
nos transtornos por abuso de substâncias,
211-212
Programação semanal de atividades, 97, 262
Programas de 12 passos, 207-209
Promovendo a motivação
para a mudança de hábitos, 220-223, 231-232
para transtornos por abuso de substâncias,
209-211, 216-217
Prontidão para a mudança, abuso de substâncias e,
209-211
Psicoeducação, 20-22, 26-28, 53-57, 62-63. *Consulte
também* Miniaulas
apostilas educacionais para, 54-55
exercícios de aprendizagem para
ferramentas de aprendizagem para, 54-55
leituras recomendadas para, 54-55, 185, 272-273
montar uma biblioteca de, 56-57, 126
para melhorar o sono, 172-175, 178-180
para pacientes com doenças orgânicas, 237-238,
243-244
para prevenção da recaída, 249, 251, 257-258
para promover a adesão à medicação, 83-84
questionamento socrático para, 53
recomendações para, 53-55

recursos da TCC para pacientes e familiares,
20-21, 54-57, 62-63, 272-274
sites da internet, 54-58, 62-63, 83-84, 185, 272-274
relacionamento terapêutico e, 53
sobre delírios, 184-186, 194
sobre erros cognitivos, 120-121
sobre estabelecimento de agenda, 50-51
sobre o risco de recaída, 247-248
sobre pensamentos automáticos, 109-111
tempo necessário para, 53
Psicose, 33-36. *Consulte também* Delírios;
Alucinações; Esquizofrenia
agenda da sessão para pacientes com, 51-52
linhas do tempo para pacientes com, 75
psicoeducação sobre, 184-186
recursos para pacientes e familiares sobre, 272-273
sessões breves de TCC para, 182
combinada com farmacoterapia, 182-183
para lidar com alucinações, 196- 205
para modificar delírios, 182-195
tarefa de casa para pacientes com, 58-59
Psiquiatra, e farmacoterapia, 19, 23-24, 31-37.
Consulte também Terapeutas

Q

Questionamento socrático, 22
com pacientes com doenças orgânicas, 241-242
como ferramenta psicoeducacional, 53, 62-63,
83-84
dicas para usar em sessões breves, 115-116
na construção de linhas do tempo, 75
na insônia, 177-178
na reatribuição, 121-122
para descobrir o significado dos sintomas para os
pacientes, 86
para facilitar a mudança de hábitos, 229-230
para identificar o modelo explicativo do paciente
para a doença orgânica, 236-237
para lidar com alucinações, 205
para modificar cognições desesperançadas, 132,
138-139
para modificar delírios, 185-186, 191-192, 194
para modificar pensamentos automáticos,
114-116
para promover crenças nucleares adaptativas, 124
relacionamento empírico-colaborativo e, 45-46
Questionário de Pensamentos Automáticos, 112
Questionário de Saúde do Paciente, 49, 248-249, 271
Questões médico-jurídicas, 57-58
Quick Inventory of Depressive Symptomatology, 49,
248-249, 271

R

Reatribuição, 120-123
método do gráfico em formato de pizza de, 121-122

Índice remissivo **291**

técnica da régua para, 121-123
Recursos de internet para pacientes e familiares, 54-58, 62-63, 83-84, 185, 272-274
Recursos educacionais para os terapeutas, 26-28, 275-276
Recursos educacionais para pacientes. *Consulte* Psicoeducação
Reestruturação cognitiva para depressão, 94-95
   com pacientes com doenças orgânicas, 241-243
   para lidar com alucinações, 205
   para melhorar o sono, 175-180
   para mudança de hábitos, 226-229
   para transtornos por abuso de substâncias, 207-209, 211-212
Registro computadorizado de modificação de pensamentos, 251-252
Registro de modificação de pensamento (RMP), 115-119, 132, 227-228, 230-231
   computadorizado, 251-252
   dicas para usar em sessões breves, 117-118
   planilha para, 263
Registros de bem-estar, 22
Registros de pensamentos, 19-20, 22, 58-59, 111-112
   na insônia, 178
   para identificar pensamentos automáticos sobre tomar medicação, 86
Registros médicos eletrônicos, 35-37, 48-49, 56-57
Relacionamento terapêutico, 45-48, 62-63
   atributos fundamentais de, 45-46
   comunicação e, 46-47
   da TCC para modificar delírios, 183-184, 194
   empírico-colaborativo, 19-21, 26-28, 41-42, 45-48, 62, 80-81, 129-130, 183-184, 194
   humor e, 46-48
   identificação de pensamentos automáticos e, 108-110
   impacto sobre o desfecho das sessões breves, 45-46
   para instilar a esperança, 128-130
   para promover a adesão à medicação, 80-82, 90-92
   para psicoeducação, 53
   questionamento socrático e, 45-46
Relatos pessoais de doença mental, 272-273
Relaxamento aplicado, 150. *Consulte também* Treinamento de relaxamento
Relaxamento progressivo de Jacobsen, 150. *Consulte também* Treinamento de relaxamento
Relaxamento Progressivo, 149-150. *Consulte também* Treinamento de relaxamento
"Respiração diafragmática", 154. *Consulte também* Retreinamento da respiração
Restrição do sono, 175-180
Retreinamento da respiração, 21-22, 26-27, 152-155, 166-167

ilustração em vídeo de, 154-155
método para, 155-156
para pacientes com doenças orgânicas, 241-242
para transtorno de pânico, 152-155
protocolos de tarefa de casa para, 58-59
Risco de suicídio, 132-144
   conceitos e habilidades para os pacientes aprenderem quanto a, 143-144
   desesperança e, 128, 128-129, 139
   impacto da TCC sobre as tentativas subsequentes de suicídio, 140
   perguntas a fazer quando são expressos pensamentos suicidas, 133-134
   até que ponto o paciente é capaz de se comprometer e aderir a um plano antissuicídio? 140
   quais apoios o paciente tem? 136-138
   quais são as capacidades do paciente de se engajar em comportamentos positivos que possam combater pensamentos suicidas? 139-140
   quais são as capacidades do paciente para modificar cognições desesperançadas e autodestrutivas? 138-139
   quais são os fatores de risco de suicídio do paciente? 133-134
   quais são os motivos positivos que o paciente tem para continuar vivendo? 133-138
   quais são os pontos fortes pessoais do paciente para combater os pensamentos suicidas? 136-138
   que tipos de pensamentos suicidas o paciente tem? 133-134
   planos antissuicídio para, 137-144
   pontos-chave para terapeutas quanto a, 143-144
   tratando em sessões breves, 132-140, 143-144
RMP. *Consulte* Registro de modificação de pensamento

S

Saúde mental da mulher, 34-36
Sendo mentor, 53-55
Sigilo, 57-58
Significados da doença orgânica para os pacientes, 234-237, 243-244
Significados de sintomas para os pacientes, 85-86
Síndrome da articulação temporomandibular, 234-235, 241-242
Síndrome de fadiga crônica, 234-235
Síndrome do cólon irritável, 146-147, 234-235
Síndrome inflamatória e do cólon irritável, 234-235
Sintomas cognitivos, farmacoterapia para, 61-62
Sintomas residuais, reconhecimento e tratamento de, 247-249
Sistemas de lembretes para tomar medicações, 84-85, 90-93

292 Índice remissivo

Sites da internet para educação do paciente, 54-58, 62-63, 83-84, 185, 272-274
    Gloucestershire Voice Hearing & Recovery Groups, 201-202, 273
    grupos de apoio *online*, 56-58, 273-274
    para melhorar o sono, 273
    sobre a doença orgânica, 237-238
    sobre psicose, 273
Solução de problemas, 22
    para mudança de hábitos, 225-228, 231-232
    para pacientes com doenças orgânicas, 241
Subvocalização, 200-201
Supergeneralização, 121, 264

T

Tarefa de casa, 20-22, 27-28, 58-60, 62-63
    diário de sono como, 172-174
    estratégias para melhorar a conclusão de, 58-60
    exemplos de tarefas para, 60-61
    para identificar erros cognitivos em pensamentos automáticos, 120-121
    para pacientes com delírios, 192-193
    para pacientes com depressão, 58-59, 94-95
    para pacientes com transtornos de ansiedade, 58-59
    prevenção da recaída e, 251-252
    relaxamento progressivo como, 151
    terapia de exposição como, 21-22, 58-59, 155-159, 162
Tarefas graduais, 22, 26-27
    na depressão, 94-95, 100-104
    para mudança de hábitos, 225-226, 230-232
    para pacientes com doenças orgânicas, 242-243
TCC assistida por computador, 20-22, 56-58, 62-63
    efetividade de, 56-58
    envolvimento clínico para, 56-58
    para crenças nucleares disfuncionais, 105-107
    para depressão, 56-58
    para identificar pensamentos automáticos, 112-113
    para transtornos de ansiedade, 56-59
    terapia de realidade virtual, 56-58
    treinamento em, 27-28, 275
TCC. *Consulte* Terapia cognitivo-comportamental; Terapia cognitivo-comportamental para sessões breves
Técnica da régua, 121-123
Técnica da seta descendente, 86
Técnicas de distração
    para lidar com alucinações, 200, 269
    para lidar com delírios, 188-189
Técnicas de estruturação, 20-21, 26-28, 41-42, 48-53, 62-63
    andamento das intervenções, 52-54
    estabelecendo metas, 48-49

    focar claramente o esforço da terapia, 49-50
    usando uma agenda da sessão, 49-52
Técnicas de imagens mentais, 22
    imagens mentais guiadas, 151-152
    imagens mentais positivas para transtornos de ansiedade, 151-154
        para lidar com alucinações, 200-201
        para lidar com delírios, 188-189
        para melhorar o sono, 178-180
    no abuso de substâncias, 207-209
    para pacientes com doenças orgânicas, 241-242
Teleconferência, 57-58
Temas existenciais, 242-243
TEPT. *Consulte* Transtorno de estresse pós-traumático
Terapeutas
    ambientes de prática de, 36-37
    como orientadores ou mentores, 53-55
    conhecimento e habilidades recomendados para, 26-28
    pontos-chave para
        aumentar o impacto da TCC breve combinada com farmacoterapia, 62-63
        desesperança e risco de suicídio, 143-144
        enfocando o pensamento desadaptativo, 126
        formulação de caso, 76-78
        métodos comportamentais para depressão, 103-104
        métodos comportamentais para transtornos de ansiedade, 163, 166-167
        prevenção da recaída, 257-258
        promover a adesão à medicação, 91-93
        sessões breves de TCC, 27-28
        TCC breve combinada com farmacoterapia, 42-43
        TCC para alucinações, 205
        TCC para delírios, 194
        TCC para insônia, 178-180
        TCC para mudança de hábitos, 231-232
        TCC para uso e abuso de substâncias, 215-217
    profissões de, 23-24, 31-32
    recursos educacionais para, 26-28, 275-276
    supervisão por pares de, 36-37, 49-50
    treinamento em TCC para, 26-29, 275
        assistida por computador, 27-28, 275
    único x dupla de terapeutas para farmacoterapia combinada com TCC, 23-25, 33-37
Terapeutas não médicos, 23-24, 31-37. *Consulte também* Terapeutas
Terapia Cognitiva da Esquizofrenia, 26-27
Terapia Cognitiva: Teoria e Prática, 26-27
Terapia cognitivo-comportamental (TCC)
    assistida por computador, 20-22, 56-58, 62-63
    efetividade da, 56-58
    envolvimento do terapeuta para, 56-58
    para crenças nucleares disfuncionais, 105-107

Índice remissivo **293**

para depressão, 56-58
para identificar pensamentos automáticos, 112-113
para transtornos de ansiedade, 56-59
terapia de realidade virtual, 56-58
treinamento para, 27-28, 275
conceitos e habilidades para os pacientes aprenderem quanto a, 27-29
efeitos duradouros da, 246-247 (*consulte também* prevenção da recaída)
protocolo manualizado para, 24-25
treinamento em, 26-29, 275
Terapia cognitivo-comportamental (TCC), para sessões breves, 19, 31-32
alvos cognitivos para, 105-107
características úteis da, 19-22, 27-28
empirismo colaborativo, 19-20, 45-48
métodos práticos, 21-22
psicoeducação, 20-22, 53-57
tarefa de casa, 21-22, 58-61
técnicas de estruturação, 20-21, 48-53
conceitos e habilidades para os pacientes aprenderem quanto a, 27-29
conhecimento e habilidades recomendados para o uso eficaz de, 26-28
diagnósticos de pacientes que recebem, 32-33
duração da, 19, 20-21, 31-32
farmacoterapia e, 19-27, 27-28, 31, 33-43
aumentar o impacto da, 45-64
aproveitar as interações positivas entre farmacoterapia e TCC, 59-64
conceitos e habilidades para os pacientes aprenderem quanto a, 62-64
conferência de sintomas, 47-49, 62
estruturação e andamento, 48-54, 62-63
pontos-chave para terapeutas quanto a, 62-63
psicoeducação, 53-57, 62-63
relacionamento terapêutico, 45-48, 62-63
tarefa de casa e autoajuda, 58-63
usos de tecnologia, 56-58, 62-63
abrangente, modelo de tratamento integrado para, 22-24
conceitos e habilidades para os pacientes aprenderem quanto a, 43
elementos centrais de, 23-25
estratégia flexível para, 24-25
exemplos de, 36-43
exercício de aprendizagem para escolher, 33-34
exercício de aprendizagem para, 33-34
formatos para, 34-37, 43
dupla de terapeutas, 23-25, 33-37, 40-43
exercício de aprendizagem para seleção de, 42-43
quando o prescritor de medicação é único terapeuta, 34-36
único terapeuta, 23-25, 33-36, 42-43

indicações para, 24-27, 33-34, 42-43
bulimia nervosa, 24-25
depressão, 24-25, 40-42
esquizofrenia, 24-27
insônia, 171-172
prevenção da recaída, 246-258
transtorno bipolar, 24-27, 36-41
transtornos de ansiedade, 24-25, 41-43, 159-163
métodos para promover a adesão à medicação, 19-20, 22, 80-93 (*consulte também* Adesão à farmacoterapia)
motivos para não usar, 33-34
pesquisa da prática de, 31-333
pesquisa sobre, 24-27
pontos-chave para terapeutas quanto a, 42-43
premissas da, 22-24
relacionamento terapêutico para, 45-48
seleção de pacientes para, 33-34
frequência de, 32-33, 37-38
ilustração em vídeo de, 38
motivos para não usar, 33-34, 105-107
mudança de plano de tratamento para, 33-34
para depressão, 94-104
para desesperança e suicidalidade, 128-144
para insônia, 169-181
para lidar com alucinações, 196-205
para mau uso e abuso de substâncias, 206-217
para modificar delírios, 182-195
para pacientes com doenças orgânicas, 32-33, 233-244
para pensamento desadaptativo, 105-127
para prevenção da recaída, 246-258
para transtornos de ansiedade, 146-167
pesquisa da prática de, 31-33
pontos-chave para terapeutas quanto a, 27-28
programação de consultas para, 31-33
Terapia cognitivo-comportamental para doença mental grave: um guia ilustrado, 26-27, 56-57
Terapia cognitivo-comportamental para terapeutas, 26-27
Terapia cognitivo-comportamental para transtorno bipolar, 26-27
Terapia de exposição, 19-22, 26-27, 148-150, 154-163, 166-167
desenvolvimento rápido x gradual de, 149-150
dessensibilização sistemática, 154-155, 162, 166-167
exposição *in vivo* e imaginária, 154-156
farmacoterapia e, 62
ilustrações em vídeo de, 157, 159-160
outras técnicas comportamentais e, 149-150
para comportamentos de segurança, 157-161, 166-167
para enfrentamento de emoções angustiantes, 229-230
para fobia social, 148-149, 155-159

294 Índice remissivo

para prevenção da recaída, 259
para reações comportamentais a ouvir vozes,
198-199
para transtorno de estresse pós-traumático,
148-149, 155-156, 159-163
para transtorno obsessivo-compulsivo, 117-118,
148-149, 162-166
tarefas de casa para, 21-22, 58-59, 155-159, 162
usando hierarquias para, 21-22, 155-159
exercício de aprendizagem para, 163, 166
Terapia de imersão, 149-150
Terapia de realidade virtual, 56-58, 273-274
para treinamento de relaxamento, 150
Teste da realidade, para o paciente que ouve vozes,
198-200
Tirar conclusões precipitadas, 121, 264
Transtorno bipolar, 26-27
adesão à medicação em, 80
exercício de aprendizagem para usar a TCC na
promoção de, 90-92
métodos da TCC para a promoção de, 88-90
prevenção da recaída e, 255-256
doença orgânica e, 233-234
duração das sessões de TCC para, 32-33
efeitos duradouros das estratégias da TCC para,
246-247
envolver pessoas significativas nos planos
de prevenção da recaída para, 256-257
exemplos de caso de
Alonso, 90-92
Barbara, 36-41, 51-52, 88-90, 249-253
Stan, 255
farmacoterapia para, 61
medicações hipnóticas, 171-172
mudança de estilos de vida em, 251-252
planilhas de resumo dos sintomas para, 38, 39
reconhecer e tratar sintomas residuais de, 248-249
recursos para pacientes e familiares sobre, 272
tarefa de casa para pacientes com, 58-59
TCC combinada com farmacoterapia para, 24-27,
33
Transtorno de ajustamento, 32-33
Transtorno de ansiedade generalizada, 150
Transtorno de déficit de atenção/hiperatividade,
32-33
estimulantes para, 61
Transtorno de estresse pós-traumático (TEPT), 41-43
exemplos de caso de
JoAnne, 160
Sergio, 160
Terry, 162-163
terapia de exposição para, 148-149, 155-156,
159-163
Transtorno de pânico, 33-34
efeitos duradouros de estratégias da TCC para,
246-247

exemplo de caso de (Gina), 154-155
imagens mentais positivas para, 152-153
retreinamento da respiração para, 152-156
tarefa de casa para pacientes com, 58-59
Transtorno de somatização, 32-33
Transtorno esquizoafetivo, 182-183
Transtorno obsessivo-compulsivo (TOC), 33-34
exemplos de caso de
Luke, 117-118
Prakash, 162-165
Roberto, 62
pensamentos automáticos no, 117-118
tarefa de casa para pacientes com, 58-59
TCC combinada com farmacoterapia para, 62,
162-163
terapia de exposição para, 117-118, 148-149,
162-165
Transtornos alimentares, 33-36
Transtornos de ansiedade, 33-34, 146-167. *Consulte
também transtornos específicos de ansiedade*
combinadas com a TCC, 24-25, 33
comportamentos de evitação em, 147-150, 163,
166-167
comportamentos de segurança em, 148-150,
157-161
conceitos e habilidades para os pacientes
aprenderem quanto a, 166-167
doença orgânica e, 233-234
duração das sessões de TCC para, 32-33
escalas de classificação autorrelatada para, 48-49,
271
exemplos de caso de
Consuela, 21-22, 41-43, 159-161
Gina, 154-155
JoAnne, 160
Luke, 117-118
Miranda, 211-213
Prakash, 162-166
Roberto, 62
Sergio, 160
Terrell, 72-75
Terry, 162-163
farmacoterapia para, 61
insônia e, 177
modelo de TCC para, 146-150
patologia cognitiva em, 107-108, 146-147, 163, 166
recursos para pacientes e familiares em, 272
tarefa de casa para pacientes com, 58-59
TCC assistida por computador para, 56-59
técnicas comportamentais para, 21-22, 26-27,
146-167
imagens mentais positivas, 151-154
pontos-chave para terapeutas quanto a, 163,
166-167
retreinamento da respiração, 152-156
terapia de exposição, 148-150, 154-163, 166-167

treinamento de relaxamento, 149-152
terapia de realidade virtual para, 57-58
Transtornos de humor, 34-36. *Consulte também*
    Transtorno bipolar; Depressão
Transtornos de personalidade, 33-34
Tratamento Psicológico do Pânico, 26-27
Trazodona, 61
Treinamento autógeno, 150. *Consulte também*
    Treinamento de relaxamento
Treinamento de relaxamento, 21-22, 26-27, 149-152,
    166-167
    exercício de aprendizagem para orientar
        relaxamento progressivo em sessões breves,
        150-152
    imagens mentais positivas e, 151-153
    indicações para, 149-150
    método para usar em sessões breves, 150-151
    para fobia social, 150
    para melhorar o sono, 176-180
    para pacientes com doenças orgânicas, 241-242
    para transtorno de ansiedade generalizada, 150
    protocolos de tarefa de casa para, 58-59
    recursos para pacientes e familiares sobre, 273-274
    recursos para treinamento e prática de, 150-152
    relaxamento progressivo de Jacobsen, 150
Treinamento de residência em TCC, 26-29
Treinamento em TCC, 26-29, 275
    assistida por computador, 27-28, 275

U

University of Louisville Depression Center, 27-28,
    273
University of Michigan Depression Center, 273
Using Technology to Support Evidence-Based
    Behavioral Health Practices: a Clinician's Guide,
    56-57
Uso de maconha, 206-207
Usos de tecnologia, 56-58, 62-63
    diários de exposição computadorizados ou
        registro de modificação de pensamentos,
        251-252
    e-mail, 57-58
    escalas de classificação por computador, 48-49
    registros médicos eletrônicos, 35-37, 48-49,
        56-57
    TCC assistida por computador, 20-22, 56-58
        (*consulte também* TCC assistida por
        computador)
    teleconferência, 57-58
    terapia de realidade virtual, 56-58, 150,
        273-274
    treinamento em TCC por computador, 27-28,
        275

W

Walkers in the Darkness, 56-58